e के पहले दस लाख अंक

डेविड ई. मैकएडम्स

यह पुस्तक केवल शैक्षिक और मनोरंजन के उद्देश्य से है। प्रकाशक और लेखक इसे गणितीय सलाह के लिए प्रस्तुत नहीं कर रहे हैं।

डेविड ई. मैकएडम्स की अन्य पुस्तकें

तोते के रंग - तोते के अद्‌भुत चित्रों का उपयोग करके रंगों की अवधारणा का परिचय। प्रीस्कूलर के लिए।

फूलों के रंग - फूलों के अद्‌भुत चित्रों का उपयोग करके रंगों की अवधारणा का परिचय। प्रीस्कूलर के लिए।

ब्रह्मांड के रंग - नासा से छवियों का उपयोग करके रंगों की अवधारणा का परिचय। प्रीस्कूलर के लिए।

आकृतियाँ - आकृतियों का परिचय। प्रीस्कूलर के लिए।

संख्याएँ - संख्याओं की अवधारणा का परिचय। कक्षा K-2 के लिए।

किसी चीज़ से भी बड़ा क्या है? (इन'फ़िनिटी) - इनफिनिटी की अवधारणा का परिचय। कक्षा 1-3 के लिए।

स्विंग सेट (सेट सिद्धांत) - सेट सिद्धांत का परिचय। ग्रेड 2-4 के लिए।

One Penny, Two (अंग्रेजी में) - अगर जैरी का पैसा हर दिन दोगुना हो जाता है, तो उसे एक गहरे हरे रंग की स्पोर्ट्स कार खरीदने में कितना समय लगेगा? ग्रेड 3-6 के लिए।

प्ले मनी एक्टिविटी किट के साथ सीखना - $1,000,000 से ज़्यादा के प्ले मनी के साथ बड़ी संख्याएँ और गिनती सिखाएँ।

मेरे पसंदीदा फ्रैक्टल्स (खंड 1 और 2) - बेहतरीन फ्रैक्टल्स की पिक्चर बुक हाई रेज़ोल्यूशन इमेज के रूप में प्रस्तुत की गई है। सभी उम्र के लिए।

Monster Creatures of the Deep Sea (अंग्रेजी में) - गहरे समुद्र में पर्यावरण का अन्वेषण करें, और 44 गहरे समुद्री जीवों के बारे में जानकारी प्राप्त करें।

All Math Words Dictionary (अंग्रेजी में) - प्री-एलजेब्रा, बीजगणित, ज्यामिति और प्री-कैलकुलस के छात्रों के लिए एक गणित शब्दकोश।

पाई के पहले दस लाख अंक (π) - पाई के पहले मिलियन डिजिट्स। सभी उम्र के लिए।

e के पहले दस लाख अंक - यूलर के स्थिरांक e के पहले दस लाख अंक। सभी उम्र के लिए।

2 के वर्गमूल के पहले दस लाख अंक - 2 के वर्गमूल के पहले दस लाख अंक। सभी उम्र के लिए।

प्रथम सौ हजार अभाज्य संख्याएँ - पहले सौ हज़ार अभाज्य संख्याएँ। सभी उम्र के लिए।

Geometric Nets Project Book (अंग्रेजी में) - 3 आयामी पॉलीहेड्रा में कॉपी करने, काटने और एक साथ टेप करने के लिए 80 ज्यामितीय जाल। 9 वर्ष और उससे अधिक उम्र के लिए।

Geometric Nets Mega Project Book (अंग्रेजी में) - 3 आयामी पॉलीहेड्रा में कॉपी करने, काटने और एक साथ टेप करने के लिए 253 ज्यामितीय जाल। 9 वर्ष और उससे अधिक आयु के लिए।

अद्यतित सूची के लिए, https://www.DEMcAdams.com देखें।

$$e = \lim_{n \to \infty} \left(1 + \frac{1}{n}\right)^n$$

e ≈
2.7182818284590452353602874713526624977572470936999595749669676277
240766303535475945713821785251664274274663919320030599218174135966
290435729003342952605956307381323286279434907632338298807531952510
190115738341879307021540891499348841675092447614606680822648001684
774118537423454424371075390777449920695517027618386062613313845830
007520449338265602976067371132007093287091274437470472306969772093
101416928368190255151086574637721112523897844250569536967707854499
699679468644549059879316368892300987931277361782154249992295763514
822082698951936680331825288693984964651058209392398294887933203625
094431173012381970684161403970198376793206832823764648042953118023
287825098194558153017567173613320698112509961818815930416903515988
885193458072738667385894228792284998920868058257492796104841984443
634632449684875602336248270419786232090021609902353043699418491463
140934317381436405462531520961836908887070167683964243781405927145
635490613031072085103837505101157477041718986106873969655212671546
889570350354021234078498193343210681701210056278802351930332247450
158539047304199577770935036604169973297250886876966403555707162268
447162560798826517871341951246652010305921236677194325278675398558
944896970964097545918569563802363701621120477427228364896134225164
450781824423529486363721417402388934412479635743702637552944483379
980161254922785092577825620926226483262779333865664816277251640191
059004916449982893150566047258027786318641551956532442586982946959
308019152987211725563475463964479101459040905862984967912874068705
048958586717479854667757573205681288459205413340539220001137863009
455606881667400169842055804033637953764520304024322566135278369511
778838638744396625322498506549958862342818997077332761717839280349
465014345588970719425863987727547109629537415211151368350627526023
264847287039207643100595841166120545297030236472549296669381151373
227536450988890313602057248176585118063036442812314965507047510254
465011727211555194866850800368532281831521960037356252794495158284
188294787610852639813955990067376482922443752871846245780361929819
713991475644882626039033814418232625150974827987779964373089970388
867782271383605772978824125611907176639465070633045279546618550966
661856647097113444740160704626215680717481877844371436988218559670
959102596862002353718588748569652200050311734392073211390803293634
479727355955277349071783793421637012050054513263835440001863239914
907054797780566978533580489669062951194324730995876552368128590413
832411607226029983305353708761389396391779574540161372236187893652
605381558415871869255386061647798340254351284396129460352913325942
794904337299085731580290958631382683291477116396337092400316894586
360606458459251269946557248391865642097526850823075442545993769170
419777800853627309417101634349076964237222943523661255725088147792
231519747780605696725380171807763603462459278778465850656050780844
211529697521890874019660906651803516501792504619501366585436632712
549639908549144200014574760819302212066024330096412704894390397177
195180699086998606636583232278709376502260149291011517177635944602
023249300280401867723910288097866605651183260043688508817157238669
842242201024950551881694803221002515426494639812873677658927688163
598312477886520141174110913601164995076629077943646005851941998560
162647907615321038727557126992518275687989302761761146162549356495
903798045838182323368612016243736569846703785853305275833337939907
521660692380533698879565137285593883499894707416181550125397064648

1719467083481972144888987906765037959036696724949925452790337296361626589760394985767413973594410237443297093554779826296145914429364514286171585873397467918975712119561873857836447584484235555810500256114923915188930994634284139360803830916628188115037152849670597416256282360921680751501777253874025642534708790891372917228286115159156837252416307722544063378759310598267609442032619242853170187817729602354130606721360460003896610936470951414171857770141806064436368154644400533160877831431744408119494229755993140118886833148328027065538330046932901157441475631399972217038046170928945790962716622607407187499753592127560844147378233032703301682371936480021732857349359475643341299430248502357322145978432826414216848787216733670106150942434569844018733128101079451272237378861260581656680537143961278887325273738903928905068653241380627960259303877276977837928684093253658807339884572187460210053114833513238500478271693762180049047955979592905916554705057775143081751126989851884087185640260353055837378324229241856256442550226721559802740126179719280471396006891638286652770097527670697770364392602243728418408832518487704726384403795301669054659374616193238403638931313643271376888410268112198912752230562567562547017250863497653672886059667527408686274079128565769963137897530346606166698042182677245605306607738996242183408598820718646826232150802882863597468396543588566855037731312965879758105012149162076567699506597153447634703208532156036748286083786568030730626576334697742956346437167093971930608769634953288468336130388294310408002968738691170666661468000151211434422560238744743252507693870777751932999421372772112588436087158348356269616619805725266122067975406210620806498829184543953015299820925030054982570433905535701686531205264956148572492573862069174036952135337325316663454665885972866594511364413703313936721185695539521084584072443238355860631068069649248512326326995146035960372972531983684233639046321367101161928217111502828016044880588023820319814930963695967358327420249882456849412738605664913525267060462344505492275811517093149218795927180019409688669868370373022004753143381810927080300172059355305207007060722339994639905713115870996357773590271962850611465148375262095653467132900259943976631145459026858989791158370934193704411551219201171648805669459381311838437656206278463104903462939500294583411648241149697583260118007316994373935069662957124102732391387417549230718624545432220395527352952402459038057445028922468862853365422138157221311632881120521464898051800920247193917105553901139433166815158288436876069611025051710073927623855533862725535388309606716446623709226468096712540618695021431762116681400975952814939072226011126811531083873176173232352636058381731510345957365382235349929358228368510078108846343499835184044517042701893819942434100905753762577675711180900881641833192019626234162881665213747173254777277834887743665188287521566857195063719365653903894493664217640031215278702223664636357555035655769488865495002708539236171055021311474137441061344455441921013361729962856948991933691847294785807291560885103967819594298331864807560836795514966364489655929481878517840387733262470519450504198477420141839477312028158868457072905440575106012852580565947030468363445926525521370080687520095934536073162261187281739280746230946853678231060979215993600199462379934342106878134973469592464697525062469586169091785739765951993929939955675427146549104568607020990126068187049841780791739240719459963230602547079017745275131868099822847308607665368668555164677029113368275631072233467261137054907953658345386371962358563126183871567741187385277229225947433737856955384562468010139057278710165129666367644518724656537304024436841408144887329578473484900030194778880204603246608428753518483649591950828883231

2065221281041904480472479492913422849519700226013104300624107179715
5027934332634079959605314460532304885289729176598760166678119379322
3724538572096075822771784833616135826128962261181294559274627671377
7944875867536575448614076119311259585126557597345730153336426307677
9854433857617153334623252705720053039882894990342595662329757824888
7350292591668258944568946559926584547626945287805165017206747854177
8879822768065366506419109734345288783386217261562695826544782056722
9877564263253215942944180399432170000905426507630955884658951717099
1476074371368933194690909819045012903070995662266203031826493657333
6984195557769637876249188528656866076005660256054457113372868402055
5744160308370523122425872234388541231794813885500756893811249353866
3186352870837998456926199817945233640874295911807474534195514203511
7261842008455091708456823682008977394558426792142734775608796442799
2027083121501564063413416171664480698154837644915739001212170415477
8725919989438253649505147713793991472052195290793961376211072384944
2906163576045962312535060685376514231153496656837151166042207963944
4666211632551577290709784731562782775987881364919512574833287937711
5714590910648416426783099497236744201758622694021594079244805412555
3604313179926967391575424192966073123937635421392306178767539587111
4361040894099660894714183406983629936753626215452472984642137528911
0798843813060955526227208375186298370667872244301957937937860721077
2542772890717328548743743557819665117166183308811291202452040486822
2000723440350254482028342541878846536025915064452716577000445210977
7355858976226554849416217149895323834216001140629507184904277892588
5527430352213968356790180764060421383073087744601708426882722611777
1808426643336517800021719034492342642662922614560043373838683355555
3434530042648184739892156270860956506293404052649432442614456659211
2912256488935696550091543064261342526684725949143142393988454324866
3274618428466559853323122104662598901417121034460842716166190012577
1958707932175696985440133976220967494541854071184464339469901626988
3516078489245140589409463952678073545797003070511636825194877011899
7640028276484141605872061841852971891540196882532893091496653457533
5714273184820163846448324990378860690080727093276731275819665639411
1489617168329804551397295066876047409154204284299935410258291135022
2416907694316685742425225090269390348148564513030699251995904363844
0284292674125734224477655841778861717372654620854982944989467873500
9295816526320722589923687684570178230380965678831122893058091405722
6108658848458731016581511675333276748870148291674197015125597825722
7074064318086014281490241467804723275976842696339357735429301867399
4397163886117642090040686633988568416810038723892144831760701166844
5038872123643670433140911557332801829779887365909166596124020217788
5588548761761619893707943800566633648843650891448055710397652146966
0276625835990519870423001794655367885674302859746001437854832370688
7011900784994049309189191816493272597740300748796814848823429320233
0121280323274603922196875283405169069741942576146739781107154641866
2733690915849731850111839604825335187484389231772926135430249325622
8963713619772854566229244616444972845978677115741256703078718851099
3363444801496752406185365695320741705334867827548278154155619669111
0551014727990403868972204655508331707823948087859905019475631089844
1241446728218654599715966390156419417518209359326163168883801327588
7526014605076760983926257264111201352885913178482994756824725648855
5333572797722055435681263025357482165854140008053148206971372621499
7555760518904816223767904149267426000710459226953148351881374638877
1042735447676235779339939706323966049691453032738878745579059349377
7723201429548033450006952569809352828877837106705855677494813738588
6303857628230406940056653405848875270053088324591821834943180498344
1996399814587734358631159405704436835152853836094429559643606760900

221741896883548131643997437764158365242234642619597390455450680695
232850751868719449064767791886720306418630751053512149851051207313
846648717547518382979990189317751550639981016466414592102406838294
603208535554058147159273220677567669213664081505900806952540610628
536408293276621931939933861623836069111767785448236129326858199965
239275488427435414402884536455595124735546139403154952097397051896
240157976832639450633230452192645049651735466775699295718989690470
902730288544945416699791992948038254980285946029052763145580316514
066229171223429375806143993484914362107993576737317948964252488813
720435579287511385856973381976083524423240466778020948399639946684
833774706725483618848273000648319163826022110555221246733323184463
005504481849916996622087746140216157021029603318588727333298779352
570182393861244026868339555870607758169954398469568540671174444932
479519572159419645863736126915526457574786985964242176592896862383
506370433939811671397544736228625506803682664135541448048997721373
174119199970017293907303350869020922519124447393278376156321810842
898207706974138707053266117683698647741787180202729412982310888796
831880854367327806879771659111654224453806625861711729498038248879
986504061563975629936962809358189761491017145343556659542757064194
408833816841111166200759787244137082333917886114708228657531078536
674695018462140736493917366254937783014074302668422150335117736471
853872324040421037907750266020114814935482228916663640782450166815
341213505278578539332606110249802273093636740213515386431693015267
460536064351732154701091440650878823636764236831187390937464232609
021646365627553976834019482932795750624399645272578624400375983422
050808935129023122475970644105678361870877172333555465482598906861
201410107222465904008553798235253885171623518256518482203125214950
700378300411216212126052726059944320443056274522916128891766814160
639131235975350390320077529587392412476451850809163911459296071156
344204347133544720981178461451077872399140606290228276664309264900
592249810291068759434533858330391178747575977065953570979640012224
092199031158229259667913153991561438070129260780197022589662923368
154312499412259460023399472228171056603931877226800493833148980338
548909468685130789292064242819174795866199944411196208730498064385
006852620258432842085582338566936649849720817046135376163584015342
840674118587581546514598270228676671855309311923340191286170613364
873183197560812569460089402953094429119590295968563923037689976327
462283900735457144596414108229285922239332836210192822937243590283
003884445701383771632056518351970100115722010956997890484964453434
612129224964732356126321951155701565824427661599326463155806672053
127596948538057364208384918887095176052287817339462747644656858900
936266123311152910816041524100214195937349786431661556732702792109
593543055579732660554677963552005378304619540636971842916168582734
122217145885870814274090248185446421774876925093328785670674677381
226752831653559245204578070541352576903253522738963847495646255940
378924925007624386893776475310102323746733771474581625530698032499
033676455430305274561512961214585944432150749051491453950981001388
737926379964873728396416897555132275962011838248650746985492038097
691932606437608743209385602815642849756549307909733854185583515789
409814007691892389063090542534883896831762904120212949167195811935
791203162514344096503132835216728021372415947344095498316138322505
486708172221475138425166790445416617303200820330902895488808516797
258495813407132180533988828139346049850532340472595097214331492586
604248511405819579711564191458842833000525684776874305916390494306
871343118796189637475503362820939949343690321031976898112055595369
465424704173323895394046035325396758354395350516720261647961347790
012327995264929045151148307923369382166010702872651938143844844532

6395173941101311525027504657493430637665418661289152644469262222884
3662994627324679587363835019371427864713980540382155134632237020 71
5331348870831741465914924063594930209211220526103123906829413456 96
7859585183934913823408842743124190991528708043328091329930789368 67
1274139228900330699958759218152976124824091169515877899640903525 77
3459382482320530555672380950222667904396142318529919891810655544 12
4772045085102100715223523427925312669301082706339423217625700763 23
1391593497099469332410139087791616512268044148097656189797350431 51
3960669132583790337486208366954750832803187867077511775256639634 79
2592197335779495554986552141933981702686399873883470102552620523 12
3172152540625716367712700107609122815283265089843595689759610383 72
1577268311707345522501941217015413187936518185020208773269061335 92
1820007623272695032838273912438281981708711681089511878967467070 73
3778695925655427133400523267060400043488434329027603604980278621 60
7494696549892104744439278719345367017986739208038456337233119838 55
8626380085163455971944419943446247611238446176157362420159350785 20
8256006041015568898995017325543372980735616998611019084720966007 08
3202805699170425901038769286583365577287586842504926903709342620 28
0223998618034002113207421986429173836791762328264446457563303365 56
7773748086441099691418277742534170109884358531893391759345115740 23
8472929090154685591637926961968410006765983997449720472878818312 00
2333832980305678654808714764645128242644782166442666167320960125 64
7945148271256713266970673671446177956437523917429285039870225837 34
0698523091904649672602434112703456111141498357839017934997137909 13
6967064976371272484666132799082543054492955285949327938183416078 27
0913266808656559211027337467001325834287152408356615221655749984 31
2362782871066494015646701419437138238634547296069786933359731095 37
1264994162826564637084905801515382053383265112895049385664687529 21
1359322202656818564182608275387900024079158926460284908949222999 66
1674377313477761341509652624483327093438984120569261451088578122 49
1396169125342029181398986839013357958576244351940089439551805547 46
5540000517662402028259448288338118863817495942848920135200909510 07
8649418682560092739776675856425983785874977766695633501707485790 27
2487013702642032839657563480108183561823721770822364231865915958 83
6694873224117265044872683923284530109916775183768315998212632371 23
8543573126812024451754018521326637405388029012497281808950215531 00
6735981844304291052884593230647255904423559605519788393259303395 72
9346630551604309237856772292935372084166931345752840118737468546 91
6206489911647269094289829710656068018058078436004618662235628745 91
3851859044162506632222495614487244138138497637971026760208455318 24
1119639279410696194654264800067617276181156300636443211162248373 79
1056236113588363345501022861705178904405704195778598333484633179 21
9044946529230214692597565663899658937477287513933771055698024557 57
4361905017724662145875923744186575300649980566883769642298255011 95
0658378431252321353093712352439691496623101103282435700657814876 77
2991609411539540633627524237129355499267134850315782388995675452 87
9155784204831057493300601979582077395585228073070489509362355507 69
8378819263571417793387502163443910141875767119389144162771096028 59
4158097199134293132951459243736364564730350373745385034892861131 41
6380947523017450887848856457412750033533034161380965600431058605 48
3557739466250332300343415878146346021692350792161110131489482818 95
3910289168163287093097131841398154276788180676286509780857182621 17
0031400033773015815363341490932370347036375133545376345210503709 95
4529420552320788174493709376770560093063536455109134816273782049 85
6570556087842119640399723445564586076895155696868993848964391952 25
2323097033010372772277108705649129661210614940727824420334140574 41
4464599682369661188784116562903551178399440709617725671649197901 68

1952345238074462998776648248737533130181427639105192346850819790001
7965199070504908652374428416527766114253515386651627813160909648O2
801234493372427866930894827913465443931965254154829494577875758599
482099181824522449312077768250830768282335001597040419199560509705
364696473142448453825888112602753909548852639708652339052941829691
802357120545328231809270356491743371932080628731303589640570873779
967845174740515317401384878082881006046388936711640477755985481263
907504747295012609419990373721246201677030517790352952793168766305
099837441859803498821239340919805055103821539827677291373138006715
339240126954586376422065097810852907639079727841301764553247527073
788764069366420012194745702358295481365781809867944020220280822637
957006755393575808086318932075864444206644691649334467698180811716
568665213389686173592450920801465312529777966137198695916451869432
324246404401672381978020728394418264502183131483366019384891972317
817154372192103946638473715630226701801343515930442853848941825678
870721238520597263859224934763623122188113706307506918260109689069
251417142514218153491532129077723748506635489170892850760234351768
218355008829647410655814882049239533702270536705630750317499788187
009989251020178015601042277836283644323729779929935160925884515772
055232896978333126427671291093993103773425910592303277652667641874
842441076564447767097790392324958416348527735171981064673837142742
974468992320406932506062834468937543016787815320616009057693404906
146176607094380110915443261929000745209895959201159412324102274845
482605404361871836330268992858623582145643879695210235266673372434
423091577183277565800211928270391042391966426911155333594569685782
817020325495552528875464466074620294766116004435551604735044292127
916358748473501590215522120388281168021413865865168464569964810015
633741255098479730138656275460161279246359783661480163871602794405
482710196290774543628092612567507181773641749763254436773503632580
004042919906963117397787875081560227368824967077635559869284901628
768699628053790181848148810833946900016380791075960745504688912686
792812391148880036720729730801354431325347713094186717178607522981
373539126772812593958220524289991371690685650421575056729991274177
149279608831502358697816190894908487717722503860872618384947939757
440664912760518878124233683125467278331513186758915668300679210215
947336858591201395360301678110413444411030903388761520488296909104
689167671555373346622545575975202624771242796225983278405833585897
671474205724047439720232895903726148688388003174146490203843590358
527993123871042845981608996101945691646983837718267264685264869172
948414153004604004299585035164101899027529366867431834955447458124
140190754681607770977920579383895378192128847409929537040546962226
547278807248685508046571043123854873351653070570784584243335550958
221912862797205455466267099131902370311779690892786623112661337671
178512943059323281605826535623848164192144732543731002062738466812
351691016359252588256806438946389880872735284406462208149513862275
239938938734905082625472417781702582044129853760499827899020083498
387362992498125742354568439023012261733665820546785671147973065077
035475620567428300187473019197310881157516777005071432012726354601
912460800451608108641835539669946936947322271670748972850464195392
966434725254724357659192969949061670189061433616907056148280980363
243454128229968275980226694045642181328624517549652147221620839824
594576613342710564957193564431561774500828376935700995419541839029
151033187933907614207467028867968594985439789457300768939890070073
924697461812855764662265412913204052279071212820653775058280040897
163467163709024906774736309136904002615646432159560910851092445162
454420141442641660181385990017417408244245378610158433361777292580
611159192008414091888191208858207627011483671760749046980914443057

2622211045833007893316981916039171506227929862827094462759150096832
2263450737254513668581724834984700808401638682097263713452054398 02
2778663372932908299140106455897616974559784092114091676840202693 70
2292317433344999869018415108889931651250900011637191149948520248 21
5863962162949817530946230476048323993793910021425329964762351635 69
0094450860580912024599046121186233182786144647277955232186359165 51
8830579306577033314985100683571356243418818844057800288440181290 31
3786537948696146304677269145529536901541670258380324778422724179 94
5136535822609716525883567121335195468383353498015032693597981674 63
2318476283063405883247312289512579442676398779467131210427633808 72
6957386093146315391485487925140288850251897880760238389956156848 50
3919958550292560541767676631453540584962967967813494201160033258 74
4314387462483138502149804016819407956872192684626172874034809679 31
9499656042991902818105976032632517464050164546062667655290106398 68
7036682632990505777062663978684535843840576732982681634486467074 39
9909175040188923192675575183540549560177329071272191345775249057 71
5127733584233140083560809269622988941630472877800547437984985455 62
8707299684073829372186238317665247160909671920072376589422618655 0
4875526145578558987730087032347264183848310403948187436162244552 86
1632876285411759464604970277244907992751464457929825498022586010 01
7724378401677231668020041625472441794155478105541780367735533544 67
0303264696194475608128319330956796855827719320312059416166939020 49
6653521896728226719726400294933073847175447537619370178829763824 87
2333618134994145416947365492548406337936743615410815934649604316 03
5443547377288023610477431153307851599029777714996102746277697596 12
4888794486098633494228528476513102779262797439819576175055913009 93
3773682405109025837593451700153405222661440772370508900444966132 95
8595360205560340094928209438629946188347909328941610988565949542 13
1143356088102394237060871080264659132035601218759337916396664372 82
8367523283916888653737513357948598601075693748896456571872925404 48
5086244499478162738425172293439601372124062867836366758453319047 43
9547406640152608719409157439552827739043038687727282620656631293 87
4598753177499737992930432943717638018562800611416195639424143122 54
3970991635651028483157654270379068371757648702300523881974987466 36
8562926550582228877132217814404895380996810721430123946935309315 24
0540812157054022744145218765419014283867442600118890417245705374 70
7555505816328316872471102203537271661123048573404608792725016947 01
0678311789270955272532221252224361673343366384756590949728221809 418
6840742383515678688934211482039058242224324264643630201441787982 022
1162484716574682911463154075637702227401358411090760784647800701 82
7663362279781045463311312940448335701348695851652674595151876800 33
3955224105481817678677721527982702501171958165776035497329237247 32
0678536902575362339712168843908788792621882023055299371323971943 33
0835362312488703864161943615065295512673342071985022597714086381 22
0159808943635618085970100800816225574550391013219819790455200496 18
5837777210480466355338066165170235950971332036315789456444878009 45
6203697849734599020046068865727018658677578427585306457066171271 94
9673710839506032675015324359090294915169737381108979347822976841 00
1176579870981857251313722677497066092504818768355160037146386859 18
9130117368052187432654260637007105953644250627604582523368805525 21
1815664175534306811815482678441693152844084610875882143176416498 35
6631275187281829486556585242068522218307553061183933269341644594 15
3426517786533979805808281588063007499528975582046866125908536787 38
6033184429055106897786984177356031181116775638725899115168032365 47
0029879896289861810145964713079161443695646909095187885743988217 30
5838849808095230775693588516160277195214889983586323231273089098 61
5607773860069840352678267853872159209362558178898134162474864564 33

e के पहले दस लाख अंक

2110431948214212997931881046363995414965394415013838687483848070224
6818293918603195986679623634893092830878407124004310227061375913 68
0565188613134583079907050036075883272488678793240933800718641528 53
3179435350734018911936385467300006604537837844724692888305469790 00
1312489521004469490320588382949236139192843052491678330129801922 55
1570503785218105529616236375236479626857516600665393641422730630 01
6486526138918422435017974559936167940633035221118290715975388218 39
7775528129815385701687022026202746786479166440307290184454979563 99
8448368078519970882014077691992616749911483298218543827189462821 65
3870648585886462216114103435703428788629790834188716062144300145 33
2750297151046731560210000438695105837737797660034608876248616409 38
6452521779352899475784962552439255986205214090523462508478304870 46
4926883132894705538913572907069675995562985866695597216865060520 72
8013421043557627791840217976266564845802615914071734770090394751 68
0177099001293911378812485342559493128666534650337288463906499684 60
6447419075243133239034049081952330443895590605478549546202632566 76
8132624359250202495162756070809004364604214970256914885552650228 10
3277621158422824332695286291376626754819935461181439133675797001 41
2558701433194347640357253769143888996830882628446164255750340014 28
9825576203863643841379065196129177773541836946762329829049812617 17
6761915542925704384322399184822617443504701991712582146876831726 46
0789596905699813532644359739651734733194847987580641379268854135 52
5232757204573294772157068500169500469597583893735275386226649434 56
4370716105115216171762375980509005532321548960628177943022686405 79
5558457306005983764827033398594200985823514001795071045690191913 59
0623041023367980809072401963126752689163621363510326480772329149 50
8591512658121438233710729491480884723552863941959934556841563445 77
9517270333742381299032601981605719711839506627582203218371360597 18
0259408706155347131044822727168483955241059136059198124449784581 10
8545112316681735348382537248253476367775817128672058651482853172 73
5690698399351107634320913197803140316588973796283011784098064101 75
0165110729329078321774875662893106503838060933728413992267333847 78
2033020207005171889417064651462383667206327426443366121740117669 14
9192355709056448030163422943018376552631084501725103075409426044 09
6870662880662659005690824514076325991581644993614551724520570204 43
0937223055502172222997062097492686097627874096264487720560430786 34
8088857091434647932415362143031999656956107535704172072853342501 71
3255588181132955040952178301394652164365942629607685705856985071 57
1513172629289600725876015648405560886131654118359586287106654962 82
5995351271932446357910465543891651509541873060710150344306095823 02
2574559749442750676309263225299663382193952029279179732470945596 91
0164029836830804263099104815675036235096549243025895752735214124 45
1495424629722585101207078021101881067223479725793306531877134384 66
7138075463834716354288549576109428418986017946587214444951988015 50
8040425064521914849899204000073106723699446552460209087678823000 64
3377256573850109698990581912909570798666994537650804079178524382 22
0410705992788892677457520842875263779867303605612307107239225815 04
7813791727312612348783340344738335736019732359466042737046352013 27
1825924109060400976385858577169584195631095777485295798368447568 03
1218748182028339418870763117316152898117564297113341814972180780 40
4650776572044570828594174751149261793673799992201817893994333377 31
1469119707378610419639864221660455889656832067013375057450388721 11
3324367398402841886391476334916951140325834758415141703256901617 84
9314557069041698580502177984976370147589148105432058549141006622 01
7217197268789300121012674812702359408551626016894251114584996583 15
5896604600915257978816703846259053832569205204257913789488275796 03
2780775354668614418268277976512589535637614859944850497066384062 66

e के पहले दस लाख अंक

1219571419110632460617741805772123816598724724322529690985336284407990300075945462815492355060864815579289619696170607152015898252997728035200026108888141765066362169059280215164291984840774461436178914151915179765378482826870187500302648676084332046585254705558824102546548060404373727718347690147206642344343742555141291785030324712634180765251878029255347740011048539969605499265080939106913376148418348884596365621526610332239417467064368340504749943339802285610313083038484571294767389856293937641914407036507544622061186499127249643799875806537850203753189972618014404667793050140301580709266213229273649718653952866567538572115133606114457222800851183757899219543063413692302293139751143702404830227357629039911794499248480915071002444078482866598579406525539141041497342780203520135419925977628178182825372022920108186449448349255421793982723279357095828748597126780783134286180750497175747373730296280477376908932558914598141724852658299510882230055223242218586191394795184220131553319634363922684259164168669438122537135960710031743651959027712571604588486044820674410935215327906816032054215967959066411120187618531256710150212239401285668608469435937408158536481912528004920724042172170913983123118054043277015835629513656274610248827706488865037765175678806872498861657094846665770674577000207144332525555736557083150320019082992096545498737419756608619533492312940263904930982014700371161829485939931199955070455381196711289367735249958182011774799788636393286405807810818657337668157893827656450642917396685579555053188715314552353070355994740186225988149854660737787698781542360397080977412361518245964026869979609564523828584235953564615185448165799966460648261396618720304839119560250381111550938420209894591555760083897989949964566262540514195610780090298667014635238532066032574466820259430618801773091109212741138269148784355679352572808875543164693077235363768226036080174040660997151176880434927489197133087822951123746632635635328517394189466510943745768270782209928468034684157443127739811044186762032954475468077511126663685479944460934809992951875666499902261686019672053749149951226823637895865245462813439289338365156536992413109638102559114643923805213907862893561660998836479175633176725856523591069520326895990054884753424160586689820067483163174286329119633399132709086065074595260357157323069712106423424081597068328707624437165532750228797802598690981111226558888151520837482450034463046505984569690276166958278982913613535306291331427881888249342136442417833519319786543940201465328083410341785272489879050919932369270996567133507711905899945951923990615156165480300145359212550696405345263823452155999210578191371030188979206408883974767667144727314254467923500524618849237455307575734902707342496298879996942094595961008702501329453325358045689285707241207965919809225550560061971283541270202072583994171175520920820151096509526685113897577150810849443508285458749912943857563115668324566827992991861539009255871716840495663991959154034218364537212023678608655364745175654879318925644085274489190918193411667583563439758886046349413111875241038425467937999203546910411935443113219136068129657568583611774564654674861061988591414805799318725367531243470335482637527081353105570818049642498584646147973467599315946514787025065271083508782350656532331797738656666181652390017664988485456054961300215776115255813396184027067814900350252876823607822107397102339146870159735868589015297010347780503292154014359595298683404657471756232196640515401477953167461726208727304820634652469109953327375561090578378455945469160223687689641425960164689647106348074109928546482353083540132332924864037318003195202317476206537726163717445360549726690601711176761047774971666890152163838974311714180622222345718567941507299526201086205084783127

474791909996889937275229053674785020500038630036526218800670926674
104806027341997756660029427941090400064654281074454007616429525362
460261476180471744322889953285828397762184600967669267581270302806
519535452053173536808954589902180783145775891280203970053633193821
100095443241244197949192916205234421346395653840781209416214835001
155883618421164283992454027590719621537570187067083731012246141362
048926555668109467076386536083015847614512581588569610030337081197
058344452874666198891534664244887911940711423940115986970795745946
337170243268484864632018986352827092313047089215684758207753034387
689978702323438584381125011714013265769320554911860153519551654627
941175593967947958810333935413289702528893533748106257875620364294
270257512121137330213811951395756419122685155962476203282038726342
066227347868223036522019655729325905068134849292299647248229359787
842720945578267329975853818536442370617353517653060396801087899490
506654491544577952166038552398013798104340564182403396162494910454
712104839439200945914647542424785991096900046541371091630096785951
563947332190934511838669964622788855817353221326876634958059123761
251203010983867841195725887799206041260049865895027247133146763722
204388398558347770112599424691208308595666787531942465131444389971
195968105937957532155524204659410081418351120174196853432672343271
868099625045432475688702055341969199545300952644398446384346598830
418262932239295612610045884644244285011551557765935780379565026806
130721758672048541797157896401554276881090475899564605488362989140
226580026134158039480357971019004151547655018391755772677897148793
477372747525743898158705040701968215101218826088040084551332795162
841280679678965570163917067779841529149397403158167896865448841319
046368332179115059107813898261026271979696826411179918656038993895
418928488851750122504754778999508544083983800725431468842988412616
042682248823097788556495765424017114510393927980290997604904428832
198976751320535115230545666467143795931915272680278210241540629795
828828466355623580986725638200565215519951793551069127710538552661
926903526081367717666435071213453983711357500975854405939558661737
828297120544693182260401670308530911657973113259516101749193468250
063285777004686987177255226525708428745733039859744230639751837209
975339055095883623642814493247460522424051972825153787541962759327
436278819283740253185668545040893929401040561666867664402868211607
294830305236465560955351079987185041352121321534713770667681396211
443891632403235741573773787908838267618458756361026435182951815392
455211729022985278518025598478407179607904114472041476091765804302
984501746867981277584971731733287305281134969591668387877072315968
334322509070204019030503595891994666652037530271923764252552910347
950343816357721698115464329245608951158732012675424975710520894362
639501382962152214033621065422821876739580121286442788547491928976
959315766891987305176388698461503354594898541849550251690616888419
122873385522699976822609645007504500096116866129171093180282355042
553653997166054753907348915189650027442328981181709248273610863801
576007240601649547082331349361582435128299050405405333992577071321
011503713898695076713447940748097845416328110406350804863393555238
405735580863718763530261867971725608155328716436111474875107033512
913923595452951407437943144900950809932872153235195999616750297532
475931909993801296864037978355355907135570836994731192353853105173
669154087312467233440702525006918026747725078958903448856673081487
299464807786497709361969389290891718228134002845552513917355978456
150353144603409441211512001738697261466786933733154341007587514908
295822756919350542184106448264951943804240543255345965248373785310
657979037977505031436474651422484768831323479762673689855474944277
949916560108528257618964374464656819789319422077536824661110427671

615409802610781691689418764353363449482900125929366840591370059526
914934421861891742142561071896846626335874414976973921566392767687
72014515330224185312530844272724577116150555019076276250016522166
27479625742442542054678576747819095948650057571101264847833741198
041625940813327229905891486422127968042984725356237202887830051788
539737909455265135144073130049869453403245984236934627060242579432
56366064059754947123909237245812615458252667304702319359866523378
85624422918827843644043462809488828871210198642736370461639297485
616780079779959696843367730352483047478240669928277140069031660709
951473154191919911453182543906294573298686613524886500574780251977
60744266079830029157303052319905218571862854368757860915726925232
573171665625274275808460620177046433101212443409281314659760221360
416223031167750085960128475289259463348312408766740128170543067985
261868949895004918275008304998926472034986965363326210919830621495
095877228260815566702155693484634079776879525038204442326697479264
829899016938511552124688935873289878336267819361764023681714606495
18550878059663535469788205094762016350757090024201498400967867845
405354130050482404996646978558002628931826518708714613909521454987
992300431779500489569529280112698632533646737179519363094399609176
354568799002814515169743717518330632232942199132137614506411391269
837128970829395360832883050256072727563548374205497856659895469089
938558918441085605111510354367477810778500572718180809661542709143
010161515013086522842238721618109043183163796046431523184434669799
904865336375319295967726080853457652274714047941973192220960296582
500937408249714373040087376988068797038047223488825819819025644086
847749767508999164153502160223967816357097637814023962825054332801
828798160046910336602415904504637333597488119998663995617171089911
809851197616486499233594328274275983382931099806461605360243604040
848379619072542165869409486682092396143083817303621520642297839982
533698027039931804024928814430649614747600087654305571672697259114
631990688823893005380061568007730984416061355843701277573463708822
073792921409548717956947854414951731561828176343929570234710460088
230637509877521391223419548471196982303169544468045517922669260631
32749827522090632900327997293290682720464765036696976522736454190
031639887433042226322021325368176044169612053532174352764937901877
252263626883107879345194133825996368795020985033021472307603735442
346871647223795507794130304865403488955400210765171630884759704098
33130610951029414086557407107460401937347718815339902047036749084
359309086354777210564861918603858715882024476138160390378532660185
842568914109194464566162667753712365992832481865739251429498555141
512136758288423285957759412684479036912662015308418041737698963759
002546999454131659341985624780714434977201991702665380714107259910
648709897259362243300706760476097690456341576573395549588448948093
604077155688747288451838106069038026528318275560395905381507241627
615047252487759578650784894547389096573312763852962664517004459626
327934637721151028545472312880039058405918498833810711366073657536
918428084655898982349219315205257478363855266205400703561310260405
145079325925798227406012199249391735122145336707913500607486561657
301854049217477162051678486507913573336334257685988361252720250944
019430674728667983441293018131344299088234006652915385763779110955
708000600143579956351811596764725075668367726052352939773016348235
753572874236648294604770429166438403558846422370760111774821079625
901180265548868995181239470625954254584491340203400196442965370643
08866092526881154959629116616861203619531925326266271108142149856
132646467211954801142455133946382385908540917878668826947602781853

526581685003052301877096152411653980646785444273124462179491306502
631062903402737260479940181929954454297256377507172705659271779285
537195547433852182309492703218343678206382655341157162788603990157
495208065443409462446634653253581574814022471260618973060860559065
082163068709634119751925774318683671722139063093061019303182326666
420628155129647685313861018672921889347039342072245556791239578260
248978371473556820782675452142687314252252601795889759116238720807
580527221031327444754083319215135934526961397220564699247718289310
588394769170851420631557192703636345039529604362885088555160008371
973526383838996789184600327073682083234847108471706160879195227388
252347506380811606090840124222431476103563328940609282430125462013
806032608121942876847907192546246309055749298781661271916548229644
317263587524548607563020667656942355342774617635549231817456159185
668061686428714964129290560130053913469569829490891003991259088290
348791943368696942620662946948514931472688923571615032405542263391
673583102728579723061998175868700492227418629077079508809336215346
303842967525604369606110193842723883107587771653594778681499030978
765900869583480043137176832954871752604714113064847270887246697164
585218774442100900090916189819413456305028950484575822161887397443
918833085509908566008543102796375247476265353031558684515120283396
640547496946343986288291957510384781539068343717740714095628337554
413567955424664601335663617305811711646062717854078898495334329100
315985673932305693426085376230981047171826940937686754301837015557
540822371538037838383342702379535934403549452173960327095407712107
332936507766465603712364707109272580867897181182493799540477008369
348889220963814281561595610931815183701135104790176383595168144627
670903450457460997444500166918675661035889313483800512736411157304
599205955471122443903196476642761038164285918037488354360663299436
899730090925177601162043761411616688128178292382311221745850238080
733727204908880095181889576314103157447684338100457385008523652069
340710078955916549813037292944462306371284357984809871964143085146
878525033128989319500645722582281175483887671061073178169281242483
613796475692482076321356427357261609825142445262515952514875273805
633150964052552659776922077806644338105562443538136258941809788015
677378951310313157361136026047890761945591820289365770116416881703
644242694283057457471567494391573593353763114830246668754727566653
059819746822346578699972291792416156043557665183382167059157867799
311835820189855730344883681934418305987021880502259192818047775223
884407167894780414701414651073580452021499197980812095692195622632
313741870979731320870864552236740416185590793816745658234353037283
309503729022429802768451559528656923189798000383061378732434546500
582722712325031420712488100290697226311129067629080951145758060270
806092801504406139446350643069742785469477459876821004441453438033
759717384777232052065301037861326418823586036569054773343070911759
152582503029410738914441818378779490613137536794654893375260322906
277631983337976816641721083140551864133302224787118511817036598365
960493964571491686005656771360533192423185262166760222073368844844
409234470948568027905894191829969467724456269443308241243846160408
284006424867072583661011433404214473683453638496544701067827313169
538435919120440283949541956874453676459875488726170687163109591315
801609722382049772577307454562979127906177531663252857205858766376
754282917933549923678212008601904369428956102301731743150352204665
675088491593025926618816581008701658499456495586855628208747248318
351516339189292646558880593601275151838235485893426165223086697314
511412035659916934103076974774451947043836739600076578628245472064
617380804602903639144493859012422380173377038154675297645596518492
676039300171943042511794045679862114630138402371099347243455794730

048929825402680821621522346560274258486595687074510352794291633405
915025075992398611224340312056999780516223878772230396359709132856
830486160362127579561601328561866388146004722200580017580282279272
167842720649966956840905752590774886105493806116954293569077377792
821084159737469613143291808510446953973485067590503662391722108732
333169909603363771705474725026941732982890400239372879549386540463
828596742216318201530139629734398479588628632934746650690284066719
018081265539973675916799759010867483920062877888531102781695087545
740384607594616919584610655963327283485609570305572502494416337066
573150237126843581984154103154401008430380631442183776750349813408
169325201240813452285974626715177152223063741359255747513535160669
108359443999692315898156732033027129284241219651936303734407981204
656795322986357374589031654007016472204989445629050395873788912680
565516464274460174738175296313458739390484560414203426465560422112
239134631023161290836446988901247285192778589195228773637440432659
264672239982186452797664826673070168802722052338600372842903155828
454593854349099449420750911108532138744823216151007808922516285123
275724355101999038195993350032641446053470357293073912578481757987
468353429629749652545426864234949270336399427519354240001973125098
882419600095766257217621860474573769577649582201796258392376391717
855799468922496750179251915218219624653575570564228220399546682648
329822996167217080156801080799777126517156274295763666959661983507
435667132218383358509536665806605597148376773866922551603463644386
269977295750658468929599809168949981898588529537874489519527097766
262684177088590284321676352132630838812766335363319004134332844347
630067982023716933653652880580156390360562722752187272454764258840
995216482554453662083811789117725225682611478014242896970967121967
502094421226279437073328703410646312100557376727450271638975234111
426287828736758358819056742163061523416789476056879277154789714326
222041069587947186435439940738639948986836168919377836648327137363
654676901173760246643082285362494712605173293777247276797635865806
019396287718060679122426813922872134061694882029506831654589707623
668302556167559477498715183426989208952182644710514911419441192277
010977616645850068963849426165593473112961064282379048216056210094
265076173838082479030510998790719611852832556787472942907151041468
948104916751035295897242381802288151276582257190705537652455285511
598636421244284176256230139538669970308943645907600684938040875210
854159851278070333207779865635907968462191534944587677170063778573
171211036517486371634098385626541555573292664616402279791195975248
525300376741774056125700303625811704838385391207273191845064713669
122576415213769896260940351804147432053600369234179035440735703058
314741623452840188940808983125191307741823338981880316339159565954
543405777784331681162551898060409183018907512170192983622897099598
983405484962284289398469847938668614293324543983592637036699355184
231661615244505980576745765335552338715678211466689996845227042954
589710922163652573965950289645637766038988037941517917867910675199
009966139206238732318786758420544279396366759104126821843375015743
069045967947046685602358283919759975285865384338189120042853787549
302768972168199113340697282255535300044743958830079799736518459131
437946494086272149669719100359399974735262764126125995350902609540
048669398955899487421379590802893196914845826873123710180229775301
190684280440780938156598081694611679374425663244656799606363751546
304833112722231812338371779800439731087402647536582575657351059978
314264831879619843765495877803685261751835391844920488198629786329
743136948511780579298636452193232481339393090754566368038513630619
718033957979522539508697432546502659123585049283028832934489284591
373621624852528877442891851104093746333590660233239711922814450735

588373324057814862662207486215513375036775585494138678352928273109
003823116855374520901095101174796663003330352534143230024288248051
396631446632656081582045216883922312025671065388459503224002320453
633895521539919011035217362720909565500846486605368975498478995875
596103167696587161281951919668893326641203784750417081752273735270
989343717167642329956935697166213782736138899530515711822960896394
055380431939398453970864418654291655853168697537052760701061488025
700785387150835779480952313152747735711713643356413242974208137266
896149109564214803567792270566625834289773407718710649866150447478
726164249976671481383053947984958938064202886667951943482750168192
023591633247099185942520392818083953020434979919361853380201407072
481627304313418985942503858404365993281651941497377286729589582881
907490040331593436076189609669494800067194371424058105327517721952
474344983414191979918179909864631583246021516575531754156198940698
289315745851842783390581029411600498699307751428513021286202539508
732388779357409781288187000829944831476678183644656510024467827445
695591845768068704978044824105799710771577579093525803824227377612
436908709875189149049904225568041463131309240101049368241449253427
992201346380538342369643767428862595140146178201810734100565466708
236854312816339049676558789901487477972479202502227218169405159042
170892104287552188658308608452708423928652597536146290037780167001
654671681605343292907573031466562485809639550080023347676187068086
526878722783177420214068980703410506200235273632267291964034093571
225623659496432076928058165514428643204955256838543079254299909353
199329432966018220787933122323225928276556048763399988478426451731
890365879756498207607478270258861409976050788036706732268192473513
646356758611212953074644777149423343867876705824452296605797007134
458987594126654609414211447540007211790607458330686866231309155780
005966522736183536340439991445294960728379007338249976020630448806
064574892740547730693971337007962746135534442514745423654662752252
624869916077111131569725392943756732215758704952417232428206555322
808868670153681482911738542735797154157943689491063759749151524510
096986573825654899585216747260540468342338610760823605782941948009
334370046866568258579827323875158302566720152604684361412652956519
894291184887986819088277339147282063794512260294515707367105637720
023427811802621502691790400488001808901847311751199425460594416773
315777951735444490965752131026306836047140331442314298077895617051
256930051804287472368435536402764392777908638966566390166776625678
575354239947427919442544664643315554138265543388487778859972063679
660692327601733858843763144148113561693030468420017434061395220072
403658812798249143261731617813894970955038369479594617979829257740
992171922783223006387384996138434398468502234780438733784470928703
890536420557474836284616809363650973790900204118525835525201575239
280826462555785658190226958376345342663420946214426672453987171047
721482128157607275305173330963455909323664528978019175132987747952
929099598069790148515839540444283988381797511245355548426126784217
797728268989735007954505834273726937288386902125284843370917479603
207479554080911491866208687184899550445210616155437083299502854903
659617362726552868081324793106686855857401668022408227992433394360
936223390321499357262507480617409173636062365464458476384647869520
547719533384203403990244761056010612777546471464177412625548519830
144627405538601855708359981544891286863480720710061787059669365218
674805943569985859699554089329219507269337550235821561424994538234
781138316591662683103065194730233419384164076823699357668723462219
641322516076261161976034708844046473083172682611277723613381938490
606534404043904909864126903479263503943531836741051762565704797064
478004684323069430241749029731181951132935746854550484711078742905

4998706003739831137615448081890676207534245269934437557194466654534
5240882872675377591970745262863228402196295572479329871328524799944
638938924943286917770190128914220188747760484939855471168524810559
991574441551507431214406120333762869533792439547155394213121021954
430556748370425907553004950664994802614794524739012802842646689229
455664958621308118913500279654910344806150170407268010067948926855
360944990373928383520627992820181576427054962997401900837493444950
600754365525758905546552402103412862124809003162941975876195941956
592556732874237856112669741771367104424821916671499611728903944393
665340294226514575682907490402153401026923964977275904729573320027
982816062130523130658731513076913832317193626664465502290735017347
656293033318520949298475227462534564256702254695786484819977513326
393221579478212493307051107367474918016345667888107821011518263144
878755138027101379868751299375133303843885631415175908928986956197
561123025310875057188962535763225834275763348421016668109884514141
469311719314272028007223449941999003964948245457520704922091620614
222912795322688239046498239081592961111003756999529251250673688233
852648213896986384052437049402152187547825163347082430303521036927
849762517317825860862215614519165573478940019558704784741658847364
803865995119651409542615026615147651220820245816010801218275982577
477652393859159165067449846149161165153821266726927461290533753163
055654440793427876550267301214578324885948736899073512166118397877
342715872870912311383472485146035661382188014840560716074652441118
841800734067898587159273982452147328317214621907330492060817440914
125388918087968538960627860118193099489240811702350413554126823863
744341209267781729790694714759018264824761112414556423937732224538
665992861551475342773370683344173073150805440138894084087253197595
538897613986400165639906934600670780501058567196636796167140097031
535132386972899001749862948883362389858632127176571330142071330179
992326381982094042993377790345261665892577931395405145369730429462
079488033141099249907113241694504241391265397274078984953073730364
134893688060340009640631540701820289244667315059736321311926231179
142794944897281477264038321021720718017561601025111179022163703476
297572233435788863537030535008357679180120653016668316780269873860
755423748298548246360981608957670421903145684942967286646362305101
773132268579232832164818921732941553151386988781837232271364011755
881332524294135348699384658137175857614330952147617551708342432434
174779579226338663454959438736807839569911987059388085500837507984
051126658973018149321061950769007587519836861526164087252594820126
991923916722273718430385263107266000047367872474915828601694439920
041571102706081507270147619679971490141639274282889578424398001497
985658130305740620028554097382687819891158955487586486645709231721
825870342960508203415938806006561845735081804032347750084214100574
577342802985404049555529215986404933246481040773076611691605586804
857302606467764258503301836174306413323887707999698641372275526317
649662882467901094531117120243890323410259937511584651917675138077
575448307953064925086002835629697045016137935696266759775923436166
369375035368699454550392874449940328328128905560530091416446608691
247256021455381248285307613556149618444364923014290938289373215312
818797541139219415606631622784836152140668972661027123715779503062
132916001988806369127647416567067485490795342762338253943990022498
972883660263920518704790601584084302914787302246651371144395418253
441269003331181914268070735159284180415100555199146564934872796969
351992963117195821262627236458009708099166752820365818699111948365
866102758375863322993225541477479210421324166848264953111826527351
008031659958888814809945737293785681411438021523876706455063233067
233939551964260397443829874822322662036352861302543796600943104500

158604854027036789711934695579989189112302233381602302236277726084
846296189550730850698061500281436425336666311433321645213882557346
329366870956708432252564333895997812402164189946978348320376011613
913855499933990786652305860332060641949298931012423081105800169745
975038516887112037747631577311831360002742502722451570906304496369
230938382329175076469684003556425503797106891999812319602533733677
437970687713814747552190142928586781724044248049323750330957002929
126630316970587409214456472022710796484778657310660832173093768033
821742156446602190335203981531618935787083561603302255162155107179
460621892674335641960083663483835896703409115513087820138723494714
321400450513941428998350576038799343355677628023346565854351219361
896876831439866735726040869511136649881229957801618882834124004126
142251475184552502502640896823664946401177803776799157180146386554
733265278569418005501363433953502870836220605121839418516239153709
790768084909674194289061134979961034672077354959593868862427986411
437928435620575955500144308051267664432183688321434583708549082240
014585748228606859593502657405750939203135881722442164955416889785
558265198046245527898343289578416968890756237467281044803018524217
706136533236073856228166664597654076844715963930782091017090763377
917711485205493367936868430832404126789220929930411890501756484917
499452393770674524578019171841679541825554377930299249277892416277
257788147974770446005423669346157135208417428211847353652367573702
352791459837645712257646122605628127852169580892808988394594406165
340521932514843306105322700231133680378433377389724881307874325614
952744243584753011150345103737688223837573804282007358586938044331
529253129961025096113761670187568525921208929131354473196308440066
835155160913925692912175784379179004808848023029304392630921342768
601226558630456913133560978156776098711809238440656353136182676923
761613389237802972720736243967239854144480757286813436768000573823
963610796223140429490728058551444771338682314499547929338131259971
996894072233847404542592316639781608209399269744676323921370773991
899853301483814622364299493902073285072098040905300059160091641710
175605409814301906444379905831277826625762288108104414704097708248
077905168225857235732665234414956169007985520848841886027352780861
218049418060017941147110410688703738674378147161236141950474056521
041002268987858525470689031657094677131822113205505046579701869337
769278257145248837213394613987859786320048011792814546859096532616
616068403160077901584946840224344163938313618742275417712170336151
163782359059685168880561304838542087505126933144171705880517278127
917564053282929427357971823360842784676292324980318169828654166132
873909074116734612367109059236155113860447246378721244612580406931
724769152219217409096880209008801535633471775664392125733993165330
324425899852598966724744126503608416484160724482125980550754851232
313331300621490042708542735985913041306918279258584509440150719217
604794274047740253314305451367710311947544521321732225875550489799
267468541529538871443696399406391099267018219539890685186755868574
434469213792094590683677929528246795437302263472495359466300235998
990248299853826140395410812427393530207575128774273992824866921285
637240069184859771126480352376025469714309316636539718514623865421
671429236191647402172547787238964043145364190541101514371773797752
463632741619269990461595895793940622986041489302535678633503526382
069821487003578061101552210224486633247184367035502326672749787730
470216165019711937442505629639916559369593557640005236360445141148
916155147776301876302136068825296274460238077523189646894043033182
148655637014692476427395401909403584437251915352134557610698046469
739424511797999048754951422010043090235713636892619493763602673645
072492900162675597083797995647487354531686531900176427222751039446

0996414393226725321086660479125989383519266944975535680969319626420
0140427883657026103904561051516117920186989006730270823841032802130
4874567200628397448287132982239575791054208192863081766319870482870
3886390699224618483239929026853924998123670914216134887815012340930
3879997760974336157509109925854684759230857253686136053567621469290
4242643239066267086028461633760515735990508698003142397353689284350
2949580994344654143161898064514808492926957494129033633734104809430
5794073212660124507966137894422084858405364460216165178855689693020
6851889508324767933004048516889344111258343965904222111527362762780
6723666658457575595854094862482616944802017917482230858350078622550
2163593251257683829249780904311020487089757150333309636515768045010
9660252155270803521038481761670044437405721312942528209895454562760
3443535757416736389801083105799316979179167182711458374352220263870
7718052502907916454147911736162531558407684955832881902935642012190
6336848540808659280951315050126029195625760329325128472504698819080
1464753243423638638602479439210151932351013901177899974835271864690
3460245542470283753000337254039100859976509876428328029084456620210
6783622672722927377802136524040288172170124909748994544308268617720
2393852508837607497421959426552173017333558513894074573481441615110
3808453580397402777950720518934871707229554276836558267067663139110
9722118115284665022233834909066765541683369079594094045764729409010
3543564092779693798420657388914819902253990223159133881458514872250
1265609275767958737592070139150292165137208511371975227343654584110
6220662816602563336320744499185114691744550622971460865787363135850
3890236625572854245160180804871678236888855753250662542623677026040
2158351601748519818854608600365976067432333464104719910275623586450
3417486317265563913206064077547794396713836538773776108283000199370
3597603704672457378809679398944937958296029107469016094512884565500
0714580918878795426418201453696599628426868823634958792770070252980
9609967989759419557352539142377824433027467082820087226020534152920
7358475829375224873779378991367646421537278435539862440158564886920
1016447816616029621135700566383479903340496238759410928867789202700
0775049515114057825652950150244849682047443797108729431085416845400
5130163109022671129519591405208275468664181373058379332361505991420
0452558802135584747515162678153094655412405240916638575512988948340
7974233228545041405273542350703359849645936995349596985542449782490
5869291791824150680530025533704127787034764462443292059068329018860
6924002223919187146031753996668774779601217906886233110029086683050
4317870093550669443891319133335863680374475306645024184371360308520
2885821217202312741670097403514315321318039780336802281542234901830
7374941179732544785941579621043787870721548140917251636154151633810
3889125885179242377272296034973055338409428899189191611862495805600
0735705272278749403212506454262063044694708042779459738171468103950
1928215506880791367012101099442207370246136871960314911623709679390
3546363964481390257117680577997517512989796670732926748864300973980
8148737807673637928867677811705205343677057315668958991815308257610
6065918437605050517042420932313587248166186838210266799709829664360
2247236448986489768571001736435473369556193476385981877568559123760
2325808493415705708634507334439766047803866784617115203251155282370
1614692006347135703833772298773213650288688688594340512057983869370
0027833123654274505322834626697864469207809440521385286533846279700
7480178724779884611460150776171162618007815579154723052147599430580
0066520427101171256741858602741888013779312799381537276926121140660
8101565214419035673339261166971404538120100408117601232705131637430
1544875717687615755549162366017628802206010686555241416193143126710
5355871548667478993986855108735762610069230213595808381452906422170
7929877487841615163494973097007943683050809556212645927953336906310

936594413261117944256602433064619312002953123619348034504503004315
096798588111896950537335671086336886944665564112662287921812114121
425167348136472449021275252555647623248505638391391630760976364990
288930588053406631352470996993362568102360392264043588787550723319
888417590521211390376609272658409023873553418516426444865247805763
826160023858280693148922231457758783791564902227590699346481624734
399733206013058796068136378152964615963260698744961105368384203105
364183675373594176373955988088591188920114871545460924735613515979
992999722298041707112256996310945945097765566409972722824015293663
094891067963296735505830412258608050740410916678539569261234499102
819759563955711753011823480304181029089719655278245770283085321733
741593938595853203645590564229716679900322284081259569032886928291
260139267587858284765599075828016611120063145411315144108875767081
854894287737618991537664505164279985451077400771946398046265077776
614053524831090497899859510873112620613018757108643735744708366215
377470972660188656210681516328000908086198554303597948479869789466
434027029290899143432223920333487108261968698934611177160561910681
226015874410833093070377506876977485840324132474643763087889666151
972556180371472590029550718424245405129246729039791532535999005557
334600111693557020225722442772950263840538309433999383388018839553
821540371447394465152512354603526742382254148328248990134023054550
811390236768038649723899924257800315803725555410178461863478690646
045865826036072306952576113184134225274786464852363324759102670562
466350802553058142201552282050989197818420425028259521880098846231
828512448393059455162005455907776121981297954040150653985341579053
629101777939776957892084510979265382905626736402636703151957650493
344879513766262192237185642999150828898080904189181015450813145034
385734032579549707819385285699926238835221520814478940626889936085
239827537174490903769904145555260249190126341431327373827075950390
882531223536876389814182564965563294518709637484074360669912550026
080424160562533591856230955376566866124027875883101021495284600804
805028045254063691285010599912421270508133194975917146762267305044
225075915290251742774636494555052325186322411388406191257012917881
384181566918237215400893603475101448554254698937834239606460813666
829750019379115061709452680984785152862123171377897417492087541064
556959508967969794980679770961683057941674310519254486327358885118
436597143583348756027405400165571178309126113117314169066606067613
797690123141099672013123730329707678988740099317309687380126740538
923612230370779727025191340850390101739924877352408881040807749924
412635346413181858792480760553268122881584307471326768283097203149
049868884456187976015468233715478415429742230166504759393312132256
510189175368566338139736836336126010908419590215582111816677413843
969205870515074254852744810154541079359513596653630049188769523677
579147319184225806802539818418929888943038224766186405856591859943
091324575886587044653095332668532261321209825839180538360814144791
320319699276037194760191286674308615217243049852806380129834255379
486287824758850820609389214668693729881191560115633701248675404205
911464930888219050248857645752083363921499441937170268576222251074
166230901665867067714568862793343153513505688216165112807318529333
124070912343832502302341169501745502360505475824093175657701604884
577017762183184615567978427541088499501610912720817913532406784267
161792013428902861583277304794830971705537485109380418091491750245
433432217445924133037928381694330975012918544596923388733288616144
238100112755828623259628572648121538348900698511503485369544461542
161283241700533583180520082915722904696365553178152398468725451306
350506984981006205514844020769539324155096762680887603572463913955
278222246439122592651921288446961107463586148252820017348957533954

2550194754426431489032333739267634091155271897684298877836173466135353885076563271078143124350189651092384536602369402760606421193842276657552106636718796032175271844046515604272898695602069970129063678471616547930688683058465080828866141119791388228981124982614345594089618135092268576114746094061479372400088421535358620527801250142700552744683591518403733093735804943424839404675057083479279483381332762379378446292093239994175933749178997864849581488188651491693024515128355798181123449008271686445483065466339752560796159358308214000219516113423370583591115452172937216640617081316020782133412603568520131613451368716009803787125567661439231464580856520840397442173527448137412152777475202259244561520365608268890193913957991844109971588312780020898275935898106482117936157951837937026741451400902833064466209280549839169261068975151083963132117128513257434964510681479694782619701483204392206140109523453209269311762298139422044308117317394338867965739135764377642819353621467837436136161591167926578700137748127848510041447845416464568496606699139509524527949914769441031612575776863713634644477006787131066832417871556281779122339077841275184193161188155887229676749605752053192594847679397486414128879475647133049543555044790277128690095643357913405127375570391806822344718167939329121448449553897728696601037841520390662890781218240141299368590465146519209198605347788576842696538459445700169758422531241268031418456268722581132040056433413524302102739213788415250475704533878002467378571470021087314693254557923134757243640544448132093266582986850659125571745568328831440322798049274104403921761438405750750288608423536966715191668510428001748971774811216784160854454400190449242294333666338347684438072624307319019363571067447363413698467328522605570126450123348367412135721830146848071241856625742852208909104583727386227300781566668914250733456373259567253354316171586533339843321723688126003809020585719930855573100508771533737446465211874481748868710652311198691114058503492239156755462142467550498676710264926176510110766876596258810039163948397811986615585196216487695936398904500383258041054420595482859955239065758108017936807080830518996468540836412752905182813744878769639548306385089756146421874889271294890398025623046812175145502330254086076115859321603465240763923593699949180470780496764486889980902123735780457040380820770357387588525976042434608851075199334470112741787878845674656640471901619633546770714090590826954225196409446319547658653032104723804625249971910690110456227579220926904132753699634145768795242244563973018311291451151322757841320376225862458224784696669785947914981610522628786944136373683125108310682898766123782697506343047263278453719024447970975017396831214493357290791648779915089163278018852504558488782722376705263811803792477835540018117452957747339714012352011459901984753358434861297092928529424139865507522507808919352104173963493428604871342370429572757862549365917805401652536330410692033704691093097588782938291296447890613200063096560747882082122140978472301680600835812336957051454650181292694364578357815608503303392466039553797630836137289498678842851139853615593352782103740733076818433040893624460576706096188294529171362940967592507631348636606011346115980434147450705511490716640635688739020690279453438236930531133440901381392849163507484449076828386687476663619303412376248380175840467851210698290605196112357188811150723607303158506622574566366740720668999061320627793994112805759798332878792144188725498543014546662945079670707688135022230580562225942983096887732856788971494623888272184647618153045844390967248232348259587963698908456664795754200195991919240707615823002328977439748112690476546256873684352229063217889227643289360535947903046811114130586348244566489159211382258867880972

564351646404364328416076247766114349880319792230537889671148058968
061594279189647401954989466232962162567264739015818692956765601444
248501821713300527995551312539849919933907083138030214072556753022
600033565715934283182650908979350869698950542635843046765145668997
627989606295925119763672907762567862769469947280606094290314917493
590511523235698715397127866718077578671910380368991445381484562682
604003456798248689847811138328054940490519768008320299631757043011
485087384048591850157264392187414592464617404735275250506783992273
121600117160338604710710015235631159734711153198198710616109850375
758965576728904060387168114313084172893710817412764581206119054145
955378853200366615264923610030157044627231777788649806700723598889
528747481372190175074700005571108178930354895017924552067329003818
814068686247959272205591627902292600592107710510448103392878991286
820705448979977319695574374529708195463942431669050083984398993036
790655541596099324867822475424361758944371791403787168166189093900
243862038610001362193667280872414291108080291896093127526202667881
902085595708111853836166128848729527875143202956393295910508349687
029060692838441522579419764824996318479414814660898281725690484184
326061946254276693688953540732363428302189694947766126078346328490
315128061501009539164530614554234923393806214007779256337619373052
025699319099789404390847443596972052065999017828537676265683558625
452697455260991024576619614037537859594506363227095122489241931813
728141668427013096050734578659047904243852086508154491350136491698
639048125666610843702294730266721499164849610746803261583352580352
858275799038584091667618877199539888680431991650866887781701439663
176815592262016991396613153738021294160006906947533431677802632207
226265881842757216055461439677336258462997385077307751473833315101
468395296411397329672457933540390136107395245686243008096720460995
545708974893048753897955544443791303790422346037768729236001386569
593952300768091377768847789746299699489949016141866131552200856673
695770822720338936659590666350594330040363762591189195691561626122
704788696510356062748423100605472091437069471661080277379848576543
481249822444235828329813543645124092220896643987201997945619030397
327254617823136363375927622656301565813545578319730419339269008282
952718252138855126583037630477490625995514925943105307478901043009
876580816508144862607975129633326675259272351611791836777128931053
144471668835182920514343609292493191180249366051791485330421043899
773019267686085347768149502299280938065840007311767895491286098112
311307002535600347898600653805084532572431553654422067661352337408
211307834360326940015926958459588297845649462271300855594293344520
727007718206398887404742186697709349647758173683580193168322111365
547392288184271373843690526638607662451284299368435082612881367358
536293873792369928837047900484722240370919885912556341130849457067
599032002751632513926694249485692320904596897775676762684224768120
033279577059394613185252356456291805905295974791266162882381429824
622654141067246487216174351317397697122228010100668178786776119825
961537643641828573481088089988571570279722274734750248439022607880
448075724807701621064670166965100202654371260046641935546165838945
950143502160890185703558173661823437491622669077311800121188299737
319891006060966841193266075165452741829459541189277264192546108246
351931647783837078295218389645376236304858042774417907169146356546
201215125418664885396161542055152375000426794253417764590821513675
258479774465114750438460596325820468809667795709044645884673847481
638045635188183210386594798204376334738389017759714236223057776395
541011294523488098341476645559342209402059733452337956309441446698
222457026367119493286653989491344225517746402732596722993581333110
831711807234044326813737231209669052411856734897392234152750707954

137453460386506786693396236535556479102508529284294227710593056660
625152290924148057080971159783458351173168204129645967070633303569
271821496292272073250126955216172649821895790908865085382490848904
421755530946832055636316431893917626269931034289485184392539670922
412565933079102365485294162132200251193795272480340133135247014182
195618419055761030190199521647459734401211601239235679307823190770
288415814605647291481745105388060109787505925537152356112290181284
710137917215124667428500061818271276125025241876177485994084521492
727902567005925854431027704636911098800554312457229683836980470864
041706010966962231877065395275783874454229129966623016408054769705
821417128636329650130416501278156397799631957412627634011130135082
721772287129164002237230234809031485343677016544959380750634285293
053131127965945266651960426350406454862543383772209428482543536823
186182982713182489884498260285705690699045790998144649193654563259
496570044689011049923939218088155626191834404362264965506449848521
612498442375928443642612004256628602157801140467879662339228190804
577624109076487087406157070486658398144845855803277997327929143195
789110373530019873110486895656281917362036703039179710646309906285
483702836118486672219457621775034511770110458001291255925462680537
427727378863726783016568351092332280649908459179620305691566806180
826586923920561895421631986004793961133953226395999749526798801074
576466538377400437463695133685671362553184054638475191646737948743
270916620098057717103475575333102702706317395612448413745782734376
330101853438497450236265733191742446567787499665000938706441886733
491099877926005340862442833450486907338279348425305698737469497333
364267191968992849534561045719338665222471536681145666596959735075
972188416698767321649331898967182978657974612216573922404856900225
324160367805329990925438960169901664189038843548375648056012628830
409421321300206164540821986138099462721214327234457806819925823202
851398237118926541234460723597174777907172041523181575194793527456
442984630888846385381068621715274531612303165705848974316209831401
326306699896632888532682145204083110738032052784669279984003137878
996525635126885368435559620598057278951754498694219326972133205286
374577983487319388899574634252048213337552584571056619586932031563
299451502519194559691231437579991138301656117185508816658756751184
338145761060365142858427872190232598107834593970738225147111878311
540875777560020664124562293239116606733386480367086953749244898068
000217666674827426925968686433731916548717750106343608307376281613
984107392410037196754833838054369880310983922140260514297591221159
148505938770679068701351029862207502287721123345624421024715163941
251258954337788492834236361124473822814504596821452253550035968325
337489186278678359443979041598043992124889848660795045011701169092
519383155609441705397900600291315024253848282782826223304151370929
502192196508374714697845805550615914539506437316401173317807741497
557116733034632008408954066541694665746735785483133770133628948904
397670025863002540635264006601631712883920305576358989492412827022
489373848906764385339931878608019223108328847459816417701264089078
551777830131616162049792779670521847212730327970738223860581986744
668610994383049960437407323195784473254857416239738852016202384784
256163512597161783106850156299135559874758848151014815490937380933
394074455700842090155903853444962128368313687375166780513082594599
771257467939781491953642874321122421579851584491669362551569370916
855252644720786527971466476760328471332985501945689772758983450586
004316822658631176606237201721007922216410188299330808409384014213
759697185976897042759041500946595252763487628135867117352364964121
058854934496645898651826545634382851159137631569519895230262881794
959971545221250667461174394884433312659432286710965281109501693028

351496524082850120190831078678067061851145740970787563117610746428
835593915985421673115153096948758378955979586132649569817205284291
038172721213138681565524428109871168862743968021885581515367531218
374119972919471325465199144188500672036481975944167950887487934416
759598361960010994838744709079104099785974656112459851972157558134
628546189728615020774374529539536929655449012953097288963767713353
842429715394179547179095580120134210175150931491664699052366350233
024087218654727629639065723341455005903913890253699317155917179823
065162679744711857951506573868504088229934804445549850597823297898
617029498418376255258757455303112991914341109413088238114443068843
062655305601658801408561023324210300218460588586954418502977463085
858496130037238190325162225570729975710727306066072916922978033647
048840958711228045188511908718588299514331534128549297173849768523
136276076868494780364948299904475715771141080958058141208956059471
668626290036145602625334863284986816039463372436667112964460292915
746181117789169695839947080954788863503281129626899231110099889317
815313946681882028368363373822281414974006917942192888817139116283
910295684918233358930813360131488748366464224381776081007739183393
749346933644748150564933649323157235306109385796839902153381449126
925350768211098738352197507736653475499431740580563099143218212547
336281359488317681489194306530426029773885492974570569448783077945
878865062970895499843760181694031056909587141386804846359853684034
105948341788438963179956468815791937174656705047441528027712541569
401365862097760735632832966564135817028088013546326104892768731829
917950379944446328158595181380144716817284996793061814177131912099
236282922612543236071226270324572637946863533391758737446552006008
819975294017572421299723542069630427857950608911113416534893431149
175314953530067419744979017235181671568754163484949491289001739377
451431928382431183263265079530371177806185851153508809998200482761
808307209649636476943066172549186143700971387567940218696710148540
307471561091358933165600167252126542502898612259306484105898847129
649230941215144563947889999327145875969555737090855150648002321476
443037232466147111552578583071024936898814562568786834745518893385
181791667579054210421036349316257870476543126790661216644142285017
446278477132740595579600648343288827864837043456066966456899746910
373987712891593313271266247505582258634928427718355831641593667712
218537642376222104779338956378722902509543014182257180331300148113
377736941508488867501893156994849838936052666818012783912005801431
596441910546663236810148207799356523056490420711364192200177189107
935243234322761787712568251126481332974354926568682748715986654943
041648468220593921673359485057849622807932422649812705271398407720
995707236227009245067665680069149966555737866411877079767754867028
786431817941521796178310655030287157272282250812017060713380339641
841211253856248920130010782462165136989511064611133562443838185366
273563783436921279354709230119655914915800561707258518503167289370
411936374780625824298250726464801821523430268081486978164824349353
456855843696378384153838051184406043696871666416514036129729992912
630842812149152469877429332305214999981829046119471676727503742221
367186614654042534463141660649871499001000660041544868437352208483
059495953182872280520828676300361091734508632133033647289584176588
755345227938480297724485711815574893561311524926772006362198369980
664159549388683836411891430443767715498026544959061738265591178545
999378510861446014967645550103653971251138583505085112442517772923
814396233043724036032603181442991365750246012787514117944901305803
452199992701148071712847770301254994886841867572975189214295652512
486943983729047410363121899124217339550688778643130750024823361832
738729697376598820053895902935486054979802320400472236873557411858

e के पहले दस लाख अंक

1327343379789315820394128789897289732988125535145076415353605194621
1222170006763216111958410292525685365618131387840864771470997245533
0131707617121631866002914645013785878548020962447037713735877200866
7380541081400423114185258032932673963245969140448346657220428806799
2806160298840434005365340097065816946360966609111109687897518013255
2244782469579132518921226530560858665411153735849127902546543690200
8694198711255884537290632244232222871391220122487699768371476455988
5267392259049978855142500475852602979293061599134448983419735833166
0701075164523013107966203825792785331251617607899846301034934969811
4942610553678363660225612137670814210913735317806824201757374702877
1893102076069533557217043575351774615735248384321015713998137985966
6071296644383147912963592754296271294361426859221389930549806453999
1445886924727675985442715277884438367601499128973582599618697297566
5889787410821894223373445473752276931992226359735207229983873684844
3491768411910202466274795795643496150126574338457586388347358322422
5353281420478269344731299711893463545029946817471281792981674396444
5249566555323116499206771636645803182058496261322346526061754135322
4447020076618074189140401581485600010301199941095954923214344060677
6347697130895133891710505038563365035451664317744896400617388617611
1936226768905769556939187077039423049400384406226144495725166310177
0806429233451704224266796070754040285511823983615313837514324930566
3983818779955949425451967565591819686908852834348860508285296424377
5787129294393661773628301365958727230809694683989386763662264567911
1329774698126752265956210093183220817546947788787553561883350838700
2482953460785970236098656563767227557044952587398718125934419037855
2755713334098424501272585966924343176890189661454044536790471362944
2381561276568242478647361766717706470024311197110900074740659456500
3153750441779821923063237008720392120854995696810613791890299611788
9367521460223869056654813828582804495375301609214221959406387870744
7879911949208983740917885344175230647150302783979798645173366253299
5117751055590141604598733381868879778588172919766045163533535560477
6484205208888117228319900445042844868523383345301055339296373080399
7382306047141045254700948994076012152476028199638463435548529323777
1614108695919507868732760754000852200650318712392728578358070107622
5427696553559647894501660138162951779085311398110928315832169315633
8674597474495843852827016582461920922195291343234967793455856131400
2077659961425464632886773568917855768351696083928641888300948833244
7004479583169315338323823778763444263234563016795136710475104696699
0012177771280655224536893718714515673947334404472804509594330906833
6671106559533386029380009999490106427698596232604018637335728466799
5312296831563581454208905406512264191620155045004305621369918509411
0346096010305438166947959645858044251949051107333876799467344717188
6156477238117370356549176287075894560355191956039623011578663237500
2347250544610739794024751844155581780879628222319726929845166833066
9195050799933572591656755572945859621820526504733537123516236627700
4793332893221361418587859727716856827253037348368919118471971337533
0884467779432748571488278216088447657000414034999213767942096275600
8830815094380307056660227646781175333610281878007102197944287773133
1463878578172056614090230414999232482689824772221098521897581408799
7634861467636063686746119666203473046089172772400459530513769383755
3815434869811019906517069617740522182474226576521381527406126990122
7068808753864086699014617408905409818776718800761241519670641521177
6530843255442610175363482811968374933958257425412446342472335863600
7779809601997451877588454596458959567795588690984047682592534778499
9304578831285417470790597959094316277223278445789186942149294515400
1742146232403008419079752967824459691835094742021236179403090486344
9605340549312999194960879579525869771702366800338625057649380887400

994009589948109397983231108838769236490221499111120870639202892490
698435333152727991330986335454324971441378059132240814960156485679
843966464780280409057580889190254236606774500413415794312112501275
232250148067232979652230488493751166084976116412777395311302041566
848265531411348993243747890268935173904043294851610659785832253168
204202834993641595980197343889883020994152152288611175126686173051
956249367180053845637855129171848417841594797435580617856680758491
080185805695567990185198397660693358224779136504562705766735170961
550493338390452612404395517449136885115987454340932040102218982707
539212403241042424451570052968378815749468441508011138612561164102
477190903050040240662278945607061512108266146098662040425010583978
098192019726759010749924884966139441184159734610382401178556739080
566483321039073867083298691078093495828888707110651559651222542929
154212923108071159723275797510859911398076844732639426419452063138
217862260999160086752446265457028969067192282283045169111363652774
517975842147102219099906257373383472726498678244401048998507631630
668050267115944636293525120269424810854530602810627264236538250773
340575475701704367039596467715959261029438313074897245505729085688
496091346323165819468660587092144653716755655531962091865952628448
253731353698162517351930115341581171353292035873164168839107994000
677266031617527582917398395852606454113318985505747847121053505795
649095931672167565624818782002769963734155880000867852567422461511
406015760115910256449002264980039498403358091309140197877843650167
960167465370287466062584346329708303725980494653589318912163976013
193079476972058034710553111117215859219066231028099212084069283091
906017370764654655683413207556315315006453462321007133584907633048
328153458698497332599801187479664273140279381289961720524540674695
271948079930396730194274036466594154400092799908634806622334906695
224044652158992864203435098858422692019340575496840904812955522654
754650713532842543496616084954788090727649930252702815067862810825
243222979985391759845188868387004477101866772159439708514664612871
148749531862180941719676843144666435175837688436786081446319641912
566574047718699160915550910878919431253671945651261878486910876729
910565595155159739659034383628124629118117760949411880105946336671
039049777312004243578115790429823045072038322781246413671297959415
082918378213212876890545963586369344879749784841123274921331663162
812456388238288715648447883142417650147980187858215768793063001153
788998014623690135803753306246148576074932567807682651045738059018
831237617271889933790487113395588485234240255002352200613574914318
259142479829367775490496399350755839668967578364316618369307625603
528602940662803255416535431518013714821941772672244005268401996533
334184004345525296592918502940131600651124395297874364222806977720
437363717873457948420238745151249157913139411148608416429347958793
681868609689684640858334131017858142710955416293375915178392341303
110543328703526599993904966822112768158316511246866451167351378214
345336650598328347443536290312393672084593164394941881138607974670
134709640378534907149089842317891739783650654751982883367395714360
000003439863363212091718954899055748693397700245632475954504411422
582410783866837655467400137324322809113692670682805397549111166171
102397437749479335174036135005397581475520834285772800986189401984
375446435081498218360112577632447389452051636938585136484259964518
361856989088721789764694721246807900330925083496645841656554261294
195108847197209106605105540933731954888406444080280579549008076040
034154662137669606444293774985897353625591959618552448187940317374
508256072895120945456562159540405425814886929842786582357673195799
285293120866275922366115137445767916063621675267440451221051052090
831707443986137829082352772895849625656881972792768694795806100573

787084121444815034797422312103295359297822377134077549545477791813
823542607184617108389097825964406170543546968567030745411634244134
486308676327949177682923093183221341455482591367202823284396549001
805653203960795517074496039006696990334199278212696767771835209083
959545341866777944872740383733381985235884202840150981579594685874
537989503257362809837592216229258598599123843993575573285028613155
970362934249814178056461615863415338635077223269996508860870999964
899373049307170967888740149746147542880387421250689212155876692242
387434701120990859082164073576380817386959755176083877600277517253
037133445654852635661720197563001580049790223419586738061442401502
436288957503206533690825756785507020555105572381878574650371086308
158185862815883054564662297694803970618265491385181326737485227188
267917919091354407852685476254126683398240534022469989966652573155
637645862251862823092085424412805997628505488913098331761884983352
975136073772030571342739638126588567405013841074788943393996603591
853934198416322617654857376671943132840050626295140357877264680649
549355746326408186979718630218760025813995719923601345374229758918
285167511358171472625828596940798518571870075823122317068134867930
884899275181661399609753105295773584618525865211893339375771859916
335112163441037910451845019023066893064178977808158101360449495409
665363660370075881004450265734935127707426742578608784898185628869
980851665713320835842613381142623855420315774246613108873106318111
989880289722849790551075148403702290580483052731884959994156606537
314021296702220821915862905952604040620011815269664910068587592655
660567562963361434230232810747488395040380984981860056164646099819
257616235478710913832967563761506732550860683433720438748186791668
975746563456020002562889601191100980453350423842063824039434163502
977688802779835087481178298349417211674919425601608685332435385951
152061809031241698182079314615062073826097180458265687043623935757
495737332781578904386011378078508110273049446611821957450170106059
384336519458628360682108585130499820420578458577175933849015564447
305834515291412561679970569657426139901681932056241927977282026714
297258700193234337873153939403115411184101414292741703537542003698
760608765500109345299007034032401334806388514095769557147190364152
027721127070187421548123931953220997506553022646844227700020589045
922742423904937051507367764629844971682121994198274794049092601715
727439368569721862936007387077810797440975556627807371228030350048
829843919546433753355787895064018998685060281902452191177018634505
171087023903398550540704454189088472042376499749035038518949505897
971286631644699407490959473411581934618336692169573605081585080837
952036335619947691937965065016808710250735070825260046821242820434
367245824478859256555487861614478717581068572356895150707602217433
511627331709472765932413249132702425519391509083601346239612335001
086614623850633127072987745618984384288764099836164964775714638573
247333226653894523588365972955159905187411779288608760239306160016
168434070611663449248395156319152882728822831375458678269830696691
220130954815935450754923554167766876455212545681242936427474153815
692219503331560151614492247512488957534835926226263545406704767033
866410025277276800886383266629488582740369655329362236090572479794
734434077704284318507901973469071141230364111729224929307731939309
795452877412451183953480382210373644697046967493042810911797232448
615413264031578430955396671061468083815548947146733652483679138566
431084747848676243012018489329109615281108087617422779131629345494
425395422727309645057976122885347393189600810965202090151104579377
602529543130188938184010247010134929317443562883578609861545691161
669857388024973756940558138630581099823372565164920155443216861690
537054630176154809626620800633059320775897175589925862195462096455

```
4091199476162251559647040612970477598185518784414199481401315385
3220607451859096088842801894335869195960493640965157032752757064
5007762613237836481490052454814131959892963984413717814027641220
6449896886297989108701642701690140078257483115989763306129511956
4274853178863330411697671750638221352138397791384433256442884908
9190670098024962815606262586369423226584906286280350572829831012
9191096372583781493637749605945152169326449451882926395257723484
0773560216569090770972649856428317786947778049643439917625492165
6086262853294710556026704133845005078273906402875298641612874964
7082351888921896126412795535364422869554305513087000098785575342
1005471534128109570248708126543191232619564621493765275263564021
3887651038832550073648999371671832800283988323193733015641232771
3956549324229779530165348301284906778450374908917493473890156495
5748021949967226211858743610397749463386330578874874055400054404
3448881920441021347900345984119270249215570268737009709952053919
9793194958832659221715083246219423001859743967064911495594117337
1998690213116298866802674464348923302060700382126841723679627307
1914050008084085703978151998148822390059948911946474438682533745
9623751333782805329282720168159779700664883944824463322109283205
0459830089435659542672568797149187034473382377679148292032831968
1059077157271919030423653156509574645496434253280695103965587335
8038509951434635061753614800501950452013502001802815069332419182
8557377644140970809457456248548677049043683687175901805726979401
4650194848531467266429786676876977892914311285050430981929497361
9442594717547651352052450725975385779583727977029722314351999584
5223440493945021154288672441887174095245547718674849114750318017
3046899093179744729570351923876864055442781341698072493822197491
2575101621874397729021477046380107314706531542013005838104589050
7645573329981499458546551055263749135419586799259598141221873523
4079574161233722640638604319889362498674969359256959212849590625
4464743317599968516366030521642677042815468177758933925211553859
5268233116080275119438482386155285246501032946729719811210531412
8981651001207426881435775908252274668632061883768304509217845825
2395941896730036408086242336576209791116417663313288523520624879
9789594564503337331394223847785827171954123478604343761652415687
9435625702156366666800885310067289470330795408045833241921884888
7122756703331739392625090735561645136770641995391119488124065982
6857871313850568506230941552068779875397406584842501352056151034
8218737702450635833142436248074325424641959846474115756254410103
6715766772631964425249319418064724237893346685610837898088303135
3331577294356649560781253049175940158951469549652231185596690485
4676079681901672666346501861829556698939650196145444017681628106
4650684481395616672207292612101646923390167933996328330131638508
9679427929345512684357603569019705231383646409613117749046007728
8622147475476532215055181164898878790877809180090507060400612200
0512715759912257252825233780268090305284615817395581981223970100
0172022516063529224647816155335322754532645430870933209246318559
5805617174468404500482853533965468626788523300449677955807616618
8336687923125104608097738955654889628150895196220936750588416097
2823282504337129701866081937489686999613014869246944824207236329
3670525421454641629689104429816333732668716759467153926119506492
7256272545432741934959955695902432790971743922580981036014863644
1014917341830796463450648333034047657118270402768682714180845749
4933920393174454026166636746466875438509396712991806747190988531
7107267442858487069430709975656794919841899642574888476462203032
```

6736152762610160266477724850833447198919868026561972364208475049 62
661607797092906844757798251795569758235084371746103310387911789239
441630112634077535773520558040066982523191225570519133631407211349
723226549151062961739050617857127509403623146700931176133132018631
158730886798239298009805089491510788371194099750375473674305745187
265414016446924576792185753680363289139664155342066705623272936001
177781498886100830877849571709880858667023104043242526785955562077
310543072298032125941107957349146684680220501816192150766649106862
033378713826058987655210423668198670177861672671972374156917880001
690656659046965316154923604061891820982414006103779407166342002735
828911994182647812782659666207030384795881442790246669264032799404
016800137293477301530941805070587421153284642203006550763966756168
318897005152026656649929417382840327305940740147117478464839241225
676523593418554066440983706083636457657081801664285044258224551650
808864421212113914352453935225522162483791737330329812349528984098
613273709957407786789349311975204237925022851375880436791854547836
416773151821457226504640800104202100410766027807729152555503218182
387221708112766208665317651926458452495269685376314437998340336947
124447247796973890514941120010934140073794061859447165516612674930
799374705772930521750426383798367668159183589049652163726492960837
147204067428996276720315410211504333742057182854090136325721437592
054640471894328548696883599785122262130812989581571391597464534806
099601555877223193450760315411663112963843719400333736013305526352
571490454327925190794007111504785378036370897340146753465517470747
096935814912797188187854376797751675927822300312945518595042883902
735494672667647506072643698761394806879080593531793001711000214417
701504495496412454361656210150919997862972495905809191825255486358
703529320142005857057855419217730505342687533799076038746689684283
402648733290888881745453047194740939258407362058242849349024756883
352446212456101562729065130618520732925434179252299417447855189995
098959999877410951464170076989305620163502192692653166599093238118
295411937545448509428621839424186218067457128099385258842631930670
182098008050900019819621758458932516877698594110522845465835679362
969619219080897536813210484518784516230623911878024604050824909336
069998094776253792973597037759066145994638578378211017122446355845
171941670344732162722443265914858595797823752976323442911242311368
603724514438765801271594060878788638511089680883165505046309006148
832545452819908256238805872042843941834687865142541377686054291079
721004271658157783089229889242670530096399035822360745688719200271
705056263437927609199541896027393286309659213286086611351667773267
886393638131673397225952827993034420048044304726790831478172613277
980860941688196618039180121689715972001475041154724951514105036579
001468219815314336911718396923680162737850557346578941452639684520
801770293479685390015730150919242725109875728959618125815431338482
479478427571789900690048286092469752011266333145826124938927324618
880699867340597569278516925370781044591986477115620076623383637368
881256224835704771938190298092350280009161763064653976903746120776
177531042436237332722253985877792090234884391640559585998315595721
311357220153680301225557683379774858681533088159764555964630734898
617044407196563172273511931849635585338314266727883833450392950293
775440401283958440716449774746707057377328163528489266788893275384
180943222174087709628317155373730873890116352696373676470260411655
427126774430017044077459641503515446684698988308147171167359197749
340414086668671088725062630547887396096180807356262336886699382204
414429106327747280812518385540296543359795892041895295216780033035
863591706074491789990166701050711028796996254453016381785342243382
693419858593206287896605674805132805240981414765484284880144724083

7203479551540965529736180580526641404169081405650065306663527830520
0310176465019635521631396569895732763283616633158334641786662354449
881207501670716914921533104700667393515002305273097302507657580386
799605381757672825720431891792528369854145369568669250324792935719
450806796104072595771723325753368857119622048874700066176790511601
056454908189107616335099142066263368723941891148961177947900813483
266650724950596485138969206995012395946741683662092311970164587624
090688376558793852000697909553840610377208739213605909688361178199
255939276122013717316698092843293358478913898096804893717881413147
888387096020934079824203629566756422511402266389696843459370583370
963638082165794650319520545416699398261097559387098847034753744876
510033193809438842735341651948052158283909706146831505613331116037
431432542781608242807964891486795412587347858029042739645368075518
442899756461622567940131769629690339018440242562501323123820130038
177945119204152861905004808681591494918188597979299873776190455310
026700166850604059761716596586892815370325006585275911011345671700
061559899090549115348840343256109336212962800372800161673490897785
170081871387843344314187457963318790580559519176516890063683276719
906534719646761957914525767000955605436116218475861290027545691958
401076676193341549546875928707714947174782675774482094158914715251
306746722141804911790415101616247490427954512307985557221384372812
506268294939047883755712251673326204179705329444189250012547755292
613133887109028821776339509325553840674777611692192119288505478580
841712229540486365055216851344031436618735034813737185534790246457
444599762410014762552340710644798611066538304983914332325585522071
277017208599353764879617700497099575134985728212881586709065289379
791658225227087603710406129982627999643357823515717966366403518262
501896701372213885069655968928810345127352758307864903033439668259
797673682600422167597624194292919115420165897395305151862418869445
050358376910986729584484305015937455685374611045069497653043115674
264812804526999064388076661574438502396781141370055566045134560649
400773650518849004330297368291161994536994296255596326923942749745
875829509755559120819112933771422623427405869900389482718938154399
024533310924039649919055177307968218374284853313295652654225896246
589368232780433362987936455443866935914119132509156302600311751936
575298051990048325561549374120218002407445703600137515347351304324
914131404498086313366965450491395592861158578582126330992257616279
827544805225089902795438768396428292916835039001789222607573521307
316798802599548500931428859887774033818563901629726547833146970405
534010857755702271116611649980350865787815821718941132247597607756
406714975178751242499352210884370881193073426320705046954986205513
418622065400593064154242552649171544964537469484986107527222050690
265232812712332213481636344220296440548599998178217973763917067646
995007287720338797501531611558814793738388397001819468364419150936
636885986774801016438906177057787077506831077270925117345882299582
559857586674091835256478794837192496711262794192888704257391875553
991261202496143727288938468528606846866239496653368816531623741111
153296167674029807233159938654745315080285937824978727960670847566
364098678403238236050440666123794176243577499524081824942187528835
448191691533036421517009930080046523329055336091928897431508395704
157531246174452057774316877022429410324102110575225866573367305572
119740568698949732494440575529551392708557339666369309178972919161
668311588165159364832955699230720056065132751588821620793595721294
679883955101583365112940035810393705104958820071527374047199348271
438826812271516405052637196865710565736982657763252356177592071582
715451977267951001585145736216492730531970976497752863537015507435
491947389811071950980563640108425245977523961317546939669366891809

0688906497021443247492565932989993384801028199545843182721879288356
8647369241748009480533272021803759209467174546443367926318728957 0
8400364722262556440535360661299222568681956850655648544534451859 06
8487569055869303111924445600902271243623510843302437564088347386 67
7295400744355658106413466860424846943977039296171078518467789595 68
1162531335701274530257486709784993774305212099485641012163195773 16
8449038905190274719522071972120479312411066460345545132464586994 79
7653392323464965868185415609190775721438973323118071460714002658 92
2533681710177725020825273242725341423536931982047414888640861984 17
0910782158830566268274104329491002750736573733323345877829418901 33
3086101028366988599648041123991960043566794058868214426046145025 95
2217045128120050461942832163777569371715568728814436149859050985 57
8241207936836406245231945351777018108048208645820553390702497909 05
2134296120209601725387188361809196083051370039391170664048871983 70
9020364072156744559220662474484455181728917625308795220253306310 90
4828412346272203490413438526957310335877146849073479715971982167 08
3789036135813517235732067009411245564749570414079673994968453403 85
1413759438867777835463097345255797812610040597773953291761071626 99
3351622801264248965242182599102866001347518413366050163283769307 78
5007240731149946152099245744132353249849969328131203348512641710 71
7335319121096176395655663709618140640038387114645375119109236777 87
4031544286579444481596390015293461355977611196837521368332029419 17
9890956364499291302174233386327343536882857728034885226202401849 95
2241667702950997582687194499913924299930728914996364211701464390 10
9256766098872543694677687627545908156919236550023417470341570555 96
1987814455752847816018657134267753207927737368411222193960323426 04
0828854710640725841661756921310826525695165185054380755762890046 25
8113647029604729955549646513472854797746620444944607431089617785 23
1316027138364943166356880968411378414334969207850829127709975522 01
3939897062449611625722102039950034315586827746498438701722637844 90
6222621596077071837175751873426466137878519252170269420669508254 93
1729344776809028642284389085187655702291408353847499270597921479 57
2112573409726115807852147056035034044852036680395545078963414238 29
3615276100395029801018485779153436266496389900458128421486022047 23
1115313410324364546495011585149145849650651811245916220120287805 89
0321350039179068447428950085811432338342782322075125691754688966 96
9929267218738702696600505802560038801287774241508353237269280453 25
3329444041509319110101045607436147415257589261941014362120027861 90
3279313278562560993706163794620996251625928460876087459732096971 31
7567714900671183548457228552682755167201874270585367504106643923 91
9709451090141796240361175588292002439341867437330126013644336102 53
8825325522551231580586997745765337755261195614416637384299161555 19
8443749798724424307386916162382284287788906246065505835258956289 43
3950255955592636266674315817085793704753767791860588314388659895 54
7629735574000062505871313578051158661481357239984205796192568432 68
7965448242615090957418152410051593909651338355812817319291466082 21
1959600841960696278500655068226872347672971438467609843415022079 78
2886281012952425838720351935578647934783437771702970813140329874 09
7908147965952421564404239329431466115252049742923751962424438966 45
2107344407168221070956514793570512586147704852303097654527534004 90
1359102874764620696602451483732519825115581414512751370534359228 50
1700352634582233914273748819020483385352309837416588902845011146 99
3019842295597442172510310147868938896401788435746132692629092675 85
3608760963166597601397685304154915863802648438186689889767462621 32
5781848453137139388865080395991524106158114231529902423264952259 64
7432319552516451945468827882489185575951973953394733820406381207 14
4461488156460960959486447319509660857878447543655463294560026060 06

014035269297039107661350499616561809908044049768563533663480660304
898412670818095372086444853780753554140777975302231643557483019084
558658076226778051680323897452891493318386545812947091726781190995
787972627651840161846218826151737032123687547328874010551193627482
992616500258094748146013567248646366927958547613741339138036855287
122495525161287119032666293093807076433413147320185361782612335935
906424846843612142358575244491755080430295398789269427115440486407
839707559858721371117078178840627922731697832355867458555663611023
036654723921637141228470736269615327810195815612687218389614632776
538136819279140718606319285333696333642908809364177238277026693271
275411422144559375296714367878566083123998329893176931815396517280
501999216685109955283361581958944177762905089853184390645580277789
909518268834112862700709399815862222798700632671251671553156774341
900307563159612211664437372272291025147839968813746832435986003933
547696790558557151928711062588362329337063885484098145012382289519
215342305297114938655515135741817479071006196211536795591774598030
299125212353167476609775815542523953903694937730096879338180216453
301231900870431328193571893979457449537444919223476442776812325496
533655391878984435986903716705359296722932223406266469148328168965
740114230898678873948102595872992664670517778023554671431399897383
475493395060660341628269416839267482555713967875348656956840070505
538932432423731770843360790770361046531048992494931600935676708123
493368030179364169421275587079009619902026929545936001562550493649
731031734174476566504056209156968404563308671943929994558746084610
116194687133331941611111633071494104378625488438522205991670714055
860745500240276142493161470189287816294592587118438542492680009862
318404583674171762957073310519201120807577399824212137251721856108
157196779678516063004381452627370102350271386770844168079938332447
780166007888114182436657965538903342939270474269204287594059112100
981782874833987803510228017180387506497624004261560260293465780881
961909546867418412217220141119700365400944884248528380599038810062
291363980806928581541545273337958237118253683388977156103781634710
580759675381248361225918334008477946844297907020076016822283240837
851964963023947600773832455944953201470621514855475425132598203797
335566325073234223566501576555916393692097810262363754542325188541
532364868372267047231091905382112277808934067587169725099729342783
254765798870139741553367456645620955183039691469564900066975281332
991050139542223108718987897178141046991222684332212425522409920075
224650118518771424712009650506578223894856614372477335421607083445
132771801143400538207903892859721928795065272189363047361362381480
404755262484218365563489198432786139157224194381624450361973090404
387697439250674223497007187735768344306602727194222384118661659033
947655077642636005178320998877907127513403682287996751004584621908
334268734417115340777779654277019411237975325101775118696060692020
564859923440055748318451025751717371542437060496202341867758604419
531541092669154461216481873575295931658675374385534442958290745303
045123913666192912256477227977709315939134439976288794316924202083
470541406929340319765404849754556245239080526384668547351323826296
261434023182410737909141865080307105660919265689858769502293784819
268671010920892262774031729439459087381803811673411729393065900836
067630252287510315282236276389479940622185035744186524905938948997
24810020371921325675633316331957193842003417004081947407607286997
585832829642063051471880543188734796639073673297466127385094114686
951572147078237096462104569638713171457202220162461331117048286705
565080393370015750085687231642981847719050327758907710566311272970
900644291733863383289589732461189199734937664254252394182150133646
102914329693097786308114086949665940485452800636490974183241129644

404297141015114287594031423507639340410646072510287881733276065853
1313665788147041629484225621515846055153828983439570464131182621 00
0396038136840451292349587209586803866138083951124331466213666005 63
8687264562447476806545367541018417725414974029373550220754772075 17
1290814868209628067297919550630282120181443571965340752859641953 36
3226512310346193461938079187834486229485338549419274602427039909 46
7934648381170393116924613525486975046435105894445865095141049662 60
4808480923225496717593179869011976773912124072710749032347176770 64
2351637324311147157231047261869363478196234080433583128634996045 24
2938116550635601062500080950601753469951254504605507476294644341 84
5081164402888896991402093852239510560103467339130152223681805086 01
2965658436489334376750391448958252514524773297368409500158559992 66
1255766726424681328455037282750266367573938342171480373791603507 59
6332887883567379752246231605390261525110437023074954471039819942 06
7507012121404157086005546865401555986886128227862329572118840878 92
9246209510711911317096940864603529582828247414051366104064062880 05
7082939780095388462905953378324847153235954943900953136701597730 19
2118375722548487222779322608639426727821328645937497350888114387 53
1223351111710362136906514054770292584194896391891504195234375665 73
2136348265273960460896535908208111201265989722068383846930837789 63
7452174304948086975319942174095856506716629319723582229325092796 70
0779505683659898017183913122170901394557200886018843201695744976 32
2305988624520426912570090246854100312970910653452343154445989683 20
4172385535779789890711586594120496787881095824756044403486393397 35
1052090896418491783111157711707197088644668937252886522735017774 55
4103756150936595497175261445125822670282722964529969060459169875 31
0338644316159606896703812306141086280108591281615087625785198576 10
3599333531215353639213010558283468135669683922319686285569235681 84
1570017167754178898796821840787635174332109185810943283122062923 79
7332369455591990845584270739401533663089593466748120108399426804 72
7230849279978165503078970717424981016428849110638466128457325644 13
1505258739248010988508428588400349515875475255517438669189141912 25
4335816464164898980764106986874603995598853948571231116640524874 31
3795715365065647796091143891379821188982425954117127048940274583 15
6159451614648507498172932603792667077755329912824699042743818533 05
6669745128869133047468745019342617072056814125142080359793461542 39
8294879814812267684127767725252112170226603667011416868998562136 61
0070806777255838680560432690286385367499448804460643496408107001 15
3373258242205251564685722262875964776020633897252385418923231611 59
2334384547151665361184415469001684720722524256316060967479502780 97
8838184977692685975580082439949018955399131598415623881172990825 84
6800181825323246203498615060708070929603006054053396868813447524 94
8583010039169701307817430071998898046866096193554777192061742231 60
4588039375157569830702549477953727100748462788928312879714868130 62
5924576491633261281572549675279068015996280777672024511494334080 30
9998295197939115765045749597577842379297011896086701608211404288 61
9379589685930692899462895069366985471749139491870673109823356778 14
9387865230746951221915957113432950854465447549765560059560694767 23
7914495450187104360845957231324515055949164394227508590795776655 19
7663113010207825977029155184852831979443591839141526745369568404 19
1689753621517163820321209166948564688328145262767185495319332140 79
2607575186173506694412612869483161505406923892002587322851588741 09
4812246670969920970282435523233732161614293910391293924546981812 47
0391238324791721110065680720748051067251909611643739542721373028 97
3034047076785657434146315242587642711376660131551418320928724638 09
6042765567136288528424942315601152812928630529125987107269783256 11
2259045953306567894832781094106676166500105122976017978266178106 34

```
45494039905851221935190938626316165591668746005626011159737325199 3
12840829109745869823827655111247857491695381146681723725902468241 6
47240483490293757463217678388247523767501269030091741734011732402 3
46638912060015095459588344099874110709856708021635391380814410387 70
33021274639993561200659378536372212644038685612739642972049464918 6
60967483718348218791146994267508921474134782585803286722838664272
57808383460656649516249622832017089023164904326866328101543983988 4
68886440710724474280486201509091856987268577499889665196911075908
83917769312161372168424856699043084863077516682420122192984548560
07242105970286856305179035359318432810268649736540682330777513282 3
71843877274730053105784734689502320429700192247568294719061704195 5
85234299556708656119106591905391711329189414309557013070318771446 3
19513488343882556268290095760503414641300733031247345046205077089
17529105604211086156405447510099440733380429643807712992014859405
52018859556808521441109515566841864208716684710503928828298338590
50934360263671212219695328385807980970632965152526915562921826903 8
73335274300931679105784673282909517487615184374546760862551094301 8
05319077912630605106092967822218831463577585963018066560827028678 4
65594416499360110896202332484142329585655772305648038991964212779 3
27355104893740997114118054554767943260260669329930796948456359875 3
16740869923648491674667019043469380311685940553914359518816336693 7
50157301709724832873781646288223697825298732165808466262990896562 9
39761541964392081075588301272413779256918374287804861942749306884 8
15892079183304535744763307548322143589354154455232512042497724475 1
11438782299893140892948043372890441900579201655678299844092050804 8
44033000194949288599680217381240794029710311095117298563483569190 2
71563144718104920117064696391495634774008658402484668597368726342 1
24623092451071903455297053598268485104917588387408958485841186917 0
70749736737033361420432012091309858835797890782903940761572053521 8
00011318415412256078200366647357263753394469358412373404519249692 9
22815894258168396142393855132466234331318036651742682774100101586 4
92350151961089228863311331903836040400712929160187236663957114243
20122883113071771280013987342275795863280675129588653002912800580
28612371122829440981404620339307641669915492823666610200010110600 0
80310763410725325434164943177072936891917745516835559212256757311 14
16831270390633486034242616397010904513396440465698991292527821224 4
32083937399208282542831803357827635837157528081782612070108029767 4
83477741645359797594670928095940838600945047890494070415819691654 6
34728037219433583336314913044773223948638385745495484441771511240 77
77596888653915255884802874578364693449451788780703221184601372122 0
82955021238412847719461264955446431484598466739232067714199774241 2
42840753102961891240116123590847932023917374002344578343769546802 6
88442676928619101578377598702937655948197758081316867176140623650 6
80264709016563363307512555255832612823442613421014817100124882379
40422628529476663736590599231771185680666762892275249264967780264 3
08627494404971876220897209577404838749005700141795268923860774118 0
48607778031460395819224350013590836995064452758720593563605617303 8
75245616384127695779066651796447696898124572069227018353243313029 1
92213093496716146460697220488954723455989348558378587456845174466 9
94307980785978019296668565174664998401357337465960869667167364201 3
65004433313077689473397736544554103657453635160769419976577607585 0
04277722322285224187196376334856779070045937526407445026327095996 4
97677167602397923917249267930669983317976747258620421995757622102 5
53876740920006020244891471233780075454105394606710210985489981403 6
88377647904786879509536472568052659466365499841407376086916788875 3
02763395714744592533099769591873733720100100741094341121065353520 0
```

e के पहले दस लाख अंक

3093605379330567983290406704375848008003736847881590426039699875 32
702962185566295640583784277436467813515616463930988229869036662335
183730132210586343125870381466225241575740983743773106208028961700
754161721152312789143407503970312472367168327906419473211921015733
350773769894377442203793393769134692975214404878149877313144525722
482189459109541415344466546553070070483157866540189564177757128391
878889245976307479490198053103002092808919632614520608584887790960
666043967052853343031111784758340786884620673695352443218385454787
570264579493788752065218864548331594966574629825911092888190385564
234241618885865663764751177022715935066729909048107680982370186000
552616818553277828007228842362412051541387641103514042470717679817
191270633346107808979846798965224958077736993725740754139959413655
523298293097039298292328672542971708970308113951533808010580261595
372147177580077818425011594315349995065751704348230856492345992882
382754483556163350584700297935774632607510468447118419488482068781
334195362201037022432603200266149263680010965236664988507385735079
038020656061704358260258173481215072187435564199772095398862993598
557357070101756497793271487474641672710287758966413542438788224595
371427314786422415634552694482364583641291866154265618232410505467
575238451640909145473546120702852160305432581527186260451048822047
924211948470728233188672173245016488524179417259899993884417836901
476737635231189889854578317999151846279323877759714106718011128107
340151472343264979842063335776699903484731484091244393430826449043
866202485031384017180116247856746016790312479740849476073617893987
310775066424148923780874584851709450241339588810500214987457354527
035258374346148728631347950701302232200129747009421522300742457682
395791445626128113789538031052096993089949474958689633426027659724
523876951042551786306662326343423321489073795849374134482715965098
678837407784140051468972315886216163324072330618027462056464266482
106421988626611818364857276991620788180145913568695288399343650036
603540319236913005352808925160063319301336501783877022055158786231
281209588495372374875597998873042415613356291891895991378906783545
061133817925765766533062525622073646033947246506566554725555120362
720644036435452833186446966826925760479498930150431492698141680856
843930493089740971823922823505195490956290512214602417230576851819
390486881032893268431440753082760472059589919175920337920039731983
301201480336193703476225957251372636883917399534873458214485288842
695981849252807617705490394922383237071004451273550264051476529902
303166993515071577628167599082874074019489130938850171628420590640
196987131809810404501983838099415237876262974620870809351498389459
316838600622515297771437179323639295276305978642984648031484668162
893814674457242717995855569796832920942685267739020377316457133594
866012939940632657340825446182446317829174969642908671578904672429
011959585875896822366288966377932505827552533965682099906129894834
667102696430611073881338441826528380103658708479905237969531400674
636176379866100485812099636932635381580803952771099486205780007939
614044699926816983633028925541992400747382024309477923109747356895
028709421788866653744508547943204409329312557523768536438882253883
749142378344828758256453526896352054872924757582652127539856082982
093226674592369123765997408115802827790444860476111155645212361253
243082332293380481919375577315204398650685646691741229556145231565
304546367843975855395242622731362049575453674520125716420688660162
759445258270930584280398146379275824912258894317575657939115777198
218910203056020183475978195862442525990498517820900705009156105006
729908760404162602477915134088873371526592567276341022973618546797
061182682320079511955501452229570578824119898862926777923408182917
001956468450945667173528526962457477946207250287811085356924184026

177712114461759833266651938395116742965440884746188419297117212958
338407734527872146471938032813484294530514709195206421764909023612
045497344056752644079992097437741132943246533325046230745327799706
406080860592938732057874265248370162579440616474483647483962400501
273143988176193245806632018487915371031326117703736852811309307551
478098179796030785748629864941084997506874783083433414335218509855
332675278170087988140482173418378164273958080600011585533259153393
300236200469970956095713148270926890913448901731254885184776300914
835670228972995401120963988155417396934387469066428070233189221001
782066401422820213386623442986534123037107036560244021295618843845
615423867889485642924094785489999287755071804914128443567588047198
703429473611770846678335224044032864229980111215779622090031377950
011979279498839220490879006299042141051004946152977650830430729841
253872300509586948960205360046898236737968247252413197975512914699
098119315172344683757485350280928119673548909819724009787177204475
144963720020485538807797617907870018089637342634130849637455808667
171245280077593752207828217225045242236068773369786399768044077260
330328524622561600883753183648773579884682308712895501293864121252
552244572101432704705461847713674245499978873339900838637654353379
186135695043438463338188214751370349754144124866187795979291210752
525194238781584393668436784177447529219147896822342499519532664810
830108282552058364399343263479954529179775259904278849590272488351
875330211088507179521995364986269681375785644859919317710439263073
610134145119611419799939180672639335377354293328117639114042037265
553639665370748413130137420474097073895804557805626058581803123710
078804891643234184696305016303502676241840938524848729358709021949
494466375840185750134733596934046467479387263055238392763922340067
013803172544865023682310864346812833033027702661292064903355879168
139605531350041261358337846941797664719119011448463913791958820678
401284232831260216825194871697521434745361996749254102368778318214
642011514176100979584111246350012811233200288519566351756089249217
774272563579988566710808622564025399745246728700413118052948310215
792768787772666501244426302335482262490006290347443886823168491080
141559453966853675049422165235689706110670508836147949109671531833
459000175466341389124939297974084154900473527811914721749172311103
369915187767150510815496192948919406163755807206671547209452156326
415130714462545212277997730510938866531295722295134806067597340319
444491268474855565498959789225018947629614984589858843068531545913
643231866362208363717294553202947738176126531002471040353807574810
001345967302893717490803342333501667822362363667538968770698333555
737830821278996276261627116438319408485131297616494911166177953791
095898984367685067422853139131132694236070693729055868869493039013
373200641046667500454881069159758686575633591332395066352027378832
608631246540106171071396485537081149632622381254769566343022501966
922736539842911135759302417953794023528515541613279341994934858289
457308463622407817697515114168841840466283772228487014068535829663
542544165925312615493789465368958870166051170427862534613490261058
603807396572389825734243154632245225105808339034719186042572390756
220887804755139350545670358847834828020371417031829315490395733177
499547491139091984277713556309945666750573985927676354365285368440
525962958669607368415593510088175147846881259416173497959869046326
157603933779046484064511679228499998983643607654975381224949735223
863207263319157502713166234386671793477863901071996086909087740554
706598504744454287611188461022343073837278601510958414984347567685
631390630607874833220765346461276268580208250568104495429298314716
775863379474368057001681565848235010761099190434849600158768972199
537323429346149359252482879295415404109914943788567995930658849807

6439458484786522399878062461423529959263162853321053167591673685O8
7366794661165128603112559359533874430739416403437256520102136853 75
7353675792199326939841273814163635869594803937836438172247896109 63
7486970350868217393603846804013349041787602858678551100151280876 50
3026436440376295598848111520976962621483952616990514432295532211 45
9488889537755072247999822533538219198335147331797681419774297854 36
9103426962657631235976054102165608434652921873518793816197891173 15
1582877672064280145174029656771842218522572132996640026475996739 08
1876464903202158228047734133626495758650652182030262511606666416 77
5969620487805765765299006030793234764200741413651570173701032424 77
0650204592625939239126756614768827035887129403364741287728354902 03
3184450035823408075722084565079698268346889918492764534689647493 25
6404863799907055377734984121896891367288513256307189860238768835 80
6881873745218241817149518652386116886755020120721075328053907385 56
6707537667931339044449037010810413299855989143171895485137914868 84
6335607436103488804393061237883623045535187941430046773505108051 10
0317378383283306646802382131616958051158331635897986553710012523 68
4640521867630183475411406405750124984438400148972927359623245962 46
9450541467570087025534536877285584028381746708992249701110405577 54
7243066311090058399660954515653073436121532548019204648477041096 31
7829955502697124895134823105619079135615618633468140630865643971 44
7305434453044961312627429933423755759205314648273153790280619418 48
9297602199632279737930233530905260077408976882205137776166466135 23
7656120853777247203462372884081144423526834650060265611370790991 01
8991126407089189714566262828172112133920791792955298811311141181 93
4033101104049059014805906141757383794375522739365177732028859823 32
8359628621282132426079565715031275121657985832805680395657274456 35
4061135309275059206110287603465868788409426022035075627487542182 54
8182750352729083525753821258377403331052544544947879800978070471 93
1421201899745453305297390573872137832846075735971268221390940563 23
0709701067891126784030483853565366050096651294343085744059284192 01
8236414434051581401355300887254706803263210032283138914260444483 78
1654198053933518505749742781522165908117241655490353488705118569 05
3767623295995922800463862174784258257277885033805696189095887352 71
8346885634044470385224900786770173407120192401899990509116528629 93
5126427583663982846550895194318843413153092243571108996633409592 18
6412218679008121955991938590970765113887030022072014188783699842 05
9689799922357851989271797720755215417251803857862878188078616823 66
4714625713388097539090458776533407267824197379787167524666698730 95
3678653160654541214390136130185802925625726627709496197466087745 80
8524439622371175406766481434946676413862277418844356874511575803 39
2561741659418950887200355644283720953854987811271835540681315802 30
3209982473299948266755710046567242252222326447857711865222417793 89
7560315843032793757301790239170788976425574977439817303552731863 48
7905182706100558681256630331172564540299661734771348062587745501 87
2535909604344098065652369872803734494006366479451869037741865278 66
5785458987464409901441547569797027334639173819283034012181779462 26
6335038977592436152732503586212627342095830802613250010132206892 90
7114602890650784555443021755339907131981340129161023007654805738 48
9937567640932264468762516687088484696676753365402464379691201162 44
7554675969111825529161263545159333860240522418291560986030949117 67
2919686512862809627873482564346013134476947044853736511591897591 59
6941794043607035953737189349367422484012010599898078290132791390 31
1947096151445375086660066881672287938063208169410087458115243348 46
1008586859001065034619616619530149647987432356303024366874181177 54
6038176651266227025098833554579014845873335854855275606276617964 22
1207639841607167102477814739422918178272543084316323963542698175 29

511289675010740867063636787466323053644340540843167245309659596505
458175860811789604184066247961742002240422873088750383048290666303
945777379353250093142216027267969249434458173856859936779226066967
679735499183483041602708476913734417115036489661361901483785144248
903182978031412900070768879365234748829524887687358007506307375693
029763707430435537163305856289783402203952077553527042462602636764
800416993984906866133560757194305387447457974268340608148415789234
024520970097096130249786150593090213879451043857876531448575205519
966424300510542448430142919121031319935257889713056769327061512352
671854124472321366901964855931147694851197777502501141401150353713
304847923508985308382206173405967019928374027797690039756067020374
913385744379285508325753205441259960083616209416737635381704599523
588187398152170790435059321223222313629248734132310153480589489883
779236007622735800057997228198173592256433041306931340462482539182
192205140468612252548111353530446324397131874172914825851430029435
899943348729027962916646752194320980808677310833010922510379233543
384888173225918714296637648112912597432334350772199724416154551198
867081133779822462638040108164844872607571437944637254782452995615
673036351666494382661193684854645865448030628264079443714369409270
413121766332960075352331047273440797443185715844918256763188528011
120656980624701477673605393025463983377539420143197536668783685524
354152605421738023111999836048359612266315355246554635539507232314
886214486370658077881191128931335473538258391341820660898957848023
632399441810535236743696056913608034259528074754947717995891436782
248341740699716874026315727524810025982294106764304171781358996318
537185083710908499040416256617557053182328197570205298708572725205
254637701574779009141582646508221690990891631079454664239830247799
590683477470276750587874079257845211611650677363741986236763257012
382308306345567531249776361644510174826084325619040605190994750437
852706348037496839190456966714515825004406033108267178494512141814
542072526743579136298575631649122953565257524625502741693439256769
202753821845474118569966841441559729682657118385089861938368229700
970850907252207613046988068506606275261164452971754490906679381804
474443662611071223376484758395156104996843745603522668012540059455
686117143122540384425844157150119876393685945229344006956643761236
642943578443660707800870358703383312565341028345614540868088588086
570144518890560863173566257032901401846905926888495310042331971629
625546453066825640124800779227154194388344009764006674351459575717
844312975972603585460698699690019339361533656060528550401706260202
211749103491063212128734466198995144195725921148386437639143147569
064963735792774815208541095401297938621895194550125847653257808226
653951211727894456247919016951407432103455211405061319760252259737
990132147935373983134897775922979504105942774918289050246731868783
701885133881466262901195476222648407312992794474026994458536134737
340949582148402553637169332171042364674647133277958057231671387700
659283233192565041837100545962133368244398184028154136366174979979
881837459965711946768634899439130859368269617857851457222824255033
923251117339670723654677647066987796655952395922427359217531545860
114119567757579249769242344621487313434332174075870027287662704320
619958313214350322829929449850216756868656308940862872286771890762
804566335038436946694478168093037540702537617429626452483685791827
631861385020598412293511286213696834914156752707998605009753461958
426624880286980622004737936351741053295192712766662273690713890537
784220941206075047876038028925769105153846833504467596784504652249
062711997731654308592151466518632464875499420812532639494906023755
526407585910158061269987297582258361533698248881875845939157925881
932212192814964419934760321754339912249417731443331596518526799859

4602514012997123072294410302583991941340968585898936899033170412 18
8648175117035860752490325412915833454609895900178991534990418711 73
2920217630473506262793008749536002771494087949407233315273550233 77
6695057266203837442235566705592860084104207926813622900183256215 39
1195995921665089345769336492026813849933347057643872488096110103 30
0426277459705676742383100031470360037628303263161547783072302094 65
7128458205474308556489093564776532680341218860426627736175980545 74
3400270074056224816607965955958802450645437747303328744550860895 62
6087435835971152840314185928756216033863569514936499799772825472 24
6553947617046422427699666783235268556722146303027284147842514912 13
1811404500161918892742719657472024325447511368781492159344238151 46
3180725057628976211236095166616121654439723193110734920859033509 84
2257593867149109419458281672415667434328741144321073423720755760 80
2301688403327948101183279117260848680132151228131627066439703311 68
0855718932963312536628028530056318839464800934990717350725469824 78
5635057571475055568729318918360905610680578683002070488348949673 32
5218519567614388718852272321739150710371679521825921147784825705 82
5526713268625551814557226154628541210964744210603108767774583122 56
8748590959221728298235452562579865826335675640817954780186896647 98
4861538492060042168108912328866602985757052446704583641321011080 53
9736002943325600896108631461471110931378835700149388376224767078 56
0367792804604371165063085866910484648597857425991394300087411609 56
6314730362968509939305972984952583491642454646419024346787593647 25
4923366911141700782506847424820692449526489582786684166238594074 92
1864043400747025712370627978052490999854161730658194057148877020 63
4143963326478733867814903692360893826749508589249400078910941019 26
1345770615033556665137623339727066867009872982461027846441061134 79
1242008514505678233394362758443875978657187399746890973941635007 44
6914941376581329860818107099520208466852870686808421762060251249 63
6771798007829986048318779081537320041153492902608027962376848047 20
2267557217817539114855970191470661187559439521504591636336655068 88
9652016630557123114245881293515060308898906380965620414336332963 67
4748086311249942728065466268807475696189363920948240212414942425 72
9042863119191245609035945377217994152795013654732883938015384610 26
3407414705324867360446838836820339950846069216578977289137605606 25
8957855167620620284607136421691918198399863137964939227084042468 41
3989047840787587353858847424987071524840799031160696241239746786 23
3294579903394213272062034082347045674431130215242026463576268389 71
9376139048461577233340298936728795042530397956914650261504623355 35
8623209176730791361890605479710138129151490575357626800586368284 19
9269143128144782845193528055727403990335249842354060026437197252 30
7399964895661485347650844121208872829011860543322297141546743180 14
5834942988961334422582815519753083479045351094778675517262645312 14
5098380519044276764905801102712768880577054759692695120241309449 23
3966090478499102253785307056954157114099646808694596831567231236 58
4177247908712799954548417627881807662488340609710939025807670145 12
4113706767684490168644733270954395476931769998049088016551771428 25
8484955429886130977449264429386323501860746239392499672108453342 11
3787153452275131682130353012209237818711927487165988768400863282 38
6197283164214440206190586400318838851044632495360106514056267954 85
9330120841874798753860127459326877991176928729667348967925538374 76
4479359815213334563554771447019200931897848876351643776796681853 30
4669148843519759202103289499907809183463876726105482823019649610 51
4403319205594218189129514336598397705608027001190259333560223970 61
5695007689121585452780907697428178636591275546670696840540057381 50
8859035544877603842358052429688491806646551415075180267430890835 37
3044827815285298054710879789499066167372445492949892787205932008 75

432167503789535791213443158560370172661007442976069069911324473478
460237243069610450958918270542231049550133643986896359088186079159
985310105891514096615298602687769355530163732507227087775075832009
722612006778800644664756077962529787187100822698917268314985447298
619089646230723464895783550509688725098646296673560610726621985943
434196041909671374366737653686009282989635647170734732514704969506
739679959713965841345962744735405499441528821718299079506471170752
075463244334405493543528010631853637308163937188976755420441575644
447655279762844468521601113024428601242396775186218307249554379285
503652428496734682713504637152156232059646516727505591488384139625
082487048739948418335468831747618753971032372342941839899079094298
685278477849694580845073683487722544689834909884901936925065151824
506809649824540756220117368254666131869209071151343050374344443558
682457355128233602650647554538485767826351262511583972043617632041
630729545488012678236780693513519248286836663233101426516278973632
868966439703412392738719879049401819561420018976291920058488605646
804966627181087320957917911503958201039413731663554155202166979801
390863625426822526905334407770746425534736075927076805049033015097
511937470214309010302346769883864468407838920229178401952391041662
190660303123768296930228980007246477342071189071292296560136276750
319105894410489611219970138899972709618729927347340093956545786195
970693261646065132073929950588810116186856087983074409740333571093
216634528509887879928210844471703692816688522910805950505594689026
066598943141397318113887947078454235337513208935001944174225812058
097745394940657758707018516716580137888838565011028438199947247852
629125217872588078569393225912115674534471891749811154714529276167
171856870487997847343233017227641547109151680776491771683742988090
278787886329273115031558241209017956008027307867560208279484327793
006330307116611313081199895576229892008335125277790037937886938121
832913826013833460913526102515780501579696308521109233329609609957
629546804734382586250698378119649095662479550237169710089922918771
101227503589913905405562282291499128533456202883094847501740162480
817747627122247409899385761188269260354778246536332999185785053906
557132200479168428950440724292666419995110726834440824637005542681
665923981802017453498488156386104828699403720749758031516354147991
908522276546218035422141316581261660690161892541451192431847561464
129361018191771096973743766977901930305531091403753559654583147490
454557573058940881073864182679758559139017838962024120788771793501
193112069232243747432254825953363291718705029636338636718912145575
397689669525658667306918808415564134245237988905434311928279836639
129115171935782466300750797793575139800844581298793030297661902400
295194561183459760004286520314961005362536814763676150848726211815
184574170954523041161267130801142345082644489983279297080882922255
702327805334695159912939268884337608143925199067495382179522174509
988711359550024142725291940817185900538287627654722058597496285731
070315279447727796232224654728361711236099016766558212869019418576
088712807799075360579761818196372646395179023814718806174073242738
821178288643453396490062483516817869109669422029408893042602522386
581303160344144405404239707367867581557003934713935338759105100658
646500791132233999530837000513329927458347650167299016516741661835
749950321848578822276242965575330195892925720425859834792005166108
463243981243956784017856391142839034870711191440044061737725688199
681536723140920984852566667983693712222106216749313857287992665641
503587797707185571435354161665609575272863836378342905591846451614
816298572856557088020256180935339188959682937747236930827878444039
858855011632755639718701384981529450853186711027689504207877725743
577149774807269366650768438253904638627517891611263019263759644308

2519672155657080901105133657345281598809250526080226620732264981 33
7664782982098450930035189768944023155724207889868722096125654106 25
4615173697220756372914763506030498162318005058434578080099130651 00
3403495844254496885191845731274156410949045029206372231655914099 96
3837265471598160764385792678214016170339301189338233149579532760 35
7913968829853570452697452734890092203292549112318313625050024163 42
4134863689378995173894069836422523398597164940433723529120845100 35
8117173431162444727620137771820874036517680762451911319969152791 47
2988175225422234243113623642093969337546475160128915820504289052 46
6655237613986408175764703068614250629516802850889044905437296637 79
1666688424594952179684755476782011212821908170573173374143937609 69
2838202592701755873831389519477246238211138664822357708637456650 72
1014082640574366263496678383637794856906772070161088343437611316 59
7805199835022094755061342097394577307199375518054156818415169289 84
7595259204638358618814156316876737544414585107197654307685383785 54
4952837477967327958460648665370073445859453829462382089334542636 46
9307956000556220872928554076159629236599761256504626873740865298 48
1529159849935266609893168468824139764037033739795312464399619583 67
6961141904027220675307290181821568297387944411938134222972980060 42
7047960096243200267855836819807227202782880806497024711358176654 23
0152934579755531192691883128096968438969429776888672363263180924 87
3615124347469303815851562264091970636536971392581751454009276538 72
9943435873278462241320944996527873656860015399654047954048623463 00
0933710161637458878386468287084157241852244867609337508939019134 87
8649171942599528732733784664330334158940611226145520106007725673 36
7163705172737002636036824034295404863303499115251022330655242404 94
2323494958436744041598270837713686249485999667835186883463663799 51
3726805233755658140056477908156029855849860540698076574535930025 50
2883314441498995892035350955310901265332845677754294828354243012 37
9678095255657359006312920622025626435336440707824487903235825913 16
3377140020753521949524437255011397397299469852363716662874192562 06
8155925213330157827940015500353891467522311341743419331734797682 56
7099034712689880723442549325559857368185853851873450008524336866 51
8918464690001424072105909804511796799398463852855588127002961912 3
4887453222866565149401729823034744319515177550476852891547641086 31
0533912007353514941119020528514544223605397442264753856578041375 26
8974255648673996250313497005096425162573719580588904718152955609 66
4236359714453204215901399874715778766015302546246032237014929080 12
4379160707156264106463030715701050829634962955126134584591247295 97
8177357223441983726619195011170658285900160726329437703518644859 83
6586893909316668087537806165458378486954993044161050046439884940 99
4653753992571335289521140755442601442019738176675953225460087230 06
0365247033926950214338690682845102783613673333868604522088928807 78
5530544487133352698368307249713638924690301480814887214205598668 55
8912047451092948687418431029532058267734698420746916151342454839 61
2491075071500104294846515739000178982774820937969068334380927248 89
5144949111283257727374306181938422473395023890291886281625412776 09
3166884510597926785348109916648456391488702540047707512061007747 05
8126957436357903843173009557538802212742220086099013052502621642 41
5938663369319670625892806862072868459338415600731156195158536206 50
3043062474129187465136987224844434034982149881882460555762661770 60
1044682078461309215156430447527110787723604393878671466977973774 78
1665073681566925015065758785454494249510530378162290315284783524 06
6591016216316761718016600351383621080441785134007157008528770052 49
9935418178158196990888922989946179850040407348126108460644713640 14
3742820939441607221997330210632225349955319466960763175845001353 36
1152786003244807551390785282335265045620501590654038406233383071 68

8044041237318101975146615159183748142067724635374692269762347923 96
7419785373373804689300402667409825069827601320746297586563730829 43
5505106545653329156339600929992723187875128503373647087305546744 59
8717265534689072853544968744642708500382054424617975966190334502 72
3026895955673812607815206022152774555071526021448449019345738505 97
3482860006129990187822912410956737882269614862317373615726332940 59
0785213549312124484873091923766956860160861591034648365681342297 42
8455151281123295558435190978497172594319956398531606462585891244 12
1683838792402060040877582784032237971443388894102198904526168588 47
6874785140362267171407882715425979452586410132506022649816531296 69
3481079430447798584880416589022354269703075242118282528422615031 11
2065415787007873726517506995382638177828676526363338843124952780 86
0042119396839793101538427910539239911465330047384829979219945738 09
3720565633384842367714371098708843165262054385620730086275550224 56
9965437059899823281124172315986939119523651937518810045733917896 18
6772459362315737513856189928494398848126684109481580566781212661 31
5422472170164879548012091512107648233264714358079807113901313083 48
9818988096617715720130642685816322818262992226985923769391856367 76
9538506960443297493001241894677178866628918878478542946940206830 99
0864865081430263257040852336008928178827351893702197098504993316 13
9770099744391831178130273729261138455681497913392519602304745128 33
1503392304695242233832531023624233849218659738933472874972057462 17
2864525875390525241257103976509624302351659758382018475366111449 15
8599179368757278915923087811296931837784374595946742194129594615 27
6462189349488213742910221564945139877091060573970183592972801276 88
0236242093476661760644487590315206092971069502623670216458282408 84
2042087335285438773928854203734699050960776772831168440293712904 09
3302170438277137019554817158044410407276323424782886965174732788 28
9880548176782581841642293648670287038478717928665655350265065689 63
9486036146525058175812893494855750365930708652913318694326827200 86
5158087819558427786861802308111994978457072631605938831777296890 44
2312812705446697661567239370144874482648387498807632899246933200 32
1517581141858718178835442615355797082332936725401801084671968996 50
6054681065439809441057313611423428687319756586985713712210455682 13
5618403447164478927129963237281451258005257697347060215224666651 02
6126474928805127960660110675154889686203493075609199307004235862 21
8963624449837586982383940207066815116771005578449609339411193198 16
8242157183703337272466347658632073535984707125559299334278552324 80
4274586289626839356210264014667880209925468836909630030098760601 63
0835042244754377525015829723903161699855268765624266086029755667 55
5843337913576559292508019204573706101760537351361203457487980729 38
2211585129331880947096527910131835045655830648145826257884961675 78
2319232797961748381730749865848948207189790806801591305583773665 19
2665995004420978293374689527849622148175389856770501652375385746 20
4681934808665267478143669329865036847168367277511263852412133233 01
6393890887844442420113134242627550718063499808469250131947315775 85
8324298240303792954144024063708470055469856115551125859409529293 33
6995297537689850801994057179854846453247425366874621729064515822 82
4246586796815445270193484263575540608487183684691530804835070862 68
5745227602559220769122662760974245527153074311990993540684529730 02
9792259610336995113342301468803754321826596146071461171743189112 09
5705503898447862959856075585447363892481492379243183202909981614 60
2569385245791006615387200545600746124965370750824649927621703931 09
4637783941785098422696547540456465104266599158913055672248027968 63
0881831504291729805304488726232041426861464504918549182237246649 36
3738227613605903302354777541667506655352007316643756674144967599 33
6242079097594066427658673557560789300634944555522177230851747958 73

2382419649202162771388621516243723841036825763104727711051029052664539150651838221872688688705864026732823271969305798719299814737468305099349221801274653581003365324789988095448576481467085976208437410281920423404572590913712155998626781946353464365818301907785140738806110766642945363041646706862117345490958126500594121915042228891471348762134688163663826668215035459448745732027951679232337681729966330093542859854151400448823447707601261770977138003179321685848528490073916655274611767968009062220493460786524025082306910896057334260495314676297919196675132378536208802143560318819398188157874783256965125521113441570622652079196869094415691900020153293527511730650542731875648353071918729536111286661416850944494791567899268037980452283029487054627410966313012776753290719902113876081161552781140274336222795940962064694349263124753842341557574361098333448903486733740357620981623451390006131529256259066427883740345708878773719277069002883272091481928260050236187776555076944041591069183088922245107113878625034257880144022977729282714283455853104361910007991550776349714108859341121700670822929246348624656130366851486201841153972549703695062964140258665030328223089847887138659765506997410791761141037643581190824509232596689102595705440845910108611952302736133640428249381931461644870882195331274373056078868584109179524586560875954052934560693639104026127864998305331287480826980615366632405389824334145457493716066781500279502465291850682557233596460155791003105129345315832398857655796408618784665758606523292442552649249189759110974173546114169283112049002642299534301500055973514944791706199015733297632937108088686618461113894047114775056154509551673090843693894089094036119082376200688866218163662455895440796362655430699074886137687012846081245552387460117051269749475814434919492107179058912672436988489091446422269687895096401617350661878779231637919854930966440001514210843330004688709018995774323794815600079200019654755615570224271519290242416799261646521493661104463592026026470924654893164525024910294951081016930152842073222268062813553198020096793430976730465373355019860477902487037525002375291902389251730365900010439201000481172943202101165232392181202442885370603642265124876397074775053771671735576905658723212969789545053489530388818642722497455919387637380313637335953709484649378564110177785607639803814653170031123151552457396431218692322295218613252196436866442389924975880062123426082772409212540592362978436096755785708256806587380021018368768125056080424837202644607599345940137408412162725552814046479789331675651378073573166849422293932866187886990423980129878057108232008950043004923354435006097627273252184947113106361403318855056703422419905098410458774618624364528885958364978012389504202694300050923097066826237868392665703649267783559280971920332536406245000947844584815410231103527163629953542819558417106904807263751407855384723037669267462670006739406128090826151599760064501025007847502494062243088878180037897842705426237847551366468416635528347263775892885186986570317205398965146002750026508708306402822154384156929387758374994400464347430437239415449306587895437025945944965697285785810942815820719872432376612996175691479528602346167887790361065545960999010860321322926607755654254558598838902231741077015806476783146925827977529690548577004802987898165113580674768471711695060989034012356975916047025665156020552055219666336089345844636448813247000318160747030566509838093777714377348081633159408881872910408743899115932666461803601444197793323910497830045778123383425924404146784159737869532415123932938638779246644729833510500210723544353337170257719969136112774640597995967250949271480692976172548747960414674922811558715404942534623222703787064548043284436251061282984734966367415074937050721313245240

4821484811463442134893301557754937530820154757963823776491059877 15
1432721189980722951022830122513137904547333615808327276431866488 0
2001956465673724908321353010087484832429452970920909242989445335 66
9333305298416445358246443734112327146561671073509578609150066719 22
6868384977041512331330606778729905320738845752470888955495287267 91
8861375575463930572711666757041968546546277478029018712162731816 94
2410822499641093191401410625265761143733011634330289411885798204 79
0830479509190870033525354360685926176795821394111062434344493460 89
6342746080656452955010471822358036483174373183688644000193690732 86
8269313625019398461480039388053017644609475616825496558486537219 38
5050904469009926229680832858435367202238369606594099219177084465 11
8592555688839230009836815927669059286605044819884169454475392904 02
1935167829430692343818993444083167970358796813437105155558316114 49
8303412836530230400644446651710938863010734618894274836273716642 23
2208314232755273856407387147556960652349528704713863740565481883 33
3354691787263558095318634490462275007170822244618454903807573492 87
5052259672074105605352602911571722016261599187260298983267817104 25
8003971705205110970977174194826179171486455180183102146017205096 62
9493897190071997335784847661232624485371092443354360877163092680 94
6064435671432552443616240707495204464473688842074786031455379511 55
8633701104784906267578360041110034270318234533844072754876380011 65
8902273582139337910378344922945137136530685883075436488671902948 22
8270420235960787130106378240306078648120224523291617428837916028 60
0672574069168282232953433074900250223418739159976266869436889863 26
8032154805633679834625554685278835298388622649291598257998903643 18
8982260842166588599774273742002814721785862067292577370252744761 39
2264431523403033109082408769310332896411961897661501961909951951 66
8733226115868905291328941325650008302779070143752513100595691489 76
1207659695697580199269541200388542041759629452609485406908461029 36
4899742823675448272283716926032349928115802974302700662175862284 40
5943717572513433695296530657347653467801208997540983745192340055 18
8282610584124673039111683732053935977412049955115087937023684815 49
5295778075292982699326101119512104852092258554081193065545985088 13
9746738822868789667625474875252489768920388664627031776078627389 05
6528714582596093179406198029656604680543102647838363286383544027 80
8531097613983720753626292253152869881950107128031833551079913063 82
9657791366319028431907722510364321862890114878079060057470053220 59
5507459277241451665731671968600963693665233428252329553434923763 26
4205550657109771352897715423834888218797171407091475602238500451 85
8554816759215061455448988522219563288080890030232698879805249791 82
0275644029315147475128340640142278939050978232510135161802450525 45
1683834320608968266622592594588211536846564635123631290268333337 46
4213673615431115440353896747304519069560905613750783595208328359 98
2933915541178943936572534683435093452277496315714309817297559722 06
6702452728580301840642686087601352967641425238018630307559320984 96
7696388784772154991608612377350311112954089694370331983500648926 79
1759626743106330007413312791632170125089063186221430833493391783 20
3908768525070635495347729293290557996552875374040483618047967782 79
4752283024333185845950045106686111031535552537492837002711380592 54
4092301576611893146659766146784994719667803988966216167814332947 25
4043366707456118425462323920145661530712053253106440945853352625 11
5089285568451884127404154268342799066303149752165619179053335924 76
0921191135439770721131326809372575019303308222678337089630707745 11
2109553355386917995950753769392335777768851527166216854180900423 24
9412673317017837135266392357152000667544056338784156383279245146 54
2504002368359743499398370351241800504623044637856142796930664583 33
3590019524521524345365073311330203218223952349631778812980434029 170

682012835945266267064941548157827614560920330706527179186326531882
123179985764277137169998548776691141083081101701035692506318032637
621596910147735982113009100827404652988836602057742821158642924420
487578319808607545125836159902406443446542919886515760268526482808
294473224654703179075176608101395557524904544667586430190881667583
568912344099636499099979566407808036309919644320656572631378625966
842574665556000733534818034502651138687135042268455587112474027889
281821639811190930700166590692191461547138151857119948214192595435
368435631546911085955020231853458825114151571348973757742509810231
484104561180831679692768388842669401834820465480724412770930274648
702440884659049755860928886729600976141138665835550483575950849629
504226512711792067667326444575316216298043857385518917132838038582
846600456500933400583341647970862029039558500617334272777485992490
939416418964186491361029093012788098310040036271994302708115904974
718884403176997495452045393730227515973919098152040493569918928497
141869634939687291838895776170800329130293382334992336423909574916
436418935620664573378054558977620026226287146845886534514008942717
945882214283798299062450391686375717367339770091531221212038129783
550756314609106260278551811134362403986960111551027032177575736883
113610028078627408033445924815020439579586973763246939697455858231
328082583372619720563662300222461926996388614908128615826609875795
470903048291416099753051471735003972939195892155202706432643954376
058265436136822449241698888033258227167590389408054112566848714225
047830354003156497949936559990923004177229387023518186313534997777
503487199761783752272270510578482930630555735262685134995035102260
443043541520767655290708602257812727887139855727487307964914751908
120921558083062426509576579394323796233375977620423878835284166512
076058414526425957548483989319545499040595479540504877768796902596
018993656375330599184772940721379497613462060772588511934144049380
916630766562739997489853543199206267724283509832598312925032840342
429814479872896824442649750153835239313611706100467180555732793894
471860406434160361257896092722339517560357343809034749019371389979
362175648207830816781541093529527819692653738882831449655846462511
416860752604110659992648721673101860018077094029662795783959893435
381800731418529149397433761585680261587290637648218553759276434976
694331287703224042492148563555489170142782848094919982386915133302
739389664181676172799218851233155799257873768220625112219834354311
226611324954501159059405787395092196083370787137245900204965035825
439426235938114150845197078552300821859140942351542473921950816877
089692567700306944157845351708318274374642746458937541893777242470
962796650202437004863697521359142392205578123677454319844069056363
070812200612790951058874188415839633183935003140667905334767661088
065416544286897054118797075220045020494457015594814902741173022737
901371876549546983633759803039186323855217192336553172461908091979
792457652773821915848674124400068313954334611334203869861369746051
745409743651941372687596169587148476746690870804675031082568937046
734304928770556294604791924449826027602568858992584403167238745963
761340812011605870431423579200957536461217752087944163019141657669
717423113974106653550215733685126878792158602908243530767591900313
662747947970654071374548447213034356981029833591069337141038262672
426979727985387792083082679976724243456316443086469876277302487235
864904883020996285942609293044874637103084928122865206648413337790
460598951408608555042729519223037863785462274822498202700741957509
355652123638503183041767155442911123170036064739219739125338645255
894907199158437727424778847466305931961209866489963317182737137130
163459972120141725157254939862618613875182852387569931809473567146
223941619614147610365528432509066407185586145608907856838631109411

698531853407414963791790262023866736194059869416828895141108698214
647158175103946251534088401442752796245167590109862529958716462062
745109449973038789240805126348999525395386902822413510771238214969
028925715136994181372544547487373284069385828442264082770628337434
657561054375775076839458054160172738474863231113700597008635426688
139671686422799000513516665416300645504218255069582812681867074057
301895706957901179653622551941971331878527335205744809284766953811
142387930102589834956968714633000406364214672741074093925724393797
295978396986842138422845261874900620438376162795341133995814930084
217407549341633382532795034689184767500483778851927566302246059516
893623133924624683730966131694337339576005940959720456769813552203
381484270532189067280809814963612232992470455393751984895880523325
461591079184650442024487751378329545385300440420683805178903079494
544844966951330248633209278655763462850935434691457172263693603395
104648564158842428056314076717557615160025174919691409231950009095
389843368226670996787397568932270950590991424445609159198130620648
331042537690712559288186317037324757059428220937244313811845893577
533581194835592017516907635786932392864720029405566786423681321758
145777561292397454589638763627435843194598541918500975006371291 39
935240599434330831902816309498577662582905613185862954852372272621
605618051434284743978985520725809549535825695854755588402025474269
415318334032325704986902430741065497856774062295904618130376719102
013842863092021029579093094912928230938828881218257684285325977661
121842782809707294521693701023866524800740740771174069643253897196
348111724091802724633744295396898449798874521207079412859426235509
534513318323104071653665583437602312727925269299611294873389382387
974753660836118452436561368254040712768934285308710663061205221086
706330720363248176463262983442920121465454040716232290335611550810
857808585209364656295790279969682725175739334326308511292453783505
031676214797009408522645996116288237749335582543787141918610442439
022581365381890446684147443293328212016111071890024248352085961259
467068456208797546619685301660669813683186915017283849388296836936
488434173623364533976593749268414769160448003918398821501508109091
648589828798687126631143980968732481679371117374993613327027584450
493998295039225983006145482704518746426806221964786013959875637656
975106523633319622533105923759820476761827365661479791245786824437
969173943802009410721219055921807810573850453573484565020680076854
171549566151122661589257467059976826393908697228483420338850695397
833369769759724549562781698755812301778958839613183982980960785265
725024521401881961692422448889937856150595988493279000427578098578
375764387873819109685403388412966676949734787395205510466115743850
297629989817124907206228792388080683955029720934913595455200608518
875883535734196446815388087484644682381513989943010375739933096638
534615508117303415354709296236941164922197474313263465357061979759
410599389040462518372342307671881143331736649673333545863922269089
197503435037404771235282010971873083114953574094266633825704128779
700053126120208348051634344450055850598923983645168729744933137078
817660252603849610641414125206913030110410793716727798837255427720
017064311366735661272227806386754430915015256407501517550458317694
945364716362265136031325606351313279989324937749565148110297518014
459910328573893758860163398540624959203144239950501408728410025425
364064727472731035443669725870413346619043214535102620917571104540
198312553580564583832927201640306943312378908237492983639718066770
389453030717349045771060438837558733150642159971145634236956303651
041587711358811515281246831556068443384269394694075454939646040108
762184719325213297705923368425804960426983879962492715106034727519
177560904753942721099013981003160947507333689469833938795544542509

316885494169222095805483781460398125388780752857598505338997108690
258662692553086243867488190082647150280248530926776581402660022843
965792563893714185198578660846202630395741354734595159237685104187
591980728521034961991739361118657603307766747189225128936362581918
592144748965172102350330569217261768474671601812545725065500508898
408285875189114712446456329950310514510445258532408791472128549580
632967252571761065764174305825506449580630746230750343730543373698
421495866435129598353141139390518877135005443919082018008372920427
598154203951595501186652747629784801997640543455024026316878227940
295987332760133281907385038904883896477621856053631518899708302716
315663139190257456125374745049806496005443168909837464112293103404
456762182857594150013097562733422456048211747192197045115491338328
567339454298093546084232062302498470437032250912912152111539577732
129080510534672716419441100955991074046911625508418797500759009897
317157900860782625902080983384377210117978348113398007126625368397
939715439616968666556739853153644719949995646274578402119849787944
604208616473821434484534260615932252473148589283824124465776737641
933737572558179010295524916609138515347885197943412790248180659045
396056623130179760556678738123455058894710592659518671825939377380
652270840192205091210247859890393347630904355224486771497364367369
134819843829050306235325969570680666112469503406268808049178900910
957605059869000741604642730900077608323314040713621218825348884990
955836888486277727881743466126469727080225154805118864445304709722
808036409767841158419236987498688758669393467079430910654791253359
364200569587630231223132008405765552441547244300186053126324136303
990041728855858989768376206745224257490042794858585261207495301414
198221451553043480771946099430603529426297686058324139634039736286
122267539835904294858402482454086064507401421291964710242329739011
152278014431636676863835666522415456067102569368405092633833522899
117497494834758417321911219131870763367624993918201281332159148083
749571118998290455132500294879076060904786165554717284056275256385
990667694285707494674059120140280929443890524828265988415270914285
497072574933067166543898910699811692902711325374676556677940450887
884236639404026364467539390644541134143788051375797641393077924327
670576683051869561966339909265517889982241249703939574324270216721
300403447752077467478041364331487882797685786728274920202746240220
870562574650918525788544409732319624612492841067409171580688252857
993657603717734050497863443874449986046814158786212650600502367756
181616016231354170995706110615114217992700132318339652822698885210
472865887721347454815328730915087993653444175585947057673127422563
034681049011448231370354972613371734824268839777367458523013571481
745346310742140546542471596532841685321172175067007591171073411746
690972290107692177877639802231107811005257168650409856367832465450
243657278073267085168923934501570200157517298244779345637527265703
168427472765060646667186001370704927405001121239592265485172912147
784052315380158356525473067609608615040744547919378561640700638139
389360114673054706727596822068552741623929378518038323760585472832
516564922068169034179879543706191959564584781683172988914610526671
997481102891149853087572565158268287022313035220392854198676595825
273063378022954946606449562265989585451085868403343946939070246045
022465831308288100701535744737554355425195571818429832169366719652
147769206781986168217714329533206665781349493730152061703618351531
260703533252651301515843054826550808057194108959465267590372030968
464646577032873702326179166957257030515219105694791211639420459681
170989290950688508112646954949038914253078663515064691668433200712
166664641797236781981308123257761814768611817364421928240348075542
595293264239094018679675723064641964000836256223692542658489943425

845113329793607449880500899974146856007284488061958892802028873269
585926512216791696867025830686943772933076311771691381216492222098
750522251852886203319216920272051159852358805800508250171510886171
429411335855244063806017405159374351446630551770394754042156404251
905820439361127996993854529601123428223241438948010554715798053289
328841405878762887885247363850843157829205210661294404387118365794
061445741204136095859606204569020548937353254343061110428657466356
040513479730245559721326332464555955452254603268642425474608012577
247316654503003415488222287940888983361652486537481514614850962016
097589805654406880744637238857648880353090650391913003514381114232
630255040687214651854896185753394078651685691915034592191221632739
996398182684039355627108204643085155650039507928013364789431169007
844680043971985556143119701892601692069581646894108588091840324081
573676571516868137267752890801312753701957685915946073724802150434
841939645871744380330991838402024076156001533186504909319309316541
547816863099183909853201432465670831191824598913538402391479338184
282414383911195617624507811089163091187650552579709845099067491442
076440607567378187200007040085082764435788958638609279106864974584
431583383448452920808071142433053227919773213460579118174289766543
974721522573428548864493339595026607021538117770227258654627122162
326538556064529956212155024601384145403276082523900623413211057179
987264876502835190187496822293469915898331739984049856334260471057
842078790369967367738347697000548603573742052513580548491036688707
564497530152556490140056368338521667485395080017875970345083205493
620953988083057262781236604624110241262973879420654911705967025018
568171843846045174853951261951412827078238390225974513865460997527
007559379641583934645480842627408845466217993883821797949213530488
473340321394554856230319970314197349116706250465791552302813760239
729495113657239225843767997030203043309387674998860559781378208795
316281307277906213857588917538055478813378590982557273826061968894
440465602471381517244672366464190388159302313280654698314552684826
856993206754622202838186660809003679814045508809320087636713071310
178456755421577301145601003742137608340945019804895836448453948730
986247796062474312891777773680676385486043012541859392429900736323
141307467428792575505768887355579805842420480718153844636992178910
384369257082999723045639375353156846920145502219765738196459952902
204278531138917422326453088668884187151379013141043631215857966445
262684281201360963435008752691185987304308961425494244142251308082
149601744828761835719088404478593821153058937118914674572423985698
462818003121547389076210811364428571560861136371315452430657604757
271344532452652997720761797593110455336764082942509991697886206416
004370659782343393448872370626303443552708812742979643251983642321
142461748637651790156856887274136546571307422082386195305551033797
105812272340569229725063694243402397575655901155412205204468942858
048796496305434361091989883857836158959120510569724304385363654683
457383764086622952037117036721547481791276472224230215444969865899
874533887622379894830786486116150189404795314026482981250531170600
507745633699533284363654280013447788493694047779891394305236167121
419005290100023104913165768212417492043469251601295792653350660050
559048339317106187600165293201703570909398124159265298361592472883
660263544350353340034917123892473232519221711382425952125600120146
933114098211559827757712110567336690879331227660424268873955886078
599271435579443446933291039554696589725417011997920946233817433120
524975116481496949694862443157217885214853046032586814021750052504
242612482097783227371254226450826007916510872290554640622601276429
371326470870997475834392376887315972623516828657705948575369402492
117487346019525791825393169957705559140271831999409983193571988550

1350255268404543860316606808143961679690605678377218607335323250207
7324256125993110014612129041303750523909051706417098415487412039900
2880879805011830809241513208924019253580745916352713417509589954930
9767278172571930619779880051369011078073301306302190325199798248500
9481800495300114550217157685290400250877246674892589145552269385070
8727305700201434265283665379179353259384408370998121784994136089620
3444141320966453436719992867978831632691774974532322108322011619230
4045740443874712577024360290894549184232852846343216450258159206630
4340861541827877292113774389263300357069181708785546460034050982680
7337924249225936374010150631141528537532566119892712878177772693500
0220340936518952586892983313950841497289328877205985365556455320120
1536874673992454082169741198445242126751072212146949944009225823980
5972284107667975714844371073654411965063999364986664626125959523850
9872611906800582525582802890448083206542425776664601988154287419560
4742229370600977905951940937528239044782749647510931036033451641370
8099818775586558540472150006930620873228978353943176406556648027490
6524525720740025664141185802752718162106002873025654809954740568220
9644966932111463711886148347023052008172870466737478995211688754590
6337529947836944560956329175146223660982438859617256692264164683190
1819379574194119917353104233620938305898199643798330803661482318490
7076527264932492056308623825716518519307336450093129664643614376510
7302020234038345001885789667754945950578731665033537994128253521060
3828523908505401324660976979229953209394206611869264664302722418600
5033342586684975197015777861738177166470990740096408868413609026000
2145609021842359517695188422045600272914388067884216698363830747020
7963862143646467276120113758276577948094389961134666627023489091520
9806838409654031991398339199320495683705977407452198437199091487970
6591280067591712150524263298847035377325950640422199400761415319160
8158614980071183315121797877883715741816164334622491402155520197970
6436977512030972810920593676882579543554915963068287662571101828090
0281507382737558213273997611367598183053479380956690546945915000540
9446755341158428339237790317223273266853043013765603821675643695040
5561131158015001960568714270294857678213254035982224369837762738120
2611074242716694029902699747666766969160770258133866140769945625170
7884913611201813114024861486461996505398242508607069976369134396530
1536270255809886570496121533622006764938766250791419199308403811210
8693539176370411206998043035449104437621827830068844402761646742470
3245372725709477776496241332759857501281762893296336488523719116290
8406211553393057233540125328334955064012611097361443422171177767240
2717393660236752341342526530445033112342008426513215602259693483710
2206085263142643483641942080895843345704241901486441256398182529180
7140857723810769948483070632694646749422010141223581669946574951070
2303413062195709790021692086056094095805908612085054332905462797360
6455250740987124549099687309269118024124472937983054832943459040280
0622105312481880816571237072938153796379502481787783808934400252150
9391766787271962301419439118140964887261986867305383086185419541840
2894055038445240655678010261479794039618096864592840945261900404880
0659913818843552243867940303927692272348918230300059794518403883700
2592550581177137492166755968043326439312140345798611089794325195250
1090564132211537459699700397314618498902369889096534738983020306680
6045442507252204172761738394800060108597655457698651683720675950750
0801104930714638602798519092240812949262276838526390123782270043130
8537134644999682272105168709363602625257951939529427347865925916600
2173071409277300149345475014176260206792021478114181999422927733690
4647718890007319754584034048600725651181634796658652117529044975780
0401128746226794869461352716743691186036624669871895497276280649160
9925992754170479325676611887231636493456892242265466954856828868500

351521872530586027239966118757844192889456084680174379539358455731
959170426048703274201533338048582114844763532277380337646730276538
179292335213733905029547233366952985891699068510134337937424149106
829372330129870393666410313325051297184165027560570180083410861638
094875981102985092889526216348263250840359766991339943550379104347
248984333834948074145333318996003917034276129495912912286286458544
963694638708860862159874640145920460057973224467055865963177833136
506571640992130068462036595036521681813078872727046336985507117341
970387409047514607435362678208988613136445165674205039467849005368
926835561817507304222016484287401783608299783260687338410435041951
485172597916570358463507089835502861398804770411501935855098758118
089748694693033018142876799311456738606974821305422608523453283089
670176818676834173469163914186598091422876979307597185756309099973
633878391116829934309480716093234284998508964827087020878026291274
847247613747383212039943603192266060469953567398337189683911683375
584492601118334506527706236848212662898447913790016648025983233218
271580441487708267584246451338327856300358850943764566207073035548
587086266246372448993255290708188850646264631641747012667178303634
044144161009143028518961754470256963113450852238238237044664468480
207654452499267566179710829429065898213165080214858416956507865995
019699141238749721370952637104634349200337721170369466624453313563
912850950452661577463493297481733836333900282411119160738160577906
257028082048899536682613496304143739042924075154650999614772451914
593447788926406585372472733723782992816588477536395962056279290413
256418625535991663214774994842451285569389782812606224760458132133
961229077388521582352115917601319396567386844788058079406577077269
794826050458123802876727332569122524580245475987888921438516338344
266859667988276287820771649165081508443258266503148443117294798950
241768112152617837156469558632837042238330633909895608264626734055
666644767290648806049388150398314014352320540098433777242109852388
685246075128872799079539471595334450266041910131584433968289450230
183601059149058336295054107522271659932893654396999298287344220944
966350126755215052554616457344050163883218151548738933545030674870
757149598751408829629611056257459805684950932575960624742348375467
041938101928139932286977906752327478727979532172684108733049124589
182080475076206839804999264070432938612194491507917705310299702812
436718722499042606680647009122360611095891984284070996113544739321
928845065805662306563372170917321535340042629237407007199323867414
398819800752746489279221653807262586558870878615072437831773660807
025211426011397684044779283530843643496023819534114469818202528888
817798627916958176211468665211331077018585295281152135727754835839
483688179007165651677027137369677888969870244071239197408165990097
891655403056185356715360712112311508783029479827021178877181995179
234108894545908807752274295762587805889269304528711084633019172097
546783539208878752228430966561863598427456082956756879125556096459
474495371947859233129318310452773968251650835323237574033401295846
155527916917101763412293074559494309689994141841743090853193111634
583146071713996044036781734998012377207719379817635265673456020106
842619335832133878382475256334660140491937085594194441829236174258
906154444228487647081615232079294231323704164218133271445536310079
078288484590813713104585703608439595682098185545546376342139062100
872017363363408992214203523795207033238731527744620797156707225830
631616995971362717249616795109881847526355973794083130867820857388
235865093779538963795621833352138909744918232064033916683838762517
791863327891456831163993616827787308607631595862401163518269256852
268160336426399002997645245727503177138975075492838896398755569784
748862683577180383410063918587131680031787369782285061588355854831

530575000222188215181033667116276141203730552779399375432240121292
942108254028097357764356028429770467842157027219275139916006497657
494868571435647211150290703208310352292827665717010735675053396725
969346373785554235374423962632736320110903977226138709233843943014
039225537945217556515425581093348111205244456055898646606754239528
611555630219367301817494312861561416899927224468181543943038153847
616324095840962917454612723524787300824989948461794438570648253351
742224796476960804159192468296919402958044955341941505310229945493
790481116084184813757356638499457264429927516443397409056128774467
493020050769295330154212051404419892391458778987809702040720806484
213074014902074369381625032890643456414027164364122968049083891804
976441403304106986209371368748710682487861572313939900198208898678
071109520478384976878942210027225457429867199718302865186665256524
941940724465815287612629778080948111862383592637464391224476859837
561244537718495374589410376131420487782945007483001251527361266795
810740704643126289256351322253309594570751088771779047699833789585
088334312590284614915794384242338846050206177039583425146809369255
061336761558880624542999213953533509289839046826906581261908101O8
420496118665439685707999364119561899063049737923082592945335223267
584655191462241781014231644917817115165023028621735056788851684918
224452438693360547356166783201719941552641044590493506643625233874
011461006280912372274063302092540140500163439723965178622214735230
002965434976825692441389142554619690295421733111923619826100777020
908503783752870043974165932993236636960542422751061198753864339787
986746139756637929254264317675248218115791864892464224547928439758
957151047764562302683061908520747514137237689617741813284362420039
353917338825328910035854921412956770604037384789040416036832355328
432773918931563788220102920893802942005337819610729155065536027327
940135187710202443751773917699167412640773359867714716737393545327
626425973204319266091455998190993211047298794552879875311809749494
314465064077776044565350335403332233643658410008334017655913534628
696019005541877852332244402764685377006965462235922577808447029457
099850546612436638064067438652291103082066192525791005392364876494
857344882247729493869006705315932373663474844467743205636310249096
994723871236428329446817730544167857618477048118110026295900463813
671891583339567133738630027401973205339735250687785211961874001130
096167048304748765702198667591191576775514728015292437191718406959
192450648009736251748559931968903056539502112755997546304234287630
673722623600746106946010688386900673284605921661380762919654828198
922724822465907256769538261178299072895851466149721324053844573739
566488493104922438666774630849577320536917619768866096860402841473
800849743753619230260827695971459641239881438458529898235435498064
498022210662863223706293448590088751623747372757042988161196841201
868706082936682281161572185783989940990153961924890341097998636906
156973911542215066429360971052186310055666858689353122719450502164
125148083828439558244824055487605153369847460065987559022547693130
427860219310394413303478568864109375024836920800516926189826784040
223187814475707780427898804242938332152505561915368804106116892257
681956487194708228268283202895140047004967191833628964056728405731
813160716518972685785848209860517313696785581832830751646501334399
023485293031317846106415708940425315151061225500256976277910007975
761845668448763762279905907985028570493942745213779234662966363279
917587153191359290200278824381767538760466316337432362108660704607
161024038071028217964253948220808960357530341278422205834949802363
385668401693266517015174027020304109520424912191594208180073897854
902602340518742221234579284163870833564506343498730436361314837191
018282144320419652743723869978853532142047128358535123607587783538

187113153907123123723496453605149361896856839599837018409796414610
955134480310406287789948081225602033090779419354317185462059787035
088993800304403425939581034150949391640556670496924739926711225678
174561066716111781940787967907725774753917353951020524967481143411
165253155031110150807504354780303540465088530915133437581104849867
916051382096099019480199003685794340218851865703649119653534791023
631759920601838700834009146402949583504628110668371928247259057580
245459982264524449349014966641275363303671550603772713136935763208
168232961238303946734848505469041155543495885942602345302561793434
003404211939440196239179378971287114456339260841240788320600115336
317622895560702626215659567651804630110382232706870483480404289031
713858823348744798983944967817654305261174314045186056860890796824
960343698778288478524384842213686479505090881478924112788601364836
878178992023815795513144685102236681741305417962357852818150298992
841213771884961650185190789698749316964464952987224996505261072102
322563940729988706074811429874829025185164650274525300934809481985
701238698138124719487087278645636146993154622092367669489584295672
974984646160372903352640002654073707913208763271465081677603180581
723662289577764178878177208746321877187468071675082408868748919066
545085373955664069623606739761003627475363577973330122489496942457
970585818371384970639574442222612097763679751116081916159482911396
953561688133956263251128602411573568762215832818487015271145994990
872078300231168878619667927163214951910054963762201252266544533763
391732476999195586323708287580687969773210382197935821412491124629
366340681803376071502799507135656220205811126408676152061407845798
809806278828019986904303239412401829890570605320720504257334446803
075627572948985101460596128347824128892719461660740173803437462378
951672498955762404476647010262919196115800537621815269864319828169
592381252627521821519785408123013470711662994702449610349060440814
533392274647555429610870813415585096929176279158915163177490968632
507048397317147036237751045831559247774362208534151628792535420828
059895163916060045238538260545130187421435433849155961449845233130
123534068937597821916179147520045178177644525638506278028711520755
604074863750872372257401191436156511061076159555031500310101235771
714365624895099774846062433009669703177461268699377731554526859289
098306131388145438952066738999201422292441962894441589402055576282
768674681932260506700036601197689355583500628500941951944462687047
413213479327993776413739517365584568626089508318589036904648210024
841514278917332537293692531996983953073791643333628519952495321856
299593237351367905755161166955632227854503107777213168452805188742
066354340836892977313952442050195251806732078748506465059080497625
027437330366062044156455670164315900000829019020339691869156987115
127380085751425244000955815665082272406377427233753966049691743022
843815985796106116490423320752261145756967672985726329472638121406
810403478031617907358024851907265940524346683846432293806442903331
969872866136161757975603490494741695269973863665661739152453190794
290815957780085988041482961654116636875937186575990767049183884271
504646581449233145501321907207627103429373323826973465127915826390
861214606472754108761525043296009855694096624757351730225667792604
533296116274236773964161921243284559861278119381683182662323291887
316244149643512729532508126135896316029541701389666724113214445920
211905556259912898711055355404362420332767561133896347621718721601
799725580836242254563557830142141367002186669820902011111062633949
899274077546395476278648568193000341536591863880516112436694328698
733337324488765828578618179502325606870174498488276713175436791735
114974297293702489257049254774575335239354013657138979568548923887
021952128906981776155748518221172107552751736135727366152125526541

861573403750700490639412074026766745795275714707602738038031646193
498155689604439533437795613164677271172580557893984239168817327214
029867345621518199131304654503471641703188370885853389009757868758
483349671930650172171354100435522515571824404615825833655769812510
808686557634398921272503708561671821261235136259711906792820988915
184082375634960202645970199451592425401328682155560279830808181620
342551857010700513398144904701723460569577883616069630153438890883
920131126565262534382035280731212800676978951509553123759397622258
247808934827399554925761730299100538583324885947736751729172091668
256689039774293598975854414276721383540753442876315736888694434695
083779536989656097840621263758822520078632398233275000026471575688
682348299296568373014438267035832380214085149702709832567095396127
245045103448152778329313682506615088395812615102461031410142564269
778499872495911017059933063073807575890482565779635966167431183210
875597661845056094538723113794149558670132622457293230089139030454
832566737993018435795562546855008874198731450466312014224839724875
408373431526397628986000935159475992077468721207473029090016261620
668010992734545807636037829849078588726902682402116651187720229991
213402287079894386673095742409523548756949498318062833286046281996
773277669226313323741481919296738270886199799361275911067863703466
815973431216195075803948305290096273983276321023255101099518435772
004575014656202819393667591313222564837712067635602637580108587851
851215081047488194740034555430448762686446088145548019789829475832
540460042861380670014570310234355524193538505810423793769291727138
929855868601704446450075570953676366519052190008848963393457243976
056415804791572365313532766048412015718585911156004300551041540303
977424261756689883179509949026446671081850793506724342537135420137
060527778612272989879440510686553114373744434469474905539379010572
262286825475692405683846967985230640254868418382146012182133188454
938887023738520817451393696409934412892674562628878456141821124601
131168980096250287287147596426228123462991723858855749294428299444
072912128434262318564691860209317808272811417163182309757074942998
229165779482085994068687059610847577975719105238890423912070098879
995813632036361108821457593584307108529690027000036080976257958844
829057028700870775245651299424339081359486459124628475123606797844
875848920113587518049668774063898771892230953297326539364276261618
295377316778902746014978996551448954937894457542683627552407544885
517422490731748866310889202529839999358823998627195786535655936572
205279494449454609112300605289940775789885826453151917546958493282
548250820790415058615239346548503507906931748662004360354873366040
275906949745266675337415215547885183599498157667941397412658355358
397856690141654753408058184395097377546759292601550036102869712228
189212887190095122330561149254196852640584833402250885759980115785
972275007091480609146223729529737700327421536960819771479844007512
100193044328280307766896135279136565050866627766765321286555139675
379355634853839707677964451695487986284654557430313013882113473645
491526132174458372054583885771141494423556514299300944926133992639
348024409427680858771087725818907740295136359039803964151994831882
990587044461773823047916266879130425530749941602537419229498418989
516985575734960632798109300327517506201817018167940268081748859692
299319567188610654229547433299209808548813257776602268513355930760
690260254742634626753016660445841669382737480640841216629058513305
707346389545178376763540214590060181919483510399532217079697682068
718306900829426373048693910434410437368074991097273165422193354477
725860769581000622795987215218472126035177066441195144595314806681
585347617634296111175974896966907570696158240667094987516833874228
102987579049538267913449014092248863570374803629626779614856293953

377219712650797694365123020383015127398967510118360386739041905378
293493453389625464358213107587780587911268342660274360075586635259
881164896766369250586817308175465989402095156371743223246049073146
850236434523770353738388325386715719295554200104583985982839782957
728225885684527760467328389969792573065639381082762416387843550405
682091581411343466180085449128567407936902385775411080032693132254
790108173528132779709385818893523814323699144688612459663125076039
955480352002569850648722259151815907278247646673257749426638085748
787123905916491298265536117628796015117882014621427797571823899223
050610603076649544691586771393746795490509266206966323297286930595
769421044272964141193213426535450979921831015688622520828623376473
906681742711545663645477586904816421636640881716049809271186841351
496513899728190788352209829736495176602001309449247235507700848099
284543436972280731146684757424947430018886884652141120669328117504
080331064153190855470138151078665359593502570742649785609977388627
530621455112283888070830246488778775901157039670465492498731561094
018298872386566805932518715728657453403817957909843182634288210638
036931301499917668593007570253956038041900799075854101154786575965
559744144772809636119297733131794212476500656383747471869077208638
885860321622335375230138094971849064780487395493391953249987795171
705917499241142418980363483681155566969376865333499262021341839291
175330284106543597812113506445950299232679660146794305242557693309
757856232952073543581224609983465923733592539728055775156165158075
123200925769231857105940849041904675835476759039250046013420820109
986607096495772740750132102549885398318437730377551218198430549010
358571599269206217191124211663858399696463595490851709928243625705
850022007703644911994788077449697506068615625730577469909171216383
475958628744605404744900053573379698770338554697968970066219161251
061968802808787368869037445391236327275608911792619148823421165040
619571287628383412974920446510373266125432690433292466800929327578
990478512679447152525172081842036039552269153853223811117366087843
197689516624870772949623432263204508435804815212001620197929575916
666635981490722845832656659774786058899359144474287904654337398123
612785414947794350633492073156703057527871496402531550399365844429
443739141173177110250605176245288703360270531034911460635702904737
685826589182930689160635295373811668687790776100382559381662617413
064720873733697148029174553469825226519349722217845651749344958143
346019024784021322083795031650057709193983295672715148910525345849
817545548250120025620199836950173964033494493278266975640404754508
493573645492312015881372328170792150214793403917401761076676779686
822466560247531609562495362806697839095361417443935672602003422637
494491079183014662116006927914877326541602683481235533621466142510
312355869768365634264143437729985104727659436264027823113056390782
422388261573183851428609852272445136726144466197197085758443930631
253453778482712639178167116164748384342759632179282338984776201799
828070446808007615808514448910700846862134846375220637292558068335
259578587420867809998548967968826048407572294374214301573915695363
827271380278812833584914011734195095849539935159365826903939601137
856151114884413403917318519921706984188514920615741046110611292748
382186665565133911246144189598964689505567548538599158227912905312
714226291903580878008659632822295664272755820408883561490851839831
392658249897226641967153209082770669819153160050182621295358250403
981163197108935202032039133547841899084318477008371461682386028723
837009607533524998580427987961568800478435632958210533702480263206
549204140029254419524869509018894703203364267547812988626868585054
916913371855109684829516891495216115834915753776418682250537528714
569069620870198325112736346911045740925073952556008559786445926876

725177876684287285495509575564552843153499518641015597339322336672
778251361852667809647625596347421218147821932896854507235079218338
054826312744368170665083499920922718863180686398759644817953561104
857363874255501541796703290786420134040600546136000644887212410119
808495929324482102098641479773682104926278131472904383780208160158
917995865600870698937059036736730186127031313256091560946513380134
411807382767075855734044952787276753139849410340920872644533798367
411036180346412985939988978553556561927523273306291485629641000508
373691170697173946148959625122514645926124866121600901733895059383
439159396576028085705942019780057405456260304985789137434332988391
947395061953880220817532419139648077868052015687762807031468619586
763280931453954972181421147797586447793469909121084059790532251877
904653986726154998627442510070476006148276624966792183568082999666
085263928130525838761737486383883753222401168995842255699788564286
395830372119794549037703007203679728125971429866346333684063043265
708406907791101676275164963189553727850890894464132902521062955852
176177470644292687709887509699829534671929170421702502199778259509
929014164941360306488764917456274548243070491260305049701256295000
609411518114494247229068772961942240942364108926271606869830389462
706401225503585202007811066411753296488387209884793210455691626344
694611947616563302417636616206216829900866722730921410267900016963
323327259713419019903009051666900510531929381488201813563819800900
251812452823534008729538818312813571641469509221417743362992514258
755922879359839588616140127856694883492025019265705008020902447424
577604920771131927236462469440015377651938727292859418723540617326
694076480272048334695158155245062720304528556245897698749055886303
138048801539338614895567371102620569552129191359974523714569926592
312169142350512188470100326121593232481976511280985113460632889821
659106818510906446529941364717873870718752758126212886240640105069
765725206043306029765248178668672078543266091428619790489311935379
878629868148828939598477525007439417725568296019869425669834972102
404256549566561811106531527266207880628580908936050206981892712032
666223978521317902769484707356341945016272630210063292431737297267
319718097791198891528996497644590405420045724330519946799304303441
397411311326372359082318033893481966082706986266792702178213208157
868634158868322807793319325898426204573519424774556459909191586983
011806596595838104633472587968017679029649835683622797347930863524
658073258851130553585238416379280158168276395146086008959179972272
108345879447366635165591300783993426272961821062068886227954682434
681317810142805766101182928149607818097900305320504219699615505790
022099465760752487458760766183649213819593527480331972786394209717
134385822176718742640015644138352778372555922371284045087072511618
670042629168881152450686431015924149080715572379140686391713404628
159649878293447466572688278836417162760065491064712930314931104706
872628285155202814957062366706196821724134111073399410260023582671
018716136310777338421415112592816716971589873756201356689422297637
462379380584084610494758283439264916166073520355547810171751974551
732932365975571244788344934283262078775496866871431317729181905276
555079213415693662702844008564765907058547517491080279853770220178
536105543388462009204479401977484378002779287594087003350770535331
266378975650643310364921117025847501332673193840148395098838109965
898184544129661623058974417694927411782852011162331212265970940262
343936982793010583657412288844638581721549681214880666228582399475
320559293597537951324717724680441146743361370994096703053144237037
798834283278668874101955536024588729566057569656301412245609514674
018818338559328396345923746379327661769715164762917233168274495198
480362941951529213065034888118094192867723413190785519207056763810

248441411115999270854702281325889441789034063685828483210106652580
916850163965011986282261590371444013945039217647255991065758537574
003008584603917246371426772215844651975093835037660836597866039916
735568031937378765128506270873146798131638653149653094911656760973
051449505043501781075883705585126517265817549613756912149490639140
785713112465741426283179825194006882964526705735067654127579709381
974811277831390005196009023091397974241625902967018216994566972264
811098186295058750868943931797030921679022247967950304843862511518
568459496147550813775045873716477264883626095757708526203976082294
745351964678202846239829265394888567598307609893310675818976080247
893226693808940766566435041647205291542927761713498997636971180022
051726764943134608212494262330705912869944951418153053546603490191
291338500315258457826543498059213101540038135850049942573880795623
171876196970031434910390508548698730103391242252456266873049153816
645571980389769254954807964018102757299595736630766392184577765500
280473800688035029378804551268577202494753230739314769038243140887
596867108383688603659648130327158005693938246272115358373399160722
177382083482736873728680601982950324575716191329392851226291550921
774394484417815786492892517165468492751843501338216442895938517227
143325510288512574797135837345467323702638203130427750394752724796
313180817621448422905747742919279965948072950501796518803816217691
708652602759630385084774904357719861985160291656690277225815910961
668104900848638338973309292707627279888816600471017224472924983915
203509796711138632303531056595044577199832909494688623890259356988
267303478109859646391778455421479090839519881509864542168304446011
533264016255051958558135152033003456946167338762886322027248480164
230587091946861825517635853559386564859788466508415264084512467834
214915733040730621934661800588217947205436414892791066060875787484
577292195479382447253437329724425982051173784450122053116060931292
251397897254192410197951789640738869243387380999125343046435478763
720189264658355275776820695454887060300981045294340146681418980159
751876033820802752231072737218761461170126133921429255155526502934
875746917804187568596924127569793381259041813756410775728664909220
420694436516871570082776223584723075967733263763791067672745113118
293394614032539625633894904465525504293146357637936718198421207600
982063214112523429453792150402213528981930652166856334380853071868
298947921682749307243982034307075276864274394030635546808939229401
494200627767807348862489036526712752680447694195459167984076114892
101283991141377220690310631888048631447755770621089285930669936256
629435235833540409940032387044803220536773038752315421027644090126
099689543053837897562320129187392511814374267486682929424503400245
562510509103201017145298994446229999332075464373885496229768410666
680300715771176506006595466483973190110443858281491270059782918570
514422577883613456650265111048792096127253210586062838021848519965
022588514771157674419473893486073010789806788321134138743001117061
648769067527175866397324562883157247371745979394050364155872164518
750218267542375915606809161470718885421304537681879592606007843600
575291401990403169812351483544833276136657194978895324006051314419
374403265189708344356057586539001920878786115476982903062848978186
908895015259069632074860135757546499748002461945625052245229838727
924736076039343895610525039824868571128827750329809194985751499703
709092853353996005457595940593906200675190832824032202060019432735
140455366647017277424961037267122980366444562770272832002043217669
438180245584454662934642371936244167019123342661881281543410571381
297074190093625004892591400413908198501408200138822117963751096321
716659797392544774162111670541743515783754651080165636349784729813
371735065074210762500263107073177909548872232628945241066023090517

061085709074261254274202225477378923438515885081578329231753207296
564345164899832849130353280281579964242429336930511373390197179029
286213961087571330764228114339955296021857303863425629972979282809
475302431668057920164590196203983097441188932687435612461179516269
817403914551824140109774689560563374583320079866025748822354973056
599586800432012008789750416987398115608753187083330129684274934067
957569999334809346615163945754054581362229304280442515469720026912
957006508301924682721488599080024845095858556510602594231208186718
124064628568928905086987695933232817202468173893235282241996437374
706360876781362421035126837060417564131345032064167751689290510517
644599993631214208945577573360265550076300210314584743945432945754
293703155035509395974030231379616863767682915187963256614914654829
751245265659221906396539780530493475044557917387916726413298697016
301422578964676359770907482198641651901286286079671782453085673322
767803631046343055043651021391281672976694629555157238401201300153
784588429482172459871359988586397888684605947302231097463724384411
263289961100650507318293387763506570334951440865233926185663068190
878234416101680484006540744704639620456463705668137100219951548302
507453834011579262745317127189376124323094822513209821602267563756
263506144340081669143075871101244088475578022622362381726558746135
110298547595551871666525009401438374024183775032766717396021841447
740098393639044131508360221710560633649363572644122836994854746311
297448570273108445948976118858477227037086353873482028180289948574
509416847240583167013217654705337010253693401357176859826972759106
387348987002158790230175236034339394431028634037162772808797900726
738338505842096286604103277258049426083502925918356089043679164709
141589401261103799167750352483948357788548014621928896581492704633
330633530108001335932337575953654118109288819753775135364979884237
525083071063639133550141667090926924203356074683553984827806239109
663379493986409391541193560733975881769547477292359698357343148540
121483778543258755784489904309647337307305657568677034891064358815
851540182431065110816492505441461673427265637519019331831794570311
133034426399466697687847529850997711169939752179346722715127489214
571783596112851386450365535566563982338331511407934453047510930808
238718085700582946011900806550233974947083574179708704600261750789
062526193581498415817886550998219115460396877980083378003074704155
790727352107489354766315135311138417468148899519710439907832941202
855597533462683839933581535023926433830154236775395599728383664677
926662722316261327056169071973670409197970333737891365431588542833
199439580388785411496257266468241802875149954660879228988280880967
855352547616087656241039961563249480436264440125278806907935526211
666815725356581805649865147990010440918573539299952847664334979177
250581895678543573849580034103948795614453149853591641148171094735
354116407486510839879633669936484182124193947321017856386824410704
245560952597500997042873405127856179852435579171712192665441649256
305743861259767165010625087787594175978014546165152701788439218292
414709935560571671861253073510803222757354719577062444403274184665
927942877260214381216580793914552161901405480803020917318988769867
718429099793537442940682928328873133364787333076888703438030525264
424479933983159518367025633276428505393680446743449184170484535865
505090178139240436846375453187533250981956897771779496714578500121
476696564482296251990740640767785492981907596084887018155731738603
349701408541385425040375650847343535423847663604199184158570101427
161706588169379946058919982844677896330560401163094497504959348044
699845472102113728867708025494250416419842896366566650039268921057
740257795163688583242515869854539390670576002094621306113423385772
635865983197859011664291918208688302721433210754560811114505108816

876675487652305723948111481335214405088849792115859844466307192798
875474317216416607444426211936794230106614947900511334002015833537
565672606459811628827940534630323595319327694864527334047635745855
268332313364262645234302281234574342710692289598142148775218394119
029422022570259230472805035306576488517929917233674525883479499791
988957173983593897261746445121740458178446297847902345960564717599
885229733405179191265722169455586793884887205064018490838526588459
061089560600926661606643349130909338050300494823793922320424901108
574287364759522517258340242504950652525411716126638350548016708746
816117933190206711473491373223944817993370284190593887276019130772
061320637980370438585749161096885022010702071475438591644040219080
722141667379404789064252894560054834904882363354553250843696758968
425936348863142262802632019226048235717733672121953687669341692835
393333872380139483939415648020710191936755258400653836858194365708
922733656860631555476830260774504119461406820492519554623749223127
254036184310138841732019043579088839084938408088243246351117141302
824020856749915544775683195932544284905996500600646948169608546578
824880551802592289454511668420958142629181425706756600028081163246
492300743361248341006333704124429829176802904459532003771893132303
648282919508920182136399058945685598399692247805304778750036736297
044860942759802411514643534302920419342735245980516220281013599229
015585934507666335425213007505021463043202349702815108434549002259
232130707559872708292816947239686629387914862670517858330925503768
581817710336452304489050893619799908744511800593293394201761795790
636101585350482726788267440922670307818025191994006027721428873654
305080455126834203787396577193329879528572396940693258601341807767
484126334117132917492073277200975069031422991549405132431333360202
145491479684611703750622237606628403246208402997986667287273254640
935838040486782174670803051967297896389306933921674284261432155680
285670789647015719545737657922629497561939280228435777354971995800
695791551132675063180379880713242220093976183751848615566938612047
732613228517327005087503008117277213216187771569666287123907788909
632226655310418724195302424578515307307301387961231568904774335932
094104622097102930988853782365966806008259666943312147946867101591
510311386243442701405970461747302074241212770927543465010806610947
530204708291814403979579991894643342612865495363468201288926865610
414644000543180257698196490256281173957034962983558718538926400625
198665760647446251235778814584902112890362145892522924208441035133
327133829723678592372521892231118050304653423213627120249359309951
230207407196815855878633687677968598549579171717568414970199786325
242870965683293306597586188595211617158774360463896436298728049769
900590076538176089572867318758958969072932943527150170420650136015
422036301463234937450965567312716265264767173065631563320418173545
468362024061929387350751535797291809485924263377108121456995139500
623656441919771822650344378984334267337664115698682862362316457528
289086823960985814315988026307551218268125892451134845647270599783
936691765631779278150676998351356912750350685726701705869301808732
451995518178459851687813668049106298398016833210340185026963755299
885013956224405547606602834081652730508552155690238307532266799182
919753835642288612809525380152436076699428944689887759269381730715
879450221509824746659634884049375575344759042475680613510759260691
238729114261123643538277251472081279869070069302219805113355366917
962247470416497713751002336950537124053778620119682545426176415079
094349245088505559918000830585174431026810074291058598458365928497
432180644842134799534345161164018561094849651202925234153644438873
980425744452211957475175666712708428411832484137523380953424315207
228291397871592419776446572231852733256979892770972177625597236533

832891852918213555978355853525528168115819172182228982693129131287
232741238636375386671725660658448890475286416564847159423966416434
389233966555555577505623941919386322247792525405039371606304906993
076168706508352910175835793502829967125346073403187708553748311141
833088915087819597467696781523926182417983405144250609493357621178
885714017028104504195467414437360882949188541087995789078320904444
403919352135632561442306688626371187652846600423542918735117789411
361957225376746297336097877026833236402722455106372239288331804 94
777403716667233314341415592504003443864851730958168363281184446312
675714559731700030550889826990775388947909042746857279399214476292
572155107787976322230317054527722203918954369070799156122936107154
413193133429493781284346735062346125673695409177640011845026550899
269647194608984026570804072312783432408860802224172139644006033859
955655688644213098831700528579098647977434087547626287616158537268
187549754532891400418937316397456821025427865392198275474184556871
753930342315542048866244344295228563422335609124478797116569348778
720123757175151434224096306075856343011165525133545498704693937743
770124362748514149112587076200193174071743682020386127013213975899
688228407512227059994213429913207267333097712360897894644938981439
659735961665658993852816670862600305173333482083015627966996961156
196817843264927328573416100073953155547530667562009960759053571258
963642358621386526808056494782651293590560810954346438467371360449
994040135718864031978546303925795186502552188165735815622576359864
310277602829677523482352602470270649121653042164389760800295529831
100624337813559649817383604797920909082575666433266668067122751187
684352812512206634374531078010963786553144854622218985259961770486
536947958684510965302601401388203570512509791840617689609178577595
647343804196158319476697811395247867423947746073409243167798297755
059729700767184529038661793874812581676128701839917437357115690974
065082387573190996884975932907443641601023900906284030548539277004
313603845524244842300053161907844886747913981348989663958291891950
571875763453201967071694199497137672478174877139557046673027712747
983053013424027891648068047620392860696091924830264868072958363267
116662677967606836340750767263763490452258968158147401802558001971
760024139869399349215900153041133962949419173171645888714287378878
732888181304812619948719916342766996959439710594198522351935509361
408501616263175484624791971026824615645806024564475639509012331590
914096651798470733029035611775523525988643601194889388936714131118
598807032378677445581428892217103406789744586486447456112767577519
527408008868644380212866636567224057317387250035821942569887563308
467789831264393605749102121366933901818953546225488974154060056777
788383312620690588447287730405728650857319119157499988336873749468
893593455510369378310443025241392692681714876547170747590849536287
048244116996098433553202578653400324262446890254474473833912716553
478447439842526122069863563784638897289136412807708553537208431948
966527513426096742709229740278802339778964577921244483551078442570
651693811144211921575480837312712674174288549055177845320131746047
600130810219497073449144052508127837541730266179692906422776667103
715245685443986106628128440271779165712220782541058139155388001667
828725304184557347984143255663858212788155688674415170239884908113
560974671420339883653705612096370993533313231085778377427795448898
584648812197073626525160155633750105804463787632815000741844838413
804874849039857102538428867525102731097694380500816423251631709067
985432903735140801396567650640807862787150435600026715537883901426
562505426920613598935784885304973060317873364705008428369490126054
495148424226076718758014880747913906686456710090324223689602366806
057460252127359630371166917642300812953513752714238917363991093113

7314672208936408019594232817962802908255501980359656559840425408305776266682427933568550126996721603354213240970125983723376799656113486887539825654211070254004728189643445301960225404729358416467342404974210620123972320453744822423136995824124157135116583185576165924580026367039827331387252414339407810803587139303738449437987903601633478919280426727540742142670752281515450991305001035168462454249717116669512213066546505556497756411038510626654364520028704496753624107970958815232971070630316056693807477558031953756286478272334104950892759114200669071737909731890203224561501394540243829809972676992042476527231992473737015573143472065919502071967858422776561409842940009437686575237635985146839006165492802990900296236951173825598269601362021000335386817943435593785837900470885849291142614494324234416569531932228399237085826701305002848616939537893245799985360592022907962134953170046221778820998832159413498033961191373295658183913078632728532606318270652744149333900386487318218286220312292449967494108830082205851842561666318271872299216409147810320035265242650414087460275808200691391427363737121163847496157070877733695884928906291404703514698842061476620215232634526157774812447708015997061466560089682098086825834673967332259232212072429630964673126610909663686128341202627491338734384816145801914002777629242962460749519428045497568564541861750584954699963377579627354479778051745983291397467420847368630193847718772992379664352237180480441153626686261974773164431749354950684165697408128502415701261315747207906943941463638133820644809454292242641829939746616936482854004109758246735481216392146243535333022864440748409914572644768742885776016992776405591486738372626102491961056220477563574400827032002175353398482532817033817370543896996979993812676326426110492735981210232698950626017761474094103074131381984453111034562965955873676449889668106452124264977918170215943073546930352413662127749287233389565597041010683436203827503833652785915301955813744166788968513275362431290687814562964366271902732753325603411330275385093670019126914798117033942678749141979212917070859455782788110604025576382028810425683826856268320121533151068860174203538404362741073252834033298132350209340432820416893105376869526526405091350628335658961983039642908952044620024923493311552898104493811412235209128631902496807875611238411025079315693182040949998114457200868175386211301052455516281761601293522920555666024774787087641728456505715746261163779106400440793487469342813193027993459628742486395689441899805333279556268175098824093145769438883475623673609995966576071669905919603349093981181715230488195921064116285226690926166718617618961247190577133129700425814328178797195019006824291559550950264282861238974327655283091002591245433740437846693100112062476436319305454256285060344186991942902729841927091097992536971874245846344514150267396583493271793863710638702843037429057569199761366319874335660961262337652063615722794329160446424406515227311644549852205825212965831477727047571430398913435734897113681846369271787936052044430791134012195214759401216982135460644107788334298945412469896532708057318388033767087580903683930229065129353069042076498505466648412589052943453748270355224609614546672753764937667933334728435822916228203195936697035966628554651134666099949617802577223559029768284689431011915086934843045177593195255556601356920318550758572925935801466411673997847541377091769698880160426133707383831474818291625628242830573000660387233027092232585933838159676424379923846404604494709686654220473244696901209180978313520498045715571169836053033146408625291449598553727468702746085851792237586443439591192340491809144046789558683532854955644960020843536673750419865211383968423567586572568044803200470047074846633772561749120371573696914099

8001716633293507840549249946905489105803515923587999602063492636453
3043374452334790502549887667922096609752034197241519444023270994 59
3787862845138690464408982493059531655276253779265330953318774898 00
3221404183960896766538657931878861971783403873756014209048723253 89
7155723425806978397859937037319429537507272436300494278710671578 78
1011676547431653626404800582567090423094325318230371379734840792 28
3283851646583815940281858663919770085584904735869933720865698253 28
6764426150250847350442137345912517021116562927517581374559935682 04
1773954567359585394346693879560905748769420919005864853760305230 08
0728648547206115712455399924152807147261594273061923555304518266 72
1896357958453726848282879294028402273986628518764646069786044127 49
6879432602305380494567378263737341114860324304037282156461011306 05
9942922831080376607053903934939633633541810712831021322281976934 30
3135106585099290114144334361449056797002334396458136685868049284 70
6012173523986396924660225405719494113054602534157430426202230870 66
9698809172347193811930669645877166201296090679448034397394809803 02
0955244195702395813825085846744298740269519031596038921324993559 85
6016509556476363339407448219894568812705192832549540691691303570 89
4782869212614943702102357026151650072144417625293357657673063066 95
8226848683873420204476121528000258236037953621487836405089856778 48
7624094875915681796868056868248658385788240420214988990289109673 45
3132164500648144142278282987788467070742972941956177537544774513 79
1495611397429495181350509261278756446058633007677487345359228924 57
2764758792634577682284199667688836680912736996422429518603208945 05
4752434713622042988397681649085229449168655695948998256806140529 80
0306814360838581131114797500791122284877105130065091376257137360 694
3134995153524231326521021921429700529016468348733792813821706154 28
7143487838558175673297627023216549803754309859708971132832882744 33
2876446714083710544010773727506528483177885238631755413069561327 33
1540165918149602341155893416442288175112401744300992809954368698 29
1831304737335403344266833258939222139761616360100484378418618539 04
4794830209833278072611767087715445864506161120041416132203519773 93
2466339005468979415521409850894965078487164495068918210088148781 36
0664215646002430129435434561143836286585220747990628685277175145 96
5684343198472825567253746846394627917626280942056338743499498532 40
8943638224273383299945097311763526345634916882570500131069075117 33
2877449098523211374617011769305909063505486658293603309177800939 62
4595835654043843933713623139860863054272873587848680715576238334 90
0107431069328693846014946613249063099522741407571372751037376152 16
3243189592054953419397732752690494411629859676590983230648874512 12
4426878065837682478149262313586088780879092140249776985948101527 62
0496331858045302586405743450268330377701359309942529190525194226 83
4660787390808005806411921515779839373506544017159932357901692711 44
8000508090954587623559825024649580054015663787661360921501420100 46
9282409606274377861219126921490387797647718641881902427330894533 06
1122368117464150591404089482841538558354058087404686554976418405 58
7825723699532210114512913443264474403421796004214831977612081175 23
6405076894152360411013704630339754647170172464088322955902340576 36
2794123108937424245220897305655878027696832341033265421375208681 28
5333513971007781098950131730346578579141843377701776035040693889 60
7266818090218692355164868491246771861040165890235506477177550448 27
7910663023678943843066706571638920113990086262046783834174886958 67
3129484139547191539394344617415760558864005915934404881904955242 01
6943514360008444068654690495039180620338398738265263334432746166 61
1981850659720212787928996306495037059254825895173155863505670998 48
0291370753299186892454621047286092844276638475956188902252389235 77
5663212129335169084064746534408726865544842432802568237266351987 51

828466183064834315351325703854649600853665617965246617511912019291
240338874541160654332732574346565143797121496321015813667754044245
219321650395358260201584481041110057169137294799987964797877006523
904694149937611711130292872054703029432189040304618839642627744467
971469227538405368265667475965275570138200536084740811089637342056
979052465629411944617123829656597640386864787149861931977735697570
324495491099352666622640909115314991305673219695545941468785277848
707695394546243456577875481554528277152475477766909304187179457370
528077547916344808296389282851009822360066301005165470111495168074
733818849806769105000583212084165629229182960036814070785558554371
485642735369336552341869573392204298382165754582997341478762079688
947988122355949602837269647452228908416197386111316864915069905090
210773255830471218587137865855941636671191414765235052251757041966
869045920994180894392088061860600731399315259242406707420723404987
169852971577142538868466949270315123492658821652445060790703455255
196696432555225796065870752707432177655260409532218335620099887623
524973491402823446892907950658573745069441396910566062692801550010
831890064523820525032491562571574511444671737983894202578176449938
407008754138340443071667258617083853077760316621314538900716161202
697264735681481630988066980323850650109437714409256326214142759705
622360288224258030087474573131279090113097756584353816453384648090
985936538344385682767942587046724326201737816960643904189146233768
577782896516612459887436075991284198927683608706690247631254858342
120194965511950192317928323306630451393002196298407108455069646589
495884358673556863018086528877357976672796364595381916575081994725
741351528823818874681843774293192699685130109316069888967908899800
591204433171751787711384445991798291055507608526709617491939989143
337279015655946566285258608279043857446039792964905563086028384685
631122133622404054530450865778235623758437642238479601095418082807
513851708661442481842912062321207176720219722110369838022305000693
495751085030005462476978023570816364358777957331166361344565139606
179828607646043512476946955038373802936973021505202617762913082637
385196341560511902060352594036993650849539906434037212169205291209
788233423621699978548260136837768291681264981419573605167451174164
320328376549914119102280869189598486847065651126350998511062624104
713649839744577004058385841443078064170666255144471405959529565408
704088024050412415826267096197546496424126139786021249105428750235
514846658881209057991130132822103669795354785060406257934250916380
245089332802800421033153039178895910040470073493633443203024108349
972166378800737338195265238156303392503873710842626207579048717502
108012430284900066264579065832248570104486069334603987010672822472
183461221247803297257097707173709247274668999143097971497838447873
703753922614033637422583780219603284270279688511958326979940678831
091071816429766699970361175874511554010722078196536113070586141738
568972315982803559890834844225080811083211549492492398130646027909
585801610176564183299645536580156179020481509020638379551814766381
883577256599306603187118197341027425895637834163977156954723073220
464251214361749739445403783194998523193624533030238395642734482510
139314575700204742383646779137169313032267582167463089839194568090
809126748139403848448878772736218543237177688038610787130910721656
507531368162995994039169544950495572605199248861879215271999332672
145865284363847574411417839246692208148914761009741510515768914312
413733354697074266924476491758415994678924367281056947537650993564
712872978760278029078197634972454049145934102318102565085840252262
124826200795918824774137942442147357843631913389571488998199583602
361693836747721876493326187077491697672200425649566136593526572773
574502645609300827311196842549771556347992588948178920462165220583

8555418132788195490581267992575106258688983304312027984969928781 79
0247198388103318735918141974642399740399755848580366764107956696 84
8997659657737786969258678200232291537305927655377273965764886338 11
9834243168152975856601133652693588016689577628985566409758106336 06
9534952539898574513697909251742223564184780083184599349322618078 90
5762889867252609275723705161378523386068678587327239793159568906 24
4655654890729011961233395877787995360376553123290407574000279886 00
6870544731009134015863908294300098559579796634324186061166509283 52
6597262015719952601881301785661596359051204205277793662505650920 80
6247138413645949831250432471069145675500706298615175947088233469 57
3732764688909275836449923783840054407049630201869225535547937043 02
1575130788583091388215735124666017998502153718985888480761337997 84
4766168290784231020260997545878729490970296511505223355668431374 52
7475648683635911341519528114940488397822793451208683631039623333 82
6079988455900418734244967198248922643980859215273719089742733295 51
7084235987747098730916804046938178987454689094906759637786279526 39
8292487457040820102221165928899937555168311591362550708512401016 75
4230481155846782528546654282644591560913181714447402601359708485 27
3163354586397746686109950381355888273216954482036525282483547700 52
8204407371451580735128140945541832851053394265654628720536279286 08
3843121885056257720897109778698532420619752332674137214822523235 98
8279590730436614207651220915107201289761254846291081964977930789 78
9650721247333345074441855642448140397373755089682372423351650587 44
9116892023747218130612640626096948588719076379166142804548778675 32
7452858089300173298393274177436255433679659581396974278234034505 45
5350295245096614535907327140831866853577153555976100280814473037 61
8982111889220779590970522072508834536132963827491962487240979464 46
3097298387637253696609500223638538968438776195861740201859019180 68
7945156897582226651812922083032404835861035832244566795178689197 98
6443546464338949141850949767793369279605007291170573671646466817 24
2997125286066889886191412072347397354184843233116100256739862185 38
8310681273323704397883887674478638987812949941753600405487481284 75
6291601626557709357582406014627832120859335441760661661264296533 08
8010276904079635742407132890838365893368640519798282708376806141 12
9917291006472460059037033420416461476459221534182442902625065122 70
5549836666248072743931496835132847446116105032559537842540793296 35
8610634899015000487483068351048712529070392036881793448206581938 34
9266583218899894287099442221495994764913793891130675516023445237 14
9791980783249988810823631535629421281452911245855486601211884832 50
6175439573230681008548802094570457349073396546705982967315144464 85
9969257612578420216436349868999833964288795839758829702326627152 43
8020724005056466490457038470904603502106286951639497932815547633 49
1460551746979915525036618656556580901174984596005216585493742117 29
1083466039402362763769981411608084615753999748922328853516596115 36
6723588117112940135392007841532211619990683477729375360261961482 29
6591067278111703832924311171132893403556401204225963201472547396 03
7833462109945499317791072310344391888029556114467957717371820627 31
6559490972802739450519364810211788192290356520017857117295893651 19
2800364392295250435144949834043295244641109447219302212587457986 19
5940647346418714535679090754641692279741331236356151236030011965 78
5419775770974987493485377671950328716344019891041695226603019189 32
4035024017204067048636467949939139822797930814165954420434792426 94
5287557584423632501734909198117434588819372706602684880120383355 64
3737030810722600186237278394291492069352940250805427928518560475 78
0493309909891896470311468386893483834773952780387685148462139618 59
4329458130561316377969560151677458186805175184530323771287960883 46
6771368660979128222864271146481168379623296785910151218698670057 54

560852622956416215207932417202005994233525623284925453289547341176
064238062556498114833494949180536960248295712891790926012509486553
213494724099116596226547040062446710694114764260405616138705569564
065569069354436432550540824731663754788404565481780534447452560853
846374035527902884720933573288741668784370013492568395538099672150
039374616952772191498805828705564427155917355686824630303452033210
095252460382980722978692504664000172854066326375496302949556051549
028417196378504028580134522527478118071482397904147959346497026547
586689907203842362268159756668849201634297330018770765509915381095
384982996303970257306625678720222687461474967093099396859507028001
281971577031842503493061086715415200417595413974547587551986283029
762911532284101150539791886643193960349833687919318651950275234032
747563954586867688273750361330444218650061230719968393995951898354
087127657325476452525216030557147529697467000949885201629822818225
009321138597335949834881599765744138081151848377233825971824507793
646105396323866181564809621220385776737215607185655698793567296871
676293026573228475251656946333316050520452729402470581052007563019
572547217419423363007973768169894298832150432015050907726513317243
551423839527312752915610134927446696971905640328216004644736351122
568892166982394172944737386075088781643163375883579592772385929395
618114489905015085598839442870349039545338826785722639716455944894
751511377337485169932565259400455834925706134637046995791837926428
690756137494769199935049733253080405743394773051364222294169563270
410907746035885618562869286584846307973364899496080260274888861101
940223321004874826015090988446008955491985175019312174135886294785
534428200149400741782817424117688358279567586797842186052981138405
958769627432508596222464189103835339354481549709974268965410324644
893698854617837477751582133366957324827966528103921327656845700793
830468907409654035812907526019212943241643662532949891480563694601
327056532408036894483858992080114262081055373622508139952658756332
798263022168759950863292642137011295229577548604080632536733539552
443475313717153975378927571536553557012610474416319459645582198465
153305532990234678554062997306884899796267790005002775670789487092
301832174351019023776305600055363189642530853579546428842491335401
461609770507371546766739510110639836720481484051225284417371062653
991043392938048904295691215815980377751448645040382480260877576675
721245761200768681908517621360464946355482903668734691460718242196
141228909892218209512265223417322446564366837635708883817514475384
652065617413257363254193166769298056651307397629726296272786169314
275797238814063298365438158178021789791494381382928131985200236825
506912101495634011775128222708393029192778258062444901736777998931
389700756917761194263090685759800040728931792049662014565560248833
876422081631684067952449429371714519679325068245113041578934466132
337063004295480366680215411339157522267600530391504896167814978329
197267927530102673711622847783797036997733025362643104922943527416
160277458532268249624921850147970733286969369016010169688380414697
735346146654901408245135423360855273934690160932696430681248551408
239472417843213479843432739106046123447978207888420669793726613684
035411783738126941445601984730950358350283376311144873763483398875
498423824422379081023058088778728577814063976053424708380437591758
189941419035894519226747804723180563597593832212245315088898397551
891771956510931003525537331986539670274297720995152180366966361810
210075174693654397160017094132643674741241183245903355084862970188
267331577935690840771311487176319412691554793532938320256821871428
036440722501060156252897298731411296286358277603383147963375658037
446916647347214289608200124857840491094367336066569968553659532745
514586708823382251470733434957768124680976090459169159389483446652

5761903330103430173603484119875129479769209259635363969773959817762217999190722571297575076855126029054807186105088186088920244051381865024145006284364719268812837041332535006439217448188023997857983932028443927227930572895861560589813625061522913262109808238145014748694734365121867507214258551089407061431718584931627595008480647953675056714214243065135055833750147195674836079740027618481928275363163894319973839691047341484237901813497525616873265361161870571655045548385802584426695117006805016498818831427071272503350471142639273303350824846629840174507558828586339824341369252370581298539678239957997667789789008146028544867421062252550836231086592219934922572274220754563574040518253499253304152311349933369094852911179417745642762702977734075351267393809304861616816199505309550247429233381576915117459163050843513572593074917874484835264332097161776611349251118602712605176024075140188864443106966749569541022949661627725225668902532096784046483402000686805994874738468205687849484713288170919117293149148518030195251506137911947107620062814163756489830055201481502807327514517024925189903950337795438654811496395023335152705355073515974335173797996990911094119826548549499730265735788230449613639820974076233684132912883955831761970679096342725486801532202791249867159063585125207204534588747120339491807826133917956215860847402970637304097615163870272169394684909547301809972865167328356029217082536319846541132091273345546745123929706958239279017436962633645344197712794393408387804750738500531649637592967592102855680803081062433711361171490984063539699549920139204849207214168971822151062702958414329646470149433881729489607330821970327076348256387771298525648961397122464814359932528954380427653116227615571274743241827626393812718953420314370019703504281970730863260146635680865936469514164591015738452512343203713551295148314845538144915853888839483325657257351616732438502403736726587574074272877929431472997107313597255860568413173174479447313284961419310637107798301078705329693550482710339522462616616721167289595344850202283605735891061761592261948450997424522884405447156992785571606348410006933403544623375567359340042502871373576732637108753901975019393802956831818588056118966552581888418304613359015119934232332007468604303900329768060044584119371703552377883423718894697005210481964940987548179445650377965904635714823564037021655646825440974216321898708080417323765407856716958942154303974552071833277641682450582338183061406605918647463996989872964239482334502682608751493884444322671977183822026391411442515832424689280351204099007251718725738073789542708380910981809448854126293932317376071621791752297358424194327226880672932130636810604200778831079707396439826745907911465676960154531469914674100719230871861838705935258569625881435731256405765405056608281261163388320008935945162740412430617513084476162237174986059199971217986406566484283076955984563985097266865341168151502511861764937373852261399547138327722707851007382398652986512651654853345716035641010429543969370396394866465467435989025141428210624931201134053101503188178839671285126210587053463731673060688168633156746325011938810725310958931718437372318706999833404901388494043271332317208697857868979600824917777600807233613986950692410823182325860608212381710220599381390835543868328388691301314027410065215932533949425349271745513606204159183365694796670083368712257813788058467230692523801061726573853556058318269700011991200479950840228953450176531311841820329154698593483736197273503254136041590852004122148638382693949378033926113208605677397777410126473098406889276172405097450355707645365666433675441510765846863512128546287023415054737282782754452137158072569133763529731874966391548282107802326885065431838628753125875012422301940855954868527477605888006

081867308420620890637789949318108208768339256520020735536944335374
420832768851764288979448990664613916612365345689265888871796285410
133248668823435197319084115781670876094956836424005221770877182535
208709153744086687876147787205519256776982229976444315892750645594
282437240251591708882617304396067579852337543812829902303728008066
530421624455192156371884582667017768671149800022215754123971605319
163559439842649502510719986794885345634778879761871982747017598672
441553982182177731297421780363830355537815305364238228916446891161
158261412688094878385201351563204279130895248017844716063591686309
433206386387179857853504014876694267412315061268138432880412552349
761827514099780459769733946877300534608895535902376859534348333563
077734006544696092107892183975139670714779474912458687220031064658
404791815592843256012008249239497905481317208193862188317751201198
983556944054664353012103951032897365485475766782352769312736071866
136808531181259805899784515165363985211226689984209357004144173576
614404351577361462149211915530051838189542865816583176668531281118
619509746919628665235438312114020432097795871150056636454428607135
495750131927502402122238039446890028299273366043644538436632150125
022311259947980234566019376785318134616783564420985357947363871088
214799759599828841086731649449926371736606680272158027875772285980
186467749214808001421165775715501115369670987136419005986229684448
248699750485176984788632219143780065743989297825479274864282280265
975143529669554558981302822205098452725517619098081182979800322199
631495810292629544188414397423702981800058542366893651837084630829
181107448112647593195469780926370085457171224995359124471442630519
453767161247470842493096839505621020415259842365705915024641148140
141439694875616592072524932118588678583621384812850051751969952440
183578439626563588472420302954174338376361544229946306525097557709
513582702666484526399000132232261725720793382478144240986738712938
882244391592664718746236985090274394887361907201377904316879785274
790871731926556211340681218304129890645729822511103783307104405370
692575989992837547107589696215782759283837927761713676411727706310
671574635108765899413500595799989090942306752973719218945375931328
850474543793116673657705186290621461941323763214935606217772798326
485681068491584204398906407065064653827022822039056412603953669171
436500231769778163597712767958153506126763369990657973931565720425
661917151564074477093487335705966151597128021079385821408469966480
982743982208552894231820243875414719000872754665582855916543503571
331911205556055570405738563415020628520731587400650174406416392798
347499337486712929658729022977542740791964019148868677388270517579
257724642088763441315071195399978549812825753896859020924951679263
063196410065142836570295813284392017907499466699656292455030816400
147903285620877961170408197998994042791079842092963235466083614647
259147741279281444939158171324476971627547142412559238657293445575
869100023493696626576417431505983500774867753096963178042008996188
136203702612536989302935601319479762275922570607073972496908394226
582146709371495387037248661703853972368689468195715893677413415388
762941918651467258868211265337813447805725408816737193513527855414
549070782197165849156609106667472980130501702854986690191683677521
043323427148051810539409824103813971584313239855383395557734887624
229436111863688352130794834879887905169424541834229097215942880936
817376033779991183949210578172245478968456592155020802062840153065
636581878955564312496970716708891753788615466259616345766249523561
181934804488591202350409994497541751464181574998088585138357841939
065041040842834627061994864996604586629747029755823876115600901198
969954985811079130203913539749024702125062845566074398643308621675
367113691722802805647154946953961156342973841267390258138277684260

894357470734699641596140457510364577645342170538699778703398492541
460685398592745883212789374282248148705254322215880732722903673633
465448971314132199491989160090241529738009524076753856798159244152
895251327890455846190865725513809908439706206790559752633342198328
178430251514551588731014298083645166254655364692178992629790822474
124350073044987670083101086273364183252048382902075336202835187787
978944224259241398364253195482388718641061873194104653840859056466
103620476172204347384846812560065093902744366901726012463307841473
547217978005224019995499696109053447750483551786449706883197627192
725774951278421709800453250661930574665378923578669378248917877273
645437895527732712070557313675490711017386633783488561273470725029
350769131309222265726774521822467436930669625110416724273318063845
130091038390292943746195475710993069956805013599285221463255292666
688266320702976108005848634018952275035518842731282251844868757701
525722342380296719573452287001778418328202870963973183249446852151
441321080962261139602565223774887452594560033381925316327137996510
019962295212966117011923081316307697839884729240646281227455941322
569175198360727012937273158619955072968763727004710071735855591229
556219031525115357048619425645748476204652236353554715662829594582
690715353361349548786007986374981456925444104939504857340213428228
446255909484345773115798221186990824732047341107602499071287009217
909518096068675307657641305471262082757097924540777453443421383306
090618683074623278099042353097189727760099875471601568921921809448
806634762186412768653622432909429541302189704721953884101288789997
428633276493081302561749807025023076683989443216618251608092647751
669632961691359869267554783212711516046934471888614045352677907497
270261030206465730582821088764440926403888484291266172832793100715
057675263133264779649819586419522386899538489912149111816213595339
658784700488219544768522340499501766285306596104397829267431144081
756842978602461017821409053809901352534383880666505004409197758152
935760384526055746758281114054153094394087742450516453496616512360
119736164907330247422514804471869307010332418874852558446508882152
872868977664973125025890647450902467313261530595203520600183403084
95623307530623330679046214083507642015481888250732270540845214819
829324335195363287667119162585390677697681055540926787569151640975
815837648379131216397293120260618393408213256390010541979551527978
170627868278088043113983414004732014598240490420379285480241294772
756713377848242788608110985437147772949580311212406487854300475216
951494617918223495140311063647482409081038264553089986543009703611
811418527928219447085663087986681972780665640846430553316361114113
782897540439153813160594546005075835472799906667723857395609299205
301836126048495984745520306632173394667169224408150870739816929963
902549348041330446794629686790629219702426879681407258532685560064
532307932307568102586936110184801134849902968943317304514564292579
429410614059613436315534244519280779047000829801796860529678777329
346924315914132633837098817000268054419545193339569613904736763930
739075043538269495371464403966307975469803250974181288128983863713
177192417475370601498442424778996431527687225020274456076665213962
546516140427332894878205499158773985601144439056211531260579864064
575188807398724049332187666557891376104939088147637262430423375843
397744556889362536879430836416494879102523369337695947515969920394
255564736798683776244507674199678947636787388641929831954684520605
606243761750812166876155373689115881948590255733905919792644394418
098457554725618486932893925069486978042860183905145854004775695689
785343329994276047685118207556340225494152599639313145404828725484
385409709603595932466064233047970520430059801073087394944734500444
852844540043056077658644342904132523744015063970909935658680689775

410742489281137612416032848656813109036243882961317912706496825358
843267446833903132741199597568726858128016071794260101172304862956
679712644271681747739830575074812875307053449871817259886617985926
836356764133853940497678747581353122705050349858704828533271978665
235897884461024519128973063623323355598058696916602727807815771029
859466411865598563085011671218786896432276329316666401768699669095
101339582438142191679127645906245727842045241054280476267715793395
989421166151969684435325444768441793349071576598028865807323513454
048863805624871981828408040161132314554239018056809341032134203323
557409209413771194786397313686064046970055954254264129659052586988
494445899388404087960123746352320154791089931663825087114638284137
858802245743073965793196966232675878562994445666497496682766137958
013964624721848070912519090093633746702543810642783038513325097754
489146293605658747747482983497801296267888819960776219139355904688
189001672935706081307827330639624802123295973801100616967049652110
554505926312030502375356072787485115961029560369232557329306799779
191360946236231572756658234109813667149923143655838476506549467438
756386632391304873686169986400371457252982428306782582070093748067
299425305123680437067183731944093855989836526409878404411458935140
219407051582489242396817483059743859336118351503996860744977614431
371709069027748690212968399094290718348530516988578367435663970858
501156659953437259908557879129367194251417569676357118350331727897
382775668774652499085470080121233462596168870855417886065295376865
663969907889929842314143113480960550891203692661226683060070629577
653123805272670114231464096614748137909934039033472131901720592134
910283698840561619386035014627214017833934761636871215131635539277
456929722079087519972940504187415059762536050479796907507110175753
355675116653580301036872779442830155129869603117876725965305194247
092233909627477074752756284316250466232281592484526405234271539440
275748866650391074373907289454572335798799337092448814908618903626
371068176068573139958571023186359549689095986604825088052672764459
149547695839427263361468611523185652598690908353903604081127852533
287975128355804394217230991522016509537950936475771399491580492148
255175522353935357780034744451615031470437531136200446283968711986
425045041890089824541280883339816897923077111730824597164567303633
760028668954680758581620067815627776181236541950766808018388115994
748268172997269908405965650653959621572046158591995268880716626015
779388476312351449583026829643155004227802879940629548632169840079
468221580633317209028016880755299846405129603418925396172319205966
991928994425681335488907456715632979131469258314018208944288943828
444033593112936762348446222180918875954850764219347435186976764933
273417886717283755418933426605683515198279627686328810477015644211
488613142119912915403583749043699136411646150489569638981945755787
417882970264867229171494915729164740421426162381174785079385327276
432303955055744038643139559229670264144992885302396219686804740437
863625623852745123619143435267010122281601635200579441048889054457
206706634870114053296929164306040538811862196658684314296822279287
899087980928534562548707533664643936768366300439385923863785454180
620587363312857645236785243758372052405133008753962760194528982569
248870319687495781022066952731526879121594064090362749583678456318
149239843506375402815803993769278273118248698814931261669051733642
356656469566083585277598586732414085771852606806721886478896987611
199440649285279055045963008689417461633760212432682758528652618577
453079206738343955552122452261940848704554508971455287312331325043
342305811373558560467452342833195587698362760223098655814997315265
866554642907735231851117990555703505081204269427352005748601842847
698078126415527702131440729631629033511017334161882610629927540302

1268474858636798626360606319915865184590861183048769678625265674724
4724257065390433469478913603707708706400912424840243291987280602 41
9499358653265498911204798807072230894093801646810534310405184928866
9071493118228609283679780418033388153707123351904059761734585411 51
2327814528178856285512111420473282494977415529198139745594677250 57
8894434643677452569848484414052226250851343169644240205952794344 34
3403401391607843986469462200495844926312618667660897613338184056 03
2589099668529597709710801313377274265984860942009411915828080693 01
1445195757714916643910297779339704764751786821977085252655125066 44
5951776585741936729965031197748679165257453836891749666381644685 38
3946876421462565931384214108281306882971151448637705245581406663 43
8796462248168247336973927973418108025619671150430434074230276870 62
7881314027411854388783927388044382926456717496487247890583331620 90
9332373552792082868642452607785903081824727384654260799790364571 54
8259345914528181141120341515582863697066419548048652549933853078 48
7024449268334543570911659568176846559917950874232150620679878791 48
6687316169009020820171755338473696413214891434678430737262628012 27
0889912565975122007649691707353381630956303787557543978706498526 81
9903164202902747787705120760451893441042741519352166564065188611 96
1699388208911510578332350961379371460982190430777490288415229598 61
8613063075914918569866093067317573119343737895679183784779724748 19
1468155034621359270895655870607515536778962844365933024298522118 50
2687459593294500326874871451531799102898166241806804459627078528 22
4179776480068539301118851832925899063388250525975240371904746190 52
9308424208869525648890818376166369791859775203493070953029931043 59
9912525867755902232542812895581730853376370189162640159452782725 72
4586253135690170003708073675872507250246986278423973933148266348 08
2432894707185179550877740648721187174676703612770085874611653346 90
2179235449546705194074696845940139353987696040510534267877645164 62
3471592260363778641461580641982990449788426442995010606707117376 85
4617834485156202658795148250837110818778341159828750658631323527 24
6072322666070599357370344915607867862747583498251480073542837105 21
1980365664332567511932915260729369750977295613831299591681589454 99
6574199225641613281566157362158501538483729342957423679173939272 97
8035785270806218064970790552547962593416134179931293489960370630 24
2332476079567565246594096136759387181470903838397040349258724475 91
9646512948814970370950390204256323960004953045520965442221204452 60
9301274872685186562449134766631269435736657953321631496050471903 48
7901191826891465704688232950685437195213271182143367585619422608 75
7228248084622242858869933936805292496152740981519469493040060942 51
4446360141939393178692911921724284603063545300769335583719423296 68
5624922928073150526328278308437332357582635442079423416544503423 76
2576084008385541255371305651777776935489596241142760493013371205 11
9864684692846974623128472573402637833645570758019761380176777960 27
4075549036268002969027092387233498701586702164739118717700187108 42
6326985795127409116824733539660133194397576992589394280538385918 23
7100206833884248752126675983157229677804050332970131425185833976 85
2137909278981711488031304213285553316023997294754654320775397734 17
5338449984404785828169494072652338898358552186792537096593253929 64
2636363664599983756549340146820256686501350220442548659804865453 19
6712826490903828230478872402286994251227315030872667777477514247 37
9311791796994452717632691470723543205022067579065163656904969884 09
5823685976092184003209345119057073127227853958906892688706201246 45
5527358854561149307378219113983000149911818518663443224121534111 75
0046472355752605357906093013745827287101241293925217514163718567 17
0127872617322099741425506773904602541071821263416204915566923463 21
2065145585011804064251587733761169280165615536965835383109534196 69

3668684393939226857071362841007508381101959022671733163340032148822
2943355662686615403417273502729730045027190202806209224131197880 91
0426202973183106455715322785783648636457150914872768979171628824 75
9358019172530181210360141736297821429248415912028435418633543860 60
3138565706831507760934965619440033623538010302331297360276572027 66
3704251420126139309270344838157809951899366884748532943660253217 30
4919908794251233078228794898089149454372560332371547423364065355 04
9769139002163164512282200875102984247148833478150680039043721487 92
4235492723792497935398588134426779196092222603325349904795917630 83
9829720636782830425612702129092721342650942158706414600050617235 31
2170129081373814790949601807806868819757885653130231167475332672 48
1646456181296931669767227271828506115906978924991592921921422749 68
8311552292643215103662166293066354832991119045582548097078332461 93
9411465331393892603865075110528247496586355725428319546365335348 85
7791500486817720510384756301520227020107159723112186089537192488 09
9755946178697740950082776548035007656646673470387665260881741793 59
6978875530196622340292455824456300070319096262679055343474874206 74
1366435918738095491371971903266022229806811324689957209883582822 33
7209556120716875836294744866910778934864401196947253946611407693 92
5087390492031015585425046190279181118447756038245487526399214184 37
8739626519356033444399136523032293218447559543612525465322217498 74
6818780746178170258749906107242257143605187968994523368052833255 47
2381866443188699828639881253280877837459243929950017706267300367 56
9502765729826271667151057198929809860398320430300370369674930279 03
7129247760051400206886439108704707902366721543054647610250058732 85
7463149969400643463241274689470508166625823852004687516618520687 13
0966287974047261581077441044117969132313943014763748631661260522 67
1576620536771406714189134513187859586035668692828038748766056051 23
4374383893736144467771233503713017703955047704623101575207434476 07
6994171172655783962945853287934043919593942906119379511023692573 18
4839725174155177110957022220055186865005282142568640102860555626 10
2150373887942335179731776349859931760812295547372123194261084397 35
5142314022891361672702842456507268517421369565870432142764609719 38
8011681062030879977821234440240662714673716165346157252972367799 78
6891740783262312886663770815494336909406663310279778002273014166 26
9098834860248186595521578109022538207935470838111119798139312852 40
9502824273032161561858085007092776044444750649726227020507577297 59
3061892544687722386288523650519035159111906919214464634280453554 96
9113673524111527823689565320086503631754857457318467670614021057 24
2239650660558676697078586573459813189428789771773749412354590530 06
7189126659956544338112051374825904959988240215140978039640679012 80
7962121586639849726226608542490027870322992903876387643209169575 49
0724739038247223475125892702454023586216732163673774757235947899 01
0532047482430653870701860911211764643318630229740878325548252009 76
9322848940908423314184487553106752034699259842456541635981191835 63
9731095061832516776615890127622981580630164423761563092004072419 53
0198944058169980045498531685446846194874899566985912753778403687 70
9693984969995255717762684279797887453870965452673035995980146540 67
4493880967985149806980246101329408868281152167065378130067347168 92
5383693388778380132560325694928460842627792919621573845685054194 13
9004224399463659060399789880810015744504584006857835750486436437 30
5428143689301488486239994905492464664988209681080586992474758655 24
2272984509583114509261319819259052025663334705150722916008373136 28
1641452496141029180993364621892669138869524431902225928072779740 74
5467900893167243230465190059112137777582267960496276514634795211 40
6054782650470272221409028196519918081713976208809778282571785243 45
4341336508986060260331303102986677014079405936726209919879501362 980

829540001627752881280159171930404013406904350534258063343133911950
258287216466024878039030491239469853915276433531027389931891753841
404735861126859312245695658153421746126151869153332767447667785166
980717193439322203109510045351137771249375670732059161715724795197
912975124936842335605825120109378934111722117631137731497223426588
471929435407218173114204647690902404655330781402312927330650220764
487499192614210286007797734937096026022970796589776456118799120907
022034947449681852153684050733185367442795302364069705542268823742
939736899285920229432195897309499442354414895771883784569603207586
513518755082354966504718443007680618995567487308946671959970639508
969153339776294214885709941368416199618403415404082417845744377359
524611578759448396079412126237597493908247458654860814599117843416
400147282251228882302716904705137498178324753151596767266069231683
552104908709656054038330403875938064614430994022440579431207987085
977762291382368772306979964435244603014375752353468058853164159421
204825172357838403361771881184142953774238369258102638064252381190
072364998399914446005433212216134708179418900846057583484194865508
186478677624763207993600505589415669609737642116197591228993331442
402274138013180809237967842270584352762504105140398872669001693783
531741183699003104826549539288845023665458511673232113332227308685
521597358838858678663123319450276027154089585092885911306717443444
458056774587346085491165274986636259172750171520945942596507712580
737376177671932672470633909499830967816759270093290376631907599733
459228054467666703142079043227451691157080376320537379297535517097
573222660993194953176572417654676322772640770516525766835733103464
369148183440024517432105167425020048069832902300157419024525339843
244400654905806305303754620794486258390271962638251688655507582704
557813550439005583434590152018254872795694254608340357384361561630
479244672714522217482040688073357553405763596814938445330113754098
379867908965229842295381619136093587047354517455677644003584677461
900842320414303536651104853579754237170888700555461015014360283515
393846321772264885139236954128356375243014743417067571494411862984
966682049316188515590004412082557167420276513977075712692671593552
740153065544486554128315740899279571105633552712381936248574979267
268831256714527884931541965653522308735836557779450988089807854297
668065246896748909570195692787649432795425989159583006678297167242
098645721560607723677529619442389032791665644899179937948435953723
015744459547636512282236373966081811949894262242296010756462945621
632501035867564383628511623299728694459312273224317910795380619303
157810710168017402022019567896155316453447936662400082901837318905
834199537963927799652371984609952089876788488543491936449995204403
319153173841896317403570427547329190868487820380318863884090716838
801532903257708554876470098523234870175489081046127405695303738908
926644864674048862072794839575596793113351841733483453895397852334
796536628989984681993393420924432918566208499074905042104384392317
909247450251724238793267892578703604885994179419822794327486336908
199478671598013747322406821973716607004814407867370062666547736006
858079653709296236647948790007549099637301746181561138217793122709
810806808065185672597559815948970889945696345842174152757890148954
038889376818705188569679301097285502648264234491050199229470933104
572989576734974858522196916266929975011191264894997706593126571257
326106799203255587163984194557037079484995108859178057171007822170
616334581548324339793309630269690911508306797252658805458617371878
060581495865885316912955180052851318752203306334739569672112066673
863343959868941077140276671444858164921586374003038680923752255934
409413664820599998189311956134552661595918794704865580612861607040
539388001072062042164424753856924560227381019180304293693338184455

3826731446677928329480152690263527129504095176035400779952777155488
8812346875648179000880553882245752001712388263789662401611495216933
7686782014685219135979721891623609061456748302364662689351108651444
1637366848914063469162098431595531619050477259938390140650797416811
5396439333901686589877575245744130703874551554653880842190609192877
1649390190584814465550212112582290726968928448035817897199758966211
6734182263654960900013622600996475548804368687993946474875244401288
6620298032933623042527894708191926372571919963486545610290449057233
3184720142686717077195053464452327347793276610180269248359053277955
2035095214424482565894474480395170244577887939114918108710551254000
7285635096093454903429220987954908798533660468842468442394140615722
6771556136007446430090688323817041759141882012217818307155770362233
7050956526518340036094981702678690193511568704042171697101850589199
8503675050418393134200359986735481818547750406072254090236030688422
2670040060390974678408624565345020711057673938042418529258649421255
5552776836231260034188672890103838080758592199607344077377370150255
2882431979167113473435275710909953092378394840260051748403071743099
8904596779858775785179953311752855949674956875549907055655372728333
5148061970120864776659310147641486427703174248428388970936920630677
5995160964013632926649289288923370487813016195160063533686042541444
1293097006711858301168047813118259247883517346883955820738365492922
2646572469723035501261740317224472763364842964401695828571778482766
9109114779225385482854482222902506576051053768048738948713127549499
0627933718075936254563147699910670025411938034628101448432399938755
6889495143876923495010834618792646299437545425487326094946603158200
3397815467103305177565851738729053595105087544364451426015229993577
1133276459657795502189846053455759543043645061099934501642914143077
5116659726188356346447620577352097104415231280732590369383287710744
9104017839568023895130270456380784917916111052304765215268999224099
0807415911051071669969141680993254648635444441827040039692452951133
5830522047014530144409787215194810348910898850664783148151708095800
3391818645014398690465188807363182272247080332230350183871920639699
0703551419211531992761413870307342970389797319028958382258010303900
3504405752137476378344701506138907515539771307482360256858434453922
3995811245490158432136112364163515054727198473197621881407043506200
8404853099032377609271733473495724772991042735702721708814774979366
2618898873325111995683433571872426741031864607066330190626977954599
7323960483943011634670442812761985225671192953810282986886771344088
3921162620950459965629353393556910258951191518898094632710578516533
3144473450914010897147188490085814930929129737704324781722901212944
6591387156538239002812084228767544750610745809775432593776141227500
1454883719448497657125849114779092397466492799429868350348585259422
6549239687401995061684278957611160218439127510037083920104817407966
2138225859501498256347962878968863179892414071948145026189625800266
6819874653744308507330758522693956997424139322808591424903462244144
3331279841198206795035466139851589776735852194701657797971212236666
7231408022889102802097016501506962255918249015460524362734219257233
8331579308179690712057466699845015280302290963782753613191678877877
3384024496472373656340977062990952891126716891922618713094726807922
4480844429251805183599337856053334670031250266011555231336699509600
8814895291794693158321876191430050253769931363538111346835978705666
1747302351847615232176752025316809242026273987070455660714220133844
5116085343231652794834708340444843084700389280718933742743567088555
9561981711740556430907802318132738380593706723304110302324676567300
0638470378792630803431147888182741543223636519063057920800430327877
0033776477102228880417887314075714107733658006315567578724369069744
7515205390320875370419685431714043784320519143647402582365346253677

e के पहले दस लाख अंक

5389594384269624091604263207030479046520295871911263376100909979855
4979937498844259438406244958480890694792739597035641842163391324OO
167554096866498257547587487036515498044019610162751105653959148418
0730988266260656879855608088828170078990109899269093029798743612 62
6159346562203260645714190526053071619467495031399345394288141164 91
3358402697862406110023355719209262241869897159069588925637908841 13
5613181048973972243488240391789706869217391637275432337819804503 57
3303971624068113753706570459797797921718066227497753492369626592 10
1770609552927861594945396219870993016808539051975333499671508647 61
3482988617447529532761159783635086962834117475619013090416740704 12
5516123103019681548325782617279027983600422188620195987385545611 02
7600807425900473918413798597010177082429477853254485395181170593 09
6752853223544584299637563051509379889688115762070672354866301330 60
8485421880197933153676860256502956123235978862451976978792873261 11
8344810177712475484171731941788389361129878707000405957978472195 40
0436245265950004143794099165064591287469939933941429667003785283 68
2746053643939898905345513077013214509624721623641460907458014112 07
3195026596736664671550578939506943562204662168344265094967668237 48
8759246259288739767936337844196180021613588477819920390277232994 06
2928519081095385003029702066997912566470300177442001860272087763 70
9549820404238427187490502596221152905872536016282352160723014869 12
8882557004292398892173730017008591599263676281515072185105111946 16
2102805894835624168261936798882162441312260087148503066422031752 04
0316351526937644955851786364469449249870383571212453365129377422 09
7144384759239347398163509290386348210445516711868976983424892459 77
8428437373981323052394728232665965781614728734602778609328321574 90
4602694140583429624676224441577395075329924521951035646340424124 99
8945553767658206782106612522220779408814918067718986254598591165 03
8912376611213603188290950417846809877374582071156404783399546731 22
8871781957669423746719532733868833020091057170962182601093560855 62
3038332601087827146135808761768314181319684737688628232197714543 28
6022811255145573768381774006559852702497665117777055508021983065 45
5461586295647905309880784102463471113318064783932732120212661536 11
5921468664729074309853936550045131678378412388002801350437107870 04
1261907471228165648472611371376156206849008350445146711778117576 90
6886724092111069989671152591858628600765556404649094518391321069 47
7084807876681135460472782487262916024625894810136184933607140553 24
6422319125948764788117516613590588107283074228098268038956686361 32
5161752410862298681910335610223543254298129475622852527516899635 48
9354291269277062017142314713268619110578845631959159962621251690 18
2436533419941896360182345386991285055396566407096453856952034184 65
1213226496087727968714784995494681941807906598758234621839229673 85
1936947390161584962125218270013853604509931846810485927140701174 37
2863044970241308124981687717319112939893159564444877541008068651 90
6378662973378433365277695393546434261565806224123093654231924834 29
6097734912268548086322763018603361082761623987987301534456276004 94
8649732344094032518358083967528021781255902821542258689520596856 34
5112357270887492432490195619870015097796367351954277922403909515 07
4772760331433564943757851750011619353734972292931102860063652325 07
5629303751119785573382072997059967727192579820939906562281550190 59
2674563672309791949967541500026867259618538860445977149187332188 98
1607616777787744230868737477745135225379860296876567540172690887 23
1874606920753901346140582205696949652314619521404056094787664047 02
9388832252200650706134841431491447388593643849214043168844501739 31
7853425262755183549092705342915674000810625700639426155454401132 43
7248560534502349211943488615123912627598925803551239670584642319 53
2740672411338326872268802488643990483905851008628802873273537977 75

774712787757563864681779553511334887752131411818800179361041372939
072620489593704678630211862373205074784329578008740291931938405818
433249903813874706397446186425182930420028544916194185291315416891
680407043506954017393520279395874455008626318149941330862355390535
911894466310598329113606022717635218118208869867053899138929346264
091659621837788117115034932087110810934747955537872469463472972235
387206340556996136864963828026921017173584801481114130104288141038
068421205995774644064619923352356233175884781858905330080250677049
562296650328541124458435885471394991695843524728555239972088930780
548653502643197216647747725070130026711899973296946074619254420034
109191724813196020356374825709916360073745107739786334408097065715
186291754786853161060656234714823231795919678867104836703859907484
595084014142701106560603855023418376193620166989774109891478083228
382603288464190442970213914076742524123534393553986568393142411072
268700684191149406185066631695993245029527571262480909597735885492
3570615446748095988748218788867172140652197803668571299686992569030
907805902827780155245158802999078300369199352315639758910591425553
350985518917681854779141264488349360265114484646521072775647050759
888052604645526002033631955055262350219895088265038705576257429426
821916825605398068616943379061674567479574974886091749447615170058
320780001014002239370872764548397872274220699916465601471365991129
055884080950362419803713376844670794100933897384826844504312935437
966279370117250119551416179072933957187633013617550537304012412583
604434378838439653248153987396016504696100990329068420432827959608
194589347979632885165304110088258406625117191813618536366222953439
346593755553819233803282060977469088047878148367327384830172276915
062504002616045155499851328142617312486207178615466575772188574463
378545362144526446241291938674337933757037538348087687414143235677
873279845714677901973166159835261107027376311073517612852031570325
412487066175865867572691876611149197735942334968822980837638400781
004277880490170473092956192596992904602333134453202236969171968450
960373231804543025102509351388081763282983318865977891004782254974
516154742939435097484856136455011106694981954905502160932960428981
202839165114561820200872568610443804411964327601970267265333409601
354517786185505164460735302011159767669151068413919645896552338805
931028452436461749910894478330359352064756985785993354490700119632
646957133088274932541962777082725401686351399084518693442952074647
250614816289083605340335804817800971637039369364297080378982143168
563954049603024476169212755415919806359535365900825378770939195101
211992907472867957489960977883704011615602848446553172130419617691
802137120409264956511683752097076899800330008763217912424157229074
918122471099541719928757700652036185081447625236869061531806574587
844471779352423000410860329564422708492064049520208701205485740037
891723615256133578551522592172278208983260638829641448042613535352
525331179196999842301337876212937294480884271080464143651678521681
937101084275021668460331593597413355838465000932811161253395295500
639060758558469797804021879944808138115928282218511509981217438539
179101075466735572015083061167584893368647934432451670585138370627
223846831441139869722320194766828639843224876561560302024755317763
711714861456808583165249806329691142434183804171171380804396015804
330356500901318144856430351250227656590372595305579983604972076755
702799560583792726977517419701508881519065040170192800619802759640
276359992366869865319778690957107814622305837214408674459317369418
915676842339416807708618950416933085177872233064095585685715569658
590812561408062883843421841304346098670656485171208607690503512828
632956114706338168013283937898601836990706699216612906783155653231
050834021608161882393352879056240352540995035522741041735826102719

272230156326918842400268333018566507112765484461966998693173598483
826325176113233096128571671860942135615121233886914790743935762840
077427320978128235910612619554977614465531737934288581084060229378
217829418960726778281756179816548851130749902069608278004959180585
180827407210735822291397990299412189927300425369537876795367262827
927546271157230144002648114992442207955093203186555774987870741933
379080398661180697277575005853500059026226277328559658334403753918
134078762911503590974226896351182598363697038288687860734996107 89
571500754821821635911283831750724312178956288232357066841471702109
588220922781036866571063608821164578979788030914638849299649939632
839657039648470530728392675966471223992567094488830177981853822227
997853873912108852970814602651815214762250485257667079370840447830
472315225522683055294156955914472167465119004189325680670661143365
294188475888216696732483430834122099032953874893665814690334671708
563878265585704366922972126193387049092956968278179486903054023749
866287993568816889151862947819378801114693600329930050432014863314
424776010497657145322664287197034275814143348633612431883942014008
738404261063412308598090179487765788485019234947548686733125976347
097457675231340158435538187689724741137742383436569585753353099157
095614782327705524851274887440889379503616481797273121297575172610
722495502407879789251512618902612229223172144471738077416123106304
483394825230853635806555898134099633341815250311327732528333984835
868955263497419580454468924210162714471902625080771647725630200430
537180797557923922994528217511259448265074978169285104366329576934
370218936791985532281596920664650182802588663718428195276872499480
045695050222542227292806830147774715168854213290430169558348116583
364215785818586374864809499023153324317905404706365619749193180787
950232065607986353441537355003886018950274219171279037586336993207
826377501092087926422433378136866030080843363093965816926347186353
353671658475727766403399216612839300413583763455448607530047018509
905078139005652459265071165389942432032510225750199132172002848321
913257585014361779819566697686723381963844831610985602734843384143
449966463424432795618165025511851871857016481902523370611742178595
026946012232315305819820247165432001615800567127961909100924100144
189047008386508782566270806681901151089748692683431660510223124954
987595352978389263050970258174379042347303155766600867067007809190
363435259970918300412091306948541760369756010776553539597355285486
397171497544587878317289145033684760552780158870500340335878236279
737003641902306893033063830754016890048458169417741063253762886554
325114323058005072050440416476271532278714505820024597077334446290
648653577465106857874837357496621436439335466201479577665372749096
168869954837012207009772320423330228129491042179019846042105112733
390124519991391683820939321059926449208855098131066103553876971925
856836966996630590353756370270949042188967544473702797943898655185
150426194522336946528274070903250965938616557617653984036014440838
825032383796942774705629443311630873171970117539374492893992345271
434761318536064969006314643345946193183640300704661739351059993691
601288178929229948719594377260023902973442036232677946512936565687
230095322031770785058937121226134490333368862687301751955304615668
757538174632505810756021420018857763663569605162557573293670714982
872285837823732921682360497378730018372793472546809516644099122120
169789396585290542909243135205028914878043843589369312410039940629
701385940644761615998782786147577656609148651053278016253473273029
789172264034880450220325534847856651451471152326009306218032307485
059365049310359177589119363650509386804137522059582834481755268836
428964614141023635884491735606430927424936469225730662580346539319
108183340471539635861481270385639132773138809348890726139523370533

751942486161960722690769283914202093360971328986760337137589161618
193513761305162648297488257580961988041014740725604460138591369010
956622381671613267777369340353494080809004949444408824968127501514
673569667702072467224691686075425703581614208588209043620106981018
731913376768328823506228259637411261734453952618239101344829912371
227051521472146409205856316833382974619685331994943210114756501138
340413175918485007690464270656852236875306411285272872228858996863
617057743547165346412125609706773046279851463154179489273173716639
663694406647696784020295907369818703749514980694670438845278944310
020797259370930957156920723053919421247796928558265300335686871715
356952210234177724794566862909681293883374941295792707364689266790
924779147528703780583952166162153189543485632927514978178461662616
191872661068763589325626218403479814591740438741150139534505468082
013522194018885120655176272213687073608391089402375874084250079436
313425788214929508353608515328901992341196331976979468194522743090
166038119190285483059003061208261550483442960424511505330718424037
729095682876855022446081530696936887475184153048776531540355922689
470446982252412847643095313838434476716724176939343472341983072020
122915571575343596593201214598888521854835209956090404776065798806
423170468347378568015832182297502824448767182652946015615906310912
351326038042048025122122914477918097820902688616373321249853880843
390018919518101709857051846011446097849454010431659203406841572590
511465037757651256093659441125412262736070611982620155187242211162
286533287647057729985502959735658641116592732133953050022999318882
631586528195305112172075743964852492206307108321183088353543457000
056894445517301621125310370150324452263282053070534678595711284582
706761223582857069400888789151098792271775752600008121543210240683
350256722538175949692858337024188811739338937303762881663289582619
140365152926866367128523712088529196024021656363519444521983427103
380979432404075978650125495290537559463729905583989000464899358228
857185497405896185513230705126568729447894801400673237003953242690
178082105783798941171901207486420213917585094055725962916617278013
224654632193265773292056597372380486350258835944605683506720573382
059781753778720472930299325858325185482870074010929376837453842619
603769295482749819629636765193378801147707929077633684481292060384
018034108998673366057099243427222050916020412080505685726819765029
727380785577685002395098979621940324592496655788369814440446560367
681296064329327487073637600989338308304786210774485237900343811826
748107926181572613893064775942301684287389565520125082335816008173
480018501420989491725939976492500065428077107879001883730195037802
278886623791762636695497520448303372205458235729670891848869964258
916887584066722556227778540389816704457490366533132943293535852355
133418389858197733729950749015930074622291617208067473495596387661
941884380324970489458527049357191970187458382620100962959999629286
111328791296673452684634164805731355407246756085480183243626304230
364986990370163033143813158011926200509990066747889108906953479766
798490697237505738492209825192555075599072182490561759835768259837
491948521042243615059955140701132777887661768518032437010845728298
924214340200489173403555270918640464494379556079685258754897256956
693504246657281552152918891336328078906113693474552948924869656892
781956450424722901986218442355670330696620736474856518935820249390
833582112085946237638116681829507209432559077179706847621643368496
540362165368888363479951324389089392358758862787041122742695133761
095196631834249329588553558856550409678769390405977167740770939790
767733852244746497365944327669263630239187017907422777836709633043
750379804524602558969758161977184239578409900002987461039958875570
861689836439418737537807892608865924070365305951702239353004782023

576894312627500498868330060934685817188869644469512900363559286008
831814680715599511769552300745358430659473714536745289667139605589
993068789829393243844353709806165643262782392276519697970954455224
396503095905686103445702613327114353709104466224376120059925959590
311707715606067234172332977730039030407088459294144660078436964267
555662597392550380391679099481769754744983383891254051527672656840
929994133902692303785782158278424699557867552914590280586090149716
349434683614003614605320781578009367313023491244558579245900411690
401494279264256912207810636321048554427030475462294047731138828197
444264421618282561710274124488737822341212935897072159664130761640
582702308771713898155270009760484699916463987847686728533369793988
052337267784110613607098521657348457851134347567892002507971063644
496908603294757318472505877334724725572849825296410157123878809199
323877672381786072595000595943474410430104417676098907124489355289
228614132820392042919391743096523431718820586658891465290366789862
366268643623298937449351342957737871020341990407838921305589931699
390930900468826171757070637525246996126668259085624126358623385571
454133129714027264606888218490676921513410036637803148848333905078
796425865809928118986953525480674337393070365331341645665624989041
742670965642017069977891645996577368075027692966647479398670821971
728396743930063376115765699662510969177807849483621266185292067273
814296998270159808803379963732735837464516115839664252582849777714
194933149285560456703265708671842172106959667596774406273964280233
731837089716153885627049753569228689091411494516963407475425989812
240392011978569099330719103945367818569606156753811556899276563073
407242687695638136952120738810027595629473915474743678453263203292
141513760915882990657882685254926892422450161783599406710900867028
528702113221573639858021924451042793154951121008002468411633897081
321166954359781615618715101432963633917948916425894430180465266943
027466001622509753267366093979480914296592607391397631470790477209
228594858438703936926608102512417351485434892070414223889758328906
982908871146834923510058223284790438639273195610480272741231484759
648223606657040120667335852017975000383341558341269729881471235789
365525645895448266362491316266045325108348468850976389965657998630
846553095376321566645223033115754188815052858396699427114828241924
859420618734583985896615085089839356123329495839431514882318245635
266396851121038772958896319334890632463525568491378256182449645702
031432012161455982097930936279732987760263253385544215990886346008
931301130367675683910410655906934886904052888443707714828237038832
505028793501981124970480315145626858004868889003643186247284648558
230785424695109404448487487763451778282189861232599547929706215880
529450690580669234528616109708152776200719571609233885160225624106
113754542929112994824577637081839673866525488983253908269787228944
668888696613302084617393894897807114428896826652158485126736660537
838118767793743968320247178849869816515304080927737701300654196386
507210843842487052954917937930218916993531056402698211350106957477
818838679468002378227758628945411060546605079782626426235800186622
561396320277779105875466729958766075683356396969708571022907232807
305589230662685283532038098866012949784096358006368535169563889873
136994684691758677513643758304203813503213763256033480973529216783
938389980629774673405051013826350663630667030307468899304097067994
589874379884852548532208928781322423100230526818777888779413774334
029590212993103501770426188249861427728335008027132347648539632781
199551511030166788584582623707580252664367085488128956153586531409
297349641371546142205531768289406199593845853158459836286307724325
713070157666407364097275875338174125968352511774553090639117072393
324238085227678069163899361994364900774873835294789669095066788976

501255109308476791411977161100297697588161408225211457540587237577
726691194224794851855668328866378460397457073407707795599901050652
738530726971987602840024110182139341709005739673883662723490532522
222444536278792955857482587694554467008057246450856242504293050558
982506875570504034597472892929800816764098848461213452124063220814
333769665014535335194785302670264821470180928695736853277341911751
836084463067232082985287930585928994860236544222849952149948932062
588172634677189453133994111105503657578149566630582078776740183297
542991170062718671729560177087834626377038970246265245163097571346
010247465466968911635725083176880422026997056928944668406916030580
907793156303885601907485402883280813706250609239364885069629874839
848308861485097508310552777013285153973867880485664210079442387978
021490466885606311938848783382383727108382724092777723881385134333
029055570860803325449471452638581605127862456990493712865830092552
546087607897254264849148388558029154872667818674463273042235983948
728786370783937339474031724024059031632974868222928003416970715142
783545002667215708703659635670463067941348528290957523019018713280
109081571023101098571120555989802560397650013594513023521046753452
730939832009444503634768040142423478118567399583852077225290578791
699166077637241699383725126597571193015828741084386635254943431606
122304192882280906658482809905567386029882384066717536373630909729
197007518608686154437946763349604446469632793489366782693963516396
018109277105623052159542760001566959250497975382683314253100679814
783497507074603164470161115110109062164211682457913751075366858075
656575617421444599018781856163866135363420229857059562392698728615
682906733207053299464552271287987506823474619169726603732752158278
986423899357398713267984106736295202700902508564339359219576569082
290836950778930302538147990716448408874518010832996008990395148665
347634608590623242728800767589414440542513876989972235031395628505
002793986430294174160202528849151240943578165929132200605333770534
763396953747004900910369066663782309542008924707929973255957196369
465470659867369858186276416084795728622411143930876420834885015881
379496897324415564080465548977948512351232420238921723673911294417
796104750642576007618328675466046247075710297699705466693481935636
634469131072934030272763394248291014017035406551177330117300094499
173858198555468026838934974491743846673926258399062907807147838502
670222972971163814283584736968137584910611252911047651429097949402
097748945005672056401431189797160304125117064501244379800332167303
237034856480083094989877262459779620918499469052074029180306468401
623302496234499566777670517300086367147730438543137878561218021696
249765938021426568288765399703302337039828434896668874670729843565
011939294979721578953034939501337552788097086080511238067057137199
371466572766593948145728070394120605242315325905079011557237982160
652353603859887827552710611544656690541652286493347108630768519158
612177452779885828678041112300673675244895552376490005856998119869
430915372285637279653053815115574312175709519746854397833692887517
883005851750225636002598222807682669659788383371725736948479861562
503677814774913992871726845222287271265623323934800591867476045345
164632475796862487208164208388448765671946429589507027522360867606
417902467278367167019695212866669981299292776538996154163313585303
117770244499379413891377433634512803400716271320514979096441560531
388658289014794273897079993108033737466895804902273441909800822646
396559563850466802220283320428872345134268196151124403871972757507
317214633120455930434806022183514410139468786130017550597056776532
938668257947501049040013276579053883306380061230507488638512750245
423642189731172967014753035620521892984640091546606551765464001609
231766715493926694076576254372557069809259203500240240580969407222

7869306396066176984032047258033560032277006457948984000806213143293150623820755636963026884839512886187715298426512151855682554000474059362255906445411842634829915003410601966061794750084321143563352234509523602365872620297648345991397491168043921671352457652250735726249790476894323138686900806601776876468329790116620662531170631660579118988725437265439489027883227968118451689654065689003960043945293680057566064311243225884962798620641283253266134267238929776890677715435133259738505891156095676804069772511057873684730315111779329858258858736428382943054144289934369500664120883347077899641807669588601577255474824592105440595757600501573448539578162854852881277307892746479659752572072413414167264429543225460618016276806254906820601844529039577500337651629691637713641847578015357940810274075246533182507816235425057376579660174979664733691570740231920068432649367729604693701230952378559696317541596841778487065028880705398966705237918141664361958054986049340706192227913181779016551176962005212497612145138135147784702159382490219325914013483247683475247275605576401416795661325314195784496077694984521888340893033005025095119175222047776546476312697837777259339998708300539309825700587459121491070955558698310175497371110293092089844233334485592280825272475808277656594849380541875377792012294788326728732308256043684612550084563170384407968260134858057441311190485100760698179111357362121929380546989882569787816117663240812672083796561314444780024358590611179168616730234094094966571320671397305010707287092562885644399477813288998474337256093601295421628065764731870740185828905514978374100613562653688366836097999690584687570477139063954935638879798751808318718863492230104843558204160250327663430288626178601670385311114511228864927877940130342319803972763124527346876442288831687294982099907181045513852171236364866073577647267687792149389950068038610191489573240137584928103069308807816881596959445942758009367770296904062129394246846414081182384722367574308437854791940036269537873135987992033522388562006031642438295513069785406468148327929249356398176926924145470793172369589390277001649154057156639607538856297876084012582695514206658949596272202714584718438329038897710422314789357495902507605798112407767659080179601728435298613397072984863461147939596202037337977534461864610535802172713674418132719355556438054002403962703944449384856375740328813379082978721178637854322368943164353720757524817631967543504232545660336788577323077229535735024290723033378245179533229217644248906846487958260585207291665194325508679034931550074545829114717144136425056314448446370845418017365113422461225124921067638594348173142393019051359871444556214466795273499479582634615116209056849778491174822177523606532816186797051261158498127713126633301749867580290017587834646436381689807126809619781219118195693988654983057202075825297442856249360731934201620453812684724577397849265715904141671776576474245765932249588977019334535351518820622292978676513059792070080802369853227254103584557374353676827277687563881840535227708838140827550574738943024837349301558154490439970313426753285076289246261348342722410022271997008367434048761341135035206246378660613913131096931931089353033401925800308992822332456591737060626901699434202653674899079735051921931033860827044363124534564351259854122204957275949106942970453469666241317742783947165312247070145518515666569091784322216188683369212216715218488486431926437298208071684135258218641432795417903635054895766620295165350834645670557039809361058077333578447675731122834407930238094628081051239190124026924795409531854916633340718025231713440525320450024239282141340139435118179654588774844439799026959108380223440086004726724356568483640474849199561345786939503757296437115660835033876920142049935650284317628

```
5963433139164880487418456935946767439038870690901341279751558355 80
7390575810484066333157050326280344004460865861714696554434125774 85
0212372310795415915140810332616220514858491736893023102344388745 0
9130817892903432964417312718822723109528256342929112223627401322 58
8258293108412273516642059167158705153440027208634218911179411755 56
0276728485791401561893404598287409653192487927241527630330363305 6
7946827963620974711146518676285769261938337993271687939139961218 17
6851050957595799348991706624872805252332639229076422004705000111 57
0152255812231353344867322152128215653645330982081738455363318637 61
1496324302247863254159510413698993788538469525074120978734467708 59
5171067970795303357779269893356524012454032950619682312425252905 74
3744001092232522978550563295838405786518365797985691407529802996 75
2641675707355032624000835914957988376029634950089442265836345554 64
5830571698322447223266290952982962428067817833390460552063198106 10
5010991545191296431173796203346695874741745573341588443006157589 44
6019521807679820456074960193101136150797967003017616474578432826 31
5218355737754137719356840204041003355655691053951416893650971019 43
5943009999968585666138071602457554660920883220213293463753637187 04
4842420427589323756110463753431056416981395414814971094872276087 49
4152609088030103617701229436683639069579486080786603677748328009 50
3504803955106917561873977496708854467107992824561900600256976116 17
7560096818039519176295793638466204282637998773784707957502683154 46
5273785337020538386586793373088250279347664931856103682678906838 25
1018418173668406157336041416061638485800589537133088008874047157 03
5666042823557301156868806678833009127595147141076057928019591779 14
1442722113246320116859112936495534725172238044011066288005236140 06
1520469916832613777112169024578163678491631762116982895280804677 16
3285215564020697561313648647801970949764567344777195690791903905 85
9792334282284910775774975166310126540149768373946068916527528917 34
4832322983780720701438475953227033919630022564636525458083221225 78
0329334424138929747606912674977974025570761877219640498126837 95
0532843029153836300283590487037134806622461025445036508693893660 5
2067419903057683062679537077397157074838144715282157368014843663 06
5873964333993404575778052706849793627049518686300403128652648490 71
1113859223419223947858938864012724323488211325522231037219914816 5
3656713628775153027779520645815832012175522225226490438304374817 95
4050802714210449009198930928135743629927642337555806966968270074 24
5552643082132318603924400669729232114890019409549010156573586723 00
5708000998590778807235023965309655234195632743439897213746571631 60
4909200975836372838078949771908275419493712848193488331024005238 34
0926539161732487496296174357951090469480763304742050549449400575 02
5824006819501667004245646017311423951162022636426693113191198089 59
4283699049292672226535087091415175407239648664065038441761014774 117
2030948095384078709162824638013730142464872975382124048915282797 59
8701665282805968721794203519130539835560121642294400265763714859 36
1759240137277837394653252030881931277234121850333585040259052336 88
6911878552341879846141141816369855867789402935564694209614141494 38
9927678913925077726892437712595774122034474620682220306710763159 99
1120920396521925937967350725856061474153519349889251821516039741 89
1870279675428922481881083935413622021456150651843394409843085539 35
4727457497671251646795551799277801750746280764419871005640591019 53
7887285477132979091360639249049351610638182962527798008898472867 51
3378757693636713348166113116689255232439487143084789378103927649 58
0895957707526931989688503519406197476608140313774206989487999168 57
6140418778479424138846232026106897449957103349952030102746672999 28
4913163841395934095719112472906580587579521491310384299412761033 40
2893621807615488192880289595122874609177512629816732578887859006 95
```

e के पहले दस लाख अंक

627708429985708592921648269111721197261836332337730871438806011422
777401525924140602368509764870052209487923763173656090092409071652
143421885375768213074726508385146574303083005097280551542142312573
769800382842257692232610399150891092127740469707719633542864825640
011016907898747362265971916595863450458804654374485841724981551749
068597943157501797688783235201441116015969624396016171759054241714
220919323921768948651296236430320431327770973229340683848296739828
759728725510747414947567782694087791483257004796743687631544997489
182322652910632628097145834093476295958470425856109459190686778484
222914688540105486681696339548236034203975802684468087506680244591
225429157330678035159102286452204303493093772535514455227228220435
629169769898066471443971724558343533634366326112327480043735626294
191235152792519887786182463621424403223790343311002757594470135834
162987892774363761929236693115437826836596301038408024040966041476
149080501055972508906297461302134270908773181607082902594381757764
264127630921367837264191079729090899489718066458754011318121603521
491168445519470464703954264472685706909664629863371139052843955094
875069493672920743794609825333222671150658516572674075075097261114
005445495457355386048363742713868146434583664249021791677041138734
530857339574862162151620063602379169679850045127207642316985700315
087080506006945566710279891082656448062020008791760723998383660738
255161727640957470280921534791328621371016683079880050326193307331
168975636722526806433856400063569905249634472199604796585019163135
812310492667877601975290457541475119727384121858790867174015221437
651966956527028835155701975324763139746203400616847134896540667851
866890671611887637918853067024083508823883059034631783337861066709
926367509729060683219777997060705785026484011537792832313508247836
817038553684076577640934855557706078772080829258171304748537303316
011939439466134988592486334376627696926005357741736406138311324482
651149970526064662830959185170360606815564075747608461831685839232
415221686432214008448777356389115086642061202266017973209362907276
905241212751548288546623650658054244778773730612450524168623732145
655424939024848252438861790742525203232628509544438467647884109608
245922955005723326374794812381058631017110370105116825498458369271
507417970698053822615037591045623597443480951848816374794865426165
234904003620767817965338378869515174939638200609427219118939010169
602643691871734265826603409087463202750074696124460646375759779106
269117284678836079422809104595732122751663398998809264032707941100
879228139337944789043341570865441584968524244650061011253262409009
287030181993986403608624494037038303599888693638394113032388861328
467149933191694861493230426818732193962096382693488225517868800658
040678380915619926191078281310036112213940264046438364349657619595
792273321561145966901938266951304833185728788039353140951796961704
548967090590982050740220567894040711860060068690968032746782575454
225429314663689988172044531774289337567745313834140786684947139113
841978664355959838859602785572127360477455977591112318228210352982
762567436513524542325247738581218387441306579080634523270446782573
853100849633253751458006290704318679642432437481597885843173228835
741356788371230273578110243598433553900390386383539578572879318237
472818499716698969833941615959864341541961550497087608750673922384
300170499720587655371906670298579084796749789269103851214824191906
089786391088740312099758655542404871704291536483557371109919115621
556666634944409592149929537085650384616333956809833182237122337849
389475902324972563740757117573871868344340455825022593765431974818
732852784163029141563269667595242313435205092656524496007239895044
546390271902781272065536192057840255467573012059924467399062694523
333976468068727845648739239973076409380467389746040791864234528191

873353998980386274945540921485256905040581699611035104434200474997
494956748176751711870534541625542415610213389835588922391219733558
007105152568837936332399087178953546898173887254608047017435681199
915475522131536492257959368059008189474065922650077248753534712128
388627100742155353402037985449774982824466487229527327903901344690
509187548388691657248659548278890436333906803531109747137959812767
071939670378633707213273947679375367017791330946880320640673727006
811781238303624893321472642961717902574615229980834655604397183897
330128848611313036281424342629166352073900521567972113511592904058
568350744521741472193067754920470776039602606894502350940529894524
129993953254910104106483591316195985455529885556969765885865895158
975249396648449494705261767865348406701803116817242157518632862519
940867279216474977161955830077857580310763130226327923630841347232
026679648966003441073679931772758768305063728925043419555006300307
724710590504223375472132139400636448711850572212864419552227094515
265540555746182200058783732343815750465241029009091512279276209388
376176111936155972297170105204526065013533756552934974229006197426
494884197164951663591160417268967356836099462451378481990382711583
676456163791881054929338084671432052547545401706562777070194509335
606754719194129457193022672782792647805913048429144273304695117840
287741580104412204429052256841219707647593219358366108974467721769
734250569210046618419934337872792801555852425258043795592190730008
789542161102306470869316246247243063356147988531893838587575459588
475586767444604000635297277855505870338028643582096987365425527259
372391529880185275997593762700668939841747602545621274879970304034
502728954806884750500443338611603236671118731049746162519946941815
936032319874484461754182368398187500178410485712348691783086677143
274900595485546828964164480536967675265492095022064694563223191713
892572866811816843171521701323656369828582947511184755773338222428
949182700433537054942295415862783222972739386991525166685804189486
878449202242725646510459936905666397810037238612108201734677941821
511288899507484833627309896380384630194959647583438659263904494055
496120347786124872779888811162076455684327065769597692019768019199
328589169945345729969221889514266095424672762304676609255093073586
601548363176274998828260567768013537185103656046528798854775060243
368717279152202986006268351766995552428439298965853343808026161033
134789447504591582065535460131003434408782309762224866424015645119
291217121814742054789275941958932345634174382411247080795430813787
359958137324218732716564045341338845344737009467439964270228695264
613054795088695979652089648211624365881245616980318687494567690593
336261231123051058235752443110046346026073235455818816401857668259
309511850250444318154202966040338183987878279836443932294962344358
359303067973068454655057369149616908713702041565140026163528852446
008661972810450796716974918442326806043713981405456897156978677967
014664917710151832476397502867842844843299705419440153108792948784
376595626535282969289616116285236776378025305423455798779719983771
761324070618069849497486907869680925310876290306777209529683933216
559095868745505327510444608117886903519385611550510680041884549708
422931318634049409149648358037679188396360725301231543682924615143
234026416108204623669596528563226735840330309325919818734947546587
279780300430560641217536054358484415992663760475542098199332317116
267928043684722285064658957284092566252326026992624464018455964042
300712436174681621367449302953405320212802782526753754315542666113
067343900515754195193948285638276654140611630722010518243535070996
948388176519312891603170144241725449520592632381571951835179259364
602850862770522561386424770163110373183390380286472523550412557413
995063203478450737820007650283521870324820435117362823705806649955

951666731023112712468734556823516683636615469523878851423502981168
322727438113539869802288951768799891742727277790489975123176926107
369383885124401138270447030664813890716647928047959042624248274513
003923324554441897444360499641800339219247866847689785778030779608
089604028986579288148618557178359328229452064237005766610554480195
168744536306584915702688559437422110705351090612875427250544323301
541230518848504729857366667503723652493329063511333029093261401246
149030614371012321758806155336179876296070318489511339404319609426
778501516510369133219906426811638753699989516723967930021871923834
891287176350404030375589754121263785416766318478699498860055952541
316476383676672333729382200732374644242292080653884824632224133158
444458646123337482571948207834662170279599655762937009353525228423
125498416026894563973352437414523174389979133958233778033913239699
671268305045559221913721038780226072668651799329952271424337023769
946095861793729715098951731664568951093736683285612771481449521426
150503304601081046756253582897777909787812017363918067630778753811
384096923866514600806975126974809151410016324070492281066848794977
063107021766379614192542759523544856709823067216334847494625789813
708328918359240450421959853854893080853029098876053850012407615735
843995226397844619571849796958940047806658282119903396155543131456
297374774365741350195555663983449657720468814591662737831504569238
714645917197013138667119434025641183319683003782355828673745205332
687755568867051233533258382116342336828451047438311177855342467691
353038208033602823032166949479688798815679521651165848096788511612
039141376073808945798201199112406218114183556235989276112510597074
528381407993403344225243931850834794402185282057039810526472948494
349825410297760612195481827862289327533820576044073350146802017665
392359918111302589421507057431631567972847031812556931519884705890
704551899569023248053456528168870142540540888278214999441343346002
977324335977227688351440119216979298976515978571737771690821585299
554512767358944270258919054464571359857275532715332106566561795827
020808692775885874526129379968744819779312091611843929190984949913
487543199508545103427018404001814357526821862790685745640958613445
739169443825060093229523782866500256020092185810304528576493414754
488397775799883571539975895382751474776327542065147036743984887457
482739339389323862496089462304201847660359912917314354442180125426
569395154303253277334446844973454682568495489341778114326563525258
665287548801173355322599043586341713186366930117049065555504159932
840167369152686438134713119490576159486308717864098227608508619934
204858407286003776692251856604420604437970167174299552408368439911
016402902662061765319666107021890055123542561751029658410791725472
713979508950526979298797819394316399122581003372640991255830444613
342259776608862339528564703168527732670731557460536949100561093125
549283181336269139345511556603139487803109742954379988855210212860
468029896045665734576617384278605979707818202233156563719923310221
691591938675756011737130206745272205977039503135446549048025665334
912329712410223544096394166948490926123698066019676176490257581877
517489903927889880123999261447185308473214596423829469305209836344
599235270515198589693695460742987212519675825898929555780992408420
154180694206255247925086374037148362183525873478868018825644555184
755073273146605624472795662946503597008877877212836199312577678422
553814490193754974407064004835148929441013318670557823618277301263
806528331223569557457240678824331826868060770221376806263710429044
692981169293204459178623454635664602845818460253300498945343778132
182457570363670858826140584522099249304013094613903501674987082893
018077570801434861475407601627369325157518134030811782468568069750
528776664069083569681019733435480478154412613039222157086529342937

591174345692776797901864180612429029440948344723508494637607068242
943274532753084210190063982525901409690078714943912457609351072614
749924191456945084939062050321798980688302524120759691832055608503
664028799694979091992835198923178275528687712008463935358562908477
161719156816720443940488118376606033583661110528331055681320620891
540928699497108860910609020823237297744284946224743329831717128714
548894283942761302181965413091157078647552703892778848058270346984
226085168840210297068215565167740277868905511393523615714511423042
286783291848371913496880949776465257264352253789977626578649684666
846085122732388893541139684805891165247891171599267815189674825327
040454628347778110780713023339175201856636650661800626385240826360
339983710207847837661531206262776826654547840853867204724752698487
661903117224868023494547676137920336343162621909027906517804723690
154426021308524390391968264121041558103045785635885070025781323092
424157464024922774102175556733658528009432745619759023981798132429
193971879143602503261896848277888731534558105601819882147766048623
985769810578947488087654053589195382226163527431505900850627213954
264863909373856154339741187417744387323367829528937764131935836862
216222317414516929616504710572498496343453926265324222524189341747
839900362457314585336920176144188761532259339557170259387737337155
308473260719347628634168278531048842365618543535518988752603330599
678460964750030045405536296089974177873029905709840405308511719919
404249415577166546079647110947249842612900543155097170821787056689
355692056540262316263684419705003394156795602416566553737773880992
501900861538868245822670617059012418907153778896993596315730366104
612595016912843064072864865346307234439347521037773129296682927006
838353262228400922478832802778094495622395106088676192410363203881
957083238131147727074615774588013905807990877119564364983162418373
856620733043865048395408919042880357276364223361097068311875713958
335609700428678956182003457965719841920905132279673870325676582848
956603703740660281070919120914293453390291819817676715418450268333
798814661986317806448122211781492248675783514701373285612388066900
656119309887207251630261720003906108522189625471112792440565230054
254273601486759939493479967874076638691641137002050011845039661922
060816616139989766467173669492107639652303801540155383431362214107
225304183028883772019216564633439023850883394390396706789833663814
702197355336879002695395677473128792051669220770057784394479240333
156518921226560061637557397314550531800136819256238918303315665138
577783091948184752308744097022434924409300835696912712256098446946
395050075651377907065197263162401783850545740079065676321390115890
334813494231974028495601057926475986930298958586606221035307932611
859863473546519132623566874079372837512651659960973877076090837833
290737973509212576529359499336280406762929447638040793986678081572
153177470134651317102698697476854915795821793230335334869048526352
849025361171079141733811422590860690789802263733297253982909921695
141959148696987420251527341252876261305244482410074309633416585683
644447100899585598266686660439857709968447922431052641003625413322
669784534069407576213181104218559267285633984053092033283431448863
546941653725118072804810832484933864893115475565691551508105306128
894971022631689725466828705245909130098474849897083015822942636765
680783318055670361813145331067890374748390916136339605059814340021
537426929102351571123771922500463026471413080315968166590420328157
086179805159034456734730066957934557838509741801746863687692240280
705426196955882575372578978325178437689576117086937187571716474938
597451865045283297837631484780459968167955323536521325932602906332
417013841773975315620786602090263386770927402771886656269893083278
055609201583186552966069246711487037891083419748401626725691342041

4606942833428388241926340928802835271054637097687567112881643555 83
9555968984603073176203615080208490226565705305634215919884231832 13
1469094271016024177310021542271831654962749113151573382924247615 82
1715734125463627506202211936019665086024031031873932271024765761 24
6153480614129024556826283918937667667350018795665745483277164520 47
4651603284702090320350260637385778796837912833601114847462024291 26
3671680399418556594220352333281632389101338462307950181767385804 46
1296079598772426530266914643338439547800125731162063499050588479 58
5137918268368663914065374771125269657608120984234873845349946587 41
3742907964379664268211426594954590022389945033161379708000599804 76
7943761389007557916797299876132816613497858072150573331622590167 38
0524126654655669512170713809487962271856943017016846410576607666 77
8254381856661098068817419391010013763656423767047679978158777381 34
7255258625001645417131603102384754888379856350776398571090486433 46
7548562501321001898376760219073329306742688888949030393080616054 79
5964249332285753800658635462787121715640912896749762170147366951 39
9464877739808386569286402214027741110429643895557954910735089374 15
8589641804038041755049124385550478566392284289373290124002325667 62
5385484171447236603477399871430958700612440851822628968172584124 46
9926857894949124202975450286971299358184075183401346169038519884 59
1407291410888801189180168630233174931803169108267769829253158840 85
2618612383456308654045653285533276221965406692245182379709313634 90
0452465653934541060196813492235652298796215255894848293862607207 59
7753667233313843940770112108042860158673427826702582532302210925 18
8530481581375889130826464880326121120985408249790120713467493744 07
1988158668357369053866465273807108370352059211732862111954442027 34
1740418418660656962432714063390567648219572361443338580011435596 32
7897292181915349881903645177368568867341644441764059804165064616 54
0790681225846852687153704152448442035877636864313136642323996160 69
2783781700584948250623263247950199955905258378661478048086770969 89
1752916317297708297286799146016757420631619056838907898277594434 43
6671327786349571275127582808510741370994937334792263214054009653 43
6975922168381781531829024559445058304944761877162044649018299250 03
0791859246347312221094291084983733582719242162536550540571108758 80
6945525628653500697759846793459384006434104844673435951553694094 87
9639962896166622879190924965842003301531125480642543199455028860 71
3784482226682693208097959166329557697759955177536204080212439373 12
8241851501043103527367834313121364184553640255331737721384483556 36
5315015499089867247874650819035731353645804733105063588883685859 86
8679263701948134312763688158136631566368714380234052417380364285 14
2431975215375116829936691854794702178821486147495293383410129580 36
7100665675942903134501811848994522883846189199347287253715922669 15
8701970942512930900652501300623685597817150193471012330291857042 54
4617733513277387132812235833623184695152586553656387743949163111 88
0734091945579711037124951400837520861631033928450729249625335516 57
4071229107264095256648917722208769071435640282045160719175482906 66
5512448124683961284872157369903595882464211140483145715451081312 18
5354512211534760027543715718202136227751388084411211888694543896 21
5110534849618082049409664480758096723425619304822870676238921261 15
3091513688862578440117319886105150313111139409342691856745602397 67
2790422190933329977350705790085384163127182765699456656119048927 46
2722271760390759674851049870455586783239767510169240948037996033 18
9317316335471870680872830024657775905196526727543396922823558549 28
3402965836408979095669102233062266188704319184616071126403031383 99
2528614277097124348963769451032348009433587455027411940843818713 46
2597859202694325445441569000371252050794806786919935718428904238 53
3606430813569534635868494013141958270105817707032379129164424789 58

268838051044469622921840564371070169593993554063384210616311080697
032036285539864396347164330491310575592585499359510446972819785333
525724585597284278580142147542701147154458573429818341818206682307
473318190720301359358334953382374412988124980772338726663953320867
774897761707491021717023292135608081788118830374285293233031674007
895634958173257968374928590537891545991779905170976201752212412862
370616781518817348511385274640125924869192930521632036989235725399
643070774663285844096976046822873016012891894801990981040839081037
507890826504007302285398183516119508022370130711210272187251296803
755885269032281823134918528806202089826849995196036884163845403814
836587041833266887261460145779775888059000813818998535193196542224
648699605954581757606049067258526929507743644259005584272648717220
947405757481355935579864350142478131651456243565580655703549244866
391268384000431300078805747549756071158652981472411432202254069880
673046512978450141523875877896261183252121322318436095252806540408
952212506182564994007277340843459379413097307105859610730507556802
199477465137460076955594481064799800847511364186885857159634152074
000162283499528940823732576747317271533088419526236103464025796613
491252807201540419066944898729353968677190961888263392777396249665
057110274547206969558640797170078246566130554846146491913262400396
610209915300750348809422280482574697392741336949538373861003399806
276063989820381249696373019184317752304999391593684761500281427368
813412866927475093425156759731464573715900268247574239365196260188
578874106399069269979995370010886827604533952041234812786937469871
844186747522045683993177022544287117084951310832099348266349660350
951897813594828353456458918480467691215099426176137805965919652492
835712040028388432551819298017500050533405474208602779137500237245
512822022494554081132834055313068523524749174234931438365271579395
539339641722611061468004364766598845969690671440502155051737362330
406215816602091524590642205002212851321757130784715764690752405031
882738046354484838086066586392671800516814133017037375735923437384
894198878094563077223491402089253342481252845969531193438545529895
883450301428826755157643856947706322744015336123510480447583663101
891971762527550482728736210072041170123026664746317800817489139796
690622634060748815509608395928488679218280387859635579804806271371
635660531794694716867462158284037718722717203678294270667356746065
857112706011468202413341103878582354707090691525552324061747510958O
122285737861042312152092244337625021732002288477138926941764639122
567736963519470401602970733302361576792079725420358701957984772419
455893749629840797765399166572516163356961400224967748070280474482
589481611218034117140125651196532821574175127873399749170354592771
811048790084322111676702917304893088058657835667759807864967966992
575794196341983174821643386571784472557644659555522761261886034337
012417715228298798244297841430345424325707774414415436792057130567
704471635567223881316110633649552433540486686424780780794706670273
445053203779487746559848783376519378465639161516781947456763598660
433267311307206221770961087549958573276076381649078707845816362454
714005203714626535416960624842118769490323588164674150988387845952
943715584075022673065969675335077243314583791780575470235034273700
430628426470781877984422426387715041090101080385815639632862349009
891385930755380714141604055237080361971402242658644328584449540965
540397688949779203397063112517797271524050845248007729498250791904
012791273457306083370338996018144572289803737631559151775659854367
283847923436851477283674454288254950937330512520989607498942964350
545519565555772024474222854473724753449141448960017011470767125209
500117613170933643035895827483575516788076621449766655799865662387
0400444103974244440184256457195659320584576333712771269327172499377

005580882755970756822355035308569968691646199171185158032564526130
645575236723270672359323401863699196915602148133535161498633963752
269182677144845851623421048585917735251344916574498844752871413937
345081700633849239011243429780961172668687641770955562128988276169
978632453119503901238519298169256273097802742989407653359098505300
814184658856537554086423190043679327726661187387718807067786534666
225593641104689664136918031044011614883262471307394586989019977053
796790071424431812643689101600397997700426977934977370517706316428
681434440383678882351483000216164908110344498065410013747222661172
412637652302366221860453598733007311633574593316055098807012719692
946451619472050221495098458453171387923557476356162319261629482780
662200962018271616911079394788057543937891403986255161839582005140
475339204496139656593505275273284845408247398771716647582763132789
374064353645180180781238107652245185995849937996458454765955494462
010190889823344904530262165629578334983722115796729099240497677944
744729434652613128824413859433751317452197176533429165873258411630
068917915501257988279454322892987508498826881166179000647640197617
620714923722297048486776744211167041911461057166587953095363444619
252791369428877567385540640215416283918104675054610398100121280534
705933480500262477567757942988141812535417647964423903371642272226
808622362027548173430290777932103748008578527234206179392797245771
594610788791520051201387550109647176582900455666431269549181144314
148579214284775948996438669809783197198376177989736386142443314454
204895109412094744104508344263991870618168357729768549251415060403
840844251358451557248521367032040925685548566472128740086082499934
662513352790105741333674196823274711770059982010257893648499669947
139046419316610685090617740881079332102768146292206523015163843307
282298024915574997313452791429818011163476095015201747763323042251
906111299648358141717736885610300076057967340270007401880341981543
318071606016298797434394407007059149718455611520554536035381676448
033840580844010395734638866838850347176032177392483113003224389607
149884969090045041331218453078822895592730702683443495668292404377
086749890658746778647954633025279400875947974870807810360935598367
351159147220399272534196805169549217357698578441593939406890929799
936262233868948408410563935378227133919668476746486150425507436935
687686091438758281898020524163948257606024481882467827564353680593
640356993613081939468055237976915839064693483125429979780324604423
357324056368844545175111789471596319851643842895373556560276511027
390851291524393042422390753026517526012946611816023578835347078363
807535022964240320427137655947112509458451739481882961575878896786
111373813492627395460930259976493899062908946073265256653602448348
354220490944922810593322518055124478200036385828875693444659056426
491512880775848306376707297203875121061443722578823504228439976049
523414253445827244026326388052863367901470044893143945911763164513
487936278688385640086174126714791253915330649618024520188547615507
364849407196760597689189937693390880280406246396773313900717835839
249703661110234379096461681899716370666222161272327302610361599769
441915162382240850324059997828863438225376796242112790009717463072
532567117458016928762683471001580829239389606799842854559924944894
944703184746084487645986950318900169076677922784151638673740800049
904902682329095274026239970402522918682346169205731324431436273457
095643542358320673376270000576641099047436623030684175820889470567
200822888578100741101386882077784247179010677397769829523280550151
849768398026388945305043283822622038623579152729339392592643334928
446196973079463486038831991332628811326938312596822772389402596499
349557667116370168586639377995417410458190705299037593138122526279
744931187294705575523067767940685878517970570630343128676920532680

437660115763935802597436704228911507517394102516808793820048815176
721346837581541926272858679433846576667332432619564242871482388521
655300971153783043747331280798159278370693233005788937951218153713
327603872128108470609632880616471434890455364638663674749823762898
232325356966706522964098527483105457663966483857869111143451708848
099611195103174855832693455181753093492679526703354366600325422777
339258126353404348965122202070787946889596853703920814051163842247
675195292240672562248727560338696028164859176620277934693924682357
719084628656092782352231747349608107189637030761263794837697805164
462258407832295064315463908227520769045382764673805036764940830907
688444650723098695961373630031923213265300986444549747251203549427
463723506023289433736459485166997381487901430865516623466970212623
765646123533749184497410409198440918917938075366380519241591696818
359468040486300380690409273483991675310089360972303840574406344622
977351229607884023101571490569308464556727920766228280848309139745
062020016798876052731330669417673825752803757172782257857675592041
976397549268740926206703909743964284803678426482843568726152630285
817768597867857724755472768807792148717314380696025623902717424149
214879865100265338044002053656951453519521044910428374089865899919
146813045449433498084075285934032273324454490246811339251209117925
322866388461971639921055380702465469489697615183326781811356383373
742998056676294172078321435870294361489573194600644532303974817240
761170535537411984947826154460105022440175738207465319474068505638
898487886444654912857922861891681860338912200493549788627364337643
888379188145614391541022922547529870766814530622478226632223413638
315497364844219140948101758462277074812286215932826542276580149355
449314832147493264663040936552784745426074934187840127479389418087
912006335707579323466264260823916159033496540678510478735894667223
061015781905794909272782098608087553160551304997317565308221524542
720548168126692928434057195595621822092118631635245365621254732281
390227059715213422217014035840496921626885799406443940871203899525
112859070013865006076742154810840016828005795143776685897896738700
250573870548814928951638557912443253478198100974035686683605105624
311257698949121318709887389984836235779154555675916185725086708582
707092404497661401030254303375842907554663095871370739067282777645
511731832204943371781261049737059036499686702231103487676157441391
278094660808430308399504667455100391581287625624016639835756170495
416778671525648246593753968490767792067922153253283532232650482012
450380546336246828528420093415381120711257323204180767287866450962
783130325929496113113600132273466561352181243246154316585449676066
369936577071980159772265607360313740415609610559584425069111471509
185985529114124307222040632247414099246073400583311346639335597710
882056429588088304065134956332857521344899458489221928122519082002
241605942334444617101705048370252599556210062106737622246129215909
485108164837611453928156072911700608038440564253249556420928079598
911087447545972614142086512376963390942514059025682271019267809817
981050411289346998361223514164683533322362927493276041870785820594
183329517157140881775768870308700702805505675550028422103896575944
346215723714692142264956281881325140180470292036488782431154939120
625555562311254818700549523372805238785214101976141805929623387509
217546551718077576602526509971322349649083476461517828119864907403
413839604495437716697899447398397540444207890821210357334655622104
252157408059561356275869858829796976565984501483365551265282886089
465771483997024665040149157793490935897833723590532191529016892259
771224404519032244563011819679012039500993334722618198054654678664
369479500185402961193484853953051467294402296415527022183618140254
855601317098264871000329838993057200653097614961481240120249484860

403247153925919398747119438428961000975798685480702575230287448549
918228333208036284325885994643803189263460603228129090384425346630
184451273807574611859791698673324021201887469933946449946815963920
013652943913778428770171101713181750392724754591526614258543810515
605058468417630238876116331983442780726057913411287442005251883421
234279251699919400569317230621412432512068991132232879623189811671
899239611062814182071222601895155181009233478358651408662094432255
158852216756941467373741983523646668268345383430597290863468041534
425618159408041981689202588889930910364871516517377749947349629267
925765349510334469851512081407582045048101792682738483524872578483
084962530950358354441221149364287075810408947387275706126034310385
882201749977507082700506427828081232461137450284432260565397907137
154842274467258934613419640104259801455403616434049189845254322163
852934409028874052151004022456259264878296723845820509263717016028
509849950795598989587101633852278828798940354401523039524233852769
007853619635149476830923762103178597730143281092662046800863597683
782049962319632860447452126890461319292297376379909436182988237582
499654037847945866717025304383402875588893677586053507983482514879
418917997489610958190292393031044960674486643240900609094349747856
753371216328232277429832104427711678277667030630467327024416307019
815820796187212457638721465176868822844826054194591885995838999420
320062723952971634166693371609633699427592602098476806021757087973
324217410389742542581212365182652268602898765097020867149125614463
488982070420047420299621720567332554279944719363490954337151101795
781345638560467713070247519585754557174353003155391158719379948832
704594877055745389206916148304760405789362676850258924768379908682
260708865624912086168675080911464621570272490233673305630108689534
368655717510076262841820842095039954327638660017331560969484830562
018510582863630187318913916849576161504282564545001856348120800210
460263049612377895566186276742999812457859330252531733007469077258
074660676629412081653406977115407460555557817448462733188977717012
918652167251365235439152537540080064750970788122453647804878492631
564675963960560522663218350350661331926715854020725707319012536248
690289507378666716691831661992092587506358545398006323306204698237
204930914674647218751673081702618503415143105072385565331703702125
089690189367198203964584711702439773795763765114263719375313179851
733641707093126883366844712031750079255233587854854996127024280888
472223188941701569471502979521899546674932431402851427863431716589
481842270979895085617043613385602518369690757522150524550446225612
198641200150095682425406009512496167224838354216664177765843059114
142192158141612888550479385179828856627255955742820725335147379837
358791338506933097580156548356019121870645983890008942900453759326
790911857211323061934377190946334115962220229682422394127566911861
998238210182908384890475707919332484068491798073775149195359239536
820348642842590841418823042564020799305445952556061928582705769889
725883074892905533103810448634197490254954798443775355143739503999
552509348713838059001101635874041774498687958303942269681078881405
849382587176349473737537907784110430224321407300344825794894230403
748906294967764540973589925898509424150623124346523772837892794288
371067314061707173453626036803229029006511203839445138481233117788
224700348472222786411790741250807131483123146664933074399649756457
3
427043760538508257326321008502830087601891560172636126299672299221
055008340208245630459168737194288517527987219036683351624301375403
458399191106099044997134916304426782256486749763328762982502493450
160259005105045221366238941867938066375078571824052162047816552377
506662101627415480987566673614772646055895970372693449863138772072
943922918827931784748623753239674177957119975369492152550997124173

e के पहले दस लाख अंक

620008945500582619006321512463755324966216782758123839113987573579
361783691314965453160191147606863763944932456181473939884056912640
308754889342359575286865286731224309805844967517775356225963101436
389222404907065440075980370254834182993704024157536890803790139626
026164418504124614334088509356731970781099749596628485980336486824
857178998915640141063479233351655382342128452938380314600615957133
626433698392917533559465080287239422136485115121057506726958365964
716410689275985270226096407194009465236083283852357443011324237072
572067589611248572068392190361789108368528241980979424986351915948
429643887675591371787297126707338160302607269341384280795149000231
758468021298109341966010691934723530815856321526865695363213955523
682186400843106046875580917010367590623711605666212087695904061864
647626957825487418996766340379841354927545396116623030962131910237
203154428576197887315787165510097974805214074371598204831635957524
650730723785238228639823362663855753318971177950931873401217692214
076487749540853279653726068436006924182144843887147279156454947873
265652657338487361855217871858591604665458746675576195500949079958
149790382608481332645212941082924754025832144287949312294398244643
076351031476612755527450899460147262351549520025792009096322105102
246480772534836609189126544181654870585724977177390605429985119137
719576437701627696341658758759317588065221024108350126797765389335
200339709297569962639059378212788109772821173007239843235755946289
707907918550699370375783459343983918073277214992914961550582752843
954484083680034757920048503382665192655250954931956841221758917940
128457658775701521221898116059796583844023533221631016207500194056
101452805935999220516160297204372507779957971506647504185354846932
424799578948107530353590492947789472161296687911983273544688774046
223662009382231929352051627307297355501285727600907554347452658678
000138970715442922781324781466079670972829377823213774438947605252
501455973921907745353499148375308429086848148176478839593902980613
424201466440569255053239498185822926467387225771895540052277233353
831972428409953892077854054084181582975560409832326682215716574750
448371589114925293921386311547759922192483236983515676484479505772
904555873832983738313774496663596064036083443945696232530296269987
382009687518416014657996073342383665563490078256008115813309237684
113375098038997847265336569196644124294961151655943271084428642004
173229851247422966641264855343342598579316070063826469053990158882
010446785219781361528547394493779237847929921409521110155320788327
556253491853931940951098048004263870377720016323077412984095745544
941373438993139363399029200876569853586525602184440835830457710977
966336991117669892977075804788527800563637675010172405361249428893
822052094613163621519923818046596896968384373098546970179600639886
054176724857841009922252196965698733238986675709162672038299088128
319299526022155743676727212795995359515142774659022499328706475970
124099094846752552326308772303419757820491459726199829981669679854
693154768767845292678348399300092404031268523696744536320594288880
688760013062388427114884688224806517925693792627187201472554269123
880554614279625508532118674166377172178742476234472894849417772091
614588166757653909397906116796065338463748546910783907032917450412
142416739291227376907433744736104124175926887909040981790571644485
225932871428333674878454138089196611625257363342882596634805787143
942735415672081212725248191766778030326448959398840310468181927856
820448205271747027773487387868399787703657793110942938911784922573
592425942438873992081778039329256877043359110300386728148555979215
053470663263472964466701260955740545354061929004307908372516047705
152883723151514277103612181957818063028682725928518212874559186156
531065366306065281569039457932443093935428703189823749166795879108

5353314638478304570017318423228639164747954474901294782879019942 50
2561306926085961211957499229131550802226693770779684987724264388 15
6505898341469068335483598171384540038080585568268980852640512895 25
2678340370398159729243117096857443781392491698634861060718450612 86
9165085959491349396614459050456633826606942410614703828795875809 31
4223760970234428985046311386158103367043908471113157874359802891 36
2228152170927229235504540458186313958847818447991233309182341171 80
9108327279319786001116439682839427021684590872417392239482769379 45
3538956859271200435656174475958422747702654081333367809277094280 44
7869140831888299580329140964620908076103227956906084691962842089 64
0936244734776195283922228282602831485939352373335837583736510669 23
5941526118647859378434178225862500327626128146506382667270558494 44
2821817056336463539578693395326647030458263228257981501610332298 52
7218497999224009953741463717727791311434917477259929255253357816 15
3196899645882375373963656201593443951312378594142033309183385736 46
2951423590687612764156350466731506542589411785967557850513731278 94
1556379316472451010773458484393427702144132865915198784984823707 87
9658653605575815107975357217689279861708934329905375495683173948 35
2060952685838433390270558376669533357404358056084331274175473187 26
5441823948522593148154599029063917235426980474187154214383548720 63
7385957357805842238512055030088947681489812640487652515740485381 98
0586844808761527516883305639269168436450081024368102851270980481 28
8121635520183305128705271610813494279059262494741203016214998277 04
6823585415574817150296271433979331155317920063250720481631992253 22
0669317647222091726453071715955088546481412601972470422437541447 90
5787890776431127552596389721865736147834748506062471351139334724 02
3712112542785268895599452901858475973611416536480412957808925615 50
1869598608401934303145119333217371240936244603915116224957537202 9
8807139975891273492476167012904262801858041760707637470670225223 43
8519847872392600497265312254085244366368925135894079873107310745 51
3562887130523514468632971618311172076386281742537321431786274097 85
8944633952456785986313239525942381812632975003345793757866795148 19
3217429841322644847783949056789133958083636280065595420467679864 44
5091403286749729705148289120460514667526593760390849798988926907 56
0371674162068813474922321276600210409233067279112377539960941249 25
1285926956248150836151592643325273251977129045902012966369654120 71
0336047874794701424734699462910468194142350645897891135395269384 87
8808643842539713157470368763368865464598192318844101088552956581 69
1004939255988585041982005213984750902140147354848785275170777358 87
6411719781207751091681459208808159068297625212138226220121465253 03
7134981739794700489230935147300023512158871954108459560659045560 13
9215227055967924142536809824441475569578635461370279761658731745 64
3373054509318165378062072478878537947595661406752610811027381622 96
6736583448736955991607703771418644721319265035324164857201585321 70
9944919322966136295078580079747374755793287247933567230749173453 43
7960652492026410188922491032230355332949225837519450601743938431 08
1993721002229203806012405209535197453089719236017473324895624585 84
2183580487388592635287685346842792988618633897956579507669957550 21
4159034626567523911307792590469250635332224564267696493187587411 45
5602102523790046661178255281453039128866069050967924680811129906 48
4843948347288732893532232471325228651755614766221557539732922741 73
0763901036845125384445637019900295723633396325679220061996579038 98
8760390223139325093696396357581559278735398795327366965161760589 36
6150086419289383329587217976744928162216709962290554473321144789 61
0787452059915795616712138683970713486687590614926670417035626253 60
7005492113193177484491880326847606125066530755718839738198570234 81
0697597955191153795536330166353941903606802467474870612184022139 34

3615751600885632903226546159033582140781743028208767146918419711116
038463015723082888659578378751686446646904818293655590033835418645
116833116233912027015409879142409398829413835062084446119133388713
187155313108803876512870945099113076740336774569693851978386442576
783775218739687813718939977896811085069555078862301852777455491753
168376497223601391403271884637528215262086229911448877115812986910
169163195452236097054509128118061354790411908174067813366226759806
778051723409267321815692612924894340120620975761193080334453260319
973484441380719506979005555145866927873810133263490021251629654251
141217087408576871720963635667906053062897885152432812589294439234
680244239468818099920702490187246397880070204652223045094432682921
297482443548657386440842198214851621014966962072118336998382559335
873813911879714681062812858293460106137280344166035938416164759226
685564028738064506555345344453169989082509149348163337452459038672
111022494004313860978430269642951982051667927320528468901994248142
566210312742553832036188231658549208927419987348021148100683733830
172655415737849595356635931240031027961195089603770763090919221201
517744587565739041264526224871456875117445252909104866361872837462
022212928840940422370808593895949891940597369087445447948904531285
402385015776580774181687255952408118814378123133810595732580776514
928001681274754933748207892338997591577170224704113674034274855190
152281694275755141058878076234733901802913981790532992798286570638
439481010782837203593409660937220128893909106383866620232900194332
550548511169938715085034277568424649023929145590818503877259239332
817467384522552645948225885729939040644581751920220364328356301895
828148841083609043121682963776211181003225025817018877434632489674
273735766522472687048935479201679570166080595970963602790118827515
340412978362650418049994631221225728052387856681216243824763490487
830174592568238088797026289065577896912710980215545425309835005957
300229104170685747568925497429492111172160450732331404803722146320
477336612582355270871202364945998335126133056645593006699685424395
416469108459902336136801152992951977989722311852131258680476685961
908250888344806478189148930225361404274700483626418888022818836483
353674546952258678740445527466291356164629156570159558347873498928
543395459362522324007246129351240859771691871097524997334125908497
785655940427829615451540103448956593017579992267969243553730852381
433020647360472812179450611395357978432859547545941507824910817688
611292171108047152354357056840516699872956461477890874109679337311
207711860657570715357098377172034606849732264026152007455245436083
123462337523832279945197205417380851661529280679594633364648129902
809924176874065832151699338750717081134149398500201021406591297085
301624241457691169505399997771969761765085867820918890612671501571
266660467996438417926324768307104022523136854921476875737622851144
476309805217120924442296831821115533313580996674574820065172742997
987672987901091134935743880480304439505493150602484172865313845256
031415192540475325054193211211689777327984237528926097891863598745
307765021171902409539034878159628641883688930350006173380296242305
248846161528299095677884423503611762707156862177289850366279070006
524132921124191401031472472069222909759621163510922084196023199298
997015777202110283947831917430046047238951620869859252891801421896
405997162848538037709657833037189700412303514175672947532514164921
547745012350248594001469359052486403324278795206741133756174583071
888595841733641089621165286979226016065219748404829312120834530044
523057002072622370640639782779325194378433104270569430135294687069
611522548111770234824582063661817186581612092797075550082069891031
562275722210430006385736895895752594782112288886585159031552950572
674933004114673833370735045645087777221933116803381840602964221456

343335492301690995670193488630367194407187938471952686692237450434
341249622422165390746630429442297774388417436800661722407077066960
699616047333114524083317012537582750783149112482809187411450138447
050361135536723979468948774370845507832213512006652733674931983705
850873900682768674722927336488607458157877914028022042701026141373
495500179098332377596273523462148104035350851288270337206282135770
543399983090339263436392046146162852453454038865489211901887046118
286334104960470273808457206846086688995821336876726832249915378082
920129047879427474000033655331526022224108996744562191442469474244
228951855921677147204364542409536766070854945518260142276616511555
142583388501992324809015983822586125119559862857577953676769790454
944159051616644314917899259043417224111592556125379803850940006849
823038522537983783498611590852792863098991626156405569381872962517
016361778863863127299352373687485605893543703607186093106806742259
682908352235806656512029769554532670387071627629403757731627044216
093893374911391016015504817162299577706553464583771711453735121686
588371915297095387380765701929484850072245397466127463250616787547
637047350674068521926199244158170004735236407344125918492634365317
525714698944987558368950276607463331157319129239343970422819207237
151536144453633556906888689327161608727353715014495563051569298812
104880151853279160961261784726425388349502783009183621392650451141
705056381938589091584855381770003280462189835643033041514851197033
560415429493833101315150541900123643215801073441372098440105267862
064631332800766519466669855776254720988285607375263525112189909082
204183150858253623492969194406602520690498611922262598329080202612
318696321549818518021530997668638069314398872396629332073033455676
304300106611056724287556446941327404655134177167166035278471920534
808756665752218576684108693258873413807323669757500811390206401094
572287886009820042295088620665740406379194147411299740859991398079
454740817541914359927593449148373555151234115831915281679422714916
623398629635109414727036424674490639734205399298766250014665258128
882831220965122702735758775369061878890090877276150031985658031354
772951151622933045908152996164815888902432756978917769358875627993
855423033402159938715619219483859323226252600581535717705156973803
100867744833213472870649822607605933199243349302996231184535089679
706810909252455573663569386664936083857691172790763534061675586285
531036649498890805422916942687193673772908103099846178101185534328
346451884763920095687551205072536590757023498814418580835356643501
997344219616535923062328511602984764549160205295598987916776611863
350993548954201477134010176161985759077311851304733656728859902028
920374122937161388984920466587758804340643662018185676885440988293
286802687186437052315236586266684598348463824849493765665697082545
018120124782350980761332524543664613822067506954928839566663955808
710816496256494090646206640191251103238267403113679088565599143318
277586129369844769129912972336620930605688888930911722859591919728
794606137926511863839032718750329381045789807249066404336188860061
802304637288400281895548799957673418548471365551739180548385383000
273060209825597397564851756645534576942783655809565138426567055246
938204446387854999352561286712414141379626998354549141240467184665
538596698372634535514684251817967596786123148208453480853353577573
787615043835807824011209461105070736599228058552548445456325446090
201898039596174433779430310751023504637984828808240124620463863450
234145704042271891710127920201429064012509838598320073155912826145
124414309072315563056872435171859291611869273930302004328709492896
955410601609599773491517410480834584336869860334542172399413971792
660804420756396960300241390411085484991162039833379556626228303468
915333041397175148037311751271565431917817082166913993132019328570

996399285941044382132751631266499649297093019917117806590432489124
599680823955196078942962318682230775307764765158572847681485148152
274251397703925704855572350794795721856547570265866959186343388785
792194038054429196199094022272840546651838637649003370580808175009
320961159407900854500991817106374626333017615967952898534757741509
987952684493487842726369764993311279269304189960117925703974436619
466908161902805928620319104909624576406647951407791141670517591603
156045486245293567055895681451757640787693008454663480488123931659
239488034165845452940994881441940599765707641163905798075988678582
069342011772592646808054125868468255487696780270068568666753938992
024549387195483888127417942821752316507940977823744976726932384614
321081994762952359238964306747882863840191971852893029117325352020
888709209593622400866999291468947603733501961431447399078564504416
931677984914245493135282244058054543720564147134343766966332600213
610716546237081721511695301327495276778725706772981737400218031373
312850890065151916317273155155827375807634749515897375846571721820
307713839199161258649656589149891368587560757273946499093534732489
930176497875465481729584058263829430587290599854317716943086608797
875499953108779654937012742865222642392949136477674290498941363515
597176260769022864915593414602657055272416546258978136738086606993
124501106745985609444106599640506334416355500595079810486766775036
207282097182444568165919761201912217469853673763584656769040121520
020110338501229758755728331500857897590010782179371001161977852773
937116911952882181155812264658190353767522518461769865542616584523
186583106563142280685621665892885474065739257249685384670883157176
089976766976250115519176712833144797754040291800759289598725597672
210194450478329263008901534435645093710019505051175677835307385583
131450107646476566468097376454216235650328760376820121636675138683
111893745296457521885851471600623012491769632735763911730589557725
658482896576102172331623659154463423282306608901439736871636089186
055432325682820842539438531312266766522767178188245259684983061797
962312806296207783217453807741931746616073274927912546119060779582
271202888600645354882077759533644093793298435190340884953450814482
280208527863357106858264950145836821140179663971353499635194806262
798978723698993596964496292772827076946137923433548048248624980361
631738394586950067669390773704184576305085726022606449386519703105
292827844622415130915545518503224587847361395472312820477294797199
473133671176899121276678293254574929414124903188350535830463407136
219431825448908670081720219684587800271235836407557646291008766734
331458830366316809133955270771330056549720133147870274223003944498
205808534757768392719921790493172422744113073831909588313200978393
598697892041004645171806713086670389826275549047616660640525133919
304501175180541725439299861611629184309098393038995179595727951138
203534742048600225855624284608019721059720630114609992226443393170
722462698192480796195512481361651114810683296378365256376662891808
543319037638981353993769463333952138693591448803626800619063482512
405642719362760261341376818721901172313247276019400802194305822891
695230492454415467931116201919214692480634110951252677499649505312
420795077912627031164881648504636156887970951369905418555627210687
361710032584721027893834575982826509643575194111617853759962798581
680644305959249736034216319817921882804932847932968679164336649934
006729873781231468131852725741044647786841916474267141561033811546
414721675424917838670639339664631356901028369105450245721141418326
944982827624049352059479627343058721073288312678197360489251337232
701228223323583527498687777118845265411233968794857809586938692685
305057712732881673622609417044477396459695998486047597966133327357
459935225023617700866029561687078677190033285370644316702991710811

714835580163459682527869811835905108362047004152950112987135888970
933641273801600164067153007700124761328881017797198656160395170396
228136490957262395415467148950002295707336759877489523252987449191
889154702649530465726046787403435015428147092226724106085522079360
619742329363348025664606231344250673320465675630563659048233141123
697813165027570473327307204763709669081841381038470573596947987010
427668608042657470134983403597317332262451981594750257023571842764
580130511322236272517054261528450022749946452949311231799953728230
288256885992617311881806524488008168482005657740990130931996335114
864787628650740567468324949550068842361786148880744463384527114488
965180775223269930871058705334403749479805181309050514227297883119
961132123404422873462542497088292669938181860009366804524832951660
969435692392580370565943377030579673666694838818416012626124252332
756721975375948097594458148029045374299261751818025524332592589550
300671007878642733331258072856001919585133957755793844169183571062
341422571596256919900185772631048387879208307911733331724162187930
182851047533685844491490278349320526650521984864529086497850940177
640972344698593578858005387710119021259952296861576625230802267500
538844514971883479547070761873981436817612823022124183429140273712
221467385240919584299995954111598635287661781857971166111022976971
193451576743445680466085338034157044940515972042022363422790376031
483932476463938362048868028292685531316777984280639819538446163721
736956115366939807970344745720679036644695492931565347006424338203
796733807370156883637491603256334305651563288552089028922182310066
244378454048559466564900409146525639755906086528131222916040673814
405419502492549500602495412106968260510347570707246455277460679357
875333287327632588600694034734973126173489984956978787371177503711
472724007421058061585896373460853329145358033115173485837325553880
896945405118549551765521787149303763836810865472526160344250062625
132065109363084664874076040460899324162612157110533595369572278536
653697261315526786634651954100671096926239090071761548072520288487
584764790760842146259332675109499239779942160330996430680882135279
117858263102610971836282160774781732825839403020679620977097378407
658936877659439376333971593973014006162582571367419353268024873322
395662315781446051667242153301097672978323660104331925841993131993
297622171691684981087021384127663444928697151624137310404051575760
657401776609454901598083195599093647185412113056210162808457696631
928341671038412162411337706945680181162688529634855167976098555753
204258875070940628209268333349724585927985127142830430980530602563
487181263843907399190592949794684026307184806765942609689720775744
115571770452318282352694959363815254682257881033180136234596231132
396332076679099938628268437635956216325687175742602571120275529817
120833785406532174987912523723556505331803158337425971537253295549
018114017665720065005397364055293754447269649701532502635427948850
510942921684048901129902449957177216800935939516297771830653752045
959738205494337406160569099829623066890707403532756485784767260213
193890340371689054957483646322791535163733567570307340081389933401
498098989535266410444707039829426871369584300109743853336713726758
233218273730939271593622165439164906326544403977658047172324439875
257763882157920854873440748928249224159788803862072062889426436445
543271942830292944550647610264350140005703974322869721583812292911
727538830328499018276420463682098708973027339312821886712676921819
803179170854067591243208871934154129014184696028194360452067085215
169798988518069320393068494771310592325979070629735253652712017106
954033333919172859001774143477480749049392531824385805857715920622
553974622903430416708514539809239636298761241158521912221564909529
823271546065248842134806607995701290270981822354488724395628928489

864167210066196892380364692476242646641362604755597449396312303222
765044053044579284567172355157325577496346476060110369858757682804
116194748001585810099623430994109144401565853098181462370889091696
695737722177473822450089682020802546525556807776590103539599400459
02048347856627996133304520270464661128416610673764464822373541859
234281973959745972874781937451516799086200973054952742588050461441
207386106554249046016049081841944120995878750012562075995600847798
541428999592742036133337568663658841092650133998739967581004473470
121787129699126602312624670315697360146995908325727260175090636915
448631267437011628866315805811481323514679252419795463146451614788
751912488238305505616688018514511079555096382605980369627327606275
114110859133978447978314909599972038669730961879093123697740110922
187845473962551886391258465612605102219252835779537340657826126094
459263599905178117418901686654579036872912642373053884823541712501
289940162981466800139776158004516166665923659305128454245572578574
746123310907734453093299858290731886192045129697291451145241375719
254130296618428190141734656188599648639751598016171040519098111815
321466271798305740019142866491499426147735136645924255993347178671
937541736666144042217589964572890077633574537358677971646625112892
385738934303206661672111484950943028044928758983933543899934774630
319951589314950805401818783890082376984820136896254505743110931606
051685512138496699991986808435095458753789241687992511791295364105
586503308962580942562834108845142053657609611496205517274071498942
996123896704607723505664943737043905290410601377339840288545544846
306566251322506388314028388286747821958843560375187088634843093931
140839969368593103433412712025108663618772124187391934917006054528
952974808459519020295075231040217200213906418032675969793562261741
524707100329793874352722354197742632172910992026858663603148413737
880302385282629824335615725892834151601748801895767039908052180863
687730067757155614399456441665050380986716110962473286924391059655
072241528701341640564244590582233266044424977229170387927411383147
165985281553435026554283769260159972458656795963280060104668737903
733218704969434812978564398569094840193196438645447267906595663385
396636814118342382885161163575575090969119458544161531156118649027
765545046248362122570364637819114773939855240440135345852137498249
889329585276599896225377914504512312162102454280254393937289137546
988111201080931522903133654957798393813691711862834823588219339723
751914296942197976983387369721394837906364840251432282830120560011
515384579182903232050975633905863361772632635427584770567465208720
731061885328366088034384827602120394980655091343664018383369038787
490483406394642819303959610291059692746956781152512004817997704058
719898282900188106284832971763535676724612080456909840963661728053
462845639953764675839635270694458946230643709324140996954962091222
532694496942547113936906734871573855133491615781902113002831212291
030223501847219800713581759155887950068328726967479892532378623454
257052872880189803962106918656362105521879930539952265391821137139
363512295879472818691961018798522749398762003003268032674391704856
069458489317223179389435739440978525972502166772615402509924089568
594956252760359072558383194821638235462462727950418486117799013749
824248079227113772498191263439766014300983774784636893344671290136
492806136982148279236171670760979401581355244729122261495423525454
033292644566914521501279120536959120811076724998176019328237870439
303745277412473568825276363542546361136755855430298481624246330391
488620203512999549428898211696475948385962999465704119431032130355
890242731860036263085229341052794571620087064190893802245370871345
170825622257572887853307890522708087171620659920196656219843308928
935401238840655698596747031913407637325926907872443435612264186966

5231555658787616889236635900534555811924490804865391658763703282802
2329600870649974769059210623707239512001318156096757957964577197122
9430007205104819944714174928971298269266306591468359114545007501233
4386602043177645531306936463721457275325612030722221106811974093734
9920259801335726350610236936362640060560998568955303647345085257655
2099972453068419443212154399595960379225229179114087127479094137186
7286692354496549472419849740861161352396230756811758670743394881927
5771268389441042777118478283385283506682908009547474836936117135488
4909743404190773772320419476558871448615019528089350871094082650179
4214803525044922776598551542546153534038575812313955111600701127351
3844305468116717861716068084775076215775344514863861497752895899371
3375920108177881049249391897715920781391298964427999687852025972431
4475387881298090951361147653122031585882519093123981787798755407181
8977121973358043062142448435454160184706282555442480125315821722291
8505250736658354122343149205646687163109118207383947973657247756011
8244461229400243518398472811373036021467927205044530251811003498891
2544779221306582406891594707587637058382812630527394449276522172311
8826493306197424085162715271741696461241354147461573790298579440691
1140309262777367949656791374906395705331318677540600974466058865011
0022420297478014738873250756536719762494743513743482412028727001971
0116502538831402164872215429975259746977584107982609295685377311861
4854781170184909423927800665038844966905960833705548408128628579321
4501547110142872955775046066202959667788415951084293992270149676861
0837432587714620078800522606690876202535036441142184999670135938561
3375408637552455875672513577667917279787250125273954594664155584931
1209602802236760462224304678679669644591478815083960619102006751921
9716436876422098403699906272570030798361895599213108668064514292171
2051384741260895161422877414979216277420683443083955456307225145201
8738707656675483660701373410447631190585737878075224402396603832851
7191100633963123804110371111785216068840914099480893348112219325611
5539607967635678989451053190380028895812385731666991218523358068271
3120495041456496071661602310046139863605223522515404054288606203231
0015058279549239941322262959679939884952374427047453337328850871431
6401067619351882264718310140570995905232546207472069473004823770521
3502925886851513412374857425648757125901277122724454872245842317531
8759192699664526956935823755342476146188076719011970304792469069661
1093774905987412591454905480208836592300144165212412550966154276511
2117067683973602723046312035078462755049908852229205079841468484221
2921639626785270802623602260690530800667372022608213701375602472251
1414795846872504256777377206618374678740642974166748385580987152351
6990452575113323366054771345483567301938263377929081651746365448341
7217591755601188029556809522996583857286821400451374239107738282581
9269331666488385876031999138019656687474385520771506882780881724101
0368079363495679770737420075472454930771451539830882234701566497061
3453246545592624420168406418911786052792811649255730711143013885511
8188726105355169955127955150832987824458399729883559496068790377751
0203702836755012458029279275582633337244467944151678136186445580061
9586149850417784753898486125832438031164545153805482755987363072071
1584357623594713803879990593041534402862492440002210894870371898491
3231729683442436774848766843606216528847970403911206105377727067441
2664318580641222288849853467621513766562837760462391352020888023061
3303745400828620726878434889395556535517509988633374575107764696101
3202218551115022736250870035298469146087358484191177129733950773271
7751550214864970116559134271438045310204074366356855124268715486871
6704311133532474402064794403363382146183023017827990463378537394711
3035054690039877748201090352433849803924250917144059116393551951221
4383718995231852120104642860667291370329931669870615590112362614131

033355760334032409671173144620095369265691096011091907966651999951
012139515811842183927010851725685909954529721607472810700760651264
687325569328446299661420278297645411058426819326218746696852400360
050221051446802732781840024926178227318898902450243151626152628194
747685353066930536130691061391121677756757805495888783632687145945
212947718262968970042962553068147238858757791069134545952824578643
057767200475439788825822848258174251120417823590906630157548852039
768239802964573542388104939191810234925036179884770686168785270600
642254698402521987482075070222663720080742973726310407999698025692
587117981044107793807440082080735340173698221810725256257525415317
721136186494238176835974507940673905837289319935357672454764928469
075836378833452944454922458324051022400012950632370967152531021657
724076303937072736975730612954610731663156504666854801319595069533
166844475836094849717669409597359448559791983494391685447454742686
076315325533288419934997098660596617644008498942985504144474650955
450243442873422499043113092192560369021986733087627764338360998541
293111431814977436328663749578535932383693563749661777338708000088
524654160901165081395669546844048651804815631800993391640310688522
268886247325828504423547791601905580966266718284381107201299342155
114915636144718673039882066638860746902750309205631040687733256516
945898054550272660257692387112128238849097572196776932854707273226
904938852013817219407279158436697030620402038271684028178475750199
401291329141395927028216721901064966827334946927472418162299699827
068041138818803845355925808933283611612267171466934303616212720932
352914734720381258384595102872942402242621232483820348227780594778
160833297042246890693245442522153940919024720757309215521751258219
453918666315548569503387846488594767420995469602526630196646312346
791407465121078589229521360900474115585548618434292554307516475076
141505737288857857928676553516381152229479949943535294922426281821
115237654632865938852578895592338243848681880688866738358377451787
092449001510462670924029875473591727424243629354591063949923020081
352954144142593984394513644913501281213946825083739221928300756784
956840371035660948971896989824069171908114272993956953877263598674
951072130641942098288437710569173370368269515230048857903721936670
088537432609533656352771217931123337679806116454664163179493823583
138154078660281746121658499478527716774557612233503732507017180870
827530133275442537597993265215544443991736773302093506515483450328
623151370271587545135762811664318527973837412348134160498800667920
017607528419677469010914597350755926594785839315816119646030056828
482895097079069639810734876543787694270357071836126454070368959010
923609730439562626723915077528528525059126055333218639812472738036
110813402105191845085950834213969180869205953916128698468256602797
621778639341773450462640528607405885735633919282087553633951431321
688187681061323146795323689071547068297439336588000917804778899010
893447921483391669563575256034098074766802372020117803193199309086
767921216158767352481562224152880062985138423620765575963247907911
300169265102055362734934670057053067786477479293625441523172016161
193309948589788016480724882256177593990108542631663998258850824878
923600423344460595125078489795218435946449440272605559520239627364
013991314427067938613833982194910109141452174761703034713852857339
788388855490476506475647421047292746694136767048146761271423412889
021447350144467200301767063683132437227953626945602167220460639028
199331545695309248257129326159491512283794195853559049797800132260
125426842583924722281768451254177971013158118285937174917413032023
387160130327434362331478320079170873666770856138122202068378099549
585750389821608818686007351954012605579154814843621054905544064814
126739590822836769810923423439401140506090737043876411576995172594

764057112104658504624176326998804006544021603809712887857484645787
444150356639794501945631753081106313316894154872739421061791567209
983129904989852608030260387782190465247325727446090910825519684769
977016037643824169688834596940554889084937640130503002761722487011
464562923137023344907581513723181052440134845043898182371420872349
602506368290475915608705012109118628944890904495714254362679090687
693729716625517445506167385412984916378307264694727323230925629989
226329018442121322572401253525503579787933858415123185322118773687
432921068950256584141914640838413204448537371017185346703117868944
824024148365280215762473411656049713665418618204331440855194125173
385870204610248139199910352473269343550147297280968689094874622471
108030697014771882963941308302521317797008804966016812265495663069
623701230337817681567812855048364099947089534114474091132569178831
351178371537116275312205913334117144287469487988006537244551083852
078717451869817743018421248746490213449113968266877383133251956112
055820932522890125656293022676146992720356651781502535428760883728
958695292767635329949277205976879846457276971612724675462847884423
684912928442258864397507086499023877822914070876652973436164426792
018545130701622772403828786841857025299564743952587876371725982279
611055284870008909118046462721284544913291802946451014226828760207
036933828425010888803248685968940640097132664929413372294795907075
483990471815176408758704781662892888949722756062428002393851140071
813540839081764821117871019280800288645970135824284223117008514664
322326361952326920683055792156883360649990582418226848567082281016
820788756666884813413739538673914222398014549455648858193087800383
532267151795737319674332504782162081255147211054407753745938917539
581564302445105637001027528295552693959125657595877685570859929411
552144318577518426394254409256648636001270976277798319523396015911
639471320399895187285852730092921228217281165968870904438084327675
925580780620771936886503634814784641710061989406360622643095079566
413050313902687945520110454678272273216581514784367555318090913924
965047678200296286536382305681765782328978807186654544739999561112
474601669767587497071272239056081956352244732606458526238860870006
845441954995604482733542459607413268500193125084714800040301018274
197716234894294324491300483684116258187917831398538251763054563120
412930691402754217524635147094326375439555900297171546878167250690
766254860882588195019709111751847973999603692764277173269828451342
610845209864552373648370607619401090998189776327311120768380079227
924925826390015101723852074999157456555673748547841726512424832142
780801503203885121997967421263376300995115368663380981636738811932
133969852120606131874430577014198145850397236853472186995772571846
207033882956822463824928057453144020593435870415915362356306589282
044927914022024927486531143665588873374635209616345577323283225381
391510654679765291830988593652176282965018191637704923197934196057
154103918773309369134085572409983316807897683231773732321242613204
253368289697612292113122782197106053767913408557023543299056702209
945140065287016236477211903270118931726634951114312158444365938774
526277548871285693283824031843799213772568707292286607266895734943
083733666675086866635325475166195761088276661601867015343852215068
783521118709838853354877296911690935259344563066530660334624737148
135976442660085883091991603116179403861086397748336072136165091328
124202375942259820965806138854691835789472486837666155195683426975
863315591085424141446200710793264678023399105197840634167485812140
355590032608303386642443041617628744070256253408417926742430832164
076516547014754838298158439349265674950760938203406722731576658713
873916007604647559647135402952170538222383054086707515505358577806
576286916254160152372934219216884986742698057308388280454989764721

138122720577833661950176585235615651553226833918605229087491031532
760167430591197713481728662950193660891866889529888078601965014507
605452041729644532098633786568954100707685368978550438347083909568
221994424405352539940260966562156188163992799841073682163088158456
092427104438381223921346057869903497600428113945215170332521323903
538722506469988061276772556924849545869642561231240126331217051058
366708737482059736411054774873934132002555333749230809453089806117
968485901984086948868785404458459384670408564548472955835718017293
466249159368356481992636514936597382560762345045167954286388010347
998608935396159148326442744992320520309233183720920008609194111213
789667053005898434685790134284427644730176165464553124273427497564
737311329397816544434986449815514790646174576335376536234253508180
887872290051578274167942213738858691329919969754297933330324670558
352357455356048470314023365760240483823885060499130278286518536710
221257969110578869864072567091367114752786011863815583303216946661
076448629884430602387587636282251831060760534393259736897202464494
481573337705614002320271356302171764278681913828696508664005809260
897621402128425874925880987653304645233292008566003188294183293496
443697996684028688939194093313947815003734093174366104642664682381
790521118974127124719927065385790215237081780603191989742643278452
366725460563693408504733578490544398926771911480369561371001165851
969671008323052811328002933070192920381984730564334241723414920497
272220006793433625804660456221623138577028913224350661301435335069
292453543163767929394353394632403577878857301120219334745051239275
132172545597805174809165432406797913022055510343639145591128967505
584261277610634472041174842702583981910981933123992996622528514901
579265547421744162857509165987293497429104687731751236339289995016
542596921422338760115803730572766728264005191378546577304349026848
429198236652740640055343858983038870501128024423115752944353666596
437594010712576335891284580487944089849295600904998598167545410759
971093577697740575434829642188109351827109371918360488918671640999
357819431986544503924148045682153380986845905293110317727424083029
0588525552724496690019566630695621010774651259247361244470963028959
200573012393901090833575275922252314553341235270425385976684615511
084604524925129077380329442656637975476495416166935639402564103535
104335364799707914364720224594563419156122958944550757750598738265
848525888895250313843179094247093626396217739981769764987489165074
541683918105842112081286280502316770991657209981438444624080823264
741743194209740350317485756837345441296691066958919722853450943951
515838010332744503365227486914725975362676940820574641100251342107
464140027253530756231628868132177425760432680731897935808452920514
846463533291983174232572243312018280358939110871847751810544619553
503355249779445714190971623928014064158438944895482151469713000755
086654506202051870993003974996583258926905005146426369672803298447
183194228346017906100641815711354594747397618922515974319480485468
489190992638918626976331277823716312228998545956385287351921555173
276672877680096934397502000041388997928775763122854644009406959841
176009914035102169833363193478446918249879814087050954595198121449
059989091779419117078065974750713375143903306512697371898935340768
436475462803549787483182117532687872119261834148913079820617867475
025202526529122997417598351749710091462207609463816038798801889222
552917427167320165785876205208419946278637216097050769943469983271
617206467544950894288695918152820795743166043145650309825179316484
431852503802985038724079449299709449742220822930869714431325749266
220436201060237027497898145290763853628124594694868322758220142272
916838541099816766602073604211514114567350186675813421256135183274
100924121856901348636671355375661203745377658229014488641668376094

301956727642479960045661165358235494009230915487236479253812785126
563157537691484892960621826513803710616016310872533217969311507723
748980152244277488728467599350589639539492207907394809331356964592
195101317477131387787967802937564370413438848684584400505701437491
566846239766097239463284005882934957781138585941613698571752789205
304865526491172343528270639314076776728650254974863708567897966690
250574427147301850383840729037627384193850108217056317368511035708
949724658214921393444330123298268002934874355026686120518372397496
066122495409379475476654228669578114134837923055224152563428131345
604752885343173218623234807816215327483445076660517322549932226769
464604522498497056799045976607189519428040494860155302832640255153
405559170447290415356911799278110827928394550454938398492003846947
014420749203525046388656549931911712759507989933298100859123207033
094118374066027593722418931786118914204339015967091674432854481283
255974271414623912603077109555545571035682970845936078660428746659
038437296552993194123374437704245119023012031568515262126507928110
198030800231671814987869201786291510019988552025314504297421330711
137554462393026666762868444291663298638951670675545771144349281942
378899354806275671684962786916768363585793360555124482703590037001
636458615343350672558171763745169753524892228354194981466553340885
343535779368582940052647015157714357315490189545387569780292368865
735178987048409463259172883475968405561351260466434173589782932818
111021005340942309077672017351401053631317992808496889119343008137
888873668946836286584776344670387172602028805640840373439287481595
288837118119974002639166746687396646857586383236858664406258904824
240483999566711428173440214307328594227355573023898851741678308920
994341889548591823482713048069358501489450866432053623158737620643
878960031783890670618999310840726415971360608594306863958455143713
112750785489185200237622703315926953648424496426326878764549101116
614689951408198530230740544323052550698232387013546377887234233284
272063148898645777422442002272290938761234544460030410087108020382
541202344516515826825944227947201533053325336931008752150010263203
142829519120790148374291421587041121392227643250188995835302912587
497658160054253937660622764930651949519053141152328319006958261432
569128163912472851077793408007286420366966629693435676047905971898
020528896946070111085427919852972258361502048669243588694039021056
541358182799716288216311529531606310481140534016646290447585885092
648444376491776901552823945855684763124437909648136319127438244157
814039409645161396332369152675130703269986105713248884775447153597
833225939979577855549849019483035107078284514725562522183635767263
012905223327179640506437894207162168973244765875358900520840620956
169617004487755450305746879919628405613082123791292666008139183019
703686654794789546418236512787497680063495643830533991878869889906
597861817609788867432441648914662682511097671596978249500006372845
138429108848999041983455945950230452655476045887190981101983614627
850364356821524456733500603883243136063495824741245399122435381819
511213063285764803789709262896279129078931184286848795016414357966
936636421143324628651885826061565693799136401761795698240494045226
604211941465593419242029446683677934069811681027832022355241268268
515801107676543116987872095208838371448993718467628060610754336802
465211466328021798100228556902699553599149807121342476106900244587
861880282783926280865519069150520262344787018605105041204197712397
288786033747109010762398861359803761397092907294272616728764615358
663863752154466966551679634680781362671445821389704110554437542943
467278819844050790920009504425646688000472446304143366438761199615
621567807165742105569745260253357478961992843655927131855754737850
953187802772558942420213722069126730972184499080972987768458898949

431010898795154329705840562992010847312472197039121771546970627718
725543525416577818681387969242531669232447202511201375544231711264
233985133755933030448468494945874993329571264882945060123958474658
265361488995512537241555337521874967555792464429554806811233742563
209598049523267569068024903512569671406898488109420636739961857378
211427680560111988561685022389188903765633186626041191400973258862
982242407104508358479893801324784458336311760487068376016247008028
713822268262816532680578832427734407760719832556915126850291262000
875052439577594863241547739885410409270374953337749269674840481747
597277129656402997833841925679665077956551058501385290789971131739
739747468811248426782415382531869822077398022554708148057010790567
459498461846704269028878317795963495956198710391356752140455743239
773250674430050501803953162538100475516595961112492715082870677917
946563663571636489623231275113799750852628699737820582602972969257
527002234122480078526363281377303078016452664702337237634051033028
584255614403257622164324171379856712582225208693169655595951343610
955261852931697272676534776186591756757449740644226092929112159184
905153469878314431099250750458658182737160121936767119626458373609
383793904354864770319397078415171463133534451601289371169059358361
500887992728641213335359819334223170268497135583931042596582970452
161199819704409582448334254410374285086509835402288779175531333385
310168595277334980410561672798047205616588628475368510690768331173
950661209147753291141593733710072110459409881891055436625760842343
653477781798346036511376161481721896715411624404657890322995740366
823295452120307471979278655730747042882956622929029010462041581230
825127064454572313653316299498412040237264991825414313154128572859
474132100842052188301324357275100117379636166809309254200276961633
098621640393302500728205930410892366979455716369291855164374966662
826077973264676571658021497997570189266516257472470932031255409651
381129734942263863285321304143396797265301600131241623651049042765
204456470241472883140545056251061136261615929012113054153688003369
734288203772487898542352349417808917725003503757695049359912733294
487680847717953666809623277586004921817439009207147214335950531848
251663582668941649961761664094028221926671524839755598714399276474
749894067492224963335403314880422910094263008599737030527604001994
257588385538784610913507966459412443516564179879319840692457652308
748890758640800342948623302609852546144900189864289512529768103111
166016499579190279125706508916892498700104223711738060707277811843
657987002916449990953352967504701046263773088657199923813041965437
242290637328481530964946581190247591539614924203114415323962942467
621171196585082238575940113144645873618555165696433969198082894238
330946416568243176796819822916582524513904306423904492759902158056
965753030160191671873979703029796728163628468319143515815087221152
756455319722566767918421783007672211076274603860849998938972975548
031853106505307580137969802672532035401725519100612688220698870887
629654255255122575556103318041400163866436435599572380066374785831
665869897060844736295241215897363621056712392143746280664827678386
902844701576566592331024134822865711088734395065254980845302747529
674992840558607906616695043457729500389082335720523406819758482202
540868403853450996376540007631542098397184968809633331195339274517
734865406699585391983712884416753538293654987086047503704204757498
648866683860340249959347609068418699749994795034663064849641348406
810767503390976931437716107464009324699743299658503124853723564665
455332431549474683666453205790809808441396336184708292571572032578
168759705112139493034108124042066077046248390938323701501603615229
507586206356835854647957352228632857442084811997836472257312106358
995064936898248150994385624012639193478684282677068191209065256724

685750755666714965691059056993447830040162078140433273332674139287
194345763653905194453671599606731274054704356222129597069585812110
735676779969706560838575359580509001208034433000110865874170064076
362601172601557031916635419013468355180180345625506207574407994050
574636184101049844268087908490027528303739464513427204340081396765
342408018320849450808991002199627840052933862153212772517665849137
763447745655358258505778714539023457168143764390853975186507022592
073764640310414010475503531031151253662394962847873794570738580186
739537544644439406763782805108792124716423496737462151628494930497
487069745474579150082882061024890842545951686991936916140227278071
046032800974876392734127914689249181688358333559860581860139209433
290728152838051935624458806565861141311211984997993622694591863723
860587860124592811122870764741677797429483865618650607415205229575
425114546701054435422335873482323835115359908700546719038926164543
805770773953637754059050632649118195354197503309963561606148267545
427837152377620352304967319481724051928471523208154188504909291067
185504398883916857366706729422676681127948811235006600794587542442
440773532553848911709893954031292792573887199618749546123026289771
822704777006744471482182405166612348933737046015486909987475441674
730808251126041678501761840424180747991574286895345786509211845912
153792493866720991204053709513488950713585701533137929340202924397
722423271136677446447020730295331820999432832197313643346253726620
894569931113585042770549490474601429445346341199504961356949901756
354360565097997964822587712154254055486560459500411769193600428171
838698681202261054972013512749447589201820024257598183604541146522
758061498999103380028726013453380179878917911647127458000013281201
587856074935139529600328397424738536793764251639188884827537870730
926943931602022694672117814861587167503604880095025030874413970272
208210307061948559905705894452054135401434857376997450733458952453
227676394714678008016231001262665746289135258384911992644989734712
902982715091999273508444603616594706574863127691751770100676923144
210508350059592916844167662666797114055666845434036298514172722861
557655512891512583138428013193180211880451305997550846420267464038
933548551347630927978394947698565764912972364346070685034969455008
298740953372788239558928081805656762977581550032669677936200788389
173397363119825790869574625494476299079551194120807213987411176053
317119752730609304200953968999435012774153229787614893022040190204
679097286739594330056588464975738342769849339402731083772151598248
544460562438556347800185305783196460178466011618445201451064174215
635016536159313780533241651932463828230639546333049398392421565627
568262550449199467580694981420441457103021345635170295547952277931
163964795105581608927219645818710032683416592665688793409106462088
884463496976904755689768353322885838847947673243005728908462808991
200341697074392367655163388376608006056057939144440068230981445150
012054702934005599392364733265519676297943102409926877542785308974
367956696697925360664204985609456366267266044998353041362828289553
758177699073856420715005947463745138787392553131579663374674587231
037636248694699191742779153647513085005977435155686331605828316295
632904062749866677148145408025513782759787120600126583481940909322
854484293926834410551975660359196057277046162895399873802463085706
803522843254343792273682738580226793045223005170633732829686280089
675750115262065090156278060904423082303455225609497152965804379144
800994008394020172092810978230918984923054581501960404409932278575
148372336424391304329867378856575585730434769152550643860946127098
310092020890042742032182106231469950347905746452345235478806531276
169381607205927083499303608182846872584505856415807281360834660505
720326487875258020411920850875190171697056853522548956528218398639

```
4244463890866571179084814418458535221566501165582677796701298128508
1313993852974472603238463311528731677390750356328329559142564526000
8830152749845474379562660711008650687678875701354055126947596626690
4913868794663008666648717137928855357629911439575243181364355094870
7892860759244470310872973329685171024970460957212362833395115426277
7767026049187018510592240418697199672323750754267339218407513247118
7086788327896739083064208669840108074066705809357631786308539884399
5618034102700720239755688387195092282174966697098895013546211826689
8524412987047063030135144132392099640711789620531301315347649493950
2700922940159108970658251268760568488551752396322109376129447502867
8023005111355013732055919865443788472994311225955851378879127034768
3344555410376254156184344864877623294220132666489842380706803461942
8364399292900556159064060504253339801003578029751590872230990166304
6545670472070456814388072345930469997125368974181953691531393170290
1773222692319543865971351332152100863457325003830458744558209960851
0795740556100397570407322578188773151260411107474424103099496540517
4651163236742338962719304043578627024651256309432527480272774120741
0568576721637683269450212774533913342231260650358615834317613165822
6664915392528669374637568666333017139751676462933519364834915869670
1805260096746498929360409459362291275078736690591993195105290617332
1960001449394263917237024553476180288553743603909238866304130318297
6851222611736382268674943592254572718414857033104083067411969335977
8767885562566067256195381995412524684798391492354091118398989823830
1627007637779324001021019975212408468201245043657540257864072417424
7915695399009742525478846818862143342077464058070817059314590032343
2861043653563426545386690201809399463839483282738734955056160974974
9885128208658924172218477673607513907447956633970369756115129039260
0077079211551882691080171698966394472793753191987840947147047047389
0385738786217721261544020985062942814456492258548073067731357096191
7989428817317079794304912613394391176135414007937138028135638578691
9085314160768995586636344916708490336437038395756367574245270072283
7488326139214306437875707850842217318152058199588729383725559558156
5600201739473414180141768714637580572602230503951339616213367458335
9480923419510132651606806337288363602557600460668785895033405417343
1976249340693844319468350269136395051257161720465613580229496369280
5620575153089779158587565003734267393774514119332558340442686411035
6337980384520607476376177818618187339548093821696666935706042561205
4391618599955929149385792630626126425301620956634319936867663290289
3195722169359711183718071926722189030336053102350905757719602980218
6435208756972972432798423530320750860803020382415586738166509936885
1220342629713378786796862572698868634889551634924283519515999454151
9033516942708400617465915373536800958180723237221741449309099349065
9068612680418915646950800018900831355890489271608661190747012499454
6674945379004076999663587118937064183024516715626131885522875396041
9670286019292050592320801028054037255537195426352065943237829531726
7722186548136644871737046503167390954661827981215170900400489902127
1794038244361566539099229541081336540774225483930538021782295663641
7464313595702348293362903864634296515781423536630077399529969660788
7824406160590435685642381603615222926855926025304333125979392485502
1640961799459534479361373961119281508848535948954208171255597202541
5440476855599398841509600722036920926837449547134162655448690430561
8273278821928932673997477503567289318880088935134123156339912938583
0435823498615740075422609141404497353368016559115400985909361387895
5409214154053616095477598563996636696545553598347514770968333137082
5672556313416014681142579938036137943280514192546536373647741648502
80260600752153601 6
```

e के पहले दस लाख अंक

944659110959502032575418663900908346168111628958799982064121950231
179704945849981294678305475704738464937647877123940876692585831908
456539816378683796532053014632013098695889927768174265775291497451
580800873723201921051737349737147642088503386894063814599460016642
138905037707505478099326103372359902000994188916995622033559371939
842818386769781492226022407812107388946629102432889664755931188133
260714253657266015824448045615171201682226740908692409336836316450
454965244113605190045338595991881508461709045449734556439470176738
031708849779805450842099863053070301077755219153495537500066469356
604100165065363626995554949920285212281431853529615692495878464573
934313159208769865067072445782576876506493459878416153058643912183
249874869825066143969330589412755873127534291431523063823064487563
161436366523279795330355199845390909994502746636210770857269855533
591463124776332965451673721150709683768901973450846861867848212288
328890005758268908958289999999951748586339827633108980378518588505
851838300607407634767505774145907510187699224287279864370399095413
145344470585039224686140010901163975778399395311132614227519188589
924983720938997371171648329713971623669556072622986627807985017367
693681279308552223490005093270924217075773082256430719781484836664
158365782047666094480675723599484677825591806687185510229300958496
383643113563610742863593755724030804425461400563370360025058145208
657317678486193086283880133826269739065288654681171188014909161166
103586112668116397281370823947347458443824640514060074356570651810
066207852042128067778504290763714364646014333765609699929383407167
122880706194999624287942403641556385824560887691420945426628151472
643053879160463246513413424434169181487396374200602244764511904683
737016574198054686253933814859758067771201538384690004802417261746
832551960927617957546081536063449917670907995962521100817168653495
295605824096562652389296291299549171833463822079894052521704393743
288937738755514488603533263857408863172076018843887793266241738913
026065601864411976362050455603710189883154254495107262731448212618
194634191575222751034211045878527537082154819028670636242102181214
779614954947471085863483922067551697805077664221447830231554206648
832235332873493146288621644233212931204776397918661564108766208067
452099398673682685510606979214650826301449805586161184723693371090
794882267332093160741119213529071279485329742930672233748250552529
545502986305510375558043828770759125949466103021877053942247591553
832496057278474059965627743987502811166999575551317817077268020868
963442297195830909996627322329715227408662818181730977145840482724
295145778993494554692535956592491797854062896434416111023136824924
363411566208211922760415741960596996721977501406954460165121877072
897218031266728848869594440751617891872646930062514553872557934434
598388550708429996864576351510094764592451562453124190398373294599
265632703631847859050943393063447969191344145822053695999297840439
709895151997318023127043644975882446856497727435231849886359490413
754379764324937128976736552585461619498650364456524318470848429513
971965032873416053293899905317730367157089187148232677383454337076
367564863954986788077643721744393675208830923511830003135661751335
743992271284165252695811771224337531426997946243207610607250298834
273699981040771584223098050464475169321918352447703425724261410721
548175534855752384994597343927069767003463209363035212434012645223
870327914228057611450988118896704900812132040300505152745390761567
061560098224170087994973781571518427672519217382926273712218252386
004161912804366375782343638694120831473051338818213324166710435979
924450944382540404392748984985153029985853009033813409872305451677
445255174594859372782389743247494656535145784729470337978677882392
183763142133704422654037402376718375009053522400126029778511098275

127675639608498696597869693946617102672335043753613332720390922491
745688786837384316814850438497658535177752015124833563623252423915
354169034185534374382689961197046935722489891026597302878350897546
504968360475479440106697307695734677028869129194948167027715105145
277514897476149479292336973484741060715541389686227149150313624364
674989876800566987177177130974927950661128639094868054490245243313
653428034243561443137392787511742846999477624636151777181201345633
540624636896775093269217128122887053890905267036808451339124079577
066299250335603402102431668237914115752452582712401104662976582699
181978904277910112885519674192072189859633561235069972435183725414
783269175689343208121673321280807292748634349221252668858456221128
080211894053591218607657755203001276042065883777719813691032428239
610758135095548750223700747853900595314105524028970553818397212433
586257300293284760839841866754070168728785714585928469775451654138
915441300176244995703597509815377549599892101005994169240102373457
695404473229969693207296017537492970801910902114531866173539988793
689962703841727529271349938674997004106327531395024753562593838161
328054303892340379590108284863079322862157098165662256660013038460
159583665608144630220596805543122265104472512295467532843547900847
037219911316920043686907391105394003352921689072772037937323587882
008815269179361429124808989549631064989791689632310253513737578848
553651940986194834167638766595111433606291247779694081087412186017
016108627950970208190177400120358321552465390847591300222093358105
084719181093414749621447993439221725022074505605691667118404631471
883001778286965212727274743252857117427045311915777531534715230259
585360243580809046501730654912001957828826908754754692495664806738
190836216599488254289716574148888427633496421698695306986918314248
921533011645938802843945181327449889632314825489045551743271925085
084585341516131931255812482707060270942150164182136361484611435699
785626822101740707355914066137663981673227343726439435277975700885
540576014413150675227252281855749512596899211115191678738100934549
278078071275882602936699138517431839473927617385458566920888244106
035581585874434053090625227645821094549033565104522907314309198023
054127904177629228305788341640646675814725153958324422208431114234
461974996987470103524401312553254250034869472606027176812277418806
663634147767260091956621791627969920130645780993060705660921061640
265072693296540320366955388382285469071840872417185767808195225474
938457717065701833896409557099994332107407676525174561752629141686
288325462784984814584433355350998228127625921177711625367747600993
738010064300412125227816992834056899161803194878939326609900151195
412878922605425460033127723360652677977356798537111946363849442645
640280671129836151041181475712179797255649404211763872494594141083
694964991999953155274481736416964540528940935191164690069056614141
739601282745347954504153227566664184766873222255478978315443858042
584412633028877031195788372632462074780424542636772652985382165008
467736831248548267332818576575636376490374022534459411828151494902
805671054518860245940920589918073665543499658355937709254334769531
304196236796137699720192541708387506764823510315249033476275586320
133960470125957303739759561947345032998578706687270587366411695492
408416519654529748760553730907720432351978184098787328328785822710
512715650223940789085001239105266524505493091572728123455514612350
181492796146064389660947138275520457108118819800240905525008688487
050213006698652206696083149912784898878145487042821989956934551705
305200511449922008937060004845500502586939771802230674004438820711
188732903580251318748721078971653436391847130965600486283239814112
271587305804494527732139713048457731722626479217363328827823723940
354324112327713583196147021113069322188551028811446800841238384379

535455083394900425727934144508154982407866606525911797641885441890
150872861519490048150734850554561928824186990115329847838528664247
861714247270026869518247264377696245343003933846809424901439709617
216588812471056566027679061210780569674989281399266258279502098998
428623644276591895908505760998718269997479698185207573751024643122
221434110995819434107425648021309245488955727737741166336734486029
574945362047971671929553308994939577051962291711478536243488458099
875324316103074183897876213171330645889603518219839161569902204894
566116486532396910221685834151849009891334040740763651059751385793
413512538298435462860386325111383511743066591333404045597681898734
960047796641276937252165648633619711022349867599199765247426699938
573319380986159901735119677354098828450408635992971935504215971458
119623036785152534487871740367745668525440151609561303757195869066
751692350890849019440115219573983290359095041535917514969196887214
714674306879281127477039333798913827694263368109875857351412242936
954952552150246022142590935348324102111096440211355014523807369408
394923043017530492558581825923715698275179052438928644727479462739
052971878979571167010756528400238227886696098000714727449639152577
705802767190672846578853247950681462215505775534096030626352778773
048830864138702793381607037095900317206904363476474242317213373027
759877375408122821016591698429333575955238576129877160770743622699
640630638143400597410024743326194363751771989637617273246369178321
759399118057778152399047139311763750381395977391974475339313423300
547961929584025101244665020676615342948902671396934242957218297799
287918821383372992130490432442798144816898090872407416801153470003
793422825225329084523708661007087244130974799152970441524906328573
181383638721841363670636730643397001822598567046065921774845062148
866385653898264254507210649487772852978407393664469100300186190025
943590263118652050561429246349998881217981607902784925666024909176
830113466245467590031282279067778696944603865544205979536953463513
997603347280948564382067812076936566585836644293723142675070583490
458272501038483414679474017989321637710631379185357508604622859525
829191525003118464519482036128310377490287380600081525579034715228
968411640723235628888594424452563904283866894817705654249533760009
298120545239382260502305332274445293079079281071719376665571147375
138900193829588150702018152089120935146718851099507795541014622663
843101206764289009071236351782799552100797212963095084156455810981
223067555021287485507028541011418505331176204383282229732164602703
721015970491387581592511081045356379320053855075843257670824759639
827868278428168133826433691673350421451201864690758033029371567327
008375335357927479269210942473843789196233733185491826920740222257
387421749365765681196498344091901487628974659854538779748538249365
853813636482898681453293924153175926764553127675007574009446998344
847128387730256252031735420363143080253573656329290147957159260206
253772336617519384972461635869443155649080212773574245712906788199
988342538324060573254640553801487032873826327506787549429649902260
689362824780526531274566680433166715274607162696697550006760883413
042767103470418432866287788372744524404303569894680394985971553991
165523204032825032840579722226095984265939235821457720796722175610
224524793357457332045401189565388593272003059347076122181528601459
673679218307373213714484442544107969535154405487884095350330321557
526482676181061923236247188328608350290990168207187802978689850917
098179330287460058558228275507546264589895380589334815590715515960
892625117844031819949886669973077341088257881099910426990190809754
503177416235336512927878457359108756211789742814847172323279407915
348810123943854473830045968891120532677652684311456403555267878786
072023853508153328135076703283563128046978657960758663266236959728

919812955477719881853661433491540342227159391761801526797555198573
068637399993876712946908493733452458118104344938292107347936287209
869424029811963836417145232142589523673080817529427326891845259222
487267975473095030424339215257686936071947393937347581155828206399
184277939604638221275736949593399735763348232278139153941091330610
406445337464089160705116862662478738683394782512342006567443995547
514250403262915875890317520208587941361750121662445319271724469277
599833346842926638762687487547947133308030915901623572662607122586
174623716905009694621808190890643442757327213419102024193789393827
826307805568697206020975097357539975924697902363733263502192404786
110169952839851004694896373794191934721714562447012509501769358720
643542159070623548286262967576306787462091554786523915669141168939
136220520023620083174600863065617675852151396474566780949841009489
116322903420290572730753144141820211616499106159738754275191215047
256214151032054927931901522694220639991126401311592164589680022051
692999576120894863345287789566153840580312391982857002450239630439
577943501314913945062398019550260107792793721846097922583050947037
012817036302968569770904364453979484103205692400053590576770391329
528476111724243729724776583826189188230260179665576425285270735259
871594595058133054762070635907664626145609700026936067467665449098
234972736759358730047640573893100667217613928526566338374777350439
284531291857530539139505159392166325438432309541773599399588999644
669405548984982141605398065838928422437519808924844437357970777043
251988245911254136718766238580147789167133349520926343087044950296
513333144964530653795669476007315837734978277924115784618666710510
229490653365547809185848333216271533832717930113430840479098097681
551912035735330893979173568982385465797291408817471114815767153950
812594635860715586415036484027179026544723058086399696558877827748
108049667849505455068924699093324445306444611106977027196987128560
755902842868039574486897269873685508256157793841322945792607643305
928704733220058500937163689895957493459575784356748163584242706480
729150651180225730405158116619478691051756390124667428367337375820
012508719769012537417451309804052192944514803659749062154560110378
098065622412865024000546886642842379571843135538277002730739821977
905146597245944896748597818994468289319996712564283075713226281516
270364980920882933394805854101668184598177029831956726956658746299
096857820218965251537117601898081478119692051481905438690960187656
882440419080049124195339848070987256987386409362639567074287583832
320019322344467326194537078304646680401796585080660260597144525579
722943627284219538156019099833812623922883872562915348607910929343
500832831005935908642473800063625391215155463919514447689124243480
627678101983545128509627695141948420514757076563265377995090681231
869186137437438876014193944363879234720716253190742240789972646042
807054621134201638581780041254867984874308298453594698611298359201
514373080617023591321323195835225097105785681810900068134909088085
966863932309819020745015438441170366951293312838738924729645216269
869310546082849138767206904647225521819508279459622271378563813290
973844138885916261787155094970949972032447660706874162335987862225
424826753924501972278924244284663838316194987519383498106810243008
379096136375375490248408454740473036516301826335734630287619723410
425620902886182262561514101659881895582342555412216497851197522960
358850880910860128628955344768217561355236212557610246845216788934
814540026160900923303484678627965570635315094277046861439162080662
025285985669318364226669946794946269487946420205197455634182946916
524499416813495480471118819562493463975668111480582595086079357814
496601166895051409936017597179123073991804551922348774875894348540
061474771348598524138153067332691260882855882093484807308347110100

2924911137958497189059674015138644506226226535390750972537269669824
927211427713343649492397111802524491758860708411864881381104052035
39949813102085252820746570652140432486587819563198415663956526211
678706108545408526819013691934333017349448802836934567641075659605
284233176175879997299770641987231725859958423568413231396164445614
219872532472164599135585014016732263776127097731567881463381292890
397458941652260180578683724169418516436975983956930639706605212406
549037081586067557397970853800289629656815481073281199982400649266
475340428567392089238162174512072840726350793708863877643907804484
762842302120157290987717513513807829374969428460280059354673282799
809181123008529747211862471303963961501251274032365019140146079020
264310893532801314769076266870328675407238787268047382762938052088
330094601756631631128885583763164557793810486829365171505671658791
720502105971476913864105834722218388940849704482788265032484743839
344710439889016170206299843959476496400734892685282676268235151634
469179191915428646052695383509269256643578721909075388914020605781
080656919153014249780587448700654415534626421371840494953959557906
650797486110362205806732519059418482764350652794859022093448884790
220267311875731637505864729491121506251166531790907841169407185407
786665768097174847866427795434521966705669747536814228740753715724
596976249821320985730755384795226909253424604012586057779524277636
420364690423149573371242469471720840249639530116972424129957378656
272074016018925900810876239525609067347266470259415548521488904513
862918261723664697550853350604885110122463067811480847542068397547
667322198573762481921917614119840483324472124926328288786454158169
870909651171980200663730353200216276451329654516414327929090009534
232166565284971153836334360001213884853789042843666879442224424084
850689840531304390359219727743152559981420409673710265581259647912
732299639293605066269388970760308045467287030932729840502594766824
060107557801685077474140849124907759460429036704746634970491039186
580141654022836035060657488384509432633782432517686027459283387774
508499630231990881526884599653266197078672770447180997442393497932
648197888003546889255231847789662874725849719458539212116127476900
897967288205878486481417076795265177696074273929528067061256045781
763197710887154025939020295749051032549002520215930919057450534945
572793156090650570640228260750537842499037982308890698990138065144
624295915113634276606571162774236646418838109184117336250376126568
671835667252829101438257537078824895060825466770629567505909966007
642204665994421854967983531198006736076004811046585709826613196730
054009892201644943240774913230782323554002897297233445459601892727
501214029883641535625272939403901036275158150528050711158733924726
707866442793437941726120250250628760906958540765328004155208609778
759751837725693398639363576139572875718105734951904710873022118361
910054244751484893066995312685371931555201115626020616737026889924
814526607165531813667057340009783912469671401016197237364430252064
479520024245488319124192290573952438087977512233476291604174867191
873254519808963403068989347506011322014310989187372802085322358021
889339597056159905180386950310465464834469313003282886652921164030
087338695186855628040004877545900358059397720947339148001883250648
435329231594961982024379517928161177567794423377565530686166466619
838753769511678980128231692676245113169952111371359366673336636078
623809717986764950375043744324288432123807470123063375856218799983
622053050823342222920014560521907242651887826605907506003621808163
711002169031693230385875757889826841378146148614185226878305477181
086888089722035074251579256887217437409930844688716588616238382465
447670545574046931614579697239550934020197452391010395798752686263
846985120573144906010851520438794090478485529677495095780174966589

492850568459810414172382590544818178995482512710376825935989597631
094855059214570902700483112018260368101567959294338712846219865052
664935001089414099518825884179127528975022678051111955776949060764
599751308764780900332154041189844471892335164143805170759937104237
944406227118525176293824113828368135754178138449645993052415115511
749721248549774022480814871173203738709137252930246644528812804232
696051163965623976443325896791954491281448207789185988328055878512
563445892343853489552015061276778533323403224406742964066979383090
613313529586461690807387140025601438543800816375771579830849356792
568085415343900286258113544076948304493792565494814681576318879672
415422741953915633907509424935363511756363251751072421049688543604
208601236716378391821588181834759742236788325716430863220300446686
446953031461397150531792365939889216261679037375928228845155525735
830650298386252403134639008855444657110864834440780160415817709205
178544858591763945801884333061919957219555471193824578533269680380
640201457104139652330529024086806527040026259536642146004048554240
072103831748032492389246398444438987570347514514107050711514663062
242038115810047624093556362211909242164839775267547468882229007760
543474369588567716648828839348820953582834660728389817133519605777
663433138078296322932109546363198430436890981019110906461835279350
115893356169161721843667659058692652916285911602779890780375607024
143172720677954918520193050257754245992081513770500338525311100441
578624942881834487768072332111465385119509534106667196664203298342
888273521878042152927653941116002943944312785600695494082574459016
346109254803373273875000390445802194393571666621673181254107729147
054069185915701793122506235228478350186681337684718062729553727866
054707576464441868852850898872843614406380791603838796876625601114
728169970816066825210115507704914688747392662121866166119379447514
691036243766637370516264577205365378749959976055381484849824095761
925620789891760753721855649873751623096412318889922866476607728890
272971468400499447294088495018361431188581976152178184879445669017
848851928017738471294000763347339368038519812434419411255267334032
517154649469747621400718008136032030763271873113609882971680615359
266536615227564473470436399865125780391325789033622435127280865430
801059096893002094226760728936256372101858729789035465663774305775
767023692438291823166653222367534562611102394943888600055406880259
589459631604660907439972368511331642730097373313694903734869619175
761978198575091734984249132153799505401748150715049732544708557700
426562953649279892383751198722641299000517924221773064653855465145
174473191015831452961464558194433668835146764802847968292169286109
372254323021178455464925280756133507138874343969834906561432389655
090478903198673688046221657768655971698413488265986299067625293607
890710830296100457074714264380994203301978689044352159484809202223
700144708609741830751045815615471259589328918803254601697199900568
109140754664081472486167832666348386051361206632630335616229636778
374982056464228196955640268870456174623066198442942444239726043289
190220923337002764645915528217457735468740654562127402422310182740
568545360673703173279669660014675792103309042754697713396863546787
452400006780416483146776617034963725341538012046848244172051790013
889949173900023898458952694864368762514710272461924736709541469696
477410575191826175690476601913144500567360203987508419879749220937
999109278992837555097724222544139418929668690238758123166197499365
270567659750424437726877640193662053781334292412856094761024385729
882590980528792161928352061449344488681816464487680180709036161519
546194663250764284311035569954852604334172495887788158257588691893
102497547330857326100678289213071839330024135171598707301073761046
649906480623147858019554156905184125244990054659728767210581339755

020474119067265584483653177883656246603885477869627010430163344341
855751538331657261336273814535746968473865207446514089153339026816
098794399657004482392229305155329374672648373214770273595467683429
841007723719262761408481682002356159057317601065361553814902894696
284997663799354856231809222100337154736671235089457543628571502140
038872486965513194293062576751725298719243665516178464160680185402
918592875340981590383046694467920659932465938761982361729962896272
257488366846247694346597837296314711469922196047621094499894717735
669594339311848106875878433411208132053296015010585386935028430444
161138773267774681362982650660773667884879036965863718890418561706
389960448307882198409552900357839553746125769751320444855714262864
828464280531124412287535094894944000257728248722702154609649212416
651518596299821930629788092485447646399061803414746906860104851745
903787557287067416833514819918450268753102621883554034747051108243
915843780721728517611644420911601318045277763939640902450141897596
522797562091738825269059968980806956686071537713915511227174196448
342089110573786237454459106600385303389032185702869901791430202057
926097717504153941080527400186465655613499483594637745348405782648
383932656777454894589102692533612611584743358397849160986115373815
034853419090471899825234577030496325984327307440309432772723646725
682078930100107007250985953687513983309827264646074275589781635605
966114006038130650503274169435503769639609347967891447871674987961
656340606568129242549654217908538563739039808625864416115093333128
347543911433313581914025585701789174837423121847285259391159168214
187110750195971502089897945650827800167338261358646223222319341678
768181596857929663958191449768891258137553634785000105159999733084
384465083979865277118935789247409228529362279542689236381740018062
603594408173797934861778429368487742836939107912229022080234052016
484453540233005767670039885508389910473537185979449573858862238522
781971133520602039304298593217911679187341665648293017911491305623
583485718791493530127739421460383517624699416428815803756617525646
667430309809319033385475740336534419821319059708664676441679816782
491523663077889684906416967942501775757808101204077137361306185551
407977372633660086927685244400123689582885757679882700299357508862
659984426791482683204214393763826974964531189137352716285900657474
179836835619889552009831331438636200840732578764187982818726453289
228384383535665401789443137628105157890751792763878879785055596022
782577520708523071848402676649003582166802063935552481679713666382
788831333501576760841395552708722197741133965308111387692856070320
293421733078223890416592285461250311198618269382753996237124398502
141655248159238133409856363866884404075025295786525530595435060031
801503165455830989591204309251444321682853182779114691049398007471
497008103208070951231799378348075414798760810745920520236530397499
436567983471966527420481879693080935815621289503423546129513216024
515213828613178536630718150185256044954098626327525847805753739470
145788663961239860868120856244165776434527963983379061353221989515
276373413081622838747173058812950528531336364719513654757141625855
737040686588441700424237797570208535789152253296277638655888068141
577628910669505597556983245657882242053518468834854450645059943880
284796130557816898501548022627444084618012957998072701124272956812
541803438826361101618425656079231857920864727395665198357918763584
276494850684311942745961381631214328865514877445603550062702889146
356782150074547882750930527835948383740622284757033575314342261408
022713504031712499604643820009221037711586665713702724447287265692
321116216111505350214782704275559018909139520873593670625154583348
467042939150017820776939277657884020201858245542123790871724522569
844756251034104886809671068411068319135492418397539837653050230883

8190864713075419380448703314070880793910114236482083622098784754OO
7760725320050858133773392642145996956517958683405185111795008351 75
4641611604409954743982910220134614415877356830006628505901312943 57
5413721121861129018145890368815382962899963972386161974310245360 46
5156406949572810244108051595289042148008492579943511676605187694 09
1748225519188903613707667667411889526217860545433579893839399726 31
5761600038559065947771412753108483562636790138586848556029739531 69
0093561352460047668048387182662562045340083167392950570862057919 19
0473924893313441849830317261713515135556316143855238503531483741 91
1628200864806971656734844880061242335097424912181721619669059238 94
8050375203859374531888605146439342467306389379823866719130941201 45
9791706032316209849070553355856431675933636503657761421980625513 30
6157724820186932699575640237141405736107678765866950092541711284 72
4419499224133100721858744287806377036430691221463079770154214697 65
6491422640488763292665040437976254683292985988250913173617672595 83
7535150565191751182115893193077345341101374986027907047049806581 77
9426602624785421198523546263050625915915380167523310268650087821 68
8573352383546869335823115152864994059928643791211748556691496175 89
7581732137864624212538471302774225594782387322550316952283750863 52
3760838923667311443888096583956648179094517095912555053678613613 92
1287773285088243043416282777469430678576903299053911923416981408 51
8718052706851651421507518687392649621964033676318921987022173800 37
5503880924420951208985174825597808206340376076939741302022002568 56
5241931734256464560588869678705646699648219557122663864918832894 48
5580801182176340900137468442861563581703055598103800304831665958 48
3042826495729576862462818537918656193305506643721525375325868389 25
9106800088168451726487726177024511305710082452876299040254526176 67
4151721659098046472175840188217939735518202454626715967339379363 80
1650930642484950871734529120229423311331545724890062071597751333 13
9659272436816893512317478896570238614117560256622678040125738941 06
2072711828172458230359807934666848161600797437387489691633703576 57
7904687277822023361156985118536081734370054402676599773222948255 96
5710575522824699864934975494513485803455854363966714288783028362 79
4921688256166752237113246169329075009206558185320376296815055716 67
5866381330419162407883299804524900100210732966934555204396939945 77
2522454348665116424832139678627588344381449834464616357467198892 94
6160644029694370510544542581620561709491903023755231485088304093 91
6801420416787654030714782246779236894890466836430266735620871185 47
0049187902133519737676727268589140572302200784628775076921615307 80
5244245499095296576396068050554108185736682944276438658277396379 07
5310257049434055541547051679988728105814232044438598731441283134 93
1394935300471437679448338804270712469123012105823125355088369881 53
1210526818181175857519525501065662989411530964855058328831847050 46
3260957198825454202763497643602516175031824401721459203563524598 64
8010875560941616226177438536414006253132631250261195481846919014 48
2889857324962689198334238728008290761885992216837299253499954872 45
4116939241588652046495223030537883152026750295209334392477673086 16
2739792686886194399006948075189702638260110673213034687358435418 25
6862644587334231725744183533930008138907436549232631915886253037 47
4040480164266960479403936620780088688626634119917314213610173965 21
9460750807118196100975363526514633965557980972243738197848793772 69
2062108362560266897182099032813729080043497730956311254765715434 46
1991386702519627814230952636154587335391749977346842190985317128 22
6583231453372724961218547960407519193250452612095216646021082031 25
0865524621625432328553703922135215756450562139665319207606458689 02
4615538335989307851875361583802716699208813752807985016784059932 24
7656116032669731743636208860293382912344157551435316684535851708 49

8076935319404582662396097765452880203100516732597390675735555516118
2632230567859699350871160457910514281565544533325858446879078324 83
5685245027269004819310062285522169942925461318023974685435409935 80
7526062009503338726420286450895912561052653869389460428241303486 23
3347801020102866159593269392529028727149032288208654304668266548 32
2374395173845960006494684661173625413175880805099520539344538798 52
7436746974410147102675210466242658230797238077496871980671438096 00
7991475124984498793095067809380341128353121292605296945174774027 45
9572472594151106538890232873428640033514800507274240239949756552 81
8367171887788718170142097353938363069087110391915831482080520444 03
0389715648647172790546655800347878737384217433113818948674294736 17
4776700798746153590633431611385689792950972826776197881771308429 52
3332728612966648096222348232478802209661682879886848513013656475 95
1027316525877705860120008233057069821831529213008704509880010605 33
1010401832935268021007863579844126396645470634552856131535634904 76
9985546095592139148367656672790199441540285751157076062294161601 42
1651956462257378482134564159835144007119691828913477573497013766 71
1305290388176385308495634434768878394114307738774524087210935808 91
6386278227579635351164577653361352787288037883420259682359953438 98
6868289445651144262516276806162525117191848426531072243307187203 53
1106374290064051565691003119018397355700748409527293900095792689 97
2296060166934996299314674704444283178434171351349244209550318693 10
8692190430160235986416083221591343237072153617964106291802109238 71
9013903982429279754444148652640992152918242655948727269858691539 39
1688143143551281247186903530720313144768115873837920406501829631 84
7584627461328754305164396130229790010284577141163493052960589455 22
0632840791602572366112603245304892048260366905311354491131444843 61
5202487309682847336060606557901400190803769215887103143615369836 18
2133517450917455865983216118627551660464001662332515356503125100 47
6815657331326604426772094357368210804399317382575932969215862500 26
8623031391359402378528900477024369367627727536799144218655430906 55
2872550816726974842961975725708410953729675296993342455658983850 21
6136047455222853900160735461053732124570899321573518282168367278 86
2045347500607822658075533748604832590631740150009218529983213270 24
4859747221910377275826460768900296579692879495065617991277972287 92
2964366811295345034091642861043317036451408055301002594372687948 45
7002693004804197342283347414883035358932723092136037621845900367 69
8327388119035973045422795858896391188060076651217160084314683371 21
2386049878986230673260432547016426821323726407934024206492864555 91
2891982417073164317582822744823853523572383117049855099521746170 54
9687760043906699923529468747209388590143393421919322458368564068 13
3634007761735514732128603268853033236360682300140593288943674307 27
4300536784087020080666026852116161381766630780094529866147299504 28
5766467076009804757847642571630042962433508631556168956694835507 10
2634807775471116089153052252882912592773630564027351974916601532 94
4644151682736747012881560929899159165147356186229539496209485670 89
6110904904871496325669906184405860450729348781756114095146098624 09
4165292175248417854592330325663508670203317874497100296148946749 90
8119744306060251631594606549258277700939820898554382756616319215 41
1940893689345256862530934125239075258235433291433033662024394471 71
7526560616360535717186348860000008937986518592965433987228802473 73
8699302778856924587586456051552059362093815546411107229800231131 36
9544394992933345294433224568112740656171264838471792188505388290 43
1850560969621131335948700702161972341889868452312291446108046260 19
5340804826739304108158116842355696349475284760585437751215655714 38
0586769969127735066305000622964207123776061116499371490562957229 18
7870322643061674236452675154729991254801500705367805676432218129 85

708242233621636578693047955849853181710561310533004245465308750499
758929498221889005320106993262213485651920049300277278065528642599
169348539815950475197754843082592402499001022546290492329225975903
047823393392591353332488643017063010285239718921413720371463899472
693751649445406159923039753169181303937621519456706976208122373886
377379917343411687758966030221272102798792065475969254976736316751
437669069231939241323981668414938863041611800796258675942262604469
984339551817473600757943721228586635269027138303780095975688558024
239260875681585718690068422478083579234345991335521794284721168202
098520588730626924552813259519468593451074719360836040858472916827
504267453547951001981052973113630773844433799894536802020828792143
522346517362232568596948111159852112160417229431105521094933713178
379473673054967567052114904509179296148690101525193228519326457917
290420932881439949576783862700314087851520751211120117969229732639
312819892883224779440090185229915229927782176819190137974413019433
295441713880273469532003530608595051735713797533102224233845118555
481426917958016998895019454854023600096626844109774002095228303117
617975869320006756566295742498376221685127215441243961320162598045
306277134202000591930069116493043386037092717414583263275662565440
665307445536547337005405547682448159900939561552409626118697224230
690727528656394651621537824334688339087247213518308561624270228065
729552541259719287464079632004929446528422522499439329800488377167
608288051010258991280674741106721620392952224669377962050436241911
083929505899905759639161844501716376177221992310544931179663321976
235335997018164244355652906512000993480595454754368701827501216924
745733765527644418471612356937426626391237245870842655343057257367
336660926999231127542450998094149902015838554855764069270974394888
260734477449450786048531800755062225907360016913179747646364212857
916330992422456214599626188890252976349890869474630663364722204350
759002734968091630641706533269866750817775027517099577539704013388
162630114362399652217399969174649793385201418924350948611705209980
411713917714950073361383098791491502454900151869722406024787600972
364590154439389385286257959523164449598637450734073748733479161018
538546350664621108547105213308129789964411632298490191319308182616
607778389237885885661042535900020220779639025423235606416343100963
767648439457948357210420105021717323041902233739018497352904398259
273164725759746293055153252789393724227732147550769018867646428291
147514225245608150601561049634700555861360611926571193771844855449
692575399981276190755658709768516997343899971316635092562571919723
723936609236826329695167346035523382569223807443283885054028378546
501674674680224039072320762481276286652020913943901437997081308938
863295719180758791190876486949018177835258006097809384724246117964
772815210026673017414976021969769212913174835209515369895026108161
876528775399156779032773926705739525899699366676971141669859998765
033271017195224646752821997751459332683473230269397761319790450653
243981398526376541097858628389649377087407893536055553520024257483
123303871342029711738859902249829163479279159621313759871351184699
147929837241884015563005604738044304416834822931081176498238723433
950991316920128850185711998993847667900405103935719916379994121908
862392584943398556372853127336778645295327092685060507474936128237
186329605254491845517190943158228659712404896290571544564911477971
339517341143098123329899463170445823376930300805929268887635057041
730320336536145455168137119136798577953591327324658669765148388567
118123456255924912820971891363518465674421600076461758232295467698
566046855746144090305751452879341611177503689438264718265878252972
341277887458984937585470398961652423964548905198949531840830401619
954024228719944944249289851147543083673694278761387578363996983317

e के पहले दस लाख अंक

6859909106822635681915689341676904029787922753387624870781657063258
5865319637952262841578995386895241802950739207434625483260406947888
9764973147051453941496488930373800847747602674752278033654969912444
8060327777637516216013354325587592896285256650764023575142156519555
0769364834863761787909163619479290311447194243556797870793183309977
7182992934448737589275336495647767614032056628344383322161063052611
8984588774314050306050435879861050193140038521535944921329782877244
5496614064968482680481719428289570285053531817774010829075830357166
4014471119424885924929207080181613846579134506369850443051146713944
9250218356999175063446470747923095569783048075117291535207470793066
5562218388456119489965202953999385894164671493524702835498613412555
2335549086260821122215385600098572951784977248272927512317565704422
1474029775663956549241996630844254031329132994061124375076577102399
8319638105590089090913161957702615960761704143096066114176294518755
3822283479863403106109922276399193263872518276072959340692814480744
2810803266051012158341091619883804909160251739308642494584488614222
9360851807453244867413905560128650906025608390510286380510368665222
8990595100644151128583679312079626959743347938135055893979532409722
4893204790417751983478441752918277907328678587208335507025852338000
9493790071020305844652659991905809577202787232555816198076324426055
0811932964026521926790820886772175984453528738678364615844896780111
3247354385232269833448265169776041758027761954753036621079207395722
7198903747531230285008252968716425984229891283633677768862031688711
1050228924818295743479672314099163245846665181192653121645592460377
5087784374607237806825427555353908099014409857171809583208326962600
5825083600003370561969493940673663599802967712221328619645675529655
3608945241827565407125845454389585696937930098527246515451792593711
3862374858566182373566246448762619631156992777149558354837796841588
3099668478895192283128375368693852866348214445698289484701709984100
2393842348998329210956292098184034269791092295246814225853333863377
1241140265418020162291933641383358987481353815397865708245420335011
7136689628862479261588458683508906216555223090585494453800138560033
2987731974809472762481764214774363567683821028111513746882851648711
0209924027763858193268364175559466478754162333049571807703932805466
5559337787460527041461420171224386337738004353515572502016280936799
4586347300615514977230778642881171088452682815250913899695457908299
3948815714844600873219448352823559517701237702511516438426453278344
8648867337553180877482051092660234348348439477988108719869146076111
2862546772466349062480991736539291410712879221371744324502511098388
2008855772291575582502737943365466755621786773111476124217974997044
5496056270536666158972358230634808033693217709647552390490318259855
0576669743953485119927284880275583110639155580297829348211116267066
5000251194841782859877370246259120765424051716656024340164483649188
0763017621300730083923362116876999390899414534619468643438313846766
7880038134583337656837696666240019105165397379740386810640874968622
8778179987724440906833423416682743835247591875949100564656568808099
3877333299489843809966704789166553324399429378230314446700935066988
0534845812141371793400803584796270901361655122660852398971369669477
5909890586055980565809645304482348329921606517204176639538889379722
0602542027154634575916390614744077501971279061262516666911886773633
4679984931456051298880571910193739803994111295097163040615426930977
5538673225516253669382358646600214084212204966875117881261589606799
3299767874792509557818202524191501240458086991410749519318999428300
8095815694418801799152046173893257237993548119943512097598584961300
6123135500974995744281512659565218580480358115180050321280990381111
4504280295247456506475161348986499077959784570339234692747635349966
4343947402435605935545843508165247785993257483935535602700621307899

564365006096298652085947580996433721269521498958960274673783721610
898891852909176859134442223268889065633094650780851392149421242423
987648459688249205984348028953601686165018824619501009295828039660
954788305876181406804280398062795616827598498584443328670640489411
554743193034855263445758489661236660365929222805239194894310337351
315745714262658002666231801142258252187791935811503262170008735644
425390029766835020984823537291068377830424792297897721750451604788
867581898179563017046814204985750282084935276703037017932723187695
438262173363642062637698446711007281993666900842969256636558974416
625619102189983539156718435095887093904479744685699412672163965361
420014679656348971946846851486669771564415662580426287722949049180
724088366500482862987639082134535168075150786619319387420698588199
793361801980993856518558803812928752247800979218591174446177870288
335736656324240766011179793226576282452218539813678896211618138138
923868244320393416037587815009860347609637299696263575768904458323
859413803669034788495187421224727971983382670824511281997746094368
541128811981981165300212873461146132393798269382165544995117359140
774651242922263469618143409908192629537717374845380240412451032092
061703514499627162177606601975817150878044270238236453811493406214
442775359974481391755047146906200002034760948989105206669391117397
620100691736322032851792211435202563898839209811992542415779754497
782218486105980476823489126153781523858963206089333541969487225471
458431326020613063047943887062008329158173689474569844462271664653
360198769141816848336551826308954284084340605091279048969957169284
066376004315164540669549612977668263444239737116528099233567445685
903876967731602704141946046348022442174977824209642641226426473271
829740612159231574786672369739552930275762839275593562211940895758
789208346268086436818138209521905102131682642985221874480585891299
873885780708640049038154938592097266767666751533443699179440607880
184627592798131344405166265591033961595872353514593662056077577323
961533694515374954394178802484251707379285510815234563816140319048
046463853968415998009219106352706347303552922177100345889868708231
096349088073755787144222327695930672102494055713142042668274165155
339390137942993117414449945449709227111973924730491413925185591265
360385213551546803470360701964096162186903135541619131522035828796
020096097502174005568820248879516352736078755573032834668721445453
890011257878589619812539622425552829642369406152450311589996064102
465052082350428218479583112744101614972195537263303884691402925583
855996059765852094310995016809009184471801510785693719286106218217
866929050828098432467672291379706845378156979529845406950582907165
062300735767126274601812900033017015017972897315933191936516545127
697220817274907965663348087608577666235528750592092337591124242540
746586481810054840744786687663149054430075534984229267011430228460
330246759723832695160091798684231266858794050213204178837371127984
637088989877704832393839395290691998039878108019664326813368319620
297202084005253378846869159317667571691075286271476824783998748611
863233091976289502692237882127601626123466649862064632404106150943
061330689438170298876837282068903306122842875575034810394459071192
952052041203943128661399361971695082985114057117890962955172438395
676761861366276835651519934492674540643816657293867173608053200267
850731503191944641229522222539613410004157948825110885259947764452
883934473366614797636434305444578072216275344778106036750347934746
467541071165056536797562924933849085489259455850613269653119394971
373118536651220189915646282269118060925844674350924981174152739556
302580237125297422557442725298013960961510744134887325590159822363
169772432495673679764167660724757530845421427178744440385551882003
513939940127942180157432761334742140147911367201390669268537358300

0882086898601844282317735736816845483716890830376967162998660779205517077231834162103912128735045523827165181659689187110820576914954403096321649138336166064222265326399274989688174203146641356461612753893846412894251473414124088914068891628140323587631056433047857117123554866746469141658008394927670698130093299789923162935576422416276385177165204294272378821155113273205948036681470827496203532375069336654262571881793079003215700266333160189471497702091001432130599537477224503942794454652196920741644695422515972252665969056846066420777265322548878259103627714243454751453416456029771287456606682335029514380760795295495789011686802599922191779553447589784337551680400619792698680848092761805640863843541075572161356700149676452256573689691278433290573770482711835314469360123646997063391180604388793005197440232757265447907528078320407023862552022579743699959196267725489892616496600502826616131492192075763425095187014388379855738861612946441906584961204617934428728470125574198658102923264077534825264910541355479634594938109774370743990627547777651487120580359756622339065008185063558635937183435031361837627248673759628258075033230878488248490675873061735524687560164013006165386561709128238235910382093417920880846080613364861940630736545171737289674679098234153750264708991423681968428551042544376717863775842176077024172652185568796666201414412338405066564887562487175400718759432274593395965023063550965184932509954777972714524920340053446214379253292508133189081367262782764219014262847437707041592445873371750518484003406455105890722503067510686765695385615062898691300833486067516471504398466803978220824964896877413313946690168722589170465347585347178893365943149142996549197246559356848328632874006483076620433533304423532122545730524393750491502206397479186169425041183215655080048654898096576538060041765883044645173877636007359069922720624096129763797395587158378503868017671073143504930688359569244443175066877955514916965013825740410136026686466694758192540922146474100234849959511064048736446897286365871509960320130002263665240841544343745749590790282373872066560974585802772735342318291665126582426760945155967386439698561666402485779604756984501457376210127217483257506557470508378419055418897301657958725222998074993325912953907767466495865457642922216745934211966806285682457837696558705373615926174332134786393770117620812363181345609587266526787271401334778082114450779647793331619586910833078698046119606523664424126921804416478036547333971795366682347586580090318933102271965891374375105628903593730514085951555201530983616065355770471849628888401751319019202511729660918637058094168393729502839315361345455685193164794519953565879182032092412310137410269961980402739871143569202889390755020429811252055646058559469621687230851054195899231432571190158193240781759281500030070271204367490988009398047123093998503405956050877505388672556396927924831845451546986230297710426514596828929119574563357891399281239414499314619784045538798128412559747787845009034008380143529217813261465187398650323575401036160304041543102762155026142259228228095064160983828571874332784234947371563549625521331182749725504152519208466748689648686779625983044313242044892742207997583649772645831713970024433707866259457175287337029423706905332843830660191373926040856505614913538064164844898208745945957030410825882427118282088748561983552760711509610276410198999047123743760150365186429725324101595061558250900398494049976750922673827960698319429895456201385427037961345659053912723121650158375146614946128213741869911917688767377984540274533334596132539994115495343195147882808070464748750724874962296319920414816075567576244901236356418323553913987615098709172732918243953783160784589354175794995769060541993242327669444847708394442017652248139320730882086898601844282317735736816845483716890830376967162998660779205517077231834162103912128735045523827165181659689187110820576914954403096321649138336166064222265326399274989688174203146641356461612753893846412894251473414124088914068891628140323587631056433047857117123554866746469141658008394927670698130093299789923162935576422416276385177165204294272378821155113273205948036681470827496203532375069336654262571881793079003215700266333160189471497702091001432130599537477224503942794454652196920741644695422515972252665969056846066420777265322548878259103627714243454751453416456029771287456606682335029514380760795295495789011686802599922191779553447589784337551680400619792698680848092761805640863843541075572161356700149676452256573689691278433290573770482711835314469360123646997063391180604388793005197440232757265447907528078320407023862552022579743699959196267725489892616496600502826616131492192075763425095187014388379855738861612946441906584961204617934428728470125574198658102923264077534825264910541355479634594938109774370743990627547777651487120580359756622339065008185063558635937183435031361837627248673759628258075033230878488248490675873061735524687560164013006165386561709128238235910382093417920880846080613364861940630736545171737289674679098234153750264708991423681968428551042544376717863775842176077024172652185568796666201414412338405066564887562487175400718759432274593395965023063550965184932509954777972714524920340053446214379253292508133189081367262782764219014262847437707041592445873371750518484003406455105890722503067510686765695385615062898691300833486067516471504398466803978220824964896877413313946690168722589170465347585347178893365943149142996549197246559356848328632874006483076620433533304423532122545730524393750491502206397479186169425041183215655080048654898096576538060041765883044645173877636007359069922720624096129763797395587158378503868017671073143504930688359569244443175066877955514916965013825740410136026686466694758192540922146474100234849959511064048736446897286365871509960320130002263665240841544343745749590790282373872066560974585802772735342318291665126582426760945155967386439698561666402485779604756984501457376210127217483257506557470508378419055418897301657958725222998074993325912953907767466495865457642922216745934211966806285682457837696558705373615926174332134786393770117620812363181345609587266526787271401334778082114450779647793331619586910833078698046119606523664424126921804416478036547333971795366682347586580090318933102271965891374375105628903593730514085951555201530983616065355770471849628888401751319019202511729660918637058094168393729502839315361345455685193164794519953565879182032092412310137410269961980402739871143569202889390755020429811252055646058559469621687230851054195899231432571190158193240781759281500030070271204367490988009398047123093998503405956050877505388672556396927924831845451546986230297710426514596828929119574563357891399281239414499314619784045538798128412559747787845009034008380143529217813261465187398650323575401036160304041543102762155026142259228228095064160983828571874332784234947371563549625521331182749725504152519208466748689648686779625983044313242044892742207997583649772645831713970024433707866259457175287337029423706905332843830660191373926040856505614913538064164844898208745945957030410825882427118282088748561983552760711509610276410198999047123743760150365186429725324101595061558250900398494049976750922673827960698319429895456201385427037961345659053912723121650158375146614946128213741869911917688767377984540274533334596132539994115495343195147882808070464748750724874962296319920414816075567576244901236356418323553913987615098709172732918243953783160784589354175794995769060541993242327669444847708394442017652248139320730

609821603407028425483795119606192326014985944559662116946328555771
397809829900054624886481691787699925396950849889642331383649842570
692056247741525668955615076498607703020479462211989730194966254102
262414987217288097699310871117617489271417905073782778840460390797
973672262380744489883314237778340820800939531293611368243036395666
870612602302721572003700607553402978150322864338179467094970228938
404436926712652805821850794280525532096812746907343086097822826434
944736014875247777217615313828063578789032433206509099271583639667
149979034061433118316614489268311958891556904774958159626673554943
548939082510323323124899797115559105693254385166440305474804562328
458021681241520809496907837749169586459471800079237277750927639135
655080070933874085687173070445789130825117645523306609729633938387
889857546566588541960236794030304722828288586271148946009226050892
160605527950227910859731566894013215424406349999185978911894875844
780715311113271954143716751224949856396320193616118018432603900907
767433615828346378607096080027586229608624280749521549689782767874
115580360537112098462247185296788125072053620748583625770197423907
987495329695285338381970844587681701218937009898170689388772713406
680365428781196010141739754842454117030645141809358672488774516353
891408083115865513992268348284056923142968499535116559289403399603
966458092780680969226403690334635783332677298283145649915895825099
000156336483032534604590867541602151213883985272432205357926218956
573447343279618082064937023923767561307384568598845476778702513222
649915826167087608746449079663249035060839967193907011802502536612
102356841253261320299304510579101877154096175726504593838400373631
700906105757598495178590832888899140348059289147591150039686147996
583976880128541781424678479758905245408688006329745931113941207502
270119844683381300677806748308805299568952321200028851752686426509
554066665806488289086134317877117119541135908446468947774565060945
392152504761969363728313728107248603776781173030582659330390401417
792787208006585181733320070211449125196922607832283170249761950250
001050217497022067330484202757487937032189008341256010538105108044
091923831664910541309345528346538796045489235369535961474102238969
418197167468527472916002066190538576215167005270015110431657610566
298758441398366182738723102675021775442573901865749396417244432420
420747223253858086644996196314157008709522357715617800812580992181
632022412138880470740907740507972237337397092801082911993210590904
631802454473460932712494376855586705817544352617968949152599221888
240809052951644795957603856772427033425452655795660460980231413200
895604650721291548863922967313414277054184452899750501504424112894
340850396485485093694546391744466360682665701167138357592369376536
744236576673874076526317075992430920372835648812121152019317721159
915236100323654508863291949888508827162696635349544569786260150723
912267917095394065417445996079685857330953269478958983896126054130
963429538123089419670676406713338203535841202342463975286856310883
358663524231663898874203835018935981806216558380581960886651504224
658467137682895608320410910853840060671316020305953758585355041595
369096910811162181274918198445855953537198953186391528051523754372
975665552907104692197110598329610712017063508686000596645775072048
475090776457318815716201351040281556556850120169617239206080816965
730968369544139633492845001802922710424133922928410165139656009757
018168475686314381081754847880106870518429995113881462867560804645
360828213034084593265791594362431298725971978287154002892802024196
560862079926290557214699982544255046392423222825667152000337231087
653906982097534084283261214708287086555616765925199557894429709132
029488908512557349580920107877195226122989423256396131119039121191
828180412624794346559190752328713059587843994055246336730709951825

738744394615315721656931078998164674412650773968185749132433568493
488284910377464261068348536030304585021493362399961540985382333181
211187843452844525258530291754722829410934848887711462884030798598
389135926541914375566014575934927063321331492702208591170161681340
772330628002048701495200669580575070830163327302951447140569631477
669399840397373113365338989484489681090718232696616969662013017706
949693753987853599494758740887751332221351392440169880161773148322
841887561763430451473642133776734272047466602119951143301197688797
219537432948282399935993320613723014806060537363310655284215336431
448103821439623830259094401419326829975851958239207351306320423117
616227359090218324318564525841922758008116104536092152773916941632
080560165287827504490577591657260493883476121229758537331029922589
936541976323997325389295927877686596449036561031314313042510915131
203127945910351826470783957978694145035285903243179167983630730363
809187026627108928268656777508953289938350659517135847252564713070
277502188747008511351870472987394890156558057752078090265875235156
717595965661714422490332675064773907787888544987219396613715353027
172054736266382639605573226936226626318110622060983053498361628614
819680611471959606868044863265149946995643137838326136817168159209
533482833364840949009201259430465886809060671233549055250393477277
743371642636367476126805047984170993176029516508386270832433684602
830865365814886768653020519333214950837694991247147691587619710015
089630388573581682203584864676290786683982371567253450840774066406
484335171092930788201596061869933154583211571865729794760205188671
294888049349214670386508177395316630771946013442338799109530118665
249679019804876958547868018364189917205424383786130535423217456480
111174506390544969128414764402968055520101932541391941289761371360
302877588559980845964455131270658306810446900499082426976397304012
960586691810872721607164271197740548387128349667662246861043097018
902661903922194026780440613791440935392016253735451132131172725874
328344816517121918574837986104550829088434389045019999725862457576
570790458394741582854054673259099903432123870260626348134099450603
938734250465434274253864963674026892310308659726346156429869099210
782892458973064526555248185414670685896938070754262457581117499555
834240640050060093917845819669008974070443552606892517254879989740
623635005929818837501183624442686659071015602222017342071828516323
126274333189407350015097429618798393758044429185248934597329379921
629212045496442712378362397365952185768718447350591286811892569880
664597991133886023363448885653952272503237107514189265166525735137
517835530149605491392739013858761667931333867878970064093670613757
808160836964427178076022146190472439677824740419881315152080980970
943609724039845149373189376985149874446290060045254260812075947265
442688200435242989521908512244335568357998754466263438540892089706
574725030803831366960870579056452727841445482743694092558184164389
597058711783961173707598343493109773266243517562826573699948248776
506574375393145485324084350299680682119703012114668107037689217596
795423976271754061702701394094082899716309105800263271376774319410
798043635307037762141343646263345396259047509588051688520809588783
177654364018803984130163872191339106572846892072096056223829967839
035282338112230045471124025260326359406336568787876096718123656660
259821096094172802389909273342672379331789521515891591283951170315
410591212037618690855614716480672699642673318547538684198549358253
920725186917356488126156143114969750996350316555203602393286824110
806245929703853223360777076977653655758971356699588290045764161324
501733250318233062767878978029868138953759719531129994095859406444
347791974590108556088876023144711402628085734729835102447243465662
031474813104318978324959329084416471223813775948632640651071527569

1019020801141159446312999007458974609030979202924487186632336742 56
0073847906870539713369189394857566352167764811976184912298808762 88
4777385057419573535959854789449824954710577747197865802654606467 10
2202625300840604511058912089784768163866432145887981287071339901 74
4685477127007018930111444495538928440679984627619186433005242633 69
7865935075872243018738161845323162823591082329157412613706406901 50
4796429276782953628191307709533197451461549056900807938889147461 43
8606633378105221058796912111069496775656058765738017721545203461 67
4381572397154531336921866014545542884626069497267028359089239308 03
0035233871529041732771716152343593310747358737219578143100108715 32
6643699257046768518531006500064576777960770869860497659983267470 27
3770376330500642535060706566130893023908142605137833539681596482 64
4034992259724365611206863025644178467979585749264654507417212666 64
1554810728918852438386748243132836852701054526452608601519680158 64
2899947228473493272833572979384710324438006251123190383599003463 46
4513977072684088158854603987646083926014015647795688577464311555 10
2659982765570233597597611598506119638501073340110733809858713995 00
2325818557916760250385513756807085902404878623178853108386449592 43
3671221458873108806872890961611509605026875332080764917886404517 75
8697310683539520232426886394874449332745745326388601511557622801 59
2708906947368350934626586462808367394773984719302176883791028558 45
0678274711123501866977244604841431934596727565431466122050325931 60
8391319974914737013318946642413531916890042934771083429761795697 30
3867989663853060267470376476723394639011429087053573468124687813 32
6209891361812114879196258983755293541398376491715565682858914668 32
2184366416091458503926887749385047652434398693646913353212655174 15
2087605229078676093685154821955541867822746667682180125279510902 96
6335558075981219126935152032987270396318830299957725442200732059 03
9365063149465722597094083705855426281342755330808062396815741537 27
9498448467739596527063678077142281580258140443357601709061809797 23
0864254162476464804657412004640104608435207911331847550532099705 69
6797921738212014748361076493669822636588992251524163926393550254 36
1231166737208472487592553265631896599949995073013783601423157634 43
3543435967478299178920726830564049352777666002835631472265648350 02
8432489784094517109915842921832516578255908558269954434651099985 27
9426977435192985834707004570721820513692937075659020888411040562 17
0522360869865764720828187325292738479542670905764873026603976251 99
7344745761958607193278079299682935138607249966201238292050613044 71
6726165156486738542497286143745870297039493563145022549848790576 36
4167382016854486089768294870085489374049105317488370551044370882 92
7863410230509409385600676301041351934472394123930086149129287970 06
8903728747923981814847422098969122649259688963549812328215147491 09
5466523344488074550655021030392622540235303646896802662297629061 69
2999763956423658785916180129881978642957064382164900727695306872 33
4875711116579492010340650162239496758132892634678218706808108513 35
5820952544471172824590702811457432284752357835452079852686502370 95
4075604859470914413152276360230075698741931775904622045898469817 75
6051024309532046732545222777569253509388518979638645163684965153 15
3340716094948235953717062487261337870710650037739626850533412873 37
0807375193677419893046233173682873091388249072251303940684799543 43
6357961859903793649799126562165850611009234132510695352456139439 74
7581494589398550687778856814596922954181743961559155606947951025 04
6555750977867707313729007939919156306758502222691124644198645280 29
6475967798961875735646526180686057983753315649194382272309083218 87
4825970277629732776554837986498273434147308756303280212066501410 86
4431404331584429379591298419577150459368518940770799835148427629 46
2465830986403015671737222427638142802202484177575152001156153261 86

808729638104972781193212146226964013027678975525616079595080584272
795673035416421444271511782036622951226464007642395719845955003458
370928595739750582404344022159047949289757555862001483680351829652
104243111965115756953708819373461727422473531638341320973719873882
374969651688443831204534114604031697938632458712700121721010410249
454709659349944157719128303528551394428579485051943069439592559101
093081341719085496120361549738803632870373545325187963230628454644
192942419939095417264393064598769815782529967460925257583366932130
576210945267462724144463118886690185998943300266305432387167552978
212353704350400559396617482205126987216600156051436559622881411239
764353523826823254678715421264199091044816606301551762851962353206
820030158647129288304103077990824038460244168238423504825927412695
985907977973029553622974859631834940745602479856867962250011554708
961728190484964558786320058168105533950538850115702399257301224238
557190242719930954478076861984460565778809165202562839122528366560
713021945565963640530793257855773581934540740811493120909876545125
621047387146515475143087787510774071988009316778556518072818794895
264575236922054981690947747259605574588693565721221970084622366580
814135266085901575927462089917861363674510396128381503622530430727
711813062348935029246087314800439113777160289885457739049963623079
886348689783229660205520816733557753086479314084009851120117775487
931076630479087916575753750445489273473449283236794544850054110991
780575289989929471592507534033531214102459537021494319129517070289
400738766470096743776954798864815676257469775043639136357351323388
598007691490614525473232404480396184199187708630164340730789818024
977062050988583469035384805966885962523006257802996882751133537320
513893672000240588946373320988643562944351790861544750253470245685
273171038005532197740837338930195684754600041756085913618652329051
058738896773145177736728317459137942949430405643011324187407770127
993064565519276493495868156488730873458353114300284092261249341676
920380775970977097950973366180787745753470966572641969580852769906
834176806572518958718214120609442637680805273266274359693552067415
663581691457156116792192450563109255230823665216240347724416820798
346029282482992939824960830658672276117887040235344812525543371412
476086282943068629562883743785985947955542419734429009719409579707
606100363497460443288395865471635344403250513086158607258626028522
411937531799628988311047526503132149231253866525895193159559001721
576113746045442297653604060484228010324639097418994837489447749249
640503306364800426734581920989761200376757301113111808114534633137
473016697144144977413258565170631056141702488038005303335926821962
735711050538526103599860278158830878583146280417974622188520354215
998217611543615023749869874003454758270658330622238138193343790685
484441092661091789359537269908549426446287445917824236626739407349
701405448922434410580576293142371232278998750048423109184705558247
923339364123826988257249338996801387533865457370736150014453899191
336404843790624526214500283125102161120688165097129340660167361526
777565212062165233851016142839244975124718072149459948203753120897
199241417325066275850295004120305049585589729429810615822567073768
100195481304204699337784646574337734515450935274842396743044779879
672838922717575059510512270682935785286349530795125975289037626648
560752776433597293524808798925954563306291665263117267993409560300
527969385387271681525327580075885770336857623812888386206549424939
383931822123244960254623251567298205114374055847926094224703837355
605900442691137307746165542528263893743760327821315454833520812274
455135823408291143473689446907477631607437609740973742078755905355
317610731253342158099794363708049276958221659786403286558661128113
329653464687216085556797498768516032267527526794791363417898140287

149452524500330655466846883049438942168298129479332342804735832079
877817385419761603310421258725550216437487134655826381201533527978
049864489060262199757978518632532338605579715990872503795084470206
398114644376140461305949276279106016778584935825343832508145272006
938759153445802889403002636425591403948243057768757806731251249384
537189877469957004116097707881258725768861295322363144365600461609
429100667535717595927514523030136801647820587057066839970577984940
351536852072105455303654898516070907566406748886615379788473421647
257905026842858713077817301184655969804336242761496762272731033068
751012781820113917899287747324651805080030087109970582639305608742
745918977894333919248440969361882947654027235666667930929257743003
825236896649867186629992958204580360212022886686345777775918843345
120048282507364578423011536437110149737390053773904015078343612314
822716439102242864491747319731053776144004702304944117573633631929
404288417144903861342936206226093335679127640984694533794058471654
123066381163046962759010134448522126495346138995128106348612525465
201639313229508122325843578868786809053906843791237720094941367871
287451800424795854560852306833524112875738734945077482384758320407
537307065330954710326891968066087828249097866369457949806013350488
514453114558651617565141661324876014317232944319388680220457038980
061545478961941373424631145876137891765912880810238430628675272112
766424249213043046119281116203147945670245596337213594819270683871
585205735616625294736002755569633885404317272096252118687954797071
517089296108354493167123478921750735271865939075389672114937347104
194201595249545258435977802353153655927128880158837170458544393287
791069350930488324804129558253074336740938814858612711974874458164
138476033737935341223117506131731537536601723328644432586971368535
816565100616531637065542723783913593582684885615205853174421179416
140233489773725636624923452574310073955643776192754232547427866775
045154334119895998176090700278511139013639651067494427171716930769
565747846140150501330952030399821259395812530090427257225143542344
433660386142944066262013520099995203449630505966568107152544687642
621451670241653337431437463036455318832056261308279203651522949711
474557617049377223371598763417712738672474401327050252635096343041
029450501273581105282455500029963370601962300981502478380907715880
286960961884766514011979589788730964041322666802900336487594062158
358199328902845888751296442771327078456194958476595658136300361179
503886422226650300717953920384416920235428569676579311927192714863
354968003844343625679399649403103431421396100168485128446531046331
513942730414277258085332610837391951036741481292930571404816231067
102186912705916582173349173955962300022360778374816109683861278711
562228182565138206383611514894844023821377829085973416787952247906
135033947896708088549994190878179416875867023390604766533971401928
401446375006880367075609921047396430553738635999411332228300305646
877516554716785875003642469969017195930471375698929638537338017974
863938195034167512787405334546399594047135487193007873369191336895
131813945729510827119398120258440145898155960662590300553017971713
176630030278990151960959200369032583275521931328891480963542854056
619638941246879073714099735405060023516638627065326707684346235423
135027071825229251253931320053075179199955749508226681260556378790
732064977683558577088434497964330720365141662725222943082665292239
327490327962996757436023625223265474683745115349001603100825032153
093704300930811639208646372983924884459805465060516570117073412974
113825342149308465261988387512455197333412365398656114941432892285
621669336067825803253600704543357082895669886665508237377530658127
304628421024548451457159994923957100740288244375677689621506444602
601788116872825554415937471804154250539380437607613822697242703948

1716703346463984365264149473877866118048965722586464700249340443O5
2214542677331814281348647940261156123857407376987720680361050824448
6026024394819711878268478739249462800088161008058116129491415261 23
3816402349424912539372895173694538026229413628915112030907860167 11
7369858523428306573378035293133502460096008143018413816265305682 64
3776377180886254554315449740780410603442288396257005420455362231 41
1427550030496230335466541016503227502474004591458485644956855032 31
4987085131159607340665048953492367884737093366830192330766772064 82
6144392189622665782780580223359828661550366329878456554173720844 50
9621128545859895547933316230206153587150939189605620858428476278 58
6678144627667417615377270182595782064658785225192866066590169997 59
2511841129846467321842058778087150235755949432897883985948719374 30
7146054058840243967477391229108539453747116210938581687400000015 07
8739701152230725254484186864824930666588807826701589622697303201 73
3761954742943214944905514609846694822576500207877400752733258837 39
8713606029148834614800727296815411203986557541062881146127147382 23
9496430238636187458731210397282343264618338961030700804374510094 12
6477297670880174313703682336954661862653614504803113244279934175 92
3922891869303174253458012458748862576283065193248253812771354674 64
6085381654082605827120906449275910286609325307640682504971630754 98
4064217733135771328054804286495914130125187391202696459326170076 52
0144031031862700976124425547210745458176813196964533744942124113 55
3330387097342164433782013895307698525835475385641457373228165317 13
1501761230692547649375167375328338990546876689201538916516749560 35
7520866048739887677817221044010832313601980018888340803954203961 78
1723399028025588953896104212066754843580097958006329202340201394 79
2897250305028247209765797129715364506771147886432253224863223028 04
5949034347233890528823133122487386907720812526981407813885746343 47
8047841792000301991293462419951238284452549566933054207867858915 12
2395247068093551168777649569089743822195891044952426945023341133 53
7576174507777891698243029830166768296487369665966019394130363756 41
8381936073127360042604700129879072395202550280755121692302074366 04
5767005664001360156807314171211034380702915731591084947664539907 89
8562547960764469446274052986625274607241255208226344542223491845 53
7034972318902273149940419990468064671654603609255517986050848648 13
8724950819470903918857129045990773936040342592283209863166917077 21
0424366359732874590953091633244795246979403332135034394032368637 16
2648106545385729478118408019917867503394867458552070425051270522 84
6610476668560706080214551634839799019436811363042817096266015269 41
2825622759675842143582409989129266255245178207755234209039074424 10
5631953929808932217808361242792679630579652137896505170932720080 52
0289100712328447786026366425483063802886488500871861706211091686 34
6314060328283885798300743934622238887482174382713360077419690775 24
3129185360868207787760730975073217125741224243306379440839374131 64
9818505907601096380285216562410001388299778091137709541663210768 85
0263166068452768970833628384567927923471772201475449310356654533 72
1686450805003307439310354130797557146668670166199513347688442874 72
4397019512268439282569812091413572404350949253339627640002170835 69
4331770248886988184366913171205606539671120941344492504507828737 60
6069441681239170924243724866987173636048134645052421595237983240 93
7329266805412347193779216978854429999074280974530898084958108013 82
3731988237353279149070949925606526501068555393309312899465485782 72
9276153461525479522199348984764688646635978779654103604253302461 87
5594194917711382203544456894938723119026658214502910056372334679 82
2730770405507647744755411108207115342988200336975299184962587552 77
4788350900901085163133241592056372211189075542896915743949730925 86
1029933674625493173997343319446534451068224974038931840323977132 15

341915973557749495072014224585895574700104803304340586353154533704
280288676916891960217515711399593267984884581767974322343372310693
519924451571959530844489411017939623964187398210821995069065843529
536817004887316604499285270391872855982662209215132638017355871800
557481964863403227582829415716052187255325288275344947400687155203
631640967258173963779557068865929034318753560880202183162059546542
239638539491328221342783300665015800345582755941400288716915531214
023730913473230728274654824269470099002272410561222826209360404653
290569638400824941722897658538378420051817030585878621338466811853
509477612987821420184981021368481824238545971205274741208631269648
664302740391202851742606185718369649845202308330118185184881585813
770052204120307490404480678908601050967577709488196290379337176706
956101751597706480810093599229476598542725137590104449047477843313
071837020789926175752956936723380839525070364400704676953104432427
697281878465155967245821310224974858589269143343709519500972282947
775889336424181566591249544915236464234870055658914447205466510415
907081209244753709860668704034492489548662715649899457717233022572
741974330438741870620257622659464433940346965903076106993597478130
954980234631569284856898462840858681925211300382382318391155049667
665399796518146074538969463980151470120503473678895672312708132693
539213972593579793396286763414698799355624590230767538425384913319
765441555387764777594850261478003947212269180225770916082444827360
555808092871851542578634064721517933436632657896970178095679054658
825425194609408041802812474475432683423135447833418568653650481472
608749118147875344048099726489397434645243119712525337223382552499
672599598770721514910520580186840493337426713532682482607611132612
319740385504172164049235172297914585852368319479786195502997238732
720635414302403585397232840848887955759226747607498029861161874890
660600474414112279383194452999561825569505748560303983516620888364
097759888269933991039286676767353964803035776752679679916104110372
796681465724554286562119253891332483831070327191279845612995330600
349922650862819696938014011384162123520135043114673797134253107579
176977305961987853259559065756028524482761195625378117219210470704
678167683214594939673737915645734488536802826358342337021615382574
191187564759374027953331337750587787814264466802652657716414043948
940716624482999589115282891848771446877964939607462623001806406493
093503469028474045034982546734027750411398665561160394571594228349
878262286685539163698730046838928221616286418655442167429421593089
550106631766994640332268550955755684232172072395519209722421332014
597146423144232155256776956549802734474018311193248426569766261499
531747524765631092574920186486050741942858384534833602254546796679
494516301326940669409204077339073119138581571498917627607829799927
101735489958614665998097955931104227849967486328877147215857048036
529686360917383892434370656318902435034354169231316014349945230783
170253442163047566259385784045734982037408811701901980768176500775
747125833474889186846065033636424532018276730671800096426685559723
238705659928334627752740139143454463386833767572071000901973128991
244400291063323102853205112420734297371554329710704459222515905805
937092363893832304371375725852622966406657572023311242234890640280
977811835493743946865092588401827210799385717738697716303963696258
739148378744968966870502241926159166970977517297131059860586188064
457543529094403395698527717608067853987362720785711082625349714591
994942615672851478397401388898952531679120180351576843548167697433
008558335818375226258511265316575079394283641784304472367219727408
004410425196497238641238258686407651289191070000069758631008488536
163602732380009932829859254109108463274493304087056072701607499468
477211227469685214453910608194467374668920460184541022903383915367

750611717584287483653045497440116465084722304193075869040246569632
869467811987119407222640154142132026299430920386233134516390755460
263505161191192316537311880348953266377274255759179631318625096748
230456891752384297071365789908490449852909286565074363798621469063
612603585370672396727189582976683356188355099320042469182346235143
588469407874831979368119811907569608078925972314916019432239525196
231612189259577337905481465301926356774652954798515162726695764273
398568576734485351693036950638030425425027333973414045749188716323
683794511010195683700079163631570973918939742651878191779814709587
403614550427781996716202181953660693345192806254163232120455640498
352093124404230991240470235766344726310905223525468098784636569159
219666194143552319637204232424363670908807750734751968933583101771
865020182613997800105702348660968048301437822119189662114416368661
007009629093717921153536451548320980615252712950800854492780622984
167937162593760969482080306372778029954713629176940431189359774704
654248193019017846304545187085289753429248625135254336051633619861
937855290299331130117974052470625876059680301706146734354835229113
741642529328610971028254229058855882884038456201222172301154076677
238750975223145107323647645697834295723030200394847894744088191707
131839205922410366697412421278620369853504373763156679623449758786
536431934883675988646417416323415224365271409874028197676175290715
111526679099559409471094580070347832197703054183181285612821269421
824287992331810504582589320001383839749300317772832173599414549681
176405450611244267556924546446975821508263188877278591658401084025
305772369789156723515264783560603520911980110657156101119719434122
664053658500423882741066675128275477908034226916459503016311157709
492337000541794591302944527211035782250920834334732850572703577834
386167975213996872328204653073129734347930484234214195385406202538
628386138380217657359800785509293819676214960695888133126834631613
247505624438317663672717894426711392318546295022455255063796527280
168172575102072824291499215858768068311309880241884008020771998800
098341706505243022542067837031724381645015247027306831231772713952
139626927692703821412646599884049969336598080243654281192867574082
918353085949183632156911382409573760532128552232558852841155429191
902277378559886229192821348946827313686571719555658484647214971376
436248883184363322605240857895372528154370954455666891429290367010
880701255245348795781774957009605929326396336855345400988972881421
277406916400506867812511784268539627505234677285680274090087470198
952243172512290038828865900370586420171012105455595742817870693522
786264780612861551440603129673837469296067164126595881952171466457
007561137144090003283175828367295067036383531839199845729069888690
870303410206284292998770802477678563854301710593880842406185688111
132901393173700921537514434437003758514295878891915889770711034200
274746405120431421278842156101628474548702763295843021713731440897
747016753842199431544264192039360394651643131339127121189004306533
300091948602289753956872658400735263892054746298314468513035514654
436108521384374313981668316334359436296883913696144979696266153694
496019225101637892945336813724234116464805990430695954465035009119
775578858742456332614620097132370931372153134824851892216641981040
052646351664037797992561286834817257622168738334679107894356582562
522255386097647816450525653392294990685453178057090689667729933829
792660796490553290125683052085384222933993462749088669575886909026
470887907882247481342702683019921899216904121037588836124958149071
815279263418759910572726854154615255177010327861527824339777047717
083913308050826588841848436636050608067902566023333941702965840164
230230889263317606075080891039177267039667243935542241091592094187
600750678479369583458985676872132501262159180869338652446172451341

8609305084578490126291755296046095856360970543739248798047843126749430696605286930368039789430090539121003774351097065431638491969067603206466160587547791697879861085259158655251289530533951304115707722448934532993025649669662459227908440818956397543769610359981165290265287064487872858298736373636246835199871257073129888793272333620204739110099047006601652380821554772630130220510161373508545428897445950127157953172127430249182057858744868011896749523595249170735456793421520265046277936199691673333543364021770512712822825963610374138428750919279655169206018578090937828834416214812777579157373220048156913733779199295009012216874190174238516120888404131115090030559750968785501410461684202317132523626432410620365955662919548550813331181748147214291570911087869999031096425694882745303903724420711960338330949448490548401034189937945144758259351358579587481433100313439144182080240216036468706389042960283534448515935383929709929229517539914677339707669063797811921350751010062197565827436829852623386057737329683504648333591270047757059638407566016928506200859862692628680450899973571111071791705212470776081978833632286545424870386502459304657725224848049435407566114328433412745845344377416826549626779866034165317581034301294398946026561379297091091382230985762590754921334542452278311941159441156793637936111689713197465068103486251459494650230221731133896979602970915954053067419344445076579289445042186828029134936980950768836672519281673811965589208307359279360594347078511245734323644727750673222599117503414726428630327081377671077009153145612791921057952693602831474842247472747144387292824907299343764325631475344345599361927954403515472838595913427063977145774066977205045902943537958898893539152512748391666774351224816173181979850731262295606171638299506627969601253430408693606263091262130557177195430238462996258603493419923980595477914394952381991571524565080058322904908310933698458611350984756519165429338610340264642872442481708113585180703692905692870810651497172610484433718167841764270407285873049931219291827284007319370868674379576184258144573937178893351867106364252342288970262566062354092802806732610053524803703202865511207164928449268355775438632314510656383625116420643239914167832400374091713815563984536588367555589775520686625391051473673102015546552670613829997775686267854483592963651833797437611157132892429299817835994548129790123436626044687135040807625768394625346504189272558862089743626803667906577374126594049056332213940656403356058380065223295723377368468974116434102918165378656468154848089140360369828219386834571953274293630284307176718219134503511296986539492541750451341157832731106449767926862391061651060817572368373218041911738026796628738951016286257455590611467095504209438405029261350886228183008413010326625909170982694159399300756114276866896410520447353941026014664842253410067537948060652566079372630075190889776685032016235844463046028477104891877773208385762998462221744810914059559719532877825353037289493227601115177212462765972241046104824470942431872110158383949354043860470145308464541573523027318529492589854782409868498251738369129588420743230656308342990920664631188846567636882304417178176861592176801754211605775643825014923124804645785913611887023663722622300007752882343272056508615595289902578505633129514123986951976324819521038134358082212288989733930060070442169936877970783414048272564029226831073996280382547842622086603135223698965998375337356270583394307717011097083209133351947365785960810395339083261836905050494025247995497427390264857034825475137462005558111844839429011779784822635162420896937267092130822174836273547243789590028682861943582367329928124323826074746161791300038666571429598709547152321202934889514872739845851480838238380545373855304462958096714640072991

5069419364545656693550090657339864007008969048657465670791743313818
3308451898519615888328922385316950325790785485487753758388848333866
4304925758579549639313380335509604739041876247696281370536651194077
6578897591136239446007643276541857004768550538396034364580282527666
7455602667210577436510055806151713616049155380417458333949051703900
1766361034892393599537364647275925392538627837777567186125726569699
4701697784366963524190364989064478060582304863530230026656131696344
0384627556888765030849917489392402624143841330766075611143061421877
6255780251118829531511264115760868167082611549232401575664088153922
0438077910567701274388172771970932530525391521523341053911024402488
3514182917255707400215988597488879292687738224159166248378710835166
2584724689927744799515282559860366131214308942744276198427933077422
6595998711331978526194995639410095205137033869038285824820547120599
5028171099049978622389994446619964080007093883015928898463176901699
8418066500825020892672853168639940246130366329906794854106089134488
9472826116001066067977545818798533678554666395638167640821285199399
4570252038243720085585191137439496356398807791907157048670821776088
2416905528220737174805766559177134283694168593197653979893916199900
9188737091729197303021324288707874305066387556659889751202821639588
4628626879019540879801531268803723930539031220208999255824920126888
4669130948305419166225238876389660123756272871329898362969875059566
4246324587386446015533842504421050252163652319209090178794384591688
5803731051754675294764775388589952677629608412200358327789508057366
9508113635558299179602849373245835665643560513470766345998045060444
6870128470883745154518148575517995293756682231135687588669343822733
8456994757485462637055645195136863646857822901151108701384922633899
5279713408929421845121498955358240880710458717242468247521981064555
0329002817308962216124557202664407433346804254870450077242699950822
6920692716872368617999951946435549242917763755349866816237636171322
1842277794149072275457835723966287298890171923059603080099326932811
5662955964830499934139731520016076081725801255619238450498680286788
2471090009687444706184245627468791156336682237307345168826600716688
5628986272353503485294598110784068717178311322344603188843351807688
1718971071958665245711633561653389515552820395300361835348130537611
0239074944631638169433266135450055109696492822073044913865902577288
3376749284039061249102814835732237088955164301072618331182647127155
2664678830551953791176579806208956884134460776290837360692596448344
3905826612167663555138048378634058085802092621708509019475228439811
9229217716096267997521163241175916466395957711487715751436507058944
7087872843813719459340792836087002044077913235207519417172376214300
8602300944679875909504351657641404991222529824433244206970437795000
9018172900698911935329714907838546629959745477862614150870611479411
0028485777922545929930302760787878879648967351851081626120641366044
5544713992535390645241684112587775240898663451109904729418128391211
9959696915053584592956026572374971311861747668429594395635604832055
9096947160703267263942696036698003324922568394934062877011747514144
2843102592560020830646140207357433992058356363136438882560240679022
5988966871913817399411102203087507947559712881176325535958452755888
3596987144789651250928441734339616849398043413935052766570170168499
1675759316083819563666298360973260224315374777610167287844834899844
1783565925827221659919147986891937445340378609281761664412590218766
0964625583447179818763782161755279643292218103938737316258062828100
7252105896825935629137872236324852391789521607926001984872001998222
0310980996179161688664735477291336889187201303128915309231005504599
1945357424073121924856274011212954266911686829358929853215002283900
4601509723316321084980086692491781438529686765827195358309311561177
9127173116465977473994784817568889472096891447653291015850014732533

745485160884441974536584683014101082828198284772907857621294044640
846314912158664378270095299887867327764193439293455310701490265648
464633980836834416924416586622660338282224494056622853075936155143
419772169731816483496899909163219248405836584959555635160417721812
353919684635087451466603332227752657133887087451940896966390158788
101940316273452394947070012068704111672446111855695806089147486930
464047985753453535747364124515555017806154949188274292650906948569
346269992887010313179500536394283102714084060468561192836277150020
240147061282867783802530795008491372791665342045356524038071738510
428657276478927747550381290685427925129891166483072976021718712507
068850846029987173032011256915019670572295111623080041005168260753
988940323183626794521429923073497075925018553781935005254245749609
532823670424092316379074046198528564795239961800644731181438812899
433400241619555344130452934189740405628198838284006105879935220673
268097268404813087129174952448113323337016883664462968988981091420
025766130148631550952346122997366502611109081642456178154572780803
525203360245267063029525246610065379756682248868716492733716647312
282484850360138692671559095560884066867167875617984800733990685445
181486090204789436724560686553656494935298264688092060828997005374
265409837122006266482343824289799567657063952010064569705725191799
705949991578362149215560468247720391454282056288299158138505907604
796317856557704779636976215264813670790984086740655043646571933378
277461745816815387211681961400043097931636585659746231725168189479
592700937238561256591473801370790392033835536341782551756336924961
670469411160676471967775851977957064595706863096214507000173271963
000842022596991280458268713158305543472995284537417449388527581398
133277119208008074774526158024664787559377222695087412873529149027
379425567552683699534733824622600647790135142082307222386372766294
620096183404729253948445057286777131366547985976734445841169588987
265492107740232590730755772337340859688308335713167417220428130926
337989884963595981525317771428598559843058356867513785057080340994
659429160487302674704965412915757671203370015305879272845165855829
679186703584616853102509690169915483236100653819494379477560416950
345293547695466082177205162807386086341737473279717281173040537515
448137013622072652765324519448782306514870113366970766938403707604
155855044674821811473821852011412721649353006586384742925510252487
760612738468603630410343005184545977690111727636169410589859618266
487815808659612255161195081733580008542040039817716289974627794140
263712738197405671522358187800491402105932645715223542767520282134
605630149082592927641199031614176999554475571708712011842458429563
340160461986109705484779946909410045647200125921152974941720661646
417264281460648026392623596577000984096239459944686322632848965269
765298277673252840374755646497039770475351160725696145963442581990
729688123521651396144756671998041948798964655635331212851190808555
392033154070017784376008601076012311692437026197047966829759059360
836249799230106528782735830731541334697572643259680847432905881855
169947234468984522845209600213002213449788343086938325311819145197
182194838444012721510444728281954497402580654930951878372814334979
478175841367610354186896824210856778808544895832574879602073217333
206334021145419224700221849024182874245835986648214175533846941663
922224330924916763131202824479899237571192379089547336987435865625
088310544205803503442908549284607957299534693535797113224563458041
794142335802442354107291351904496249850766085675688987686182512829
351689334672336985199812850983729642273069478416976508487391859714
675211935275443116148698704520605539025054875245229838565402931877
519912917652771464535465664789878796146727522447268728207558192273
803559809677357556370121968673778548738488812329341033767865390179

713946348877336285396983680606043011937651183597630949509809732629
458692262139568827822231690050518873153725496872761075895112768036
940973486786394937375157923761040223704645858897344714875024081423
561498777440883868626961780333583024426851026310211892336615916692
494060113514064826980118020480683335089711386523388984414471678527
013496434811085983934968313992652050869284835688880585707742804422
679259941748586429698499446647441933711645622923028477655501805606
312074661977310499494528011242521597510690321378039008652869553078
289429733596345837630963609084209479729407556282859224467645097629
654747359639674361908307843202654406803898577294475747064001995050
465162422586122333678370538823267679012204126488264383886265784851
477857129609930442435186417122988998180671717628800277743128980586
643910431417470602877565952780008698431868748717178293551656267891
718466010341704058981164069162392981953555451657101531686625792821
410369878414065454235514144629787853800281368632681190723890649821
258930719173707689746960014126510709624351311282489181737183913508
414667529949555826005653364066705244592465661345264186891560892200
707085484245100266723007336643140974471497476726746580237585317011
873190974673976071927882903532765750968227654530217089376633265301
677334952538273791495797564787946796270911013682744869456974684178
208877710967483307875153644450298479832620211542406259150862903263
925757300334178562494475022587417161690325784639026192989427195909
788742276449330161620650549624356233006849374198682141690662006342
617680909760785293916520093304908950485094877125266736610335386034
195470948185482120458452048111025479231607200646097446724840283813
931796633375586330771977581146325684068206918274827724766703643190
891709487011443941976202426665873861259469900924172488946416828248
546730206990457641900492474985817323323369308313297764840257640446
462630653774839405645588926933275929846031339392801955291150206953
767076364732701392316822475970506235499470708227742133260305746792
412667047111382626348342834542752725398515029057466196949022560777
930472142634311713191906746292756060648215722756073318757259993851
712965995015625181210728338350255645680373828214581963231757215343
666054957952913399871948142564580899147752289626595369643083354016
521477542008697122020194736606845047963288364975660925777782841760
312733978167612647935491696381586265781330964267040104960744216367
114601247844475045710600773028867011701000223934104407727575683083
687435776609595116731313618477615578024880215135805994684495097571
231886851676644181976724788488390085703740654746647619759335004701
617696363943075902785596619680166769976671841955562192470234316751
082308359382199040024062225933583679373557498257449672632344476441
255558860206090074336936819078497191922646819681043609901360308485
919334950326918841690043835103043129743225834254383858966941578918
444129048558735592072156561424975366096282223231465234806325528648
879275885236746698053053140452493875055524402288959187099386984260
152192996564198635660401016027258429052972555256230969117234767647
719138952105443718381635222107148554470465432398330013377091844440
952186236149978256503375725075261131035837523903867195700317892885
997248089285297799567205423379998441338611607227766848227410278046
543350375389123102891101326743948947273135143781463589705114660622
789562539480833188585980250645726047393601397560860011700506655736
863244398944638704844695080494503623721839794791298092552599986385
575475768797097469756401124901857866988347112591840598664900357046
159061397888108602989230522010862740298911091364466433075963833028
864002222071035326489854604021330453243027614447118509011013359878
218518361259634688023134265369694678779346588850704980271429843950
557343558738263222171848700530070646650542653208432998442054559799

120839764056346331336079538408100566312790853399716613156076100414
264328477423320344198470353963635008118863368392810088175792764165
713853656164859683691857747822929006735738420496570134571892894906
856561714157237651376001470010244336529689516023917354672230257702
176478598973390511628634945399101965319092957906666319187187646689
634913955905641082784411337979945188917729631544860069143892462104
841470797866167642332274686136936904348288578086572259864727367971
258918095975735946516867728685438228412894190778443211901682073316
964337398773004605437011275055806088516516247587597517303639134160
606400797635263810934674079268574434990108853682520789550541214223
480957047138025134018718267082767727895418878617435714766503672093
857843509437524573104343346760851813821232920255517661399032170676
396611056776725730974476832114436397363823071911746923105455914554
165201918590831682206367695420846195281143631793779658587862877694
008404763042887012746732421972647149750803804396301193320208560286
092134471281206627769352161255711947759503064047547381394078573754
814428437768277593992849786257602777092830457192324164589354973528
538835104185362994220370893256784093612137684068425395116696698851
186208288993856073570845812257614578323319578582638954174402564814
754111579475413659361759970201269414200372488679751892689139541597
364510271051993902177345015306516021937371946346897814087012811118
173159458796634205890602387701992271790425205322938132167703414867
738824107424886013744466906974831101529454806322919049829243471971
907256139309371872287354644681134754750422105669729868465377607343
376453565838519768819124403621176948744773656864426840067802130118
569202161057650923891768872666205639187937153857184352767404815868
517007165740136870087418130420249242782836242996478176583649100978
496465194095712280230002221558356196943909039109308291020926320023
396940482741304118242782119011073621206386432679470050894895007174
746367978405305770424333295430607027627394961881122523865605214835
603243527410060512153942377104913792996120745136235280143764333887
693222938332427396653823315097058763829222068083032052486494771707
538293303688497927729554162634135985299087074401913169052642195045
393059755470159767771643340985022735789653178790413086154858039978
488988605195164117857931684392321781430306592120301373881643841878
488099387427193270074136905827594604097664861803527675994565084412
079644387171836144492229358903842077502409190385769330738034252364
052610758197011213321824840557602098416052626127398082237289412984
376590822467254673983836744119945707102969117499683616541011465363
495756311704901825491018044356047656522689594010720856323727749305
175657910536840809569114966736563960082095911946996564926659146823
014112246814898252110343701080365799039252013833593056983254905032
182812677151358380452219816107429650294847982120243602769327345018
842967701108419935417439780343427786694070610136802453780849311440
263320535915339691520339279851082115696328227278367289213882526625
668989919926747094338789847281520767450485194895100340852492443177
570421865248493433061270457447910153031727983471890442712504662353
492013952426193541276636635527102462004092383646257707837004886153
499680537259801526733956281669531543816324919528135067276293406187
502117132434055495487107709377891018295279482100993293665133369388
570867065259954305385401548126648311298599865222949888969792551443
501081317301739210504964385450557582239666128525689791512702682367
531448343180470060489672651011237365085101453957692120732134223276
744267073421353594823574583029166290456866706731306838558844296859
062695429900252232867265073294079616968709456081390502819914988989
329068894391035874948169355643934748303722329411201290008361469716
023242064738668241252001604658984556741723126139014599364240450593

2756002870304916693507883248786902915469051078545656270332372606210545974372535276642591378088197914285161778280104451148312042675255090736707296107536267209821530017246661713031228080939020356390515683493999871154840421931881986452603337602447613844318833218709168072605290114579423857274182000866779789182605637169869620844124208656660087706277208464737249072076460226583777364897012329992896503704580265990759811561212503747643542456057591699579037439666324583512763116736969274122199668791237407338995032701153315676910233232648190430385274711600023388348174001888230679046929471105600107589422121712013759692843731793024914423885049564334038642302374205457275577549752451903248624915647096842420327658483060990173119337884350646123370662326926992901666762767958049842330583531559610567122950098154261430615929123230626665724072917458729109813956666560705649335974823819177079106399575582682065937149486916646758501025814575392504815195100181981083892135126128471092222545759577540091539136562601321084980400953959291493479399539011303181520489423015012986522504815214697537784227542548593987949156759431638189756183258357737095404568321409715310993936870028353516089052769570833951597913425892974837572059605943961747884057321213129568028950431114185670543867161245362316695846355908900131222632201313652439802514535342888709241401108997649938376829252989447397765323776206766461162509277829830589680031833821598190948150991448486491881217162285298020615011608314697810787495313988851120763119606434275200865024100231929508860025040606725286498609366989288987298718140960914426869075231099373001807710099567310322771323365213268467270492521880074013710578579350693651422178849965221515235093358522907791163655848018752682967780322590019007004763287522877231184474045190091273560602015110980758153126988627724531213341911291883490207881174829946309783971937410946702814863646403104313374707189878282864262787585014828478669496685887952943726973433526830813433063552297130803546709584791986875215475774179359530720634038789905818779972973983012893021083552048441938509665025251959425452194417577726815019701015323860985777669113564372736110408191135526413667832453291731835389880694995412789220539400429131614406177297531904333331164770846277195773699386620628400459251149249759101659296313859314283753114340248726956395083770935057349089140827992013065920184224780850454648449446991547473608963308264121911968203238844280122238415521896132411761305651279430483768992946374006301181425134937189857588351216294780831487832939608420888464632328868710855407051308162131722070730385440546962861712027243535566427810410002370378476330515598475948146665954484599060595186706518559874293950237499904586746823568147213803043005411403281945651940682776480900819352088452665297103749714050821230867252711970626207776041206326242053360732544692179916915166569238931713594325286088605888452783753382832015632159441986969839716759641381307542709945853398702995905520947505045607060511086220679332776783132105440143769235723776614495164543135027366083101014321514292048492597098538721362227250001731987788335766514596094751356095240541120227312197922878081908838435037047118302874030204261760701145634656085495694850133351537979440029872081560233842692260842302570930989069655868004241618482638840247749590914592831780744713059527671356208583364782312279377216862537519646211211524297640611937542265908590699878992209531924495189391163193901519266100628119291706715805637626371899872739332783048149672577480810684123452421784927914212948936517890518675543898175975078863582369119487779324297201010017599553839684231290359483483762090530129532811677781641156952286040634908561392069690599941407059064037954489322659859368453023109598197424422359939519108196902417553456517731773

624732768763960751820848721267816597059322263986037835474307122757
413835795240213185539216277786948672522366447020217528267988378775
116102679954384938153213789041006024824143000340666572620153318398
126374900499371117658730657296197479221795153305069487267545624327
834344589136128301821936473754991544269643080596078411297361793900
730553870411068701510461661976980495022718552946901473206373754048
279243211194695274231136212879534523854624046666583594952131974900
267241908964495178228276768173758230026821794229771491417547474819
827401384978681178402830812214128675582714482096524998660398165287
654595429056618741446538978174431234040804565322485810548114455578
644781807701027229640013703505246348535121320076921019043030981044
358984149109483887334631594604624558809523062558140535375852894842
690122910778168623711379617956835415309104442772433800627961322821
880263865677930459746569919273137149067948054302750272680050443940
163620265834285045303014333938546072497249401927923728835444478718
296440460055356686295721892031872511607055249092361955730791958315
832242224487768547287945094524715094631030601752737488610181970524
473286218851476334296364765896788916336292729512734377922217087649
529167097342212639946822318277181900261727935163178685196573464998
381869290531568878144348914850595241436633387547276449565355587368
079545129620382386626194423722923403371391852447994468148145495465
877799450381442993116905594086408545413335548846870823064362278786
000538914332137820560934925253688531827628937744918223246662431157
691205353253649730898276625311395376091473337037207999954366888189
657871049143678016019351431832580740225074097730581558063926186352
924466514271656957649968201402673423991758991997814215359533254129
553275428031597273625347416315902911206422255180156621051258476565
254032380015810805258889939885301783620602210980446715987193539629
915005728233603000845320328834915225189298666299355469601552716982
191329083740888424319258374402575972324730873331061128349286097077
383284013300248676439307157315439522180288976756359083265281984208
457217295475540363022288641544144812938100368869191658513608218032
965927635902559373841878438716278950667754374051672280923472225817
551420358644617721359501331656844757675079064447607259088750393628
123286467993139802192253114112907367560395161389322885043040981627
272578311434399154239553790582565197909365392051016069937736923516
112763438730450754162061953269898643179040468720236126405900875832
034159902571297192965392012863820645189192039632897951762648556129
866059619145484593649192727742082775868643555120605283953880474352
793957700561826499576309821688005005066906032391381351965360923270
404027158004904582762401873600914075425945625496311970725494334000
035438413871161229434028649066528538333743184195459240041800162652
435754903463292841711712423922305686696160129309710191582154866667
341653088530290769992602968955740441008860027653714148912244061011
203799432105826633142317114819758451154692227533915112598520468146
979950217874930934566807750889300576019808878914831455493409276899
392944795196877839988512738606800538804778302564989020891586990464
486906419300520614069598487954118708177648887666990613636156819233
115967709760039716318619785304920533380246476936949545416874171160
995742023858989881135794278712283385593788912760780764972060730263
019908742329542284485643909745257113046342197848955472017370587252
744631817345330239854660530891831656715194799180443676852924065880
212748675371438899799408155961738246189892164023068085591006628889
606241247259618163237072545861548297725154522615202596944345248817
244205641063174442154861810795740639040332898475918486291928045381
072549978826650263255547475610424674355816974710127020331164209142
117581407491173332038489443197688610183727787983809962294433532116

976402626261761475634702702774681155785534861115844740635281667515
962031045919625204126467402240435705212201727371174437002667711935
134611177653954411464837727914505068139234330181900126164434553073
421773948677439989423899128113601114237147844755280905580284405296
125443948550105950421184532955102125807068006652683241198427918286
289758410196711110255771926657840064408401962390097189354255289280
491682849245747368003044212946657320097153680427759584854267920310
354869006555867755232985846495044068793628701814081568537296262817
642152969479599523532800062937904574722216547842194134054220229425
318955654117612852051483950047637505443805045805047968939489141924
685613523044506594346391145345765425600307762100190636250998949922
180137058634441906154207417733441468458738774764515215038390839893
216929460248392858502772030555486071973430978301724652145893058185
295217586362297573905039486816275519075376071673973463919246987977
850686492089445931378129877221457657643320705991224666882927373144
600199635553600803923822563239315468464516383175865819869802238031
838244271199662712134173134900008776082115426428610181094447030045
036214201025792791086190888976893554930299493402316388504503984076
964118660406586880595813298987344837745955929504529614113049001921
072335291377938237123304223043009381768485236929022021788271332127
881326640169651163200372791421772908108951815371297787319652257039
982536015631120813503680935054850508085545749743285590809730954537
167612492161660124096429930305416803424471120150661152101982444667
633645986292525737655360124908323945111180576977076554217538693402
222555314324585093561399934643882990825493402783037803538430848746
114912024327345823116169831706277531783826036203858502896189375328
135962225193354929926957243584049515862635535949553578590467564279
090863123055954139670980072614320059437351995308900276879951098480
248684324132282662911752843921708268436418392417527700082018513456
566802124801109957339523785529055826244545522428297404856700813785
698742390004134844680624760910682850800340401399524239414689580726
432947957460857932192205222139120036799709681246321240428466192588
314233035285825634529297065388937740716810443704737324777476197684
197752766557977395965369657878945037406892442644905986796321947769
040252603326615908020532899991639105136843911257656810267335552181
875675162546343460580233712129743659400351545966486462530566775303
790153504029972345917974090104254613684041141027518743949875448409
619919418650119233158882801989736867693591646078309105627117880216
144672715067289759433499159069251629936312857216062848980719305478
849536450088522262683389387256320295639344015589259780676325058505
103511621015871530025963667248403067049629678908391195095245566994
281511418073063479997526304272690003042301976302189813656459987799
185893334441851431408500901752658040546154084774918424098484416794
973041723411799798314835449222036477441012640562259969088192269291
615916747271204925569825649924966372674444731407415515687082104524
942073574269988221691807321429458377004614951002690954165453356804
460876328657527652613218760897092587128445469070915785148839136141
018818960069002398713876950641575176243686396934846586795356271924
436826506928252577457941717447839645404239991219269242015531480744
524890066811065801306356906308434165047197637890464424727015783874
306515976767995269482205403790747488918604041418136489400430491038
599915561255640904367676128207064843786625599214804214439002523241
106877954117100515524466249591080340838051605945297301526825985669
963403980693182048490803985431631506694768383090348355654215212473
190535518082694528733999465208811634469481208842891106813158900156
632507830617217598816251325787231771660243098411605040190880935438
121119550708456941731864406442089928463844102442867565272310656525

5109492602584427496401603077946264452367202350565365159595496795626926260031711343129856823979081457440954956319901717830204074190873139260649591863249279480872073478024846659517872786302640708663265403454597079748103393476764319031572956685034676293260551722966271884204529072890618386205496887944439968006217292577939772925959080528067747707475099907300213975723715737813016386449705710153656929384503886972443529393284996656048153547603665527592422230803611570131293989642793434829391657382218073257274738972713251353087881783124736446417050035043475223233372420921554597681568170307926410783409806829982111990629865802952922645882221506072143587046562288824147294761112969152948970530344627657205957652909246431148435214970895840041075158255729714941932673757901419294735660756164988165050863468770328946077016422774120582287852333373961585968991248418810295960493768549438031226580333115688545333684692083966432106171989536407994068335548156062847803525186442464495073366776325237727762675099419665787294849165649535677340139754395671966590537101214101454456570889732055772546847745411427792929047362815905121721437870506506797010185405226901128771512091634750640137347603459352443342196672278134509441959866058511918475212445255698773708075806991484832966844715749547312550103546804796375170253976698073676248534218488993883788910151530876737721929514544234685447869497319476816804595627630759627728798108070633444746578637571436396732618195135163962905539962302328488475244373718481540152470375414793515945721808022369693131641913903776524534952944924093375914823971884040510796579445126349287139431940991108749714587170802617166981137203243600742678413680488018516735910004921476279902178499806539559509909758981340951004207780111727220020259621433170648780434005402377570734897111316335190500598193734486960009938445194226988273239094546221052599049543653008437191228764537627554524529006169475370490838639061625147094282289520480675699359662230822761474260518607370519179614910299149233169317864122699039725983155945229010285779964573566747983763305306016280421568831160887236344136188489617061232488591751573006035453221300940283434140309525280044119758615020454750585235972647326022306976075039859417624875615516476815388443677088836565337257194098972071595731527522581382831447928877071360129124691207710009637757539041437032845955629561256981271377450653286470354095652832177095903120818572847485907284204004312758811588006924617682337964463361437705516896903363074168069510278573056480492777054227097755070853421930605530433290987103263559141078918236818787328692460197028177450700089646686583742594438676668167118512694616884798291726067375546498220352955378235778447217808733413655831403588253150928533722841905682644500729702037278422440709039971762108882583595005135062825168172283695109153528972605952856842118845021435931191861424531050532647290368434196422557213388448689925307540056718219137193970662069031616735598298101799072768971198335575693617888708527364336082275533181045468937527442703286757369001709119414539811410345490014658631986546879764706229103663538928986053703722535966917651650418846130855699878602368590039923328828839940229001694924544927917679885698536862256181378056516214578562476007444697775273048592410149267757430838433223712474956928849921226263291182553553281315072918486660196209394879572403488191603431697544352182603295282596865053919157572094143885778376333265498218036740626099125140721293653505444913931395704262045737932221165139064700498977575938053906052081238121701376201084081744624271018925146106727017000767002025733374380929497655519232353422377350378524742086121551046172953430835315617691571685532172752694688254287925486616684686891037450894038914124012856240806062987851570404041135911426174150

157933604997125419317994976864802763424027033250129406081279369721
882138344068776448546650950795450281146256203346406257733800340489
953273736968495260271504901634892186919901211721979922168040403667
989660222880224441375028482321076811792406665694468751008426905434
040663357920951559400035970336601028467044385240937720413930723336
102756354857486322524411327417363503430556910814968843694891267254
044398308391267707758255990392497307192177677248401704321696932098
647470550854865749374910621894593501106041518995553405899463 09197
523923007218250250546494946176150704476668820234887435251873089213
662756162363175748307121891341477697366705296859293093418509621999
123442973992783993944905184127012733029366277412010984379268865986
547704693177950833638519275480166568153082328153721284449125110214
015923272480502892979909845192848019670069074904710968269204181039
841072958332105061820688297502873539695553436542171985510112159938
624689311979914208715077148367888120162719210425441014436519677228
364216766281454727814361808392641257750605078609791348209860705751
434906873301958613891572265109841608809193422338830677677607095265
379517266850655037760547822920766946765563546389747658246549202598
607792729116458267032307875194267935679688968752557354607789233177
089495728656878080868819555711243508924999675203803899053532883853
118498183195184520821799482427432291730707986512391771674484415251
457296991688250883146589850738187987251661895792322344069945053407
137621457358303689054456585676795612544111166535048144298575517179
850516300498439765909532048057422115047791139976308650191714293858
607815641100126820337538606949992450925211697486658129081190093168
172191698060979644539027976620215236411951598194160472607113530841
863650604873984505956549009252932835102126356663208751395739096893
671274654500547018323894300299949266368660492749945541026277244494
028308640927384153610032325829066756203911014540365935172731873731
772339780123869901315705787970105272317082349622617635582869408391
892791490076793916528636418146626626131676062807757499445112493217
822695394883228384917827038239113743721022659384588033177829331176
565785840179563279536526740113824062196066848076876570351757661315
819700690584776339541242060880314855322430108985863311798465232869
906294478586803397186151404848732328294581954746501393914221349409
348177258482394616292048282589130630296700059617222688907968589082
984511124832910410504594517780192047125140497343434769274464967614
168423256071165485847854581902003905396466751473080883487369697083
624833875114616032780295059047260816579551593538183603843705037846
952714243747513008677191596371801928994723234930705099796480724409
976798918029814287228761076478725937722464983091656628857549044258
678569818029088484787273544188714528687907281249709501407189603026
485304366360060347774944865330918063449060222568610705509720985915
825969583915972997537946470727536410884132187868991207796957225241
860760124195636413944964258181831299493141779684677247768387430917
434488035483752403465589007833365306193294333328914688727283133677
339160682457723224790061771397906145602161459080050470947448902502
555083105351047887648955656540885149836183578465070260471438563597
041102122623525598028275201346112827213114825621421803126337397389
278506287211624425864850143446910047534756723343500069629472804287
835824207315256809354679745731285764234399613032670002836478915194
537253295782963092732531480967604933663693784184270651675109314934
232706191976388296730571463357944268221232362040957864575349217684
823970040315715899972886215522206363353629658899433151923448402066
014745769956989511840961772941703493335900189011213405407649909570
958357560373956137155255370386278915504278046884362937249649878772
450493639563270414761687213012664366779882148613589792884526685579

717154958389438529828746709062232902549554732296846294737311686198
901652377582763347559665692040287399944804657598275350225585866355
825843853626766550312805459246364741627635359885089983834096177209
446440915496244346731549480429460307917880054524309592771877512316
517194823683191325417276214782597961487063001262039201093519103354
720429855615087020970397710391856140176300594478681286505606465889
894252808694377036369798575546045880512286316950031997145204168502
312949585257508718221213821611835602108868274151237927876195256250
963062603650903659082085938694942332335486002094515894796247629126
071928688198124743965666474100287211371263753905360413209336380902
142646483576225914364947693579090342068182051796376254388637525892
477880901815101338732646179129140038148557325446767757639598311665
787293467499071416083751310061261917567849796879113255507918067206
304860705614040387455245376303756906617592628116676469836100491025
072433846656918419450953910799326107517693560053980371863665849316
383925640395415927256020458188487520757108232364754203810308934406
134005219809099503581184339049952920946381294129479121584472240131
640937203638199808588077283873511002422622946290314552373727897266
853731499022611879703386768835044047102705476298494962854519531148
774895793258921681999742513685656359471629385581006671050636599875
011134011599962774890361505365611803287939011015520218742364572741
054194761414941421372621858136335730519997612339774994677695016452
752843605064012947559659804859834757830901349693466244467221728858
562801748436421162297062416446105866042794917632006033359841157377
228239005717931164639749816370234069490113263412635974204906924479
222412566560378839504871661260456227818110379790037365280012319865
375735971695809572283948767050178499042772901352854236459400276278
067877354769938896374813605742610752736656496746069106318770673028
144094212149246470289894998786088228192860368719565275859921779024
453231833663018903874443015439002268959278420689588107601176050778
994771269659170337010296583691922654993135134167542955345814180608
659138123507072916111641988644147929764838963788050673571489498028
008386403886038290387644310717475038586504121363643831080443362428
413339623151583584605348922047596256280816004493972239583886314675
611705125363760094095775710194067407539672264964660314508447738270
904168041426058533747907627915466250057544645010904555637658527630
418502129179327631580274474659942335364362511937337182340392407432
585786199345371783038324654396714444567626812455181771552124967871
934114099473881865563696995139125907075054694853464534753060521084
966910628170830465199648400339139995661416203853973473329986497223
193639983213660718724270135846613909287651729735228208762196459024
136264360317942077242497914889580688907133182038904834085282188344
611401479322087344785678869499535806377321454051703413556404979555
180539921981815510900790055071487286334182688121960825060911067503
852271981308720313042912346660297864992541551617230060405908760226
611500560588057719087889062311943330385789884303545534237261385912
382675265742177978658282911349220104773962399813424582311217474473
766197507469672867066665524339873754395324858641536569052227721227
91830777762591444941259048507787516759238221719483556813586145218
349422140384903312441152902761165846651132223372061888817096471366
61892877467052355907184311695686562221570556052478290579939336205
323490688299570820787529723437233000728467120550519099439453838794
229169292062568700394818411382269403414929485443985996427007029741
248042115757347248743298636550834614220301442091867898432597725019
083439785751689029378449884662887800745714878058787033040477165761
041206965672755949332650275444958611066330156929978712989748376927
933211088139294456550036265929180313033686428171938676498766061439

209012084515954153120153265565940208209989275108830342697911223249
612021634636897188985812700019911835730980153070770505300301170797
640070847288805478051125913332108125493512964770003323565049624661
870254763324961766100362443335770624887770039083668155343336168475
798810866356157588868853838459736197583425407450400953440961062167
295785309002256089078429393599625544888865583661930827628655932782
358902533782115898870804173292473501579509449653824510093448804852
682831620257897095482269079819454042275466464959986369470161850002
276309173788276473237969492225262184801629015552975056776654079203
315721819133977933218243653709513621388105019489011317235908407427
982999005908240604935410403654133574560670704814538644140213981042
865645666530739620603722522515867617539302461089489924638563460630
149698483682775192913654854325795942135384734908950554215177584585
223817090113306638228445623597252629634328573703044298635111267942
977271157854568860646069564731966398703021737311114798273125602481
556616545920851682680517072405261767263167709051653075806259065993
559033301161817337118156894490469587853915850064656920946384904380
905321618878293956400827246717872003829892713702098842678822197036
699223021792833854140588549114780551799175952079740678692104387831
398146558857184072774018025584760218965185823595366175850263620239
381677269433717985248428369211066747954669371741767803429742655544
705377886072408209155252259945154453797349733431927661505887006018
385916878200589245291121466940635850982257466296556407737632117241
124957421034352797086152907525526603535568641843108782597963108595
145793824531658379551039833603353799231276265937417258422436600508
442415579448807340826643357895364860954567123698081691795854152423
689346339277953152973368332195867043892015440190364575227732100249
964420911880475603912610976885666922778656110254206926245021119234
415903583712635980482367194221939917928476385470444979503179792496
752555460020415023752383569582224495854540213130886282387009403266
930865272955625362572631820175632985105490644521720460613086509939
254843998669276683897699458765190089138587802598990472201820095364
782618983047269321045449173318733897573601122334635626409641931254
286635248000790134407532245799578329042936165271026504803730451470
557546341294036345509418153768849190842066517165165837254549811251
104096811851931309918170987021981250651096911363006768841750214915
261291854131902303902930479249650519647831804466326190676521898155
166194510704759133576184740231563108841246569246379341825326115146
424069736112665418962866973848605712472409407257941607367931096590
543257048368750691819816223444505648777411712804315755609758960826
675838284949060746123682833299225045918519471713692180638445140242
614168162707838353347517169507088789133767675746581455330643257317
010057447904458046535773156137420414434557988661316855963913487894
533493117767746119606570055250887154322709597475023029165404644953
930834853147682919454364936726363854067205432451554750837713984993
154990990221601779739642312869591333555020240976727507199191202676
283806439193089373284260149533017230794131214800163667003464337361
872577448784876167614312125859124067686831862498245315838151891637
911166729959522579259040506243803486748793536392674787426822605759
761116080063772724884409145067963174393205260987437725723151710003
574915268284377444860182693323287952099290220052928236580756544354
730915042691839512668476382467037442648006202500865045460024054366
115701406629278158769931542054086010484391565830383030128684741970
036339198593178618718566222040979085601490075605744707814322437754
311147310998696560746211441662790379416023272398359868603354420873
543044093353839299347411135633188353135470210179391502010132358503
463763309232116774368549549499685661338086268574067482585711946668

356048883366747749272770290653305474780079685688065566997939683890373385624432838677441632233931529932925359527062655074674093464582647630168308160085574476307003061092169949362846422654011653870045176496953780947085935018002271381798685460726972592550044039072190552534023744709913352726841917515188775955219805868888961993537134370112813795949799413747147791428794930895205617900080261545954963769586340843894118784989913764959913268711631218681573509885589747470621115101972137470580947885875240793273756116869472243620644794196582657375140521712469233574173821225269153111508664809011362837758640405742234260056639112265977135671780156739095491629133341160251412170211721761504919453879348074811109998083726067818134756891056375055284357592861249719924956639878043287333840425758476809543272427238686996322551997741530304247322772780572047198629963641252040786310649450124689684792791704026270212481692040086783670740855221085013159602006228075226950279221048840743949805237768277245406484489143797998361717942067867397449435657932641623927033799450450425361845678212091447549615111264907706063043157864749377323408585293987880366978712808581947790307903886070566629423951899453929979637587720855718011321572274726814489316314662176578406629991595653550016468857565911968064394530477234669847941249876256460875501162606988086423260265484424623718436256504998310595574591831112471672902082476374332393360116546572153408703965389409218893958309870961897038532353051901969568164169915552404113636199867045354573525351674417314478884222557451082511123324931075235238338854375708900156133721297431103220588374676470953408861883547801231853224047577040837385976000265985796658629019389130971440581008849673622669218226126699285268356646487011960983820922717049748913665490067996175222774348922836905501900829298416359830548431442845760268036303099338312265716743823126009042747278434733270556234763146408775788384123464520215876420334681170546127947545908153238485860004626863442296617580433217036162707484939859097433838289905168256106775302944865283673531929263668737238371474240284609054890229977741301489713947420745195423377102440042513896160560859458557041469809872321487582679507495561147910525277870054121256795094431024228242898187720641834009613072112748433658796467389685195016948334146778291207754970381684838172720379743941936827104781854692736933666319489707092264615664365854779647531564487104462273304033359909896602399448783530276734947474213417568795624756483877289811282522808544557821734026418338676534190251527700555426794013704420911691690220987635315975629430738258130846361419293528198471951266858358535179121469398233155637121439075458272518379420384975989151352106814796879191410916674497694879125900333558538881062417772048585009390468702045487419639241716086901472203955984488895362297496354640522755585892442110505065138522176978347196287670172437544554153524277223096763542501942430322583929053214677730432091732584254976044865092398927806563403909472971304742914190190924094677282172287569725030036871910901228969395826640637319832105345607647530733280488119980267559735182430202219707800525277623145953244561735600267491524247108198623538750551074048384047919581156174209965206070069882289716938503987396459694687395432236258602802629996244205153492567710347487967801489895650761218691883867507386883085608169103504613623122647043891707696229037373433862742204411185991294074379642321906047139396957280665760924514680821044548697979852622096325869057977170061028520370449738991265027201013722257452232402171568278744969907238228678628890887960727608495796549747679156002729514235447926365686526398590640103448206251460476844904352081840118384209623354797166877316821380650794237276658033016912426510441776570281033288176889458122029

140967316183354103377471467890559145116751860307479304625107070573
914651764593311260352078386858717231114705646127194469901889805025
761810461551221616827336174660611840253746785092808417976007248505
324486757471742874933914160563983082557052869837919302706203349799
733982882401280290036612177681383363727735478004881907216524810095
098351491255406056512776215948796328593163863393937426414543358491
995075434162498185681321039380259336886385265553504559786928166722
930023141835286421343496482319661964257484924913952731509074166410
113098824454420738423233532229698179658389042189402427607544465529
368594979342721483554300435380523886610286363840547558051083399312
244033461905692017869124386664625035508211811349183534387054964573
080303110330471951920938466326864427421588715418373202509620986670
902015665792495014749672001427232260367886235380315340880398731145
751397476551728107853590343696066116101272172434479830624830041373
061250709845783755436233515186407011044722640920446559335701334675
480885881188942859683766264363875492623957379152924960505265265308
108854027715330601475146876757905554950776195505435947541254538393
052883048017254040847171931374221846483900654889947203990990767349
850952457093149429919329395200607756226768997153970001083769119585
839183808998304231219946496574233291360497472307122852220380200375
554338129113003917769856425043515163338868582889249685555254919756
621264964901530559179743390564842050841989882668012376062175753087
652405336033780613914066870292688083923331567489138404360051865196
872905356348584995359612544933957131199708968925373196677464161667
675240400952728172097544247885192152817796607593357630963235293434
850229521812210352669160159204410841656224287798971362340850452537
884940415916370722973426004194179834819822001992555977076192047183
361730576894338779771006638952826132857053031145886583951386487252
892750463673568644047472036548946680879069868025303642387713620024
821255275073172074523295896917459228665841223632774851343978297457
549613713649240515750189361304597959794182639946783559146929711026
278228779225566399938297278057656647702451216572825573093404229993
478996859215878167716460627704612331322031107457372309893482601169
350953024775164610793710831548767183858256450098779057650538557874
740909139778159745373476541253145856492745711883843312312286614217
247691485557155228241500983610782862355337605363853839046036910682
811318447627200848728524684289670443784995439144634607286128140106
505823844056447096372393523281505120657555946951207121865913156053
768668421586894258436214391082254181470737258163694320317522326305
917696900296088404238982226781752835750342256179345537249297776052
027363464642250468664536945821187258514573343992453795278167643204
479741060063418129540946468380614086480107456413003166853853308541
888392638292335157557641502690022890503541639654209391305244322507
538441428493967117465456706371997713790967914840911925836348446315
864388284336259079828036164039703587023817627188992024080061351926
632792747016681659316007865490179900256016482270330237414896412883
306107966523441748466041811779463915990243286136453795074625324372
471673711824160769835551517786071318763693611414325179673539458114
881437781533642220258833211957455960097648121120682351277919160987
794788364865224217843755972687136120848140691631977611492330527381
484817509787151742989750674611274207202924275962586785276084078175
533174410535298672857557314284694596177202966167074105133164793549
650118837350472614504689683510351294892429495019788899266446056240
018778400836044680290270561382913990458763396658858205017492071375
303779462163129124612519840660267053220482768356575624913741512914
255628140661362198253791326395738278832172970432572550390520400933
168303978278030054942156913602909282855807601981818078102526787497

384663676972620749778909022625051336626776831584241873927506051009
126034527087868257938028504493819418421914405867656542270121190916
699082093690563411631941825681143869085372885037021074270124717949
364445120879446185882469572491960112853995201634458303511710224748
337623252699430091399552688750842417785489717142874063561012852384
435614452396842619393118094329020170812480779205475903122568428855
371379232998138653736214658221755131577210642854325482714436073898
059461245134703296313409779948182310362507048465051683535704460942
339372087784493092850705355242369156359334411637956769166051318265
712438540400466706687624889708524071018575429685839654848621210047
158158697659653584599648357489060347837971718155821406512420297704
722676134330397640389576117647594153234482147359504004067221660937
777839063037585007355987314151860154872093614860299348391536120226
167939373195621009909075205315322140756519279799014013069751267446
432817009436368677810255108110270005281159791986804875318462250698
384155215991677542931191162649833952603018056039873883233896971237
866166509328861743658385293543292177991810148227936154167288414153
299252637215480876911235178353721568889147140346182698926713446658
996415486086029193138693155413122307438687822326421760017158563851
337781456771522249682817207937152575654338578053513389615530370382
625591141326453823702313703445519945918076182192931100115793366900
174764681095528509694749192071400408549701839278424672405810994823
918741074229521559930335934853569945041881603975047440795556825922
693539241340987923278601930149254575873045855352552158096202622487
285147552123083186788055803964371779432877529857587005435381278991
599649144621546424349001751143727733267067761852655701949124742263
953323213533467520313694944521587892480470885134858780645486000867
726038129235433601125439638357285677922139656824408035974237658680
525795489775001990542446559056027747364573708774518257109683614810
895511562536306860098836448529900917162914391853762985845199284704
967686940869775974685429092528267572157609356994377422766273703570
009386935387568638468800310504999640503846284174212097516791947687
438378412825778811567227485689297594545710852935333784830990767371
841558162204318516366718476792036920009668569182275470067356484501
098475735215669503122225520356381630302114249176167516453061674311
858253987093933567285362945403102803417772102490943447425889841121
545698232944564679403141953961929574461610680091188387410588879569
262904245065329435598671585487206271047863442927175768128038779692
855018304923212936893252608074081571991418365543166671042672182100
691518493627396227338535203674148360158276568285486780878196510918
879880026415951352015911573133678037328019740943498634814439212816
773250877941330602999139639622291531191439638234051841114703630908
118179511102066897723535544743907508626982117248464588264828474225
378201788795723588716921887794100021749107461566590198183393035563
756947629618959979250712123811053554305626004815868313929353720182
206525222770064551934121577323040704109087692974856482922467820628
647097610343745051246805522261868479794666675800460385973499186903
556550698964144866451673255744988729066222368272219322262814677093
892138169423388959489516230343563323122779060221514253055374336488
664095755536895057106024698987000379917441896539798088503200935256
619440254193160793664108562638913123941714265624970345030857555347
434980921378657646826213058937426870772450853057003511811972432690
727222555646637718026092717432701755332004444782861391531049833225
232287996570546070200891268213493030394942230881815189467444644239
198621124977593357442991467176564732473725515407061553299015844103
367093411681845429272115720909510569358219306428976048646106510847
928212711125780113579257645591067348768436431955324079457399683912

7398097100719301958567953763985612842870818460585371682227265396 41
9308184465269675684187169600495071042695117584378162325514955746 65
7607527654908732350378063903037080923731952951038458374520988185 91
7956310239123412814999500187202775389081013440579454446930719001 99
7150592895360447745350184097520894000568391297602237514552521081 79
4415360255966923288143267933846068638785129813044948107950826981 70
8626392397344388074559536170727309095241755192097319792129534662 12
3445969087634509522528471350614896322898688056869930912836922436 46
7966937351663405276476718329769494241684387247790572469028628954 90
9165667321502676332547398358312682563333941291550788536038698898 63
1492058589428288240091419332068429388644889024617212886661692645 61
0665844126268965129020065337529146784417422760723575208728944368 01
7872044099813457172794095796905865753147502792979086185647089276 99
2865718242386849873966036409033369052103675035314178193754022422 91
0930289985797334695368660488950124891736061429999219813162572895 15
3614287731025472943385206809987659668559731290111314619563285171 30
9851079602871516620632882421601492675622608094486103883252369361 36
4457540079799027256939046953891743626527253977381370456590837272 82
2349632329205964090431338734827854135572913695180428050361901063 72
8543417571111272105571363656749396005864154646621314459173517276 31
2768425649577045282770452670437130307199945931496524063662439425 79
1526174546724257858332558426668220451315171781711136561007163879 76
0187828972026824924643761534540980849067523295732945695522987881 11
2250124009342739216702785108172836629916925656383743510080945429 44
2765124334226977129799486899204248934615588566153214851978896586 60
5944463224645779495822677219578732881206001952629584714668468768 60
8599581918564722174477458820323100402394106844135218338528785246 49
3169255793663360068592968582946667859036044769640749373774192500 28
2136033205680538912770827933594896341439199355504198390006154911 59
5681388334434641180755328367033953646457102614601912722543535347 07
9049097515299092292213178207054215514021836989603596353342874534 26
8006285315350053447470419456265705472495331622592426014387750027 92
0194369040241438405568479700970191903218889353123348019201951789 12
2004912080213310092844142562890189845409281466031247985871401169 45
2282202998355008202333238707942610277871090014053756381437904441 92
1707650553138334836755284070008185921969211408478426472720771297 57
2099465249909211770027937209046905392036995604680829010718829839 87
3103120282785864325536262810214351864967224370646456487192211586 99
2745205081783859748763265456585561484956769841352514197703320679 81
5099131812791754479118140781186960086856379504505788794591353458 27
2373241058502499048382209128859702927587695538443476199158181524 47
4259960755944024216460074811000701260937986133332971403383789845 78
9374105368368672222651560759188610745498567931092421196273754987 70
7014544132418488210134162672973304005253397067240135856560598794 16
0953437552779673104355240587824702547608970988094377880972429982 84
0808790334416647149155803965880691945100270355341881626485691401 08
3054891236306546929033842037183573466035639903369970397723402168 11
5327929831813458064309022028218884144096628717252284351384314452 578
7165343835069919339099570618372711211545565180178702247568679723 28
6730228201954270339688600465989015095862830851396145961460066609 17
9688705161409908083829201765755221081940083074972179924899417815 58
3698894829322040000988511190247190943821345170332571441457694425 281
6788484538669684480048424342891229293121928411099830768054873185 44
0038259230869047013760514683745892742782034384214270857366623015 75
2873813912597040069172024876663633755710259133617788569849522793 93
3874329862368113282484163673389750015001424825496949002064049053 08
6499388682151246264602313567194115474749009234490029508261513749 34

735410326720396976042846884179874057792927010598344918238183333433
907177051774437750049953684921613724985120807074416639728577587833
258306078142420125671884185515892468435329329320717686772270525689
341581702774508187268161412608507766923563858218498189202416555816
296994443655835576087356670598686007982260481594667868045789093155
501487905570483638270732614049035078498994780820333029160394857213
559108127619509801385274018489087745287803314434070221982475472862
987672621083395707210010874898135884783453611282662408610268827376
458108980367422992631183410719818486136290039420596294164896228110
630919639975649025547390217828493194135159980372031135293479602725
267293634293239477979774201962880534411244088692977753470364625205
594848236900306976316577060437903873002402888959494249310720943951
024806499034724428045250041774716718404635155049409459678627578725
311303534431531927577118657630699304255486529307666529638936708295
386752135468121952175127598361342800087423533396539813849925578566
492694988357273269186227198107034907871017665523827508960083511553
407454509388035965587302954957302697682287416977757077615674774028
198125345678561449488951562380606975565353792547845152958480144717
731081470538162358813620153668551646946370262629165401675227587028
420967548862765729749553826776178459703341982111206313706958962012
110608843067325786615540474109509735316416711645220708382653665378
519840091077100695694094777639532914495969267872402204529142893084
003809554593839992922667791174916304049381720457227685377295073326
719475659546716752398423821817839538807935969734766059500791289002
170040354706244097102793679084585081444753515381842365283250836022
119284803740624410019517471665453592050381163480775933422927064523
925923855847966398604852656463376464648180765417963901404088377255
390833165426855639897245219420440714752309012286637427288855373821
355645185748942717719589180750060130178152888709344875020535615327
804915644374464280497693206973068522879726902652650201272336347176
467455079224644818595892304422411649984218989746955688876196058100
763759219000806541085361024268304174875157634657692676428379803291
466252808805836839113691775110570841816509316577799334284152930625
543529236430119974065351430205053192877170101212159543114606448230
843634170002487683019969592523174628588194035562686887740626034952
945159186291019725568768993377364866826409506884574766210823015850
691107369397696187537246571023379439294624250098512361039196307963
597201828089108215208356804253007824107546756058151242969500616275
361581347044629150102485442560484913601703158482613619133441138719
789986247325905337192166551537278257259526784619717256222008283658
030566012864993362061618729917081625996914238973825894043097137349
129447120413276526624300183275322304469234212280764028517709050240
436137133882861226137064641881838714447699965170840294319723220531
427174502070598077065028251592676457195381001684401748794216220300
318774294567429187740194841500710632627854092416280113330218115218
070009698415565825831642881899700737702685318087984795329198595930
167187965362139246028535297871209903071276676658600554670090877139
576516501032798307237717237414105871079994054602839641276320093903
087137446322109917158167405178043257103004452838217130366484004682
677315920329155730630118548622827894935622831126662251094838549078
116455603619821086892768250328457336071819851687357985199429932081
072066597029875235337723234229386809615044543432252070895631586813
764308418294750840705873656112634231078123922693850241643633359352
228837787678387178580533113762907962805076386074333035564281223018
659515511713016419292297668635657950628833802977174145002460453971
573323119252164977528485921883519248089529650832117297110651594448
651230884681255744604766476900937902168355258216721931139148270714

522414804557984718792307023347375362257901327975575663662591711341
867986172309508034491415723506815419289445725905610728078144648992
468444922812366666232247086249432102315855740508273170146833246664
348027038753069029108281578750157995722327461956571177716845919754
804959485547665411888449620347136562099582556953415790609372905073
680631918823272514794971826404332472276698451458642978702401521131
027842436891477748227745287288730966915092480660789517848257217710
304927053663979714604082301026928546333475111573252433951030423138
435004335657776047987904173557804917358376164637115215013724542606
828831728350463494484741808475285866399274412797463543957910627959
180422332940086291556350994504104665820248758672065758725448345619
616956516724192339336859803601256806832908132551964722197658639625
968402213258549055616152809630262756534432170589254205923856688015
786527095581566832249178454438466315081345388875943242672100995727
101842962558399865362259031845778789881261569350863851373338157578
406849105999473064401551377634737932352676283404504776045441634404
886620574896761457660913586386554335270289734608997090528911978379
396632619439166415054347041213951341929747327586493626008226831880
589278380847303479964110291368673676394981209154858203328511344861
557172650814589096714494412972179647180444525780747108727322634736
819994672516595899302473747181296683840032798926382788516550747828
106209375302296655944975586459414647278771919930947664913939275244
762496696630972825474310142703461805089912447232790085070922853126
337287114780097976749044299381463191008877995753851499042564799968
611898510761774224573556792338547543097035344360205121256802897777
477066272301634604035575972771184557426955642540898717324694540251
143676402793449116694165147269012568576397894409584357491562923826
634834524966351867458216683251985791506639905075619689663587944167
632401926241919830985679384697836923709238191859746824685130246112
406662313097944326331128291888458622133850773371596101670920401137
243294871088554644595181331899104444903939164148049667438059381959
670642242290332667052285504928949926240216715269500706295008804135
522882372815637512333840127579918061998139686019627442246360494144
597341087208840081279384558144535907586680496092899811624594483549
612062943386621224536625432418686749912043109777446879284110062767
651468218854275472264842854531268787437666044137820516318790192682
761449225538109715645149391789804537384800078234746587202439235960
171393384263889394177848415113818931336831172668743066998263128872
499786038757838444606328030133274124769824728576383981129070238775
979201363346340485800662708460067592817780949071877288614986459380
967355610724210062042165109548896911864026071234789272823192995914
142758314205005207028760120182229540179445864267059748116239770720
069933224378201110107408645937044779354644266428587936881400408393
479032080632595903924141310537076898041923409739586135966262972675
502735886467440444945304964301556580586300993019693672710137711771
531047039153650008890178064552217272903372278411603952913041079398
279704754191993241851019859964319368441133983133964536731474006555
729188844755467827967950657967725980465856310498875344599543851772
174879951346427634065926594291637731749660430602358268499570328286
648930559424089659998010622265846270484392413386873797576692800535
559113336044727562103012814519823966960372051750563781059452352342
362301495580611878723151697144503778223520114579549641764271262217
992922462136517601413748034718720099253227441997406395005957924001
307482520941010832825943239230098573599042891624775636826412623486
367438763211514057123189858455345961932456629419364815632182548575
699648936904038158030741014842218594380052196196748040683239433345
632267632764667379839004332150498726515576730690968901145139464108

```
1687666995429081677020299062567087692561339409561356952854535979 8
8514244671077090932881776573512102546489663562295760732929492571 23
0836777351536540454756003713481888359087547266328885229892218628 38
8791960418822950856287522389928141507521425708171421390557768682 35
6448970524002352524136749981952226081682177435698402753918188954 70
0562989548845633059329828577474881009344561946851730158324174933 60
4441110571405879364914606671300842302352238350240872167240581665 18
5678430008582537163963426073609654321714487240817199544553830212 00
9815783737950678918532257726543944547140460623366805364421704421 47
8848526042756311777630443220743856875365896216195764472133729805 58
0473541422429812273552507125205198162301300043408740677940140296 26
9143046368251482251939051349356224539960629997373660458740877482 73
5402050299973097725032118203444460677944423352612802965905042346 48
1716760338036853632691782903158810138783657894056517097132402277 96
2284154747402447249845717357631078440841537193635879587121885111 2
2214741196995766134754409507055674180180198700338411100852714000 09
4898660917336969946493530732901026058768825599837910835980765849 02
8199912436881932944134663365322491770710145107070129332731134753 04
9026854928273134357024661705022570700619123729617827756159388374 06
1431954101897937289961220636295843633692484607965770524693065554 84
4336361336707346441765935275598189190694271425413078093792515391 24
9141638776852876315274679123252234610806885673036390798231548482 14
9708482358993654991515727633191707363507936205924658207574152277 94
7040862004665622536012586091252498066273710577692055983870151967 98
0119038147947168641783977459100789331666597730215575904843996288 89
8555127411697825783960159962779281252821498630209040067745946805 73
1474249925339597878731961722477166169840151983412292775320342353 86
5936647005959284563925054840254491298762376018420259699573538133 38
5089096868701754962527179318823538418022928227451139143111581439 6
1194453813468480214920931268249769186127065326391347693679378604 874
7734144726750938572308231689286922751339041603047637516014723393 8
8200236862284565034987095203814107928654412065594537477571929636 42
2644222505685326371753161628553004826776371891579038544905177501 48
2369152788451295599542154640884726024677570402808870479451183948 30
3426166096906133510558634032197862938732875913193019653509385455 93
1403574331609280281116852393097286374884250977131341634558412164 35
7337652822884588264020783867572130673062926294952136618904954647 10
2474602820076007822825760467055903025523668254026849461526516397 0
2833956308261864351425921761480588628955630564463561208877289711 81
8461598650301816839089131925667569213428278727113928453158957690 71
5622517699980227115181118891359479222275838972680576349165327779 13
4354236600760622450668791824202672752955673918373515208921134057 45
1338652076060555345669304488448119932538733349352313541653710957 1
7798440576971354831954391946472986195453966602442668969137345885 0
4524686472973280957092233659459345051021211554255974952632932930 837
0643199850528248562423293518083845910222824022752280296840849873
8568813686795761688715001880851330690347607989797272252448877743 994
5018768698756612803066907297940904794425339794174059865829893953 197
6433274163907358239831619812158630948512850947369868910346957866 40
5105619589427571302285703094465410742389916604006221312620291876 98
4237982453279332118694043957721344698380724327457765483440341026 10
6827634941920651095107119443749177564453331988983220066133886745 78
6648965429863719295414464723843472422176615079588544593460856512 58
4428112861917506099344449905367358239802106932458438109870613082 27
4797398404043495881008892914782387535139792098674829940603923237 16
4450075210774982673866656429161206357493222865946530009355856397 93
```

के पहले दस लाख अंक

473757403392609317217712070922297640753899667081291012971405482420
252568011088424457283909286947355359640205537484817568444583392372
417784216874134925852482347859781294077289525669606176063853252711
740501908166821304246233586136247904046429307261346559345981948212
227969914036551448769444346272192084542074311124349104991219910417
701688413324689866565475376151996585669280551793680806046794385380
751302664356397845365515210291167144589593511467872036252109467409
435106706286347022967770935533292020816434444964765023378900681643
292932120953145965032256552549853583963643835251020516185961560987
515719137241829552227998252643384410853548009610283037462242352153
535493243372832365675773722519164157209765182366673839650486553588
720535450310951560769254075367190649677923463307088008870420381599
318712393874790273053659741666966446716343249985545687933376323122
502541203708573350621711406944595167164290630061445948355574707762
047846172969769922881936303227374967631939844962631566350199646741
354627568183476019468479973338465921468574178857736039583496233659
384926308473696603296751607310656712096372848868048051906240862086
841523739105555661526132293846362650375895853696067671078201852643
952640009883296887428459121317410425939192922190522820051975371708
563715346690327257215827425124775614782928099346457651955993383852
680811633785684317686712760653947753677607650935360472239082360727
438889523657986072191576782617690418254951973406658308169811259415
099971795993370847389351609646205875353875441030499401854803094210
314786362433139413820270640226200507642369649066993641826327225583
658635946881075434316814944123302972311661013740533918152223390008
181111272037272845605332944333714757569154652501071282111915859317
287269602038142163289685723472054270964598765076953182262275658890
381697272806141556460472135576778000251886528886251802062461869051
289617957094538397304496473131456131529171043377576435565253488383
490007593804025486129738297068404256502256625822022930251004509903
347101018562580559672104831037541802797704900365677654716616438895
221338942817487470893923806126750981503145602555888333983349240339
116922811953447918763597374745443563246976230976255312268894576758
261045615388976945280661639623234139145685020414925106798573302030
679644949478104563294697924838986366011586598746058744972045002570
250540515168575061663490085645368741700223731671606000987481314221
751791340138243892797889858067782238931335197392500943132746969396
221890411804905811265397660491981935060904168894685645543711582325
332705184421303013920691363398834533655978354163382581108900170649
121249260080300753119422029249926565748357379639641836767077285518
186558940762395491936593559552954911832192829488751515872799446345
453185963296959775131325220993712875109625230744866671909142567620
290997272579735056211956877157586380996163130787752858606595025393
676341218787408950732028049092476701006201572487212886307624321044
710721136788859959647094441521516469077302537369021687920587240594
283605997367241667848713830919347055582107322168150108943903414637
103789367065699255776106118369845519640344449065187896361154636914
966139595294355310642852427663097752794762203023861044693301185676
556847066524840922019132404968917494056548083320687149205069877820
667524014804967911387734513199545948530480235414086606631381443024
978932798923104442455761821634355031367807217870537079357756332214
471171506239351338392684421668204619709741001926040872036771399935
965730510089492069492549920401938215114497996707398345660632102443
347274156123764370642260332649305274125916360715539590891484087397
400924261705031564082447006804296517102964959143277229939774781441
293435069265177396029840822188626709941978518240131901966782088664
588517542942383946072697559605547359216312419986013944535176675410

7813671216114442915849218902461871999069917183674385086481309863622
7224771157930959818379001316197440427601907450516620248826689303588
4717380431616747812199429329330094442995776731539691920061480650944
7663755052872693027839780506992422388409496576578482306121176127766
8197810799301311337660553519761166372780503226498847073495378117611
2328198411748697592010130474809330846853440538699822823850432231100
4752206909323781302279539035128508613288027730859704264487968920766
2527625846936774619821252946090920267425058262398589595436065549866
2793643971726477409884383563637826071755664804915080899400633723477
3246686133451124082271140731627045233451643789601581002362630775100
3968344165213412849884857099895653231804352581158134766456988654300
1474664955143111271380738187229350631337514417730779643872034198255
8632060098939994040508159944759529131014585575176555366293796211466
1557170888982506799435162834386430014241988586904164802907621614111
2893927033846831382495686095609388667080036438036171140454119049988
2073121652265043415934434733134978652504911920945636477122191770811
6144067838008107268865531669185367648437553602994047533199497071633
8689144795450034596025243467775593061830664633159380798334227594700
3062651092579633157129625643894294960866898279149539211320317242811
3502855631037242953367994829169640511287293361378813400018407224655
9339711938014299606027337671815024531228179035201126955496726091966
5514147738528632036619181705794714741810512362888123232129769257900
9765265795243711579111963333212732496607624019546554957934370999155
2154700615335743894544184584380424108420236802750372832866464108199
2504920192722678035634341198547386117406608264304729034876698751155
2131401114599595423782644160437545532590254466429106791902916102722
3778256810798092285535716614176449300762158183813109022151602013988
6195437733538471552339873946844897956867854083385004095219035171544
5555906206246336494195633863183946598322351938842937193862232739577
4126441343582246332787359856173957570928607720059683478958906629966
2149214004650178405123872288089219619453456940077921819775981723588
9825358897426703625628137806340601647819534454314023630408514850844
0599065164778011885335054211899431548628668480103294826372948480788
8430689745607379774526027891018347202073020067269266567362754799722
9685174630566041348448611881511960272717360532394740483628093718577
7977794232069813851116974950185498089166107532619417356804241351977
2857974534954077678108129900425146850915813795860261728116932304733
1329496902746100721025799572477425179856336498354856062911737862800
7762467278236941480653537341335984974970926933514070571935666632533
3164144008985877701330483214669317026903627856637511691594784126766
0964244332363510285116750314727997165421720782727645572807524806355
1642011260271539939073508937447296513550938155473072279891957703988
3890141615059669771331767015056979515265483577632303993505855555233
7054740768264552592552272988262251992107375735397726989172431824877
8717742609667465057808331000460250735291207738692554234978954641055
7435275385566545566884759328372484523616467048551175749917978813255
8531596939616462665565781764641677224036084914768440071555991247577
0171816769638994420121446689052735626999458366744065842651658345211
6440011043656955958433763959996579752871303939504572552324541875688
2583458657027316698020363222732152775780376970814325544872825884088
7392245975837504798572358590496583426831899081434256346021214689877
5954012993388090132689410933367585688655061981212848634352301311533
5094488888098859714490718083597838390516227722261684616354570702511
7542680231194703740997006827917810225032053206283162745345251144588
6127362709301433045904013888540368072519221708126435173012038532122
0187330007314360385842626012833987227863560189038155506114778409700
5182422997065466290713013094510429107706284716337694535897419212900

6970736035142609746293476567082131378642231138412268781880249631 28
0223318418438995488790186920723607053188387701574049466181727831 62
2491363554454897660376675973063561950870697453087814579740127741 38
9330338790589330988441113787553032462665253013355012695229561980 36
2247737383193526235639062928710041902024332510931657985320038582 29
1871292768109811914901393761358440560404542352257631489009836282 15
2261274232379357871719151812612333341239069185606230359873769943 7
7522775819920051030512929863255405665877031456990178082453966418 63
8454058671738501111269822370502677703309915770506035516034212812 56
2104583378385505289279906709795762011611062670557446239875327664 07
7742125987267496618095377988173907994754072428554681445914940962 60
4396348871400736808096861318373581721492397257953882911843120294 72
8945408483220740965362642114838188175195861330429223173756652613 51
3304940618945550203706936037781794129643254403618677943042571938 92
0920340169235351633789211601565410161095243622234754684544045315 41
6750267312948089134333855702383099175949308023006085825422761704 02
6119633816585798088227702433688741117475168821300540044716719208 96
0345164196464722780295565631549230440420135101342307337941094422 41
2142502126195970097875447043978847572645756372759693010975928377 52
1233141901253378239629189372439344453557142551368847731807197912 30
2660561294875044451843784851710182091554651953815217760607767187 23
1516901470430488119648385120812510342740655590889690339781464209 00
9930942457541938673175710480127473455711314672623286820765573072 70
4393025215936396951054938108170245936203825500383675515398157872 71
8996418803922016550119361232129578880582785902547626084925099599 17
3488612365416650457528866144082111950733711448713058525647490504 27
9390846083077549518266230474576500478247338365355649837217789980 46
7387163801321093177853291791737345655525568776368173986900641852 80
5492242379317032469651080173854296822917659429990463006556975049 73
2963481242542328740213498856298198742765802876261477027574539947 21
5089921821458109106506576863940603133193851821434265059153494390 39
8674014562213453550744642982360862072037239841678998820695155037 72
6427034418811033415626409992828080314651609400237808332133534763 74
8546940529678318381290386909592424664039466479515160681406721654 62
2777528573358803831312034093217895739941806863051303475326079202 38
9718368547360870949986993845007915934562273443748099967053342904 30
8850205153003346356993147130634100702083931262219570187934514377 63
4407199739411613474896071113233902860124233800642762874031535672 20
9874154967214555634058821895829215071166814432146374573470461135 52
6330687520563539319752572570857702141317025345131481878932482994 41
0465297911681784304322364578077428585895247056203896166651494632 41
0982470994081896163917324452317522002612802893341836434773737984 84
2970367700485322099807634401988719970340304685336777851115089124 43
0727353707376976815472492097476378200941484306788178411606495757 08
2617089927508422698937172153883957340701731937542667448039525557 59
9191725170785384885241498544387425613211832032921388515252493141 96
7809202424527111815251147088519544261890711463996017505780638433 10
6463482576799675026479343868261128072760908664852203154885947410 59
7207338653293854462596294687772242669675644978056104976514315619 58
8321991202641448640174094954994243818251976615188614153601064496 37
5280609101263184264106194864818651688111109771835643418819142285 79
8982616055037536679309213174416107958067632869582741812936989024 72
9780587288514595073674194427249173015454966847655876085250252179 98
7148507356158816539517144395403457260640403048774654833111772767 73
6552838005316958159221070112714247721047975357444146990751203112 58
6521352108773448822799215981395923235547989517782585902699381329 16
9097581923467188060138442022269502700841258073995544617925399235 70

995816447887410910393666813117522267013876754381359587148498683498
622810011913077003339505782001340745957473450657148766215078958899
131893303606105972132872804691400061659106348954637494912870576280
130462682669519084853331796223524705233176445158778866143599932504
726112285576283200870433405968421967897208281893247842334806596883
669461042708016442154534070393319318941520480700162849211463597365
263892681690429520484178018803239807073201317984507470972520857363
851338439009791438279260665439950956542133699995047299561990320876
095061705486603205084824376031636507727126258888885580376249463682
139582627773387666548812885836489037810560378653670597466961518306
891780980264207839514549528647112405961360593966311156084398538273
414234273708780495910614125144101927601664049779119451335042447564
780833132374727889356875352089353189133938040965596354470639628474
720511573174281610939929106301162462286331823552606422345221385406
992363584514354459340113767967406417833843994483367183572346160213
987317399633333976058987073873129040005155649808411898013599315185
263475904284944943037746200494587786747802269536958848848258105486
706911625677076862425537130373634360761147500912904033480308576062
911723945718609695643578784097343022002173094861425243091859366184
288927288371919280815959580714820832882028398929039581116324222163
321123872095778646346472163283517549431858269722646554662134213696
997331953707006109728166779171147875242573566483127881156416846536
335976777893151468704297345712328281925117550804161095205921828962
108196639109202738682654624334209142818495441333818857318854724701
381756591785398012427095813849767326752532195016671896205556547391
845800612492552282636556413593134461146559461719758153419862164179
276482486935035122367208733945720084121040036256521933522967904780
968743520500351356944706547984706081855906458390227942656879411752
259744093622592783669991247913943762341375948982863270862851989621
261038314662118975856944758652809071320925371684155130642025055605
560274271913377047906206302709712454224500288996836709514141790801
180571299820306127703044815810866876885504519757069367160868040689
371494975656652917668955782898351247972298655218547251451983185881
402710475322757440581792557498434253262508048416544928067107700228
891991525551241137832072598945839078774307786673827113384901721249
954343917973499951259511055404858273277726027819941535119159485159
561889781337509633122407861964953246523840407780321205213744511346
499603837669546437777616737030078579331597307816473498926940452592
876325988896127457369686470645635232132513183916049714758570484106
755580004042231199876645180260799978539388737255608685673099513925
317148025189651229650235208546230412842476746810125453089059131608
473681358894834305897840695981193785178035604447793376110624411440
768881650683183769091443184444611153670698843227515287331342724624
285157958317664139580216980316040012624200443493453979238426005999
375506175649104415273342279125295817028793812345585316373983077247
653258313697879749181458680667888203697723986605420490542378291608
955225574718509164052820206762538707462912861965831438697086446191
601887877022327603331630270768866693272187050745960933670891303012
801638595478050084719177019074816661265568180862381688070551558017
609284349493666930834833067501399905281168757570196900042082819510
421358034830569780571865677567673730876592757039290351078781807634
605566897674900521607645312314665645556980627860148409843398729521
385576626492206681327670280725141935857671778277976017829523846220
406107795096016918625809347549839833465297641942978110667322655078
013975746078065139438984182234987821102219539435214488596026042867
814930619812854062973984568551956140295204334681312216642137199745
059891739306221974381747649461480702066260099716099962497778277723

2851671140300168601436719017595613918824177785144577631156576624490
015154074869134870965203026444975610240971449941569968316867739665
850652597335124496606783531224612750510368271967499548437383734605
458261176285142837302755736694159741880942500724893672699434033321
875890201817683184068104594579171557117064511098078879111221027848
175434178246823503050013297783021026932348402702554676607337867953
080215690685815969080023048979036107520257303568815115633446854957
416790178511622559936762850158560425851312927979692862671902304949
234973769476867957366333353474922020360710723248677170391020344644
020996196718933808982931428298900840180665712154313030312250464128
478736860351722404831575527130420775640634925523752174225698949648
032609751740401584972816235825675902833812029593962031777516493844
895254804967673445976691612468390255632899371088130117903685185550
609691474109876534547045379399226362687916379749972292769089458066
610550739448646088345414798373082256134908552967969257841377035843
277579799838523338412507942532313497498374611198957013471209801957
480582010167513275632260768279469386246172476646745439754603292816
080594524117056023934813346152280931957074536499075222850094497886
287188515981349361533741687505742220471664988704000763872030098735
327558515523373621183148760404862562470138582902405507764975436882
324429688841633757878562276073579439746800659105835401148513416641
242903847371822472755556523829451413884121287022566785224854547958
353474074179596364432546094275276740388663155600768756251706858169
880717762220466006778437628208634890983508416853384616597413246964
699641812513233500625700108185728026019591821678499735892502635313
319662416605217072718727682583933483677951006556622301496032872830
535308951316360177279286144645006704786558302195436242108359773225
179413481802202670572182329033503178002419620005594127488610318234
724282768562833302450150639350847427326856551941509098413992877304
722126094347031330956106544522051109172102065354329017643519883481
421956325981418874830310805050061520776018589354850716363937028973
644905611077734275541218026956823133453188988294958645409598791978
200644579620840869320167063033900748899368264713334403424145779748
596033557553839717624704694764316128726988080442648758476843223727
798239578918451623775809641300233327764621672449409528644685171694
185245521503240448136670915189459457780020577467641699957371482480
522252411769093386674705864480873578483564865072285868937431002678
775756066335226887118068203797712767879650688998675430931718358165
627418844422329808339095661737843395421715728924810250397323686220
617401168306304870149650985478000238956560204672641652145704037754
840492451016919962443878336982536742171685016509431408678945549680
684544212717623702633505963137864068376755744031520989624618165683
686658249272169626029007003157526610707518257985753559109283428127
940274904674887303916883732267898318755568350855716827696029353697
836784233891493039429560391880960604175109802785446427924959945580
178360180215154821282890861650699597323527570586932320589773338538
083987634362332656750864637980427029492276750075287225838218383724
792401893099288264844266377340482218511943798289850810658300082436
104931670693791487049081714548088623441055506331665516838174129350
481789672327828326915185743009149445023102518891113861140409570371
995466473795267418268699538879271457576974419754491717901542058886
799636672857859801200627414487982888244240876238240433386502197482
902253569645230670088275201827400966804122906473653614092200146228
202217957030204432495532554833353581551974608548727102749701828140
746348169261363395488668237344952762757240524442413938248923271401
801341499457128602317798613730828041574393838612993522046204239158
175420047712945529602020671209260785168387960042396084936668477407

132781452906915226878193008628320704630386224250938613089080433977
743660058800320449677254141704227507617375237496521671861372198017
566613904514291969172329655873321388223944239135735856387010313502
161728373650604681493852561884585967500491094366602156849245883846
444861608940583942138982118041303151617767517310988721721652644271
568361924882549519068018944179194160505835665769257849314967965700
017946192350379148297675195854464035151363097287274202237018172765
727350381084630398132045086742317821968214336923186554035350876017
038823311385247830018216458045427046563975497706132906076471027855
284951283776445768211041931791182906574541293723491137109156118608
770018056951859613174412038853287200952608434393841778917372923698
433327115027732136130322608831764604914113417379943892410551114154
133987245206257021490968402081962049091593596632060224589864445964
878127094461346833374526625533218809066208191235512599760521837081
816569685673914626093135536532950596858455438120481711735106955490
886906533476171521571356081314226314214624681165203812589614573254
138823064337986700993497762909074320378406636261514079354121658733
628636512679380359608567611751875800267841197133871841997930338608
475878645953728255969795320120993580810222527788910743922768039770
977662208224412312298778075843355938065317686854861777853311021579
476519080087250933912882760322956001024466648315297997966805007558
397120000635682798842201099503269865059487166768826336236671303154
363556762894476362976918391469564800931925815072077561608044425895
095457380676210306139116980947799872511962622602545351322209595625
588036453123162809494999181544275829677910621961735162009538872973
694507830881058086650675461588393734072423238735983499902320975713
108369699712065295442167911709369352578455532559881387819752988435
944274812350984616269870650173542569481695388203657477853742146677
054078476585851365754770880191654774015822872078735078130299294705
005973041713461088057246188976686045311129220528743108849977455659
550080532507724512575266227567259635384297116638388470868740721566
941707820146479979490276395292579898256238067390279820795701638217
447860907093500604787039724970268218690710957304643151490336168007
714042771778573402293832060963745912150654190584148238343244111931
718971642686185010752627149658374380873088382023949001201193231527
822250464366193817850623734122520017443041664530177458751444399147
769061626068576105073873926969479157543151437208486793186989245218
623756346623706963172231119661204851577607433137435227701630001553
038341126400044397404324626500169243507356389964184854777877911206
339168393865887385977441496495623842051023940860700365457273590332
824389852704532564978696585290015262840461996760702946972821738395
344561136588700933112902986154410527408322951959369356179578686437
334335183453881291144600765172112179633290800906383013883628972457
322803641032616714383921917804381716656862730499202930569989646619
949987282256514242910248567524276905476890533947713144771417358191
124056605361921460275983814029404035300853734120964460681872984076
737445845196342635015618305187749680062965753809904939060143776831
739079781172165005027557155900897379667596057678916701267001219312
043078106069167427834517352531886446545476521916898789934247248022
463202249349666376152577156753481936350688118119148692332642056505
979246005817235870268714223402914551789514252363494603074061985409
558712952353580171447537029893431040374014132438623816405052606883
086086624108448939215065701919418698987203134982161379892907347487
352567839473333706764224457259930153731224959655856232979983578847
155467857615099791677302681259987299132951834804961003226405602869
410917100322829101690349745611878479018196901543979121108461395719
106629649935457946692302809168870284402569264294697662732514280242

e के पहले दस लाख अंक

0639869915485035894663837545622541962177239197042338142386433869068553646397585926326954294004334501572420696792037530858992481669368622558476977792579194988151533106802337915459164690762140206451168540518723041562550145153635210584005578000439542753727931110306808624967129328924782919477326456887641437293540107295834305700412037450050725449746330556601324656952629871402939211011519278782705222413608577299468509973306912334257246817795299753020559741001753550228461253685412530432276954125038651638680031272780638332865081330414003132520193487672642992704807929110657102571723748493878354191192822650132702314480413474633779378740886662973770669568683283906528071799218079740941478078102882121628536295409380475315085265293205712316405149282582723819484277296086757728905217084635225814745569031803544588706240525191517996222557834736201120774079975267389917986635775755362385886425544267927409741839558284059373160553592789901677666478705064006656703504977999728982204653877250411875496745152038322689101041868448872075510127573974709380405560447044499040701253439535551677728528026575639612633835391943497821419667893547094097941560802245249337714037755301919746153538466239970332305764910461454760330369935435841283654202399981179624103849808448736863595928295459264137057824292863471851156802893586281387198031439050605276426008530667477276590055497131369707287726942035369732545185612802163020127887169966415667103062146914707696135448265996099310780754627439216950393028694314311525696595414750792094046159053853825116660354990543879274464757196966035205416067655367106107944185351517130955100531461284089660191093578441087965411420920103717169201416016423103418820342074601594781529199114477959452367161819987991561176471292522484167701066042180336355711327629712296331569375439409216782174702372729261712528473029614755762271380540593073075069984087202909867185193272839758091530817551739155393431251763977987447488969671878481524563505515594759471509406764443324115959471458112785875012948857319525963254334738679688351628912350071524850865188101140394642380573531300765516008129964966009895546257902968220756345409180994395674618894132215580040592703664980265516470419684534869866851221650983928277149375418703000411002314655059439060244742292587926968795823542798978695892291651521162686363228726194846819669303264657084762905162836293099427686255070102366234205960145482876495457036256469235232363194273883300351721976962305616072484676955696623448608638680921711065242027460282392621773934499953570867245413702475091470418511567017169839744123458308152465720842109029729063374457235490844893002056894933882714920186946457262418595727535163514409716719198264242606795534660186254597288451344934348958341027508064675510982949816501428865503457978003143551619375433328338609382749309705200703717258677720586752761896208059690393886919793462371291553794509693358467872681862530190857391098615215229098983727282055923872418765148870789561939170269533128715502927890714717649865793466709221747564574394082332386673061492431907293493372918488005326009771082112216655071308941702851273811535662671268315605218519791644717575174951212745867812992015843943733465631169778911928229587466945480837382249133496733626330540909604401470283820281188506679512946965313277246356011366698746403334573464480766361078316212621606338228056711206535563840408306941845454732883709293425474861897946262396876781565286992546303346956661369030931695653972244640376692085198882182861472124773721202792552037154851323665492176442452946028732800457459629448567401186954617568050777873863346827097176884403431401750550853064742039412805872670131408328194607302454391837991878536410873456287805347046301402959835115008831918913996147784830026972202853761330129756535958355773083

310437848386949367284843596439675035513851774287469155227660901411
623218938211729919325154768568986346543342256361260897095984883405
952369047663493698674429220793759962780277140673480557169425662978
262736462809161951547281112002604857336078362573091730481979473222
275104648977260750231419223004240923525309305151159544341262226544
465923244409256358072854241247724047287765071848063263010432847774
445055969464440488235895789426814056046221076765317210427452874580
475210126521186746144672048832382896254112263219832959128992151964
195127060163378521918895001897486099980569643288112632481290490059
229419262736619194761735504306089147745494450488463554639964884361
621454088020442435134329116157112623296965136049367674667428845815
894785361165328124418782384626315646169492156600253755835886432112
580456872611023190961723028092527725124920817786209277283005346661
558401293292156687611343916741590009689621360212037506733412290630
439064604441389435611829214217826235004195837114954468692753947155
032467332090557729697023795560516957998865352339683241853041288932
397683057451580435955824807262276307360725590146083639257925018995
087259509076581796638375789652811913808836000113874816703306882077
852705927541395439968192833044610949256639067589211000808993231058
361385770683339961989124642947656406661093954683154584194655676298
484554878586098586024592924000557580457783093652581858673639745291
152345367689905380733709368582487341417816083353308579983677239089
409636322222916620414294013059708577122735964520252539436985165599
417898109760230850696805012445800667343106536115704528441124267414
539920387690815538387611894695399702925258042583570739410890986377
507282652568709775739707245214995664306172665511842694132761169222
953047870892276728976830099769104516048827483307215918489186640485
091537850173546803834545590844790860221424583665687259447824646703
919495208033905535683635926032428380685581188486001154569365709480
674560179503301392321061794034890228663274506845402188304889911606
960521081475918594583674094224482274115120790767331680213009574649
044295422885885202438955385328035323472387498195172623287743116795
728689577745391635285514570185803942846805837440713596629900148338
738943440844541448238274731409208390076076452239295927604383625569
177984933997455724500648670124696386596839966884970502142788156583
410992177265724530336218923945413972783556859121227760115424137948
328110737424463652804250843160592689033510321101885568354699150744
282596582837330827924387912501156544834321403998265392844441548620
241428550041836575682781990814595836875487522061454244128870836771
510237374176166314612733823910282811676500732430817626414404847993
636393664089142516464553762517896436101095998252502250026883975335
007082686891736067739978444209773161846918505326294699284749125579
228160753275082966655599537995448225951239232301987360618659397955
871722697963201484115456350505830736683191609242706725087347380306
175887708426222418521506615463747114424119156150585706549975338578
249635926035740698653907000521169794394414820915681311158340019093
091535858663809288727059828316459963268754507411696282908350530435
181966421169707370734813716004576704086925501674784401599210223847
866267080720046436165485236028825020815674440261356234801438105246
016006390176018089022742425796374082402126976568858803758457207851
054841980996742104239028629166700245904999205479259673676612327025
907101570490318782659135118791677888533906698110124978433621214461
224277107734628670734899184346449748492340033742627925630170137086
231481081026438915353407695702795614377075640341268542290682175253
859209072023818090832452450740011727786865116972015722752521205046
399643860175191108684220193846607769745199113319984820840837101733
711494871010944368959058726279719517042653389537294330044630289734

644825019796584787672071774790256096182725344898317848154322331739
479681325171756538730122180343164525419018994365390039223548498773
801384793411751451481475846818819793578783706227549521475156818645
641783390024828937121609666111740004631210032366530280506891220405
341618580987979789514933632075148796291613682865852447524796277654
526207776112026443998051224005378425120875069495788390604352624664
638458425674335591044663601335201826246284728456248324222059449445
603378814413809567184378957052578829325755147606512114851365794393
651540856565585551442949907901905377546643642244254150602894465427
635910375518146707627199590282460549177886196127607551232768903128
815608200151326344060477378470571183200754122505913940427505427698
819641245735245483178933327595205342303195385182450872279634931371
080961792693634226250772199448944477008969847495743443415242945451
032082668937108200373214704153600762393850937027550904996328287129
669017493581806660664629456690109845711978753661526424035925237936
505616868175031249802597523423045073838765615277852813927406318396
780769803197576622354178226388281582978126452658603235250493230656
013905403606020354420120797663236364638439849342405719890091342986
800237330497958970142345818212869151924577218431279604052565723082
250660368493077565229523882422007000358578551187595211873633355614
576180172650125043728936304315059933280740646322301128849530056402
431540445114300974563554499190046848990621962524567330352837584219
970720161775099645332295935134161346165245821606467896274037352125
974567437974569754369757822371975085925494320201929633030784870416
696352710592833516242754333100708824189184049311301943402528443865
507942923523883700735183210131861605821088831917443048686044072197
641827297361755578839328637677566469098041922927194806653872954086
502804566194314082697104165188006890229728566942318058911970283852
240023869934296484342389296436307469579012560920183836074073397786
822749045579754250142687727599176342407752873984263359194061483220
435855513090917718186786500233653217494245408340173005275672425451
135006777918934953337475678544471351829141259292472696018492360276
316188956330915542147609689830499551115049946744225901638604706246
848720100316704650733496481268132801878104722713634204613592129905
841749815974347440735890951077996337988282737177970991771584241372
060564302747943536665830555429020665889735588405101067548822897617
047039358713530116655601358704282568381488865716083770863761848670
087566532813377263449381698338777346338232859864400237634179222147
959706355696709422350134088567103973280994036614416369116699369748
544696869366155811742940278175072770577903945915508328912140600164
257402808340777565225102841265040240967539064208900278932816996674
117981281902746375457873790303893012575705484878099744198655291948
168232727221335486703288373747224036457272869330356874301030014205
595806275552642254231167281777649202738754389121450172839313868700
597180474960076135474445998936326745716250790784558538832605266129
050456236213985755561823512706571546567077386996962014514892081645
901377383921093644836665517067404520221969273221870777215500783287
987984928133790792426377730495550663415095870681022457931149290603
496586959183093945386244923956787963201402524850795031709797619342
945455827484338799484247761682175287385084642651970242680909112847
115694258704455423949408494162064326153941259437266496966268985807
002685082095531582871120300944683763847903957662355250471750947345
063987667892401305785919441013728274317859906041213342148041952165
646204389874141850149836119318364971664868134566203761284622471350
905225419735258926215734584181827860442733677707938165230578253833
501661013762927897384853070692238133408420287857753943342116337476
218732913315007177950946017267211613961770039515409601136366539837

9667136425671863181567250974607225700105790549359306364122262786690
7084986371275108050206926085106001233994391527518030100913003451 32
0374770559055173923072151876655829971470706150874242944218881713 70
9623145548414118096293796607496479415142078553568254481692906817 22
5136039693381848287546567524039970243229327314335735003372325643 73
3752567457366567598676380399243840223658348165935972106576338037 89
6574058288156646294898369443984471493175562334374312298125339730 25
7919205814406772158909902978897718862084630332574717869235085661 80
0257625427860067092418366161776204013058732281466255213727038198 65
4011565149044030510486674323916984463533616448932030301702251269 63
1538332038512422628828001026460959102936543142285248668601578316 17
1348107128671558616626630329754033926821779601870296676028642522 55
9569227872513377142033256565289961660886126507226929574904896193 46
8744434380772357005606956933085605873251000330001482227208782367 71
0749757425589890993509983260691503156735792374168688664184873238 59
6044562757054778381261145164709488909888839341303434352192343760 73
9906225380621923283787843621888938977016486448389085750928510154 03
1472316470200316939787303800225218270067327403136328848015113918 06
8897585796980923102331508186703468402569255777185810318455339238 04
3355993541365800958817954273551003794229422503866707544286913152 10
5273251387382755864600132317249733620058406221159547117439907961 66
1698240802003870258421470669661364363239800351802918891810735488 47
9053210384379968600206599829592218878058724290202473544791789301 50
9521247284317599454236218848242501231573022919458162357157928154 28
1983514202936909089477824113524822411407969284815728681238423019 27
1033240802564022149594232912644099847165523049210012115090195162 06
4792672075371273941651492884497703113147086294446008383950703980 80
8269474526128913041697253112991680023112445443943020428697321647 81
4296937165063005426600591665437000200970153383136473140247612280 66
4751042921385499478211097065128861396645504135335313085174835190 56
4597373817780387494008969857806789311266048624367872325371451924 77
3354156245210888575961929595115166088316462794143289647428997877 91
1708252959459436107519256953887968224239336600919522645170437688 83
2208396604778747232507860501173513790662207636035345039676429374 96
8978132536590055343290446107956766907469530656883961765714926364 55
0678739869897493878497924856047211365813093193374054793363755519 52
1853893884243628599203484877005274372050344717716251359295876903 96
0748913272699163670358809645709293572825738727868816121329158594 95
7640480050550024225373386241110566900166489676416166869794619168 54
0705233757574349320786015341270290997502772019821716470250103997 55
2095391654783942458835793987992391715635678505518901255572700638 12
4838865844747382052618576923923666828547131263225762653623620849 17
3588103551450971060698989491639897585245868624214460806303335077 02
2394091574368851879524129443891916149783132173555190319831354476 52
6862940580528580025747440378337636362043249230560683162649986032 97
2795704781966987471810932854192310025647313388771430318940110581 49
0458121778720245803360740148570145538509107567976779708752377216 14
4282998058128766650064388344919384059880779623878022390540195163 27
5873082418835278974216403567290423100729914511491075369987156078 32
0533794783723590793777225874735946761313768834022502947375680773 25
4632236750236960756690466789701394742955291667588766923199171181 88
4532886191284125672683972550574937552277648247870330614245983677 69
5523898217522629414276746217177661332019138673628601669407780567 22
6331333963534640096106706923710299106609617586773653160271411489 94
7254364364040488406473715851694814347208302827007776026210209143 65
3190494047277899725946817361711942133549688453957695039807447170 32
2198096152153117215948425065516702592406874311338391370501203989 43

850815436354715644215668822616448852739480148466766217593612053120
719377758493588289175325770077802867059220634896201589729711391246
752951247059828122808575392067325881186513405721886365754665034333
099831085080737002485029988640626499545050796409227490288136742961
651834789600850345866346893327241826691531988838067195357016431360
156583000316468528583154070303492613255413832110394815103633302609
282049595547409009742439783936760145640939692693321639172476933864
807546477112989747922389074468406399036609408477974328897734273015
687647983697772796705198150901170905871899311259261452243130970903
936217990666367745598500662200194022599112695909085094232522214239
862224900192390311523556445258400743327302754304279156510949849947
453048946437786968088618546885290869127858327799233891761472414343
682421698670219637427323807105349511693888837820975667041297629201
213581962716532002853729505768629857662381428016302798940760971230
449544063631782740895526318165300826191867463685677425830802347471
106476903980441783852016265077290147922392739248966792333758570792
809461692229470035375316196748404855921315080637640759105544208370
614774375134605441566247970508135269663765929804040690795366788216
974251797548634760606535142050127613800781287109253018963012387192
901454275237771821384509827506869526584911514803160144225380846459
871738968285978691181702421311150399648830793586176024248393012355
256496877892962439292164119634595410194633934421701474392314004137
472059563939632066242203159055411612595404736128022925228981948375
896564773514430811375816900217371443469588659140389305934886417771
287160998460640193571713009632493305808142912083613184093812657571
467337288037225398629021937206466506756718280415862148360899184459
811811983224847784140581798378149015268323250168455290441808631433
530064780848815317931896307696519881492490066284929144866284878627
173490315380597267242442839124950509137047798138689871357140441448
501156509375694856286188401142278249444589851419616201591385897806
989682594562265624635304442956921791564463208766097973296572697917
028047046995060367865556717661951088810606591072122833102601802126
463187841272732745553446743383267713339948115946071895774759905830
427385110421881381946009256994120397688648202566276146651751098862
404537089962439181062336087997548391746178849911375084108173510655
529485571924601996946611590265962128147894890019860366683349002433
071419675935610992896469872815903453628752155667708013979488596075
671991288362146437878716587945832670402642174740626767599655740572
444184934948458540179633286967744849364416777707849463118035519427
451401642772234295846574378697534425529661928990868643334358412656
858665438888643851424711773741124886816781958444254660553457616383
454042073026131485795273069203120743388322210504284401107273572963
442703230660983673332752719811749505967332841377306204185375255049
240458163486560691051411299432747009547738810608550595620207404123
042922747435509956690215236970514723239954583511216709694278507898
064176797205205181520472698242600345432836494038797142463142803013
265101711745159495333664183679677735916739772920020803310038068422
481392525422045499115257994904050584464172762507524557080547466727
992816501295009606181327680798766249075759919462936246611514204578
922845167618713872220106520285871108722142768105050891029478473686
042794820420946523514528156269662663644037496466831839166986389994
231542394949684931468334084083518043258178428550044296334933409854
829325362493325360638936620064870125920306137702106879257075164897
942573867794511025861619052834404618660882568564245840312342917345
843052659527810390454212902506388212281997800564401377364313224327
521078538334141531461469189561074802988193689178744942715781631592
959166476960722528450684607945155131501772580766071866342324830708

715044575569654630876898249303692989859870009927809592165647298662
980514603990099404279507047584244526414065153117542919972420302915
856448034452771941380308328467415982016789645224179587064159077623
196549036774552055266418621552245255890193341818844197781788796775
686586283611875439174442471530586534864868145883132075473913681779
682737139274215990490573444460341541132152433731689027607153144103
375794494489049791863709150314352815495393193818899164571063096199
917225037111665563090049512157151451029555494809618786156894567355
471628614583925531526619413878303832103686753871489268215822840405
394370412080143483647222141346775447387914313373610899207952846121
125818840006554360030265104470883974948248391154836398639851225071
640066974370962322169358813116984524659893807900241125590794517561
909424648869708144358211010405071749717644375802917093889397259072
303761522120847115727152033369814481561037837295151988433028194450
662921180639048018876514861346389149366040214035441592905203462027
757409162120131591242654647859681589008295298319202401367040953224
149813707311989462176431963149999760614306197042575060224545100513
971018785922357723864371711869882078933297380959287518283560193150
186205193473212709777377159944682647711357024408059908208740103822
801697107863787216264185641252920731766534589162998691562378134844
670459724567484382265227766601605982981956035331110799914197401413
342019420025406234811757871676650424835811839464178101121490034553
437326999440883390538079221675200063374125502380477300801458110852
157989650022627249047742911070344253288657075992676566205486595702
308764565741580676552333802092466429725995229816125802446245399818
478550018926429441487536508441735634438838116109599547844994483938
207864216402038031471909668762193290067018992038980017926049561616
520624909140586589214604477506815442915736511094495904587237060846
470114694067207656137391459664527043615441733520198265084737531937
623009514208641036764927237910869530943028462245813470982896943875
255783675199285769039409270012774761736627572669695908421653325746
000682668417898489781874017530936311982141360512324814812916786208
651496693032615904669690046596394775982528232752471453080130988916
189043087868351192161956444973726182590064001363809607121010618345
754936942399112337881762278325485863157410789475101534348726214945
229855504994161513471411422252312498333206231902792258203850091 64
993005643716438159251463792820731663362238232317547298630880692673
030227873954057901982903728785268146474590564821550790751805669844
987151493455631847652296378953388458361948682351393185196123798470
384310157767883113657401458047266615602213150781443207692270521558
278424402632613643383810648919595282984719299653520007557892653112
814672372470656403735595531434991431483676465296001613023517677891
302510445877824023971615729088106844178164458561545510875011835762
234584190331012779645940995391310701675100595295413311492277624219
779674603208108803667045470742844014898511857061102683422939605342
612669091238032834927642599162374453536797990165222669298811599295
720146510673561933994469589474828755472323422676455527391288654546
121871955502262096589501756889546125737207200350760714972958889826
416704339495368733782077780941978870758442766513870092612414997763
698433610885764708806779076169825661630728108891503136657953379726
605607250178199753780998972776302994460697351828611926246820677117
582457578957287044977249063647250877172096204614563111003851950552
907385054795223348667085888915834245030058359362228701675681396596
664957993899810148529263743953024364785579821987299616207808296188
813214439740656735841316705560234351044185659249185010542100089276
117250966979798955588919072516250990575820590254545177902346697421
180380030120847761351847994475789617520070459541472731797875931069

452825149175940512865576213418263244711261245917232763732203122986
023604624584606186795423002831909335988606060612843754827085071845
440108865401472328881740966578304499162788293261310107994265513633
067906259498703667708961532207263202908508269735537769564914663878
758321328906998080621154187352861996119054275823859008544495536899
364964737377533080527893391291059526348910600554030248512171960167
594622750392980128989257824441824957544927102859740612716162542703
310067076542752590210899933748066148207509247941723320373620026924
279144939411053763227064611211020802839272485746841217824956598505
392710016497427095988588469334720410435522166694154108601661867341
199388569626652294242292608841356125935163847253849298775830981124
906740994048378816789106027408074556957662355391819424688844458045
854031482501965598107014233653334506588631119071625108985852828154
287386239390097269734562430582222582546735471719311881494689025779
398164703970271409564465948358876368352672228042806307822232175781
899683295851143825643389660662915550613740083578381449188262812834
472039126420839515373757879502882131186886626228201062474676359436
762368519867684175195727028215373190407315126494484981757376510581
338739663819767529076003772684304003371111373997547819954157321051
972915441880805899020916536391325644075423612688536541881189175834
250333586390044892748956635774596862234984436162900643137074178872
945458048784638601504218886041642812483857669170579218319001626027
066362668421594233246110136798007776446728136983800173600785171467
248241992445394370441421819810241142169431348252499472665369104129
650425235711564182762013009153093839391792169540685649597549147782
428656597067417213633356860440352412660680974272398275548069026680
922064016899506043139538249474458049380823307426237834511440955639
183394789634479912994905252549704194266006007343882711485435997872
775412841653576174209360512907501499873773297873807051761944010269
964432170773137939576958850422971186600926604794064567661057675728
500791749941102445827613238691872808413902517400871036202660591303
155025528904698288131906570318521718445526163053642579802886366178
457543496089502215146955831242735813212892501980001176029635357195
482598952033049795519297713839136598924831959632978917430177497384
625295898317821901017361481294216935785109559579717719839889861306
282108906808116393735870495807638065610967088343283873151269128057
738208452656395546324477885342939772472688625332200374582624420987
868496970977956911683314185688283505787603526890880930966589743297
929158146235999183413231996524974675815932293088961408720988586596
654931963717003670851635781961561053805380234235100473749224689226
230979379744444935701548708321670263239697765974034869231374673078
943838560389208497463181770674052656268201184284774436196591685420
796717602993695441384510658326416842130624981181517449680874686329
765588913006815971944806848130802647903721071965677982763253218842
880916453602227310525253114137861821835101656100008730179674288176
536352583963002175525745178115639725847509624638781609156559580852
929630759869027153240122119461239030711850861555177128711005279087
963249941379333551996303205802084029471223282502472777547978493437
250081626482333175404626452565804762944362632361782036801206659240
370100905969971213088617800384073312056161705279508265633830788182
435719048463612002113945934402785713385365321745519308221074378125
796022130378127026525796751193470602465802467108774820637212695715
510383163657346767184421157240383266450539051006389015296959404649
710571786948493608643303790744083374409192109552766550848478522170
491270856909372433235288722067474244024756873843282319258819240624
984847178514503874914217734270488458832872380678812199830887328124
007016923744898716686907117552514287333534792494239797996149373704

785846190351266852482099829958087381422191986298154028600947163478
160235367395811730351475290259870092591405325147453718906004179084
427629975765465610287353887859855748847265457846004944135708707048
343158789212900435470471416454438415837382113990527729899886290253
999912247613203570234293603747963480447320239844022787013930663868
179471992574706159936469525748284758307499710654811968810101943800
164308388409135376751699087433168904589330596615005417901070432610
157232073611501431872498187840853008869924885867839422495857502008
823483775382107668933358205024702650503957286246723173144139039089
405824574685572963623126160280713954079311551048589198195146109204
113019223182943203774788897578114547168856602394262191043703282879
410440401869499959243357613910309517625398241459770859712737202790
467638069671546946669717359588149121265904754425910740300120279235
893379906339987747492247945224627209657290555540435178749340183504
721443282179715373894422156342467632925058984472759407230735249645
843012307130253616234772268843063738017462261712050467478041349377
618330916681429712564007332223173465477757444145025083687563780984
648934035504161311465408872613245052482304246039787156636513284786
843963794129573141503143954727011768032219060094955842756874017271
238455732168728763995010909050661850306326905740194554718553011053
783433763185484982692236051577148250515442515597083415831014391907
967178458515860868655985220908183314931481808055369554624254387380
344256361552421146098194930416334492210158192778341798373048685535
636377525626686690202532628232922248724231025770745403586253101925
125136364132063989787903986723878314135581048303255685286085241506
175147625673915134477489388917234098280373786733795696783680821960
538808245386845655202787175075758909268941985104947408826635725556
292795922658605335679498977868141552824337327402663912571860469041
568952108890000536605805280065271387952311882243796147409182974110
769125995613427605325658644288696334544745877052397149770754668618
814662814939839238152417000886083549848887407505372909361974265473
029976508368765161282708239023985237321106792669420523052224141175
381970539771257220681280544517920501544813018389359535476599149983
585317681219602152348315411196279195400833178231448030886536804073
159245244283768729310720296331899669156742242012733440451782156550
295015362125598948851291006718125763821610708103514973953609341065
527545340480044921481281760680063119274270659273058564022014839140
050104331221534245134149900240296791812257026076198389144541513161
341346477487147953083267177367035373392625375925505168563295680570
388766760669810214405280967189153557491717288475923122290398898912
992948618561406545979938356242701654217763415393265017203496871345
862668249398272232042367826973036859865338454805190701975703961767
964479391274418148842723764103438905621803495729983949154415701701
393244811794061556142825898804041308994509265741155964641574278295
036804761347047617762978185159940006998604875177280647545758994270
188337628748358807191844567080179256190073540413538212629167341594
728636549879330325935262355558656057541279758903604552392461749717
548351126833885090826141782928627586349691629788234604656395004658
333013889443603307737268421871073761306903288611115525486291927889
663368338330482093050910219041396382469080056963616141290445492756
950491239362412788613850364111157799318553324039090543986463039815
660422903839492509608154099805194731338645798429477359031476009401
995018989378293256818311703103366391646115208346333594918205550225
892015211148491655499884428106705309986405390650283255344876686439
476919997827815453802520602019583657690554262430035270388124177826
132098590626297366059131908126832214913732906943228388247257200321
077620994356214983646515538410740645171930610679222418918852957326

2966678299776686111185278927329326970594395746040186448074640104176194707989131621433790888100957995296961337582318047614202286579121815637616590762632696951638926737745366191637465143672859450446907011978975980279401785339193419636987886281035611483959604231241079714342380846910269366738852688923883380808148761783726122354018319493974490343096016089217444957228054526184780214477136148735998108316641594398387106049301649196087157711885650883427731362556280322347789701647404515890328222644930410363224177851317846299481806678738068802154285414872044553131900164314114669163959325472294045438993336121640711281735745246876134244605892633368942389649801210631500115057192689416836995609655164349017331043729460532179957719362712674500423925786838631703029352694784541994596770596601099165794612932176879953459757536793922246133739463387131891461763063822497203430588048699606260128809357729888880551274233396862961887429784000300940562517671798356410461300717701296682548108402806581822617119930950254448647878324784409209476478577260582783721648736199785935626244713514729535835520025104764494593932807288764049519182592084659555784074775930461487031777066154196403946316672469763298332942058620710803508744896109983990981928513152858692493298816265128829862723317859910550671534851713345734809145661098882284562206371766582102242591889879985361021908391718781155986146644990389647100922710391898035447860351902212616487260562208778796317870892046105081563157332452636727029630013060374461152009722251725486510946955186777730304325998382596984295669305258490560540300544157972675097647556190712678400660295314504142806242063202521704542127133395402130695399011513263436919531426153289871315329602927515343396461296848761282674691015964259811939571313046771729548124692642892564786918657517092244307717516757026366970632882525528738120804157470667059805796843524787399799740550765509134622150777587668653474220519991031914738867487736366929641230652174092783172696128951207353501009294525261705525924588009214315883763334975794664796332185012491503419096938529125379623374684379553939138793251038461227540013540827674567125377768086769664041314800367096585983882658579152989234800552251446068742042900117234657138718998794021364744842021422191420493912773438775997715177212332973283026597034877591002603905540040423873843108298761838570905639507442745851800714809590107552327317566644071380120440360152256478069622039228213566195333279670732633326981605738374071505970036379763555676621521790462341680489901208509550623887106729386244690715601485349383295514179813169435872679939871706451750661228345024199174685849429245771998295029797742960393574102997871210148803231151607639900905342415382385645203068912420707057492407157673461300992593001093363254621238969916842592509605624739729536287630671926073637229823504979485617095335583170136272220648849746153526699053033724489859605926018436459863771176632359197494306330813957626396566848783782291332622037464131853745689433222726602329757928269151995210618755414170018312968854897497126548101120631139925934695269828845102142990039131928986556258622618725486217623282483931114681663144076790379806406372300671766463509641815978492733554778990846880067631204593128862521185094426871478322331222933711891474967227285499020089452211684453544876791543103959204741133180352246069714126199104232298185017748441972325464356260934297701753293329102105369378161489307633247092154885643174559788305069824119811596129157359400459694674601400240739251600386046615171024651248557138534283611128308243341773713245461190015584379470571370775764237264798695714684578969332299613867006639210888643596273124977943313026295751022564349480000925443980970738302178596998836927306324900023477202083361454699871947380365948645226311

808819567126653239241424379986489230511913099961569239122663001459
503492960902090042022231167945889977736219945858374034217538602032
539619986952367953034725351889707595543977341062754097998852153771
216219138089244200956908874002104862686132532282620318820772306979
676633867545953753632382055362614911482152625999935719004819308516
436961682917725424790380135826421023442922474767613509909144576849
031427636683622132836093705431646780675141492354136579936982970324
212849114787507092458060578220902540461529555324010102224866354292
974755007511061810079767172934777340925727412171304909680077187296
364875985005943972932428930000219879716455265690084627129065408965
286976905628707864606303725045319185480570083096548357653432771387
870572209737452169704181992175939184486833403516967735956484349657
375933409883102306994907001825468218791971957759136469903342258618
233634341847644604887961922960059168629609083856367755049497518075
757731401213695476834218812451531067385341236902199555857621176952
810069891537334646116321456164879381559655775240692881173223921518
821186612251172613954686523966491992773320768154684184767658648357
351273761942669922942602373162151445579874858933562938920341192377
238800408819322989852281803866533723505997736044090187956423588488
969298097668001153803868597377430467348924893594418646970958351182
472521225839563879598055103865064130465389330004425735650175518842
914868325320200174108819039442375542566551050388418040323738894293
282564905847463451952268871440027784019309246123999428900697195849
754603979653449101877800185637012515410903966674876697583187400108
151804545976488783259778098340242653979059509189760533030192619149
690744172569528786385344992573245281681701358899470076943267197208
213464264632038556673837606110021347968256795508063173291091674987
607057555405041247922580913405562946294863594593645762543737610906
176062418980938248645658620099533089093869733443254906280623773789
943183456758732600842549319000981472316941148949222281359109168160
381373638296726040128525160629219446618682947480032066133489598991
988326759454624678225303514748601252125320723740183747942954994442
664031631913659297119296634078830788740226189738807850018665417832
900292630651067842390259330983666630213768207171417848774357311486
664430204870403144430435799036583207661564818855331456456296209822
356571154359624231626792617181673690713611078938661824887210239436
479790436196656977354796324057609149527879092913707332517853347980
808689047427364306487111455385203647960938090535878304788035727677
528532234394069107063328375048740645879961092196203663188525826479
615600424952599001306503429527533874539854095400451175019396688564
395146663709847518544421582686444655419812203193039773111752964162
607573163140397270187905335503098030937901187566944687117192747311
232101494816749046355530853531201377755638233641706189030993326519
554517997533742042060028842158903876775563086673970342053267210677
605335507574466670380302645472655648081701698558645800093248725289
681021935613162474461640109206934138949818361308947753330857794010
018665766726058357519437344751668612918305004925817170078035464292
041779091445851897728979830819202786358153661323072526664526925757
641788044616649971393242906909333024304617753390106179106182187052
236080665467306218740710977765874106820132333600335623729948021885
958402206691047124732960197197234854676829889909092293867723065440
070215273596647611685271542842638123758685912197067413258958584348
721066097134773465911228073205906029426597084303180917587304255058
461208404749840352379347121447942598541565077286404744640136741957
777471887839230886129088954987705469229800885467441199326294912305
705047638717527951432591130004269711474822128495820882934530408112
887632021346762811138896572190274007382172946437162647081600642701

4016922844891356851231434758702784934951714522337603516434994153146
7411418468688224238860948006392469244303068762717546343024784725606
3616546205582777018892801655043611078612396865069309219359439034646
7689213383096773883923904466070947114073594704900198366547295331706
3465383579387325603954973944898230223488180330914042968612282646576
5382909180884393290734092531936978849520424732717764498373123191666
3599190870206451911654683141198438591053894463198410185276474428616
3169243016954898112610188853847448040013406816597954287772784482576
3700564833586024036819763780473600609491529004738591263079467766116
4257485272133592572998849694339528677833963730780533127790244352296
0310598766034340683210589847308641685344562595939652886177762348266
5430863193156772395562229847305065460557525411406686352735369899326
9251570120971853255440464031541519220047194899876183951606825700536
0225859184144776769137708267742981842673796623156876631699519024196
0637419937559007560393457327128649197366468105359689897583540156276
2632298017528877285070434408930612614364043944235705832243267696196
6212194110491197640267665828279305127653640107658082670449533964046
5110798064706611773235261845994415175191954265468840641440005472566
0399137490058221115253249679388786201063596278734881726730700988476
4609251764940330879804478507353224735251921324944944995957905999336
7559461552807285158339255253943908633553319390157422397706520370846
1784319884128850216608103463459596989513609878299517025844942783936
4643805682104863869860983939631708189079598058474561988825988055526
9093810458963220307821790805806907506430842495941340547174554799426
2181747537300744311680412199082741151560257314687490376298093743466
6996069120010698882020206026164552447048803485244173193369199756886
3402484578744261267958510960626885479979037506727377652792750583726
2399657634727921495642215154460734489559005691569367722667260368696
2674154774535121720601788603236024927416014519409854570068904396546
3014660836511044123251661627029987119982280375464674504528822905376
1069822821155359620095702951786739900751781672525081702565809267616
5726618175784958705351908510006905417585679956108795780544143582996
3322149523701707946662127872662185264364849182758920681528029459156
4530986035966112165329334336973166790173456876409582848231948582306
1940075737489419126063378754646273633010453328304869437191114062506
2675338873130364244433064044764625171213149353727851712398978913216
6686394081547255939224404845043279113950381175708414306022757889836
9462923013956558942452536994574976940614053314812880011442648331226
5052691494501919795477832126688831146798533284166684316957124169296
0993728486992257246613415018542629653607595472213846535983760897306
6678308495529973458292430518901091219502529650868439684804030383936
8500823443848151923490810136293359629842885305388875410737820109346
2705116105329874518972008592098482989007057236609897098483264665966
1569275863054821880213537478987878021431659192816326300119005866046
2661765038453399709840804209122811770671841838695156767145721269816
6731758471764824235637356619179895293753912614689328883882521464966
0137503634092109034251897688247701794363740138046473471932364619576
2094584900121128916049530744375513578966179418640150766092812113286
3170817521881135813476753504376456738397984550610525514714057849466
3903526682761084956837802214824726926863498540738878834852958014206
1789559941855094238670520197778785178422206403000296133668620952196
9525452120575648103388696390606084344021040723564042344767516828086
7512247004380944190572763356792891817883717998651615691403582536226
7155992438125946967898246078337353555498092455471960298239874133556
6627795100871028511074429992443494180247052171554686080971659841776
6931277250843250949215917780243429129146359076043385079068460918026
5708084367054188032869542923963919799833709564505195483619768756576

901387744732462690469712390681179745641187713374993451501792490835
381070767234125661007873933430984615928803587343587854663830399656
741942698390920836394484220199003532895652759063598240886377464568
885669090817167591920042521902874303866092170008270223161401221513
715207893374008847581018155772335483399844300041880554857042498732
239238237814489603013079085846671613542657002456881108385235835440
494713658741042881264406062603478490764651983756766099750832428369
488446917590744371272283235492014957437386137270772954948455265546
401819282994003052986518248354936408239363605352544968389115452008
678472410827722007039149721726551093089240557635561005557856663666
252197513056157719191021260775759276221021089755447603024269162452
395964491567363843434060434565863484806912258703421725726576214719
998312412878648723277665175731300233283878377763848532382340652702
785496547919454493117978094691951394915533660872967258305025240675
223355620485818031514527279479866499612163650160196154526227256839
959416710313505043363132492349671349423677222916229528959737758662
569463008394185727126761261363170840404786423054404608813345147721
670302407684220845793080521020389368071857145543772792714293633684
457141914535410200055372309265823938691228896289496145537221514267
154150390897569827740678857322375921322109676269332903452209027204
263473467238279324268948996273604887837090530272835017772542003535
041488009944589455155076251870281783171138087514497153973441856826
442853438711226000859834318880585438755652792816750579137903492019
566214085918000929301937659463370979397707311263007646248797654531
313270439464085400122980325588670486553584136496188365983591879379
076582339127050508419004380997394428193778411392787388417406591940
862897765335118445936425070157320126527091765291111576512120929671
802204910693970402150150056762631985182700322337279861585491212868
416387496467507399222602091341176983769956050393120373199326740684
947455127582189325415928894081545136345913119137728265827859973184
212436262690791656304357483765635769986747240829160646128207448116
207727768268490286058784819857237929202668224242612137499113426101
267115227010299714755866215530772056396793735983852323877932483185
246364094902112673361583972056051798436406494071754806143099747394
698448277455879825490835992576766609214973240474607808856025036069
221773572744944059860673060855908976353082171119443065678551756578
118445850613503290476442483110851374241725366214655008496978884821
301612060869757681375773935753207215446991656178644203028491629623
060806594893130669724687309029076663814382672159478795225938502726
353082902896642628593227931856266051577652918915257693937057741171
630037968118077766255818229870691547665090722160685199157869234859
725069923935305957654060059265824186794057978921453183728281564615
013104392322972943312918627839021756617804401059490502949583634202
288385042338737819783040572270050025773472430678832651270289700160
786091062820854311915978825893397734590739097282338648225610212851
258343843028410361403989021001686676663424423156103925629472770138
099511564765801654348216661908488918514590365345843837968422083797
881908063573693867956311704688654144912771810607248722624937708553
075602480148946493652140704000242495442081135951456977102485467483
447844786019539050855459962217105710388241512646136800000077468336
930998646410642797664883305938678060519530345919299269549604666551
109859954870629207358050013967999653756221011777626114073490432426
013491171572382322982352660585019831578248284649883575476517504967
572915547216476264341273672040218391801331760508180903388068154412
451023278595802631609687135485463351768106368420015970686786517735
484375921437627926363538438068297929049454954130069607776310214186
469800741191465862347997905948783341251361917695848561257646197397

644066941057378530850277680383970247900804428533250547382498123052
388150344794200761195069830202102877593538218827595860887692786488
983987362457897766757999745877129126394639636287497650145942381046
407964203247333513221804503126167362273535592046938808331071826503
492774769623869993793953209880930674477405047757815441979281495347
962825151878860206177771304516515138226448216507484065258791399526
321428573545693470428651991241965271966382868320228306276922122246
962755529195841846334600880830350607445978909935836738909470134581
582280655314588258523295076998193461854928523081284816471561919472
279818394616587603420354242288423852632119386907478165907153607515
270464726343465091943243734476012080036168369042494038687667561899
051423833268760692363240847890564772505458608720093936556691309854
481286236555209927683026604740446980155293375629686436033312050966
622415105195743108584063317169410247347933646660324490683947747815
700659093917717538877685690394885965358421205883866579221307314339
184806993591110681592561027855635269044018728354512449785271150044
645296152222665019139567338262302036436140876897532246165358101185
087681286572298041738792716327503147288325617216560008914659939202
057364621436410505233281719275818020423264949958477229367539256350
170824578318399464075178718214357950927522617919704745877733975859
148058076230128237719216151617538897235494459886213375705411276676
807148450487198371209694513813172300728475629709456897070025605295
637941877745053165684932107983035342747126562347718674629088130667
197773636705187961017818514009948873110625931902219576725900528661
756960105081820452391037812024761517749447642612260651286971048176
111361766276251420129104142730838882734769234769521774655755054326
686147567832454546887792614235706332732358460591248723197744772764
564873214095512542387987437515292936493577327175490219849754447588
872983013741793936257912558988397198692906196774352437528496516119
238629026332227606615786739558016096137926833169833932808672599528
270729398948229146465127321217409751100887989864109220291437797524
817274809176323479752268536444443738298951342078406103268593202575
251925194527363066718622222807953623208809716123232791555209503625
337225477125789653205443317241702442821680149967055870730998536582
272232962244520826194434669622811095334993255916774787165495336480
118432288275590356152086402022853841390216161802169958964633100832
853142196008979214500816483600852729137074741754573755255990433041
780903921542097362012830693850556636038344488492509114518441257128
551655053144842122365534781690322023856484381245086433190385710861
234928204800642775338821612117076411694855915101283541851683612224
033368774662802929004493916915379489803502264197675847850696528140
998845587774359606776621761773951386473739131351188377216248472727
976273674569743042273570534987642555845520000699364481240783799117
825824986321505912219621959030135424918146844973460838927121011866
658284931500814048812074125011955305135352110805497992624423642982
218141827396446337769230110355982714240898610884252843473930810168
026951078301761911241159597581979556338712520707876836631319114912
602750933334992410550300761756908424499553056310436700368762107569
354180974880188471000160326032150148856532976181450643326564803964
241784027228244240036541449553291812897610411886521788153268544392
746341599273527201204371586326225371326679305116473263282448822348
128647180698159194743322485898202489406675302708521915609374459480
031388258152340990833171394330371362004001642296075299305419702062
194180940963338812652560202739372755625739138437545675288243269679
189803482970309849124047768625406466061359486090646007687875600948
270177510616662597529024273817293495138979280004657078465259413572
604584025503541358322123610805900732026198719379451173261983029254

3356757295930957910521645008894020688729954419535279002235946587818
8975247817265486447621592950947484659527344669062814723562322525981
1403769430767694586669030631245760518765354866576648215500323850944
2496322997906891272314604587211283286832842176462195340436554820555
3277118774390324262423831378340240404771379370902355261120648735606
2675891045793714321894985009689797875156526784512584537911555514622
3832696908550112961776631194940403705702145724483908308498390342222
7963741487582852324551838768670758178216001471079535293194651023544
1860304305198839802621880957496472439721925895812651756745136627299
4969608195833489908485220449425978767708933217645419168835822654066
9851264943161890077945700390799730389932309867458462997092032900722
4874422290049474850769465583806292760506384628477749111357266569477
6011217137122386400875621101554000407160049292123685445522561812177
6904093369058526351917904679592414040012255302651386781572765135033
1886845224634709445599493773139540101312855593397146272756001656222
9536421531329877806759111206637233110365998358705451619220957318199
8648175767464491134394316274371385182195772423320259161970555831177
6874046630359219522350393999812222489204187356029615322874633684044
3103601243086705805708724666766906960100075280855873773164927445211
1036934223418615457631729934197830964792737920787840858757402220033
5824046496501515868528986537628599048516762468065740935477501984855
9196973940067742804019149618070781965829849410072698953894369647000
0131767370306929352958207118886992499529066443146977107642779777977
4994210011095799600013368933354163717120037511100798670320033104100
7939235103294525773672666870562784328059606552617821310584680239400
2676803049586776147942751152464796608521944126615635478799037811800
0288748996979215302654222518501152116410129109367942995034503791999
7551788218053906497520831316502655735168119645021519730037027672177
3324385861380911788562348788381938432620937902628933150062448110744
3620993741729226914393902846197117227619837137777851732430761178300
8636175970817496076690531593236188637971695936642323403253233705211
0316332066534911537076063284562510166594309639987943292705225787200
6064076722806259748343614643584412123537421798639330312921102476288
3448373307326180833386941125333231191941862807521504586549797474988
2612543282490755184475057832839972864589252642746349158742674884322
8452417588703835721056048934548635524744876324470062652282867615177
1237783957357098217179243268335743360225542157463654879902019965944
4139625406647814922480744540629350902743106113970324459124232688599
2565715959219968036196743627213061601315720017798966261803075231344
3433816168012305622370433544475197226545503201438814211198054316233
7944129222144901340245449427228204777639231751007856885275765319133
9936639501668489517383357298707631259350383073039378575793999396233
8593792947381560019664525082586052476494224081300960028011570833533
3840232548271684474934596074215502864357132101824900895562639770588
9770046188153771072028165317643970021987947169419098760215019178566
0535880478870474251603306592905323047172776758669130599029719750766
3036070748511515333842695416976477435138918734151271783511788491888
6597362428178654083073411022594499228960328436231395985814852713833
3855565004675966205969777655023206629242534050094721150750695722811
7798217636289357528685575530006341421513096229297581866446045533177
5421927937080001740228868381952535857125575251534192459204317070733
2129683429045230350809602458590352881167873532540447762792264988566
5771347193144678039794845876635333225447108684875390644177416984288
5769314910873955304484402440700515200264958069490279591950393164244
9560624829255126197342747939133894367429176445715787346767389724266
8323970329885208888188847584027854227651778311015848475549954771488
2110080572519264829343812107095259852952159781693103424103255541988

500739372742488560120107409464018122000493582960891799949869716450
517168167528077036927667559590944810654420749252084063038517200796
820038242580472389750531064765122628624210682324169936854950862627
009991675869839956433362222774321992648917646749279969935291511654
479764445830405369254734916274747726282970824341042272447079339814
219947421786280956586276688753747629697021835660650173918876495266
937823649293384601981312233899441179351513441989795162509465956983
310405341041248142375685543139032627994721236660904553421045216749
992259594037871158564461696024697174465825733271619096102869947044
184425479246499879317400853457873229776892333248842267217743627903
250692197526856971857502599499185086259095771146839496658674086205
686007771947538530315444406957420886564131719334857351816434262846
586192156769619648717613806536233410478722039172681644768023805623
027298712859774003603607000802136438008271991207949013983723191444
695591459244365893427066381121727464674169218309921841352931976701
004383879492502655356456484363241503856248950944381752340237545377
017593112316859664232686796973194377971295678758834198639053608917
571348880016271553519329036479714882171068929273056676342753450030
009527780718390797135823899575516784658465581103045401870321115490
047889645774115882014866872590858991115522945256803897972902846101
089176781930421130615186929378050902700730619525978955323472628331
815998094594582844989903246851000918720905355832122538943998094913
972650835148021630279273055714006615918530191989758411646936800504
974404207282612427718547148144228012747466120263004629831131337044
198110352237061399236595728142516664324645126588778450424927293723
167077141848976391090443140926437091564424339533127199916876858120
529968031141633901671239937913426886045114727585709270942402871130
869622452034420096017590473075094691894226294557308670602623871124
594107934981814755464002811788199423196122387128431273823719249906
858353463687429835597206058698369675315073905951537269947487581695
368427170785396718563036584403196554577209872413962225042626540974
586131888824942989503849438891889199764329425053529782123359516455
434818042368182475632042228606080593589824202305845618405935649063
696794563144711122796567200144759232689195527225895375771705237915
011374991853767499114314322424445112916123774441504852224012549963
706679331000664153909746181428023563533817270423691977589859027865
713810240401692786981053941659644104310400213785717593643991682916
588186134930409659125605758774393638259138795972112115431482422078
892787922287714752573935415504465902419401339490668064556586014380
684639988296301382660515951509902107019712292080569227239531418005
619483026831604961717091001823785195760059261191241949490813678551
747968812218637790855253415052124479102763128942187861244696517831
440627592272134223305150202202341505141988065680896114056590268512
853274375105928778948576862413307941400609258720861354715604388566
706678164955149842068199426107646229069627356418746937543558365252
131621111720162872903616916146834575963617480290481624526828858607
678593036317076224299740654142491709172093663721691822638283501826
657556762366627998006289405241598777854381868546748748646346903033
182986867244063113357731817305958035540288679540520251228387297666
468296728862238043203107769540871482066594040664387281240154538904
790613005386264256791744122212779357657199936225666716571427457881
949040834159213474715852649323408411261416417751957843962924569355
510810305680284456948162396435404751831201086232203867410830085042
932956537612649668076687445805623706208919093427292205441670366547
205184415004404802345936258701441893699111072155789661936092264443
095997910665710761232611451451746261856085061456821540782936775840
428070478505412133491604175625991907557348433555738177251821285577

037202643477324022917880368595080912437660941146625924747903435052
504701316743281985720573683669724883618671915247974094870912991418
112523565971659204692942624314630084696278825537016417646320813277
306174028607939338463613846372194518854183779586353726129195241939
101883567794256587268191301864039822226671643087296729992714021683
634478760624194512832003610781019486869522917748477114776779961943
272662910893849161458081121759894599914674153376864845391810119781
752275781608259428301800943895619582292039803131668691592250348910
349184394895261128013554186286567651348053337837602222775216320587
984014585472069787144028252387710010500888081507681664210302083410
452841880119730958639269671985959151588111697158123267436654152951
526209869351573612585583953726828162243566830711146491204963344950
260187882583966094003808829640523361609852475929004007233631593354
670476506584683488100721655373858419293788273207335773636253460530
955823797326534733750014613524673947814789586762534866299373147211
792851692489515667280531759125392440123519035854912049513179392404
660244248477916528733386831553580069722364878786652398102471793128
399614156849644164812965056970039564622684160115028759652904838050
391539585954653183424911266986273068884679585903204763603762747502
144160537641644363843502921743690920628309694599656359989564120757
061490243142853884171046478117194687468421694885653926715100828813
010282060342393368668413109369640533434890722077354767510443279415
418800635931023504626305782581093704007637117628231065457677404024
593313528968737995127089894176877848628156499378429919601334041276
704739095907494261104613465813998993272349139154670460506483212482
482708317961804315387809462823891983757542934365594075948157504847
662739321619650581414908104714650742131453388815247490677257006233
301455783041876795510610341596861011606247033125580120895631216612
773527679904062866516763464815175790746614076222559680226071933512
700610144332421229243294753573672466867058071721712930198286285359
643676809688848127494946303611942140199537453987834001177155996628
718734306967734485154552383769716580935271811794872552409482203287
991188938318832827222849276245159293552390711735081431946451325931
196071804999385189339696630957488997274163809996710188931761442670
454345614684542021744924757022210545358803391659788516346462370775
490645110538228815763872015941871815492640380901038429986278546959
130694860473347941567204289032533574611807304447486129874006473479
118077417888483719502154902834938070454147347155752350529454618312
449577532412966849459562892093224594357145775316872387582612332175
623801556281117060083890946042089787682024738445560825880519903955
438758791734353899389451723083044001151542524708116398929620893951
915803778871655956212589054400058059121725721931651618039491232014
142141427853875075911858422968486586670952262612859685724589101222
852443045642543521606335902691408286897494682972082670453890522185
985427412229365886029998102816721664751927559110851656369131636138
393258882185098953602865454076231471858343940649916747914188524841
881243770511512588708928536577478775204608316740677887826208137401
345165127046718383079678602772012286546021444888889187593809877122
268775315807281968453609573358807300253762606345557373174672663671
229099769528990260946734851664280307614073001971991947931834151774
728822191693737347536314036154971649835298204141961583088339993599
381979888916124632702355431351836953211048097487651124421590852623
334879862717352033075218725845881005923032671151513823270864759866
539658999222356273822050958557375961650688188199874779950023499234
971051870532953718696948955955710071084369009692016057832055107068
225462594129505969267346481977385784352377312942538334748835071822
960456780774706952891713627804014964951767904215119643885210454752

4075376037995656196752719598938025626607348690749610031622656388405
585636673820937933923837548123282332696470653554863029636660167892
324626449005290195042888219149155005364526773333511702389912150394
753704137465257049412661219795839776450475733534978830739940700227
236361228846058389686585329844964353762252584801767658633081308162
816378059331695970913521914701681388943465968056327667394320613327
449063434093493619588626039799153615020210529655843236805617371454
532744535132409587048483545375297897294421549803806532233391332927
452706373253965430537346728594933978098962498241672988288808045150
851752101213878086614756379574930602591322185176938597622752922731
459869378002877280275000152627039066275468331954146547245777589111
349077790870283709923979402564333817540558129333298625720076637657
790376860475781238555073541318906004950509232215335198406266152633
322475863070268752502465220191404323341457405718506296650569503204
183922538679080981098604252936154299139613356192794904694680296184
279098147595787198296753959664493448409736200622383230615341256649
950845345245734088925988320923303420554878140195675585661844829454
279951210327792821709761980365232129040805097034876012969989204429
877567776994305677416394330258694347561803407326494218589439821578
963409815637782937414361503770795517437685763896647169264934087558
240252039408153376081434922692991798045332027922061415435672779196
669576194192313880319738712096086156248206172727639603626537999801
248405804152224845490726951397956955072021805439977599391635987661
471508465905422340966281083519244562528938694025902366117845445329
992362585515812151856674267260318434734224876810023004570287231840
566319843934725295716834157204687945217118906947405333482761029662
122442354882349121336001620331310911617461584233084989427092836879
890390156323941891156650059592092700402295851005955937508830128050
851394750434375281570794970092571728484491028084195557434547535405
659404525217578021649524061098715649866258847173596008507625450450
598331158762414970128477404171144846282902436407434452556902449483
169542259480130175003496212531514446278504869945666931623804690733
106432813276164759907004178100588356196266858584102092715123363875
842168188117255407555644393011036276373071905641499490326670444184
108851383768290201008689116631101668054224769256064309592618029293
660463995418713944867110030040704962201200621804057842910065673243
604391209550404723125501687982937639008567449697071119695435134799
304530321584264261907806170818950397916149811779703697007282182020
399018631715029883240719313939341045169634993105977315619714027057
237815552614361510705338154539864989808100795120100227749121530204
105169671966277364710351671864277413605822044385607657265978932295
395623947290283476514391084172688572707074276955295218075399123083
251764937360148443160301314688083442129935489590956871312540247751
527677704210807935741795056518887191450229167617675890135555915169
707199275064591380228165213649092833265863654858337520324497875895
209064540112160833132752110572034661021968120007540920731769106805
917555415446655985839831261297384272356221278746911370805435549285
083866235594386032068827016782324032576475632861633544618658587692
106523691540168265232429150140915287902359837384496979048651431134
003922183782477875254931588405262260978708799635137985011297879500
649503535623447251634096228569883088272744304777172023549323714234
864406434157823527866052006997660639072863847800237542502888758859
230844787758348646045027066245047852175818645225250421561868404532
672568080056948790530809330130526321056943804408152129320600917823
119524809558602589280509391729010106002429681975696733199829247679
708240622969331795479713124477905795366015390950629132831838195691
161501215411762748702299358521187038199003992727276093727004987517

294381289373744268625535039434973575163169010601706198077776962983
3810538463567208968988742620095902500267664976631481195714888055537
412242380085595772959238235166914652854331258407596186378959189351
160425743973265733347081729854801503168364273570466471526314790046
272697853693740272773800104271151041011162853702043759058329633521
771737698618362737688221485059757999716525653745034815043143330913
345295663930564753423962826568210726002011683866676879072338389078
673080962121766287522277188783142633885649975316616467840635764865
256499442993466628003909595652485739134100637635402495863546708082
852344720477797211146128485839045425748320898487225733950464015338
390857637825819170130038654083486106224087138037453228136355116689
677257670279396190656118464958898774793504375875319033402506916680
703874409720284010583269174122364800870188363289344932200889467447
879398037924045322850661833877473376777925924043180610371516887681
377351871280399067953278964366120578829137615261945801416290646283
527540343764919513421728651877434363325468870713297182872432812105
747781470383296247335567275293795819717546653074347997257269545159
068299841552549029185227868279672806835235370633033048108340397814
773409151689893830809736800955441728283939193912001435153370348426
400814997814101330810478511026563020368105176841384781167308391926
872503610632022079114094663944679649008398658234578979919059180215
555698053405883733310989742980549674435251074969092460998893754992
463943761718974731148602562453616656040555999492150342783986445682
070257096817204523365743458006410988196770996406463185250589015354
841848425449002108753493693186543561074120985533044643402217772879
649311783063823538772653632861130522005321921223493438886439520866
600679307159346954841909110321928956098006928660473767473372406659
515289917775076476444764040309593947923312015905133494123755400726
280964715431273714764941745350822558888380609221690930312440383771
616778851084454890797833217084297263402947267938711209135009543728
828075969918574872358687514813694578506138498582705174046070386038
967162120184575982407215480814644147859069057726715184878049319258
230261773143466538997300489405704163763063058634058349049978419616
364504713997171397476893017317950145934901952414241344796271854301
793126081303217612228370613961144735259865545881992279937583201198
634821740439482538663889528990157661813490863750823785707015988123
564281456374060813243116926720222699487548536437978885064327410081
981648015362045393748319164215941449745726580746479736951014135720
473226788349700694768426336791081905758233538212918513921833589658
230942334439427347252294953813142835243197908008830719025947963510
340233706257056085475270646934359381800870334009255518454364509604
355610145198505539710725210712625856124906659948875714615114358331
335225935086431478666065179457527251596830936579505680179294570902
566269198537856216691788774211986267073789285837232391555851765573
822224623850247160117876591712971749911867788561742807330834462752
085874922258831699540228856488145334075179335463236469509875265140
893043499319547390849177923978818033377886245343668534487438814182
522498468416348539013207514770897696145213846482187085742200210141
817831370228491974003101107236791786775933879401619043680714592637
745835890774667149862374162732192628480427279370444750815066857484
831200716725034435883401157235376653988966191043133855578325758335
288433688108518865476818568977087562499063616961177812088268035289
154155047264824012734171297326595788074146280161226269491644738334
7962224720118631750330154665517837488551488849951921491997064713758
401729783091438500341184816625608366965529858652584852040778553747
576684985840226052244964873174823748028198649225224737272296385939
183188243581046525615026574584882047192859618924686467682929819917

446558809831837993366698411765861315647116590687126794365345254574
209847620803578388808018554344780036347179776259305234539276056316
575449183258665995182350240955277889805036702359455209710142626358
897562652121643856312673316014246422735574604576398152017258105273
455962632834789716422453051100765673845331108929667296642976326245
771426579454126812981117553194531929656695615811194783638019466787
210697179377925038394334479501290603192444051129160576054354323929
337920271258930006391366558650604438683376181993754540810327511827
436234071022659589332262792839514606825927382486706245979297246435
481492783370422279415936837675058594919541164722587006675448757053
609078048439227935002447619909702848416034547879504372416255239297
901019384056915955526247558919863753557098458123607697099150260748
618541971726421318042385271254582917922202892416913715419046385977
668510937296550631276695319120268844107178801298157400508052562722
267276797140042208290454186670098738033158384727148993608578608630
864516246324545303150893030695912254102407196041134700345935777857
326894979807825056799906868042376967884851734877371764053451681695
544865688696670464947460482066815828545880354771453889440337703013
095136931244169498269310934740732460377219771210536669490281025273
995915040119963183188404516616290392223981765520453030984717063648
343458545293818172606452257592434478227620935211185942933110540635
328357691939681184081411954292417361902660014493122914978155935131
753189042021885189527578807107291399348069715910775615447392845600
068779111133055906713747822200556656952058029034922547459051692602
523938577335292178567336553405160878041133391383329790391658057117
538533895539534343952943676837255137206833413324497027924104712174
894619056260094061885446205782685915415555255234642032833332853183
975593874399697214014490567866335026831263261210880060917810571575
100983722492444326641455122708846475407276400410667509576589729295
224673308514431196830853721994148788554184868578655930501904526121
308134254635080677208141744250744915065284832329206510592058825116
834660906073658248418187827837450687289920967792386488453056934581
901416283003498397719176650050728475585024926145898559289827374909
926396969427660394478422853802407530796445682622494996085292103927
698689185158211526915752271079495251394252221036883974750014280441
202531022979539222097161338493273689283560969835601731259827457593
058938678669719763918032341380968963928371601631746332734178181735
977114182871764624183744599715984218545226823156894833459923587253
531843191487077871732808003735299555260313128019138754517334330313
516531600565267566157265707869317016482622381368354918051731400565
870208386898312412311390197883398291002006400814499488286347364293
064241884248191852044238957545028126860796320979646267067934080666
343221280587732102326766115671476849680554045159309525500864295043
563411304013109927889000717292776325487170987465858131731288333355
776371766700447515017569769807467568034371862274141667623744550249
868281409561512964061620003236144922013006628658207499950489674090
825753240980959192652450985040072027517291894617243609867407868136
814050562356903431720011953202015664866018438094268841632492346844
138821098306134993832876267353135776520150930213420140646979929912
651509690618468647014586459769740461234525334151775468526894572293
653974840227481640516800949932043897073247948523373886967565962413
512973215210617410514610015415028258383103907702932555502919440387
669372392739811151636429264442498404241279841588946556534451834547
867280079031350789739805172588028521959639801346983297705004828950
735074047802694819502211731776883600705546801882697983790349525825
036322885889211438523405321182688936226559653031914451976535548149
648088167338006369110869263177211827668844788107644210662703602135

710327979389405288028852621980146943698990920657628362973177628154
764549182933626707200207205750099130311871238658660114423287157288
542022908935537550883599195051850522086400457494791743631021852323
740309043902749491505607149739127918445426841845971202908873565717
032378768769748750189247975211655298509959568015507253467930328128
169613127353380047712387637811465073551331979277099644754157147606
273482840727972744209788724647826868397886917222537397799897382032
643186840526529249631248093141229481393315687059802081214404185244
720017846251408398780719466804106960914471701868212698474057757617
093118346628170969339405778759780494739906015235932039936892443409
044886222271462960555407365588231385037680361834247922230615997349
834017875522717998883574376121122207849612566672807144990702750874
397654996492666685641556222972862400617154962215573965306243911120
079048850803417265759405920941467403342858616158408863251384048371
398942951683629331478661633932157380449155896680100046252929427788
885877327616799489182404606931230417123864265063244199816461088095
953452932389953217591487160220048486446112745564297623641031213247
908024444032616618199620501210610040357026522658178041136432286505
726055772156560948318656656658168540978059137088713564720395105436
824811925897754230612612480511400607622786265279307924879683886086
371431533453705359941611115418142008741925071510745455485011368551
303581846368226514472078435109552939514862975568606715261743590107
259926428816398558366509207485287197177895408133086835602499622066
807514544673184385309930418796543737565140275004303759499996693893
587159453798330341569543021847568816458042957217992564089309969154
113431508573299753395083089361524626157650364151022288067187968299
321499457339981429581778186604702515976391663909666227049106235985
930688397592573334959646562510258006468354732786070385308199995494
492020108631291174542362888599873736171311618073864183213160713639
479908454945596155940886686533158674710227046648519337763423033930
347429745483683823553298217053339952665554566953866838503382231900
770229191872254215179258545480777168051732807877426388068049984204
727541604359253011676745344868926495817067052605492960740242711529
642575263131440880368777745896289233742141202917851479804908717810
906015998410552890732853090397782748580745842398517466007178366196
493893713345005072009919457893504554483916336730053439176122421826
347732672966146707705523389453733852901664407340591834626237861791
060085110370325186957108044796880338053287133182371098156839712965
082360066007909164118639526409381436777004758664861219050850036356
168135099011443817013570390254881071405398514637908790444822495903
233293601004073880512265121134335495600888653477825800569710395589
192751824635983224050032753490563274193761767062766338105423971862
320723388275581445966427523007998890187418073971385200737182166429
772148692680875562483285156605914018679593544371409660950289815986
800487831076913258540504266568359975371765653082451262313954558778
462594118946892357342966521863377578777175157448207996079278160854
094144021807471540679212472341054980821957288657760915195153283213
568734675353512708932972950149940393436250496316827039706750574632
675991665535725111166409019810596283781509139235914120413910091894
863847484022814916688069275529181148614188725660392610814184530464
048004108955523025135606562761035678053234740702315495623923989568
299261210786910242470460575947760477196229257216313067396488622658
453733058382985732332842090832308775102661192584760061540076617550
476749439953953960663527058020820348844187696877397247016983377895
564099707729415315261537863236294967727730147220585082877482321014
684886818808547461491222736396430881703344067927513733814596945740
652778333795885718650756150245576025617733648587868404663568205494

3446005635320853748691046397759097081950511141354938170220661442 47
590430312205603466157040379603699945761514998577481344941565942990
528157971557996632386550918709218301752271340257714319443083915033
277667886241159895877816127448611647616219991007375520799505225458
511295430627180745956035439413918123119773548118672061378821654425
370154781526792761128975643970712271687651616378765124703449834262
796851369381289719239489538979328777953296162172918074147500728244
995561851139916794107144838210999385196496803267024042150771635954
323370238545485381836369968786066014445357758329997348339911201439
837419812603554680159396433391078692672113724398013358989724942900
041630966808185736123375940755592758461187633165379282141365850862
698967367761683956063701497709773990191675889021979610313199647068
911934859974373276870144507307693154630106391794745818816899802483
850979652512437210624227370932340121082673340967318372688300749167
096915349480547503031475640023758830375165677952374750827929085131
190481976208478428073438098886607545520024051331229771378204905293
646421231917902381636120131767174977121970093453665310784961384951
342263386106610568214253241521762885092809087276252123726548969894
945318996467423387512246983228181577127399144993439814411868673500
383376585270516498266690171724596017443533596859738196167385896875
867202620924867998911369827062749825160994682005705099420314614039
189546111080903883541855536995532090611673791001548208697887213680
456767778140901855572500939809817495954521345540394714171092555755
085645571077586320494459120210768374173671088594529287576604630318
717376774001763068222596503773371849898171434698958032229511015659
659823319116793720233961555282565651480369511316264839947350366001
112627545271813053546636727315487214334896120226808983667128564402
488414557447265747241404911890190495371901122601594867831242757057
369593230376265136166406627590014515623494333553124367179448158767
602257771256171742887804193052065891648091715886267421714387110683
840224264322991509544707826321298043127634467293085573979875106992
231893191764377350240728617435695771498930864085552755461391924265
302697158066806489834006581927780156197702878296262750841085272016
382060189976205705854078178284871526096526191983118484362131245300
416866264536636401899793856975856879060832746894185634951854883775
654050237429483411445172402496026782971589441255636658820521247081
814927957790816611112664995004899362109400700167185771015851075956
665218339133923072930063139385038605610665513684978773804139046349
823668949338709248951795364793038783892604235548684336580266620634
822046346740425240541070956861918994688684410065716366524333362820
335478063489527933128639150038206192957517656354858959157269236062
637359160729148176303927056845327763535251425960522727149766322428
104572121925350321864359560551894362085586361148487547436703139344
719579778711912301342608428698479376410435554016393460722054474545
619797723193883758260147920141175768898231123895862375475436148595
650756889049654059005753703798803703731784016867803701923085541898
209618955288130521368638494825802481921662951152211466537910587160
730696955285169320241708532246801297768045720240878574052825274349
499169199541178218797286836855881988687975675444482460526832929182
446677606650501719323461674192132402553223449484511025991195608779
475832574904214646030865998030371684129036193905056370953656782529
496692070828067789197191538214237899591176377678924408871614990492
965680793932967115324957931938386782120932701890408073067487045505
132306688440995133155402815833571138655225443573988754145097883790
258766608968551601076230708918539169790979757737997704279641904291
433706998700879207264641294111369435029376239404249701041583283021
272063533924814291600952201244285900748962499775008805338118876859

787922160731285585492640522516000717205639616780142074603693854 259
878254795107097598624023960212000424361867045284018062446685641 931
535183891444326724841670741141249786462798836176928669103749069 166
381674729277899767934591205895307615617561655902486029357388408 271
815492643510395776409753640038551885306639613348591422211298790 453
620254207438205273437913346604763520690664391204393552807212644 736
414720275398911908073181870625677703240696608970747785026669516 543
828616162750466541462998038189065585819362950739684363607966770 499
023982066987719685845479174079506670920528491504808767007834785 519
564799140173284245279468989020317129723205470123386539244866847 324
855898982318226409678664947470164308259862087832226441932469998 893
254136472005970105936971791872577705003618737347844899880134424 615
960049593126664476561680168852546141677426724330745443658941697 40
195211795952736002087981230382232426313787651311518487300575658 568
282652391960627468703405541723415985883377894618309012486616277 580
819413490606325362118582405730230640053128623847656951379884990 120
717512944344786486330149743298534759637565818915610623629607828 022
811771397899763765765836759267055097586444717146466601260923052 941
250185933221937898880481495144624703057567444522748980574748993 78
846207985173665109664343952531676144211411859043972359976085752 910
433232504336011036033483500066425103830289022231714513412296247 911
269638317651943856784142061101182900263641829751549915991298579 918
146854375980914384545769492056443177655738039629176044582391330 482
026929170785950669278087219363483843872663883697895829839487682 773
540799481951093326685158186548406749727834234184995085485867980 475
603318044693675425924488468386299024020798068263080810933362959 995
092612983664888728244156375020857918184214602832905796190661275 185
562727642248237818382343475661573255288702821417970415774696390 06
799658251043065946926841606082752993323892127489742497146760461
545551767957698486835200586002021103545531265954440994008131052 376
450272168417002603071180294817896576605151356084395316637791457 597
630291693295784403990267549713040974611614422033787734988307567 070
636713544054901158286851974546191446150772816622360769300716980 773
686440219362916102915753714295771421348842198604231160590366838 296
452382926347116589919411069574110347603642144395286681155527417 613
026450739437321906518750908340777085950717642008304351630061158 439
885909719946891420823611921411175250997254994279596631158220986 712
955224833276856926275786404852818967286011007032406161062285041 381
661335812414146853831269251692110109057659422434071055792706769 175
047976050563122360867222486841025557477982688033502677081216539 847
840580430942536513000981040670207036879655377524150718239548317 346
130660135692761490697747350957179448975209688581621149946498846 4
012578691028911321924137128801868467221416946543230211120944643 8961
513442771183377217130676297526628159793151442267389180990015591 778
240870969339458840326202008375012334127236596828731467346326363 606
274497036306587194396466838178784214070590896510760051741537373 063
128746381838963993560053823827801500131115225198677996622527493 708
860107808785493899128584632341845558495189889971689546819356044 67
554176559518859068243125147183285848875102218779517318183663232 54
015438118108262975473353051297839191989196425784645663646945346 748
454742359637329227797049352657544497762739970491535033013637120 133
577956615560866302496475745615940843051476769640939350025959071 611
585957046030041410089386576779506172775863059277326936062329767 752
650229930071331017900056318166893353421870862061214598224705427 267
546131855590077336964431923107299867410189243820807873262668008 6588

9603612704808399606763739720573347553945548731947874188515825715271
964762585807830054488584382717465358899853982070071703238596844979
867648955865202518613263696745337194429495481229702020272839585323
164062849937905990419459398509644668756070144923943548067965905443
524824247211718640168396267447916911133326289313480038273541343511
542691460456236748061673242582786034458098903552796834282353997118
988327272883658051239074841572795160780468798636046619834593601233
520001391112800397269715637707704042780585479350948146165993984305
105657903277259392459236576956438548826459104572914081150440728500
060668334160718720208102649081471075435118529085511136837184252340
004351498379353179005048727005286480273399762992966124188820115950
004876201942542056543221722115862389632035891781324308720523011677
479364475529734740020454928642333280382439284504308422256938188434
889568984904063696426542509499102806101464291235050334187398277663
219970988022029641914420025322433437136244383472646858907752281416
721321634045252314404883246296187928916563761730951059391697953998
033831166389633021606400720063000691358190345565592675152476957204
888310434615561257062713738936543862990971214157411707883954002687
117839086384840066485954408007486085167890138191595023270234745998
778295823262543319490331299180976688563353534756925946361357170661
427738714666000676272367207029503904540253173128585368842543356643
414645620358094375309654765348878670877893598533826385760478979260
991216033850403379692490425999676107231570707792510993670635912692
587125553665768154179038789189625289343975314815356636405969278586
624997049626328653265657118768542956701801765057185607823963488715
097683424309691844186568065034575490046805480964627582188962402976
246183205426943100337444497639941115244344717317773899183529387005
171357050351150124319664078687742724269250731435354185240614073800
944725863527218874743784370164622936617534345828722789801445270793
825064063049138762212254342687653161671312031840161170321095007695
595667080164442836496640484357709734653884258985600850233018132568
120475673763065472759290121553481885916360449289096429191532031595
483961476759945186045712479032591316332285903579138050648403762407
352221722981303229389961743760588345835296572171008696811036422300
204833940953506783331156897923205951291762335648052372600724792759
195714941150338438988863713972530486898780760204977683721592278258
218426352814860849858857854110227694259507672037469432581684852295
554899384944977423547220443381056262580356144232898551663732992463
588474883727522718014034734163512072409995433021812921735285040631
436546507731303939841191716895136245176930906794075051353190937769
969167941022140786926823769009485921179167454785137690410487014712
346546256045263013328870766343245200373535813790238008454042477383
208247239873112953395949569675064242155743755865483355659568878670
267469448705393296047105259866484596020006608637875635608391285994
870255078690985319874534341400808624971184165931201660953668059618
009565905839473041417721259382946977689839057828324919400814460696
727891642281407999630314672365535475894996513165847722751228393395
963797308377298005333088707629249572588787463855837970762659629952
388478106257152268570570846532671937586857716823516981258647831806
185125017768135931143588068044893648552950394945115220796101784172
252234749418318235023697611747852586638158853109423320112179183384
865616328428369477661430270457139120822715218943493379356958078718
808298079298789784407523466705657359572533131932789753342403844249
188707239687446298321205135688771920116932015546832316715799873254
719095735619447022498116428701218977761672381879738419386556855983
391667451502563682526728303675887632011215005276058875737775458158
3513863178424565913437974910908594133164156460587565181574854033

4794255022781272992263057252278419899932241384643344912849741382299
939491771406664232460804446016354250654369316390223932113231799159
496337734812362076251898023635142565365841741807121895827301669915
078908301836985776849359958626699665190130733141585141986478174727
209915641994499619861563562081001818937709407260712084222487010649
162775732441531682194980368714581239129012273449026077112881920994
043714868854852812478870887721081035566159611960408306188387149150
889562728300811570083665955067279678221843862574738902905336770819
569404526836896883383920982870344341653358450557075753059171322099
451160441725925744311109472581913619036243361011995963946593113947
406144981850033707015874941893741926519122116633681680052402296425
296908467582332509738923502676429821859702387968827924713710511067
941230553863443212041785477193881039781007569980518050820987045549
040885696826246663317590992483989219643796006378045345164341406252
505978090441123591038711247669338547909797530290121107650829407032
397779895799278297470648529544281546090472823993600993488222605458
082474324956586842226720758507737236326843033868620798683406167096
858286884535251406316047783606966504901978482682279915368992824990
779744324046404079797917337301361582972286595119100176286558639813
297222678579636788480214811885133912083591650206259826272491184638
405151620211576577494844813697173006860028522298355111964316426358
173150772677200720669285710309840259334818361227576147019596032681
125584791950210589360742140066933746399877993848774005378312290156
204967936458356211611708712680323827156010138952936820459638769246
817421132042715124570180732555311525537090883383341910828083365476
423626702904745594300709773825333525850551256986743777354142664085
552613030644408413840886029690531019368693646985962610209711013871
954069274417046080323300589106158826891094095106391645241233673012
158648493271693043736947102026838028997838747206186808556365768958
884161597939708778960570314722888958369096222578113898373336590490
551406840154659483807489746949478582146193256251760655036564253623
121479167907333066071851026351840609572818139050653490742338505282
233441813581469853014740446716949301594521976062496528541316577302
747720148573987854089256808364994714654462949316650934321738091891
006361489210666468023117327893024130988201625129657596760552718619
654877619952036937919892202083077410017258601214961080222894819952
266767093032173980120619051098160705478579089839604492147171123053
784518460619636390057788205162084240507278468675873700477459900985
221387771986531537461335072269160296422323395985113604438372289728
522237710464468051528984621373251129884478160654161209730877727986
123719483138753400134720394149629033649044608665863966332917873691
780305070440565340167065299701211385458320461766293372426473190254
883050667002500349478669349653465600244391420969953263575270332196
833871470720857715202571864679417043639230147033607605744116287922
895221868486360850256992551905222449485896680792060356438570218796
356756310836977542133372571856416503035934281309113617553364065308
234028676192159171441711182687998424442581092796554240250280405379
287198924436389012432652321011071919431785908753146771271411593013
499926000307667206894764444981273906332462501498004459813270788912
550805941764104150110451533153256200346408749982452259055423504830
187973228381782450275208442374162878798314884342277052437427796059
195455080910731868313701903811724628075182490092288371146997532667
480498396231090173190564688303409066881530728475283754466068957169
546432092945432219078645165542256606379007971108187513465802425296
504028042475410076452221082999174272793211559473712528078972129425
358086415359310106478015225988343693548000352531489748816258972356
153515855350187904542066698159608041899657448017039129061407751434

3777047009148201323194249952866936689000191947846259923497156031544
4888881080492230161944605573501375612156075220309448129221120651944
7477531449236113303891599224019907101386019099050884248038132953266
5030162790970206380018326171362814062067277917832590833322135765288
0370881850390394337708219451079106616818890255251216467332344132422
0616287559539128606320035326044732840635591678687064889629140752166
5028137924021605836811463750693436109075048491441700549851866424900
2075700993645241002245880804333355750539382996460162839144655369744
9224910294077251329839097455734348758610334447698391913769579943133
8906069869981836243790962931844705557321603884707813675875881494777
4244968800205517124415893680857061413521969928091141605058647322444
0216720038665656911282923730566515621126631520650651364678443799255
9630654617744196453689295429177486585769590526425624547717614879488
8483658750848325111570768322700356627002987491266628865813879455444
9398138128658581731893972881957086295755088201114772422397615778188
2246690175490729479631375847196359701729478992660595614286663851822
7796744549489280125364549788714409525789210569291418386117544723466
2060391525547554936675331545846069383777993283956083904788158177055
2893527311856307875411459112761237451655203909662691698998141209088
2869989950878652068227089908071585528573185706577135231950715354044
7085554243718160239124157461218845559598839353419149204921854491399
0603362996597503422824105804807607535749933402366182544205250441100
7014410887446450003360894669464316470353720523764321792654294805533
7110731853970766267731740483080645327935202751199915386697575538055
9751409765607496600853370766739385782104780240337170568457016931822
5204475787960407417258918286074111795686659546583467802505326549777
0263441641022705252614808399969777204269012689169233506523499360188
3061502044674696256905551725358698779221202064241040942549286263466
6660539061356077548557000719428940405836065742470188903776344402233
3383219845833431675685360569399292808248742696957218159638444410788
7508478376546779317151767731299852212210173396050283327884483633399
5595189805441306485457077393676754281913836167910863412604484393333
9751632113483733552560836225865970344099217832350123201441940185533
6260800267403685972565068368463590389928476626885204471278678246322
9807111360847587000271740956627180466138457307370774086131447935055
3190491586183853621705851229884142486736670068526740259414207156555
0523299667498856501317395174244704535312740582544876529351481632844
5929177530716784948384573401591914984891548246725422890340659760700
1304860580073874648496616559510415638526794820690715056623731418166
9164901948031620617048985971318443137860359762027658933097518812533
2862264605575365169561529154063141501957511687760343177240043893944
0477921381949638173225245623693105674993764563456664167907597989355
5345078698362692958221343261704327810190944866135435882575113889077
5989243794990429666869898180062744858796256579117346184980669465366
2094065956419174065758134798773756131905523503817186414115920499111
2525231995787127773696463001304978815180198558126010871738917642055
9633492486838734011578868406307588934051765907623287887832667351333
7221654919763266357306980936871456740224937889089060617445814813400
3273776551337771759510344090386524980579552207669711505626188624522
1964045426323023791106566090096434807368488742290450090132986851922
1705617062709515461109191146492625324334987046841796841038733749911
3654574821866565868370156346007046953013216931894511988991857225700
1969871549147117814006079560637966903113221151090185898365355797388
2836733901981161235225451088141260388370880455390507209781721968799
9364709089188185582009749156129109834091058774873886938899615542222
1787288330706007891760471378921085883608352989685289725037998670522
3968837962686313788388999121500149396088362514278593404106988687922

838992290778244638061205375627875458951143441067754418675334044579
381129499820117804158923736041982260507609978609434590762784546512
086738727753407674435962491417995111213348326868615110005250686007
839609062697528345942404995503225723339732002942195885876058323321
241116267829277738746005951590857232005602668481874583451648390067
737729262680942329559090985999939039243923962556024204429081637240
543977831141696560420140640158586842616104308740495225321886269124
545529163183192849550826207688411865570847583591277926174655407533
973408226545621710470079209616509657079647879842288740418516829147
275685163009400666255457587140932077279283532700917585432321232222
798275269487287010804271863891659114046892976191735780036325312390
781888304937584282948931047191681214081471223680488287267357651884
120517538402348972083959941473353902414577412066046876597038512442
530959405678506075561042225973129983158891333350591168078048574041
078622555696640487124634356190964076437365943250182856499407324468
513051397058059518666326250960544710606084756097696060836832082388
572685203967072024488965187901646242658399238626213342190353261152
806761182814559615383668932405780121007541015071365828532960196731
043608373991482657120715243068755090305400776503667823229896988731
414742042622963460094058783189034352470693708887923199246211813322
440517786004153058721716523190065538558234605552954721089991651965
575813030403242150237244184335349231385125832683558189867494424739
770872253422294016608438533685329526292826150808923712335366117965
387227004312897345817623703967711607847959505808278366089796131154
402093627949977256137616955718703957465116846376596517730652126729
713983119387682006106515210974067715103877489603073881676374532977
322432444019545432655168001043704363558869606740061887275376827467
336353018399423232391633419247028949329123013328966338181951452220
121368594423648466685737774523168477713824412542214176068217519460
222958252036416184207855628937115810808237347604031239754756209570
555875239370418319594348243857472044207513595527360401699534666799
093503142836154424866549141228235858137481465838833223806762966324
359677743744784222508480743224673533559292464637931331890432687941
905796939145431250988360324568483334143524363725209473664187877970
068609698174900884799450255165146652257722445351925406014304108594
518127270101037390186424666692779342116125437684317468757408527375
000103992330539641868942032325083420325396959264651749638687141213
500859971003214007449011098960340804633293992441099472073332650844
304710963883181071265767949849421608198412481676583205497510915653
754997609983652002239636339353858100354830201263379674731407185642
991712589338863713724918391186729695490172887835119048978066587058
755692380395853164295996130407282986584413894302070867909588481967
183705049929448800371087911354186623379966934902010456038457146599
517322440502461358639412444137674791435979698913987178797270040773
256336040685031251529637157443178874901105270813783893539890168522
007981958077795639328901627017987179568458253428185271961501731774
650001307958595777213817325698517971760014333032192591244225440748
598397066157712850853365268126768064497723940742812107034202621860
032816933066702590128196027112275978628623524447196010047014925059
849762520299551182119129088889239556920426368046104374982060384076
840787293502696239118306805508874435008499809366592703527100193191
037429005082870462829968750136637010910943612744272477521478240686
597040698177329462608623247687744848367648600005661549587512931654
605369993960204303360578628026525905320400072732672009450550442963
623311550288485933466797806386836715707019451632138336942845114997
068115263995628968814651342041145549558978294471803917443939871405
536135806613850113556895259531953855696577170498128577139198693339

087382968417882721978692814725460717185261732114233662586556105531
164504787114824540480856040570248002408339018880150781763539435425
555565519364244277426514424194490473231684272016139887435237398147
355390729316671833652362523993771770992678611161992593706066148216
580267474896669755871515031353305047152344312370046687401353638936
845057750235989293162484030654906572827053150223794082788625464297
929432443392820850044135098872128868555129765987887733599594986965
490807569804332809001785032571306649664154371865773966169114574186
385827262280195471803786013356863781482061871690237089997511170189
490700044871390319034419752864899551930527095373961396021801594966
150177944805916503506736354518625817804132672874679086072473133891
553020565483798965799920012918066469977831204663798539935746674900
439930175923386414446450029874173422687310889477384082609238675886
957601657015272160092880948581728621303560166065922552618424578034
829942437925320890123380601955773526702196938428657678961719476072
870527545542461666648471407690009622371550974625162015821464442902
715182461985789415793066073588642692921318325645726654900898356105
954754094451098563902053664671603323276977220281614927520102502805
901852364448167530947391800220210103464861979876539434992825011557
778072164058762445680960727997753956484175823831250687468896822512
749345702175403137587728014549097853083347042214332816981018530086
157424271074098653005701677261309035016294613267559794327629250178
813033012200605159073488613116314154239090492038340291820461294835
349002755679208585513779604359401184044180865287236772149528260192
855152563895650037823119354906495653024619441555690960884057272496
817293720087185715715704667921302684903583315581074371197237457935
847216295266699135208901819788359674952800443006573112386791228606
648463827274878047608109737606848972687310586104622061718535386063
792749695843496410346440574643529373150370536605628348233516512521
998440267339954917238754992779927594247806909089111380390318542943
229624670824567593747017496191175748228404636575814138125624631799
024103899126848942974928046656658741712702423220229494063762261083
013638703479094210661365048341679034331290474154575698874141770118
412653112258199650314868772494002814367281476488662786440414623500
610181100022994579712680678166875079341833677949762705669541037397
430073958290372735318658205215396264256735778610195326466950077743
202416785143421457441928101134101676493819799012998915173114286001
697441029183887199033048643509011107535580134824185891387796862797
171702704218434732180505579043760892425778293339090180391686316969
224192519659715791793093306288708404838592661906986742909250637549
892294549993357397522075713765659251628935266485817484168302893195
227324905008693491734488195475640054623884354164330796005006237007
838461653794455993466770064259669207551454880550071230464433976196
305392362659287582558964718757033162259538181618959091173580454866
168367340751167368839174639536497666341154920674326817020717682711
367721988254427330007079214369431262206193510291710035979369758015
399169948346724453239182718114272773661125074501074880845121572179
160696595122265625747415591110407168031247827423710480813795279550
163265961072888917302419819547315361120901762703180301618014758692
121547261482503388040821545485910514767609148562691096453301904411
855080226545867545914638326947246953169271985602802063708836615987
498472968671122943830360177521322580121610453520051701937405741661
737425246108643327868881664228074400094929582224562800967670581350
070406295890671701424732996426011887270659695053637072523181286535
689876362257235625813719311807002374184279941060554513591229844480
020218002661533136095939546863708308209834756359079921374782415103
679163245411407914683312200724428015483714093516725569202472245528

9495348601089853720637376897971179201336181144658643565476310485481418682489976236419574642577892314366844854732084164073142641471545996994189854516365260238066196924759649914082995222498200537336286826347166163342104439946084294767109388574533834033432621478560515716013754832189224569361873508785278736835404658013389719658603487058347439668939428195484859565019405959463229357256511700860755969693575665749681310804653479114506919907164157187501648802789746265745126300310191172653155229635536153429940533103731327921951656117608705935251985701947405352928503484908945948252231721090113375974084072694499332689974556627629631640031295859913399891927056161579150053916172403946442020518543805610133127766760071334430856066673515587965163288412742454468294350370917099651947806542047709599375784717027380925437101145759197213283201077597456739368035078083850028457641754899273935395608495553230215494619529894722692372608864896089675542553585629233506750593888366533109824601888964178910958133518809146201674631633993694970796807219258402832441865795246553196123050676066110020918290790245762356711926373162447388593450745821645192716803453509040388994265000329894301820843958463904728365717384689427116792523540523589815825805736624733309767149295155350356231727978930707240806856058988319517851564761946161306007129208523329055543325859317678819440344928687150560876189472805541910548682092662871464593989578932441918642047762201921407699214028906420551677789846404549626453019003388759599979359927094696100908239503494965003123318931819945112571815772253579233425332406921157379053118443079351415341063130100924625690054764340509868581119215721967989589032625963714377749624446397472476112506911345686155455258266230402002651123064008058066533824318453017039165699967073682226829924602054795092724790943211558742175378821694305214789150952744479595404659312431558975039198412776389018602383191496682710690501331014688092132162621622434309411337765623052407252297925774442146825924508033721197368812527657569001309590206167571520781320119453120353030740311721727836172303827753355787432651646047792868435774296336970148329655852467817402968609430919894886071161166833291549503929087931417625295222890565023746925832492438996997191923843534708230948773072822124989851352690359708073077128359992681366979457408695588183203363711912206539283926659025189054763051936996909972817685902658223697549935426996874496879033331007285894876265904089302495477487042590370117460962579665494310654283782301883105478279409513419468397550129368287846522050597053387215898209426173617806727656991095601520042122970278270700220515523605760766107318296798006882936254798623656289965976562450763364786386266910727932697052425007819558271015377773087765001328753679181292209809316816695870678339826566012080126628620422231933066588259647304561495019418837155082749784792950940924683322279942400012350491658305332179010669248042139786152078096194834996131425490291779015278949620285560549685500090959517469446642477726165888890809178830044937077876474165037778670530122637910469497858568798025028145130485314714729486873986396347966475362453836262334122078637347139852674858113936809951680532864687577897424192560581175785032740486369000570791521490364460477322768735155452320681015296812830156532261628528802051662458257974494849526694584590668218035980106592866387859326742434567652494583391223148963189593385229580249667279813701734446450130716202314908345155271209493149842654632334502293875257149087527034368300472691087242163327087741910301761161320311698029893761935841519418268179333876856589142394138078774859548117784809114166369540598477688224554699478919474573480722025961588806868625966118878228790880271844997309124736298641448519964606224218403337546058767820214149899

e के पहले दस लाख अंक

387927934599889905794216324744259974486336740412646626473373543181
638353094983215523721861902949708033675945790231753282107561051395
612857224636260729317566569517287589788506057564942711746168106054
226843313405417414738665928931849696787631093598149729994845983958
824038190872102517193456873022634076822589368881292289619598390384
955764527713699072582709823075371429411606941161405962842623563083
731928884151953015797021779579026183899526626977715273657773237205
460865642769965570000228767373930304727192469598784285101072695120
555019339842552965653437128122727313989538078695819027622985493602
156844895559147433307504225092218390248604252877577398967833531937
288198755367831567021203444811883475897445114986562341257885917072
120792040340135991902981344477476155121185147163056931253387989966
337671765769262238157031731707830626911320208077314209809522652393
604346460117495674947004735085153156892103652752011343952596301708
769451874666118410832905863850069428306894673225461793543954351864
769201321788583936014614831733007111187271903442483377896343126309
670623252595144008066208700610349894346022817926784764423879792453
971578586798391220842100181298934327971307148407370945509297320679
126603622731586575994262667559076313155258779347008424040027498817
955611275120489344805933506840921914983405443945855489624961858114
104188453369737977121705626456369772636768681751709082289155846402
199626038374878762040491978295516137683281268740646778941233919586
897350831846141900037042471852720458431205893698885101874809953556
275990335895629793960518115839563105007713675429177778476388040109
307464769580756605857404840014071833011491320399442261892727189895
115371173311450441420276939674080418451057449917037648381463122092
464119655551330277202432251362629183665130397967553278581151025901
001892580322491735912995932520690098821165446446376810221126622262
288437628160846850552938336360095881949111210590799368835024058661
192679323937077169682934585990653630123806696068665947758368017307
714256146931463324192746781359700905864368583538484311564826644675
905638664171396356222262431027229432913293121987650922167573085845
915164787883191930241206056470016185884118875007920774528275766822
898209910632162313414743394560991201767719406841156160170337470880
311267351446151162600140027283726112832653131515380620734443288975
877582674261409444810528081769836845460031701876683334709615980896
480057797471845482036658738227136487100881044545226097487911573767
246090801928458661934099563726805077253778649319263956724207960909
419277559771231360422038003632188240798876844255843223842558437978
530496309870934868576645714245871362953165881486870274249196214207
383688981312351104877838875735038669467237216594873583684051121143
204130930123722888184956704503120905332714085275374493536667815816
797847051943583433444079467148108492362341466801671964657939496250
482087905501364689319229733864011300405933288277359520091337031826
373646266829320247051018639210082704963266862824587990873674723444
294781765029155599128430412895717778161103110180529493625391402380
682021770234845151812301301494844136357687221482382571363963085317
193880398186652406547836469289628682885377145099385118013776104053
463343135939986312301550376827530690206834930235058112442158492791
594397130021224173763706236291968104144053855111573731697927755140
450355287107176596532492126623629250383012887456522972187134336643
436491979221282969679871752747723452628175021615473583023332815836
685896233904933942817523400334291190455651825727505954557053605727
199827201195898240812899481013324297735115842526749735811249887468
216854116326683970526723294841448043287631239697134894667012503392
621252186243385474578628844608766226349490131380954172611255475012
851871938615045090545062278647638156431346889580934265475913717845

1241274033661825069158486902478039090145716135047457776255981939959
3720136497470643635442955057686749948017937320333289660412533334403
8610146708655244563525522702597127748120174760411706776216830168 15
7276802668321709915139706401970428468815771255670604786848317892 20
6319314506827327536269461866557244599089968781623814645107241800 92
8495671921832501268383726544126694983570401725818241049566725073 80
2335701043099437738441240694059516118778781746039922935329179609 28
2931247283738190630730552276862954694044518800645944607757301634 19
0404968061017090527934265536969028876734384414556992722459085632 10
0249332288261356925722844325606465345340062030211083845524085320 16
6018907600091485737865732788113800927147213337075424253921106819 59
8426591406263809545815928653942441822322885690129890820522846018 68
3006785562105839240097632381609110253866543822224647718923123737 01
7980477588662007144842999928350648391130751235073617151546073696 12
1737340998869099892270853401946731461455582273179835511351420333 82
3680344781606024086733460832163377543463367541661965143336159765 86
7914487782448176476238717059900556543030908876549258077838710410 71
7357825545887174338331066082966719131453537648482628436721679367 46
0129368067201168107622918881810166048337923084173996258537937467 97
7154061186419941056173175965222720599065797177972328058145094389 08
3856262438180133624010210636438285674574244926655041045289129249 08
2582460894033040219178453268139400856383832190498086605668227608 34
9536454566436393757210512733697371951693160327969462875590663461 62
4321136040070458209537605113766625439985575418660238731412710592 21
5245696804392700663931652513218966773713750634121381958764197901 96
8022277925463691073991826293837149773754001507570201900696347687 73
6574821102764566981430913288378533989835151109480085251824791390 03
2720470042641602158090800799406011833103233293046931798899413049 69
6864020791523334521300843139526417909267095172786391091075272090 62
3774766701112274708571167645982595028582369888910494829612631636 04
1458555415238308730643829761639526297430097695004559778477184067 20
1095312613940962479232562770787665882114486191697380292336577622 01
1664913961834630412855596165944566073518088328492493555975741693 54
4708620053557056847259795638790226483114839553640444190231732373 64
4033422304359410661685729600835532668803403475010683639505612581 01
8743770302846412906322871728193391814291825275279037003275047676 50
8335389345714052906549548947259142887791236856288275630499650198 88
2055628714314321425596032775813455247255919553468413947288604921 39
4223442313056530705836851431966689585129100138460153741733232520 71
7186499906172611723739436884587604869156677882222635843183371688 94
9771040285910251487099771212427518954362913009040784115968716735 36
1707174287279345856422869735508288289294562036019257902855904999 29
6070895903437835180052845406848684190390857481465441575343894088 49
3212757002650065229668523285758421918037078427404774376495862337 59
9981939542832797944947884364548806045167211059034128298679326920 87
8013362977579103439332760690117091953733340142417615298470616861 61
8211754434870816977824001119264787927304096755237410416520871113 66
3673953200321301969994800217931777792330180779138742587642153514 16
0860101699525022772802038975304416297249490759510142741790847461 16
6261109280806037640020156713817725411902050211882783299061708610 75
4771357207549392084271843452841793698950657681760377194123382386 04
7027402498506170719118167452533981389159478376771590236487531616 44
0251123653099786848113916259144571466853047042537422878585795178 36
9808052380275353621698595017621168052706463660613957467118736262 38
8571054404769807576130640532671443708454924560455895206470866826 42
6892033255564716351564619757573499868071700453330294583095942952 96
5326376458147572106977470544139797697148846985100031553490556961 95

659393395654112681151864352817277100195961419784828776139951339119
398929895851386635647912321925579056401173555484239035015484518524
340245604488511234766305031727303888800924377847097441450302572783
817474440291677989468871438184387324497389852283083915630920812458
118486800494235252894769291146132479188933486737489039455823176694
928492766662385840236632994273152398746377538131173709737981938055
960757521227970110732004649476191477140896089443130637658466179873
078006097252603446819777759649783805764766682878173511157012823580
073302312299471414941216428543964626192197865552906466879810526025
726728868954826816937979066081434430782302820654698147105289082848
652650325483771551483961933579181619435256667602729174699824138431
493038564214150685439788961820445945896397538872831099348469663400
405314404702617318707420545909668881323162114604484582632361556532
491957980021800635471100439455056631927158765438469444893637646482
065597300919324473045003169627822438449954890612780519950600429785
958589837346915295674117413257434314952802990511988747075298617278
582467707852701269759024643028960259208547711764301747840274362063
237395938354369184708728950425172005143734899060694282022635283940
037161581579755574454726257591493523505093762569725921696808983465
825609455643614763396696669422922246357765024747453352399711453503
271509762593510813353932892290052255279590611814466142759576761353
737147942428780769243040117817454202686315953451390740359285209350
433485507757936515413698887907275628457826283340535963729254686803
273511970760336725671700435197067911891048941253744393255125749050
074608453954357404332460604050000945990015502928099834981827475511
058918728707543466808579229226420732689698029428157586115439813220
240804893401033206105413613355881065841581234648207686588016686359
136157148557535818113067385645262661048413434734694581800123590939
003606364932591926226220782801752053672555381477260486873979
304900027516681380159126207820727761188738012750395279232033723210
550529439450674820368589418690741746427296252877227695238213838869
498969513005141260086088863354786587690438216185781230166642624384
408377864486178700097632319622963454218610284769762828542653209970
749025523248847832534292766994036595661765770521917730587498014847
131360549477970335962211459996066343296801297571881445298810633474
508246530724717063865399419170586986341658921382296809660056934436
379533214689762049206603863931690292854005134038727246474451159000
488766348470139307744360611922221525843246543758594557475149805128
429751072532069134495501217738192962439167842667921549289823403814
409597844714241107844884944907644061510001616795398057396920586724
852555267482168843001379706647631658416971507886318672243158474476
323088342578348592507362023114892332005114366315644882566855062474
430896286892873506974632118560972768425625792951346074796979272386
272203139786212564717273672432098794694939301659419192230630084378
973615732850243875965059718802248990743656513677318487135463313796
083764317993502813439050756188302444449328433729689080695711014643
526515926055875565051948966032628784148146269432617726556488897550
780317998077200382052386943408920569349275048552682563471064892720
871562106974609480143310774386397533737022755321110169907166040393
559744313492295904794445992691482235392519540807825712213306083477
560164051797784798453264387692709478330422165341539898487543559111
884386121346165296171194919575468374131681095754919215380769294538
468883371633627329891086989697558323634964636586923490130644439146
619567637844503154357771919857820059145578926600992401127262891755
625253100169203707889168372917509123233549795493518486024917411759
072582267566203136657379845497461137485728720577235970638045389818

260770708256249576355999542025853909525365929624484478291756993067
274675640475820240278584628932763478083706965672663426375333725247
194201002186875296438819799104552560998236357259987644505288738807
785092016079683569630313154067776910608904323861725856772791101701
643339591619262954081051062080282234234610437894552214460102008384
651196282418063597000346567463058403388080554980382181931787963183
345342911941294786038632929437978931806136927919853034147158635506
664285056223982059737638819392466625497682536301847541543589750480
978258791813424980750780104634339876565135751281593952117457283225
676997056472639935124352321252464199079256076979038544663133224919
470535051791036950898422616058058717849257152872273082069491700394
358349730662793217016523880658464580998607178328127294436385185314
810012857402914322217268374518485443793349756939658072783253751044
408140180962635587302131610110257803501872765043109178743227649602
364875700769270728331985892507856296181346448673368421841087521908
074575129542497671019407857484613887413713606745345300645047182154
551802291826726131480254618883568208990859607701210361863972225494
453589069552117712248288001445807044493249982495665345307825970505
657406269587075677351788320006207595513399907435046391589534889467
562506388216485522358435939927968134929036988966213377926962310251
856139781845547796232182506625930775195214277017000945840791937173
851539735979075629091972731414359013651126171375194874746823934002
819565355202899126948495327271023938001773552627313861760060134185
588963244275173385688735695093801187096652955201905094944596412549
226303433279394836758456971023525215577904987262130057175316052292
849707604818356680875243828440435251985139778694324723437569454968
580499551174713299343545053895384186632280618773132753061534193496
036816420159322287060155471431064304382252240122469424855621171945
509272394835978464568170790824284219050109484187804316058384363372
982688934160208265644202472109585544639905356629814432150739013257
683294199224894105026095472235797380542222647591068163342540391285
949888492599906589602192373001365001353347095694672042553903960205
381789088416936046688128597863070850180502683964230420879663446245
293463032714273918381824205788983331081851131106036970216781163345
332083148004232849171831142165014927419856329890954699610581337744
129186828288400373034930910885268127519331245304013235053001067286
586464579164986375814455313082576796400327355105009798182818965340
853950183168165726152849956058950557920528583421067611473746670578
354001099766556235965150304229952273577709354548183321282679886507
635622359636991632445406528524389460036773796484723134227536980437
320653649143320253380277282445748554860031764554092437080034064123
437405882427741248353567020353933844050754627747723966469047961571
263255988350210341068415681777383662551485701861762892397481093159
650428714149105299324581408884662494481950566390569529072794654121
011918210938062851123944632705098504381226908649393440487733890208
375008511906466609567270308796028251715858651731737042845906521116
338088466630259059391394851649903686785770206514125334497983947379
292534725931063693228983695186458220674231276890365493624459458574
303648941438026419179938995792006520732300712297693172649136032864
965984804409243035224141646230562562754329157445662593317210533572
449913210058782855645021551360304213601862041166810109988934008930
999785465711235378334029383247772213529763256180525043327837297158
818909586673046887342955173637313248112523293471048031169258797843
000592852642978367818056913046128379842379249380445103307976450968
891974011572602506957530030079276457485510294784965694191265835567
890920608130343427529550915050101603288727624517420285175099030748
768935270314639197457524852724527432602023188591927763276765983338

5752519042573011246362224290873536602671898401429951362271722318052867829171276888181537137776619925286731204769767018271437163151068721477547473276366190849053221420828326104265063420781856132788876146020732515598908209576701165168246946229849626162296602275469858861265373844251495004535776600291268228823716581713317963082958513553292123283154873177606139518441377982875116787379467226746915495453880512239156406970826529029576501632038529326309493510844119539420845820675618330571945178315769317239043116189874864995309729970847042444686477753599670556505419061819041418023373571006472388147088808648911676518305194631742835907263936416676209571614323682339063417429728722688301407533224857118372686496780004458792040756935602802596015249943619552715179212889149966145468321634393565985102636302507604762826462416699457139891257045191120254325031485935437315949787933188825504078503826256808974044862513974828020561534883396391103978865324267567341528920922797760103638374761503980518676912600621751429050670863500209730052555779948753145232138454355284410940791569707089360278527598244540325288554012223903306792860250034917111284892201859340901706559703813723670901603857129730026902078157907558851115677977209066495801446990525565682191413605516652082498503004133652982142086061498263116196593729359593887476218802768242683597284250926457744767305056137053141157532870565629178222254100877697899554834983697348703985789922925809098615590888154490219241069156930767467632756818104040562200785485834892092183071140205239733488864133201106978941764869425282731066355930789500128139157774778830682536038996357932106376655614724464622780192086555788703707638196674371682073567982447147923456606488107000698206866409901956404597620663514032837759852018451344507151150717099022454369356953343285636423165918127370706820711527452540719212417690419213736707345617139944150855446025312288949522357278431250445763470560885308130708623696021640951615468470083934114704886026692154335022648424725802939293578315886270471831155735410184057687756121989385428537326265042185645848425810213674266690823940665276509267515213472667779848138126049926059559123943175592674574230595863245258256425456153553132668952046470847556089995453421931009504609094490647720638153689152803198342922050605434096233953131424507923385816466628965074815267449753083823227462960643867336320690222899367729739747960730724138729762986090796986862689781655750744426650305816077932431759011695968473240918284318556674743046156974628876931150635684234006381283414212790133508733306894833790094578332275341114280789951627336885786162591659633218648679218544500188873960867757094503480988509101807418189032566099427035046015288847087495835404179496473392222348300874869316878685260818288031842115260572615496252670169675540715548800114098880937749058739178789692256725756069783819067607544224235757004749766504673961808819739986257056757918581578585731362899148330915211640723460133460410367445343869861981581466313201729948001781318033912013631421577925933216838929593509908830122862663925924282132553454719198022527813505801825378123351742971177998797621783064125421706045607375641907704814377517084356684157669464592832054311693905162262876942625171148221990322311340364038868887810024458631343863989619162488901945290206311825234808282556380053566816587541900599576718497201916260450734827734289470013632850309694200523084737260455204572701791501202359779923150792783553662556165051306495795212193640631912538514863943362379577667270220694315403979532464923128959282888957003182702525721869115951756348356412757415804631542368742572353363741069799812719136073657873549925645627544814268302075147808968596728967668877198452998981922178481476803004896871708263845434465940983054432211504303472838876

491271372983885277033095608898911602037918407910709828229137882464
160649459020821061233718824093827310743525180984570498820787839128
829659215743098969353206030633942336816309421004922467846066042484
709067142621190096687442017686735131473862896718009994432297221795
895155774598846062773375305314249579401153370295471864228384747920
049880156968476251460464998526463696443491519103742722548914457386
387402436177073636399827899290949957080563042891777024036788650592
559001663251039707802513483526270997435568471158704587969459849356
207608253119753840645927185942103175998641270025370339184930173443
361939739276167426442986449063230690880340317384609159226809618489
545298660027394664992132004010435766126637975465730882327867719838
237315661597629224349247258601882068183398288109365663510580412451
929740848229448890951986994102756774447804476499755591218818048966
041077299657281588448669834647195069938452570129974982053019758982
430927251272370169432982715225525940758094307262815320482648859834
906803293547700017802499730068747951661896583776697443195846306797
753576288016836314585892775360847360792817609897695278526065653390
486497315894982561123102311406366957114448717908035957227350930708
623379961290600315071951315863353700831146325173054289019317618296
974598425051298193355357797884559297086003356099635115192911905303
130155008312063193942074296160886931957804896898369090384968385305
212917948579190159638160032900064067208744125783946805483552122917
776338118812837289141781140285518017142825457889814250404888520072
687160517122922759150753672032319067506500690739744676664854844819
766491111139577534909640156973308399201475819763070368192685877564
753057215260686551207741594927500805397948738255683698290343039275
067496251425791665732178441488823926580500461616086244297454841498
604288561735785669173611446480872388464174325985856108138566600307
358280032509293915011511377244902376324282409153635291113833428535
483264392943441305129015281792974667968440106667521462783856138613
706709769512900247389384285222507693140613431780055315256604817861
599770656912459580959308847990215858793420295009845292778875936893
087421497126582514534083890506358612057252293983506846699610204015
622320063498959879863334341039108840172900826519013193277819855949
933389794720906048448621568765103726844505696253093754257896332361
156804780287684219437998681680059294425657014029570891144357230674
045958522620595506620061213685231087507395006792465026337864447179
407868525404446431308798267611392579481302223599479842427835659501
559701443349810494764762292373567002250198599900005048311836292529
276154903388678744731148270364388817370576797940103394660385873571
431423275843310939188493017862308682202006288842565870592105642954
817965889996326394929166109813238104594184395106451178488475228716
189550742971532504915785789813417757623174791552525301790419959265
704184714262261128991462746952275219868549406370820212675982633382
859601225486081555006359349242103386295374713958062367931979159033
467974347602669829253092492008755822230872742191223378425111662912
837630153577290831862380294512998259186443863686101381062562790529
733554305108986722300800093549679623992845273734534943609287158516
918816080108914244464152099651909913551089480469504139692958667978
893270962587197971902353273523634326619341549470671134573297384932
670424985382108748435560874151758718649213715822043658010210243592
814843281801164097163976087314676581734071635836482128438568521218
697346497291847825623602911999365316479635693893346240817649336001
646571648666756346124315297773966610513491850847189524831160236115
189716146887404225999854198341894614429370436575296353508434057761
182545690435246201398907947984648657272347947214637104923128625546
103600488805532519849509480618983166224686568882266896301485216327

3025684682707913774796401810896351921649962753479285884186383209532611609375463617689427065034725763722719208689372334536989318236688740868754346341689992658434796892367426362854373175761797768331175385423441302204470143045601545855683952261504378171535360320379151249595274052932385557532943564552180146144011981200881159570913755256415157026205793994964979621421946593251937794870793316860928165714415248194727491761964579961526553618871003018366081016856708424828315316412725618691235203374587515680991272242367670925859878940767320596425927760483408861595654127988943408858827438355653983940785958804592364166409554379488305819775103883205680658023635917062315315286483183473058164912571971360017702646851381751599944284056896466382288116376766907510121323570449252550032458448608513054057336752818107256973240941691063629122280126102664819042003008244902845091333731860741747250524088357838862345941624724789452608823808096577034839871999292057583248222051393665744530246912092419196981235452030963795284684348290008149470189968155053643779130381399119694837502613346938590475361102668733041213149484134283906011515287299316910449703058476063999954615580117201677809997219584260415498724558452215599517025860639318905480367886285748817365351167337838266848884765399571003520925393617351608254181169964980638338344571275380686953484539229165583836977616034267058611479772293595146832799118835715647302639156293644144652301226101637141304614435379307298287184716121605509249257812663375478969649797312421365049785807858204264581935381255182808771589851338595906995577849790208034675540675736331693480036585315089195264520689450038310461796548133591214284165112069936160310908341063958090876713497918190571397318062977590260908347710903474277313988214350402422984212872334568341124110108143219515902939848497695829143765811344848933259196312708673904570429423098574508116243187237229048065737244312165539619343305248385481084544999457109476333647344771690730486230457815907328222436152206173124975250300407044014929097239546075736700907170120799296259702604140124599417218130636202623855532349202674440632559314064932429075430010194727118433799395981694286460137137856471055549717249016473351719196187563246237703896881805141033926240862878540406720210881430145254496620872537240438656215697044793807652608461726053887806214184932984843022079520118463033670817238226510312715725783109713251046438570415831167592362742121285409915169190821825992721688579518503663444768524542246175589257047628282747657378543986550334964038786880654737058803785296086562077907127241371985917420596012915165051296377456463982923431904910294954450379979578216853051923406534152922226275572338200710297626242162491844483812138920440960142871706769960639486772142744398453185638312860975358366785008177197545131802448117894025599615418651617002619500941755645736000720326073283866834517491495532587902259646021501989692367331148181750673838384155254128604156187250210032465423074184999262645484612040883938030947378188891036767436928643487023608665761999610090169898131051430572097295536612348965528326894020868857436030433464372999032656255840270508278852626142959290223143495001205430122483269734961227616344130840211488480377167744770240894791504588359340970246519198156904113601107633893680176694818379482634189456909750538748394408722420364334916695147102306337628346363515736521109080883665836414654884503622550927316394612814576896047587407795914518443476108954792717258744616657640289869458581243836506567771917415111233204681701421204475074023010762869310907869643645133374424529654503768847985415855935278187218388632325296063502250552040923565008549051413785704821509268532284380426807053088479441571168206051514439948148691240886176485432931577055709564292931048052135568

1330468417672349070855073069845055132849790900500195247894746839 35
8473236115719969075446338213638815979982773244301542107462654603 00
3134259508760108358968536850180694119924078361687398963470482093 05
0636129481973429203418869593469284120127981677093607671849508773 62
9587651782628745929717808147596457327063593897432848525880791044 31
7895651981458825058567387156220435805204216445969215404318566067 83
6908885323522436519608831152215220362006892096045446545206506816 57
9063998038954046979644712642907188614241962671160104769575032671 55
5963996745651513209258990325772169214467555453900927088534897220 28
1388982677380521035736611740333041501624842875740814822535306451 74
7177752743302963363702700357993654804292226780077779161830171772 70
7171208755589521759531967569344652695852662184586867889485689605 08
7707490964188309633581547748890608196167240975671538484205448450 05
5543397755946715019794718571774831005342582177930227613347548628 37
8558995845731426387993336624658319316246273820715263288955378632 24
2057827673529855353698806259198542164356660172248221612332771972 65
6551366220379142734806794664283220368244937298901067052519822193 07
5454350723563068536710414145352310881016463660671917736387482999 17
7230527750310132052109031746104340069452576665597458081439445556 19
4378368978587686755581985248037887728045402959040669551262070815 85
1919340353350491133285901320734971124505943918054895431391856408 39
8327595627203948085342141051047606187906081511375580773628128832 17
0054566629679813794435017326272524864216241118205536460978534144 09
5314553078927480485309806860631311894776690702327287232976313522 15
3806144972104839397822491987013813115390290535587432423380629514 96
3026931508894182413766678167929201269015583931951838513347874977 97
3434543120219399706316869488895442823412429371723172101343792855 73
5247065547245551056507754308286375505430698337548308278505895966 83
3299176240282234562755641512842948956615049741483478035271746993 89
2809294125914477952187440107579779903362918122618162660152686817 74
8579641510827478484535337011647412482626966992312708120796470835 81
0137487399735654553836775365979459259202493311980063314971161499 67
1276154868536102407376132822836748634309217018440908103934396917 42
0940426908841481686321381075006620650717726468201659298829230497 40
0471684703142568439156497438415785709001832605193051429037283545 99
2379006032870152444200132948634582265087448977663023168765926625 73
3660414085948334227597054363164987970570386657236052571287839123 02
2296601148452776703229310143159687951483039966240896357846005237 88
3077749692841497942385690633381110048814206793396860594621468309 46
9594113827376085277465434658323811768275133246569032303701854927 50
9450389539664096301641707648970662699972316203654876715750470878 56
8828158984663210062673783943795033669442390200837203145374229508 24
4950265994014534197220773039332412516880147863127763736318632622 33
0714727140794403574261738796988577870795514646672638905662544771 00
5656313049925992501597866903916396901932241796065139223539458795 61
9903880833818308640155433165598740658147685243463582884360459586 29
4720137827445530429990603079049381210120596905885088200039498354 37
5788566616128529828338690288838400815347094938971794649518467967 80
7003062619565704393527745209111919538471451445097156990830244648 78
4128928068613110747288361759994931912975843720523579808448383637 75
7212545501032757304224166125440239750511057669685748475503736751 10
7024513338596642654115955091219552082842060002713476465934434166 97
4956058047776014177057439186799912955455663411386402319216596064 37
4282041194071183539094788191033363512314634646597201524821302397 22
0601493018647946132768709685570677407362966641152538948105567728 27
5714840103447312352843508384057026061622508358167317527330240457 02
8259824882756978900526432334219765665232931820135979896536948980 92

e के पहले दस लाख अंक

4531022735166076613574165574443691974259417374795830232581237838880

0234046840191179858384157702103609324055405522076775280079508424407
2318084538857355396183402818411134734484101160683538714050467809555
7562037124508861529046820361769030406935504606024436331611670240019
1582812584068623737720861132151757280936919893683539404962762922271
8825285777135535967889961399340043287294525373663344833711062516330
3951606248496529708721648963917261548666274851014597105609501560010
3887118080291684592596449049823278897437410808291480064546918896676
7278044208593958349809519813844362131390438428829524182422548218773
2723454664578945957004016995304465727682403512256367265413655448889
7457500819211163686576277947111897220222507609332914174456497809775
1152624419433046914116310243516162275703910049863071244963091032006
7023448629758552247230939029349318583158837930226291561195641141773
8516645909607222712173296738051745801011396750775153970745800524447
8940804086206723497216791011280217256214046719956872134457918332555
4946552634175476431909178125722914543209349606192718917553771121116
3298651306808694866681002970716081385137250616599379959152267740994
8927019558916635449386403689817957846561305797839576395067605445883
1487480920392640669349748077056205715897290128127926354595153745996
5332973871394531056753617320023598138633574124589266778864071178667
2659909995105680186847708507975263705040220272203330022584770970116
1629372809375113768088259919091683744619297993148222557804837963660
7349441456592935620302556337667335466137166672215773557906807381665
2944229533309197630941092470957633438594750424171850783627523679448
8817675050958778770744431539171970786398114304845864578519242791440
3100837850289572715517899416925843099510859980849195418269169740222
8244292426316723570679990568265202604463847885070919028456422905222
6220917574076197689595264610358638666420359285450162398194177152005
5737467013767675531661203340165558970441378931952908718896319786558
0960163160125257982924304239308102706837759701475977449028869883998
3743719612548368636612887708261098040285283879500008478636693866228
6861445888761066575566067788780230509620096110788469804764221079118
3333947705855604111146949238408616905908432502499429662496317846331
9139548730672354637292756891501801742648922227575620421837264110000
8625435382334960234166521628443166983148746673816741538213049203000
6803933903585148295810987822224942813041034850997380500810918292004
0936531516871446403680259088871386803041334431182878136751964188008
1927303278267743005039532235227174713519526461017664887963673525332
4853154489909005453254162178572853078756586462172593264965316208113
4098146616056203776919726495180188991402716053724729297714254788001
8128850305269801848429198118357518580189600823900447050022079574007
9428868848148430567485919794211449253479358160680114507648489732778
5142977140524492802833332103765110812847841477732714743149231508111
0869149268199366959192170398490333160587912360225342207354498260224
8416878084581848692815722951329626691013996901140804979343051951225
0043590024559522358744361549114370130336763163819002369165768159776
4379422794624763237896712568907921953635483470064646731255063978668
1962704405159461552116847030737272357103699757453397349606359689338
2456612900006949481746075874694683323150913389645287249159392246220
1668716835986812679075327319791872196466011157187306619856831866997
6037104363464428377104628371897419114301318138250462330331755264222
6756746493557050535645543830532762166736169276163198249086538491227
0283129689697621072410630771422341785068241044774771877218588146228
1535794059788793313382699234577791944917462303499340587132037425778
8592060609332920246302702428583850878435148050324403551512623447771
4046939192725471878682477891455165432429915818543501389436439188000
0087705822545534641537803536585273970315744611569385771164526707111

521147716404794903107642917416750979158530875945959257276147756130
790223544831964145883820376745006853999105619506673795988539185808
182517456672600086266399600432654134561897016241925172701009087122
937192093243029991830035990959293389147571186302641957026808398643
236169822331296320039395487815083679814291105492765766145065468113
327067992211476981032144481671517215838888492195450321504586340197
513263650370696389602368425783575934971780795491596000317630857466
975745131013039457650239183254621001126929698478436271942511533053
297512983356068770218995934990687226508986907320297739485730287950
617177846131882282219223263853711287048824037877286954581367484186
013728599859302097809227981543989072730571630885258380036715870049
337197733851324442555810936261953241881425921330507364343541454825
512286558642800885132207308429405929263726182047733262746027675616
646251645960843669730994150842350011929339747964392268403838153535
735034269401998980560557530672126782320470457159749337669011246850
644476935523340039347311163790031187320317511633664494426395940353
331640831951575998299671004575866542646429986292138716482924653146
039442227836255755621767757575215651844279298234826566528831862041
947788669601789368386559252789779308669877597288649167209214047662
941014052686300475034249995667796675075636759650341171353719520310
782707434334590050550153272271433613890624844145273329508287368588
358507929761914378661974279181825892258807352556872300488294778586
384029551232402479821647066612968824062793054228148018556527263785
644594371919387637579600325185871918676644406277390692449462930257
474029556042280850613932060404268651847402035156943967804401675182
983068683067792233315916858326778166693505479416799089122634527576
265322889435497094516063054231127391262522594752659292771017648277
803114445807177050136337049516428167012599296502015035600016624834
472335748149191204978950070670199479415356680483349893405856537143
872188883818767517746449356077104454827336430918423766085180674278
455527240260302855918759680182648511765691458958944774217515721714
449751800385173872169944160375316052813791910018911568281624955187
213056887626195057930781864649288553598257012993616667009643263445
472401519100410939621865108535637217601778561112214470303344057721
567361473438730419252309182070606902854959685003052938558581671059
358314750273695059780708434634096581929393384637449339936252977213
492464567669252516966839124987718202787496237444529159554778693383
457746324448528256447648895753775168629410883551717925867644670654
046775429830684040501709226140828858755016274532473283720671043016
412446501209169572622434529739290554142724527685866079398227787290
724061291066263415367928901787160741453207124445659255120976860517
299588890438452233122062878335486427386084307375821615211274934438
511251562276775827040722891413950391933788314621427346213387206749
867271762122085636971893354691120828322246901147921572834056185860
114791427700400402044279947587484124994938897618458993606402375090
482881993256391581354974906352134387948732252035790076006424757782
281497628809988511895603845112058495294311425157934435124925906309
985844873264914303290146351803349372363370573373932295588928239090
095869466859446451673443678671811561886209343139793461883897460538
887641521628412301675243860349941801498265518916610188155524841096
664538450382219030820067778725118330911681055419251181402560506042
593658795705432575137363921979559670667563271083090413154788467264
341350970065815197915083724601164552331086375202685424287212193348
489233020888867785469577273606195875138832863622876507492088069026
326164418336450244919181534740686440097003265952894063061976825373
666261494218111753082870977315373078320764562497765882750176826212
910103992533996606223550809038705712019698933128102673450140412792

6403886059552343374894149798935274855442493584909519356060763766613
781728299305456149460458484990942094041966458896370405507804404828
490489668483943834989852657145745220906192547088691690113011086454
672835094951300795630425393495426885039082421130666474160957036341
432151774399215033839422425648390729019922467383341518724443152633
130170489841021043279612008440464446503362081622757847689017158252
043305507184016946789220350155495490962763121796863666566955403736
242803753730593246374826760320215089474716874525836140106920690694
379300900041918222194509782894511186663638292755575386259830016328
465270591592881272077479501266888260450381692456523475945096386228
445484216610811093187423916783770239023520409585410609450753289811
849372371003903907233789175252039178104063364020258814660668497487
398681633212202345775529885450658848774319391088896545055746322950
374962138727345331595978455956389312686781051902358735188195507541
566981533465326714084347007341525664489029674240997023192731060589
237423189992049951580862598586412469244435431174987153042674303658
496581277223559240350468222369874725346987395504442078226574194082
258526998796955760773117255730460527744548050943516671595344476809
469707492999528871265873965785223338753856087315574050298354419445
496481300612566325234932296585900618890227978175669532654920059630
986347466217164763191611838081159745939968293684904673340824708201
544029076882861160661367236378473970553924822389685085373157500223
892695256072846279488076106695579078853297787036961789845934352413
499160759865246247584498115716276395753253195111414759648714722692
067408992194884349830172930736662438172317294778395684801611090759
056983040477891535656634797075871282873272188743780852171170319623
235452759720518520599107973867683473673414598301945138691659358550
037014377207652397086852274244635415849688014649623774478397494274
911893699629540341155547569058235626569242567989158762387329537519
601732130653560655313772949365110177845633067457910384967672519912
894715202445677760796320891565808737063394116656965243851910764596
293669447069154338238553283390366203714318406678203417824857422848
085884409479876695259613605242419207389829635318623332481760566363
527129377619648399067309480148793047398246542674626704225719794725
202962838070794288077912088174777857074633153622604193838192935845
049245023760988149039598555561696012103990918750807215823268746683
378440525164425199613004803308705310172644777828082708742365508200
581233220723220104916593024007283816028235791801672331637452454167
625540336708613887707844624176914881615079033858906751764876368790
747169205725171376692235517414973778940360390128580849324327577325
977291950791094874693312880052009611890653581906027994527950408171
945179618501369902038875250249853753357658298055453904490159092620
502310147917386906016005017921154830909907820479385769707960668678
339847512312194205149254753934124417261409337043350317804795699732
302569611108123445908573683064768661002778152719405470082615073594
961299427187465068187010951810812347940658877829693892997508105594
801104143258777490446271621877048048319361759637553232500972433911
679366752356535300116436546080281572434827703638462557365533661614
329499968407328950268200941534192974977804338316323609931521039247
688312838962488332467201036039332104957260375458270209985699428894
793416653604095983863642631274957119914151095376993180720852028699
918446110107357313124356631529444369801767766803521344573504512791
176804066913805830617395684314633455136868144607885356726282615884
514405727146517721099016303752894596274838697652442496737621017944
233361415439263502882172717751815235484934558890131268799898082855
603989705859330187819324200812013545907845011368875492829156987329
441480060398735171904921661885802858098495180786200205956364583740

805445663779151785653654886972466413487871522961434212834395718932
224004768531512346822605881456723331805351969597772224968651961264
238299988709700010048375331758209769446065621036854737566848638100
027116998944756887599795873151496066059415616806326337754134706244
448237314288354511205965444923012241858538208810788645506275730879
417909036481478309773518515432811186039952631695096238672552142643
927371241994160282559332335828040752038209202940970062684002072839
421780558916731746037755682554020746132722659847991198778613850351
304020445120592402658616755529210921703819040979897683029639993507
471700045985000376107768679267235129495224866043842832127413962985
526672139944248085599437034965395010087401306324083365967064289375
630212824046916338968404663524914880539968451554435363304803965857
100513178367955199367855127539543297326113935630562334010723487773
730314005574718064901915566351890814671711164990020513975357854577
522205433067905872250308663696066495386547129096301263175699392850
103449841760619567074428888534598305601992062198316441004654324051
976490493764208960241088426474128155942240156447652094099717123828
971986625537502484723068636059397743016885267611812386423137460148
844241960493689537604583473058698593963292087616052337424111250687
943560030673544233362064859094405722666090209056723001480001046298
835380639502683242941532836343320746731603852889346074747013675647
559776650073805590388717649456269333489040286194756342490773890457
152940702325424630331973480462893091719319468824928695503171023507
861683868639353133271498137570706974255020184836483276185553483494
612139516151572030571026207014560360936387561504189324766911272002
692574040337102286285462808730651327127928290244340148162822605656
440896384949765048688106832614081254637136992809740318503517964245
192032214280312686385392403353241632223290315954440116516159908468
412088616184433168508305009170289700543049894046784515901339243077
011408890894288433574413762789567290501344188830206496039165487577
739527636811754466661557763443480275678278235138488715470734206778
352493633968571784333047684295139931082132900022110492440788695191
299512253236345485393448724775329304410799210588297708352353892745
889472440300441198794423480103231273613242186293262572131222743664
640731009442538447710826333583441674096010353276033311825242239783
252154106508329755784028584761151382360091880921971983600564644480
695174466489791269914258116600949422456156469120388855050480365741
445784112678166686638850004763954660199616555396539972190204798526
570719075092500282657690219593646886153431578879635283945825484297
463723553927623685865942212697998823352745577596308494980186949060
823010733798375451562172321789581445471226122430191437959457543812
475297232632259622839497096542222735790837553258826107999606588210
802076342137409614457726299798321490128175515441309290213222029197
001416182241802623175746476593094318287273397826005477515563441443
192698370362277360057206047018378357472924591288641434152386814326
236631803939173661238673906014534513447265495615922249146032268286
435975565541734205154624503239482806229143791007288805046954959504
206381291876446348008064435510648120029809541161431848244857385761
225041525308487364149570509354116938961660213762301275042622677531
563291692967215857554090797730886189359809561952670055460402966052
455723221364217441654695470208268541805713733010048024243974210102
042264121352105424428448478756980250172219008010517708637270638062
162655976523239703029820066764300519651401229768886108602789125816
489205455148818617563355373975802048921719943113205226549107304061
000631949076148910635276936131734538943534463386560374832671715378
989698621887333398314659049072537423517658454765520011624026322274
415650903120394856344262873382743554092978837156985383655891527060

876029186664329855291609057863328306203975386134800376747176101181
059817902003081123593189603528098940566503553590501480793450649628
208273408433800532562478503097550211743711025862876965212950258595
365476828184695698115306698310529731925150180834433038229478545013
832772248070937744256323585294920103077871127802353700757671725884
036035337727270747630902240934280308231046105709673489348274232962
928048826971638093906487715496989467503081527623630733463489386376
327802434200034199024131083297343830709798445834186309038373118152
587152413530441389030216248847871687364803006119896939376828653718
375099662397341850792984277174154968546927708125894111323927861446
189032114110387842956979270148365540427169843115026056326282963991
409306374371406394578324877009286685881841256244023842432809430982
665739396499731717441183283909116637094444138975898530368403654260
296263767380196066085373158883745751633287273044291360360014078087
389122153192251846527048738639349206934785839197975308854490291254
931737927928485359604695753091980961994840710061005590379111094735
372824685554286120878740979672632990462886685224871229267749650585
155086219886562949992725610210485745416040088809507328105038735676
333286224257563822975061839037447197624193098676227125221997329691
667156783045416763394060622681090941337248483260819762122659521668
121574904355842128917213707607953472808073903915271149431814788220
514427439779055248402572309099342946784191430190543875914171984933
710868177341158218521367959327335116321631561634081614552606844910
235125040025620243901063083192183140454744532203824987520652112596
155616308975409219225655820875558844654649211897558806649699000405
192876608767780421443199757990958434193058913891880743190376867026
131278341798360555403883666829158822310590268176886110577614874670
244602811924210952935603347047524907675016265567288665257506156261
639607974202458287865653401566787232698790027912881227504632359648
370211560094210398788330586338137552195998369715618606604892157550
318331120542031461420034415076699936371749217520416262455048051370
779861238830596877126626200967862727644013807293632263598008286796
479998103193369373447076736241832434647980009339758358581844479495
509080198317107787431882549513568760708455763376074835477440847671
524504927653050470016891580343745176219554868104653297095474131305
625435503696161038822539042497748311297574203231225374575981314565
999089549770186080331834221695808879736029720541595449470611302191
504537759774152142596049616440177693874022649565278642319480543026
441611538411687677428234602189805503489627334143381373793614474747
584157185242862660627488098980083634532033329068367924045085305225
366366878827658839980058014830884326638205812236273334100776453066
932627477904342837352654558290871196872390869229712855827058202633
527223623913227818686355364999390033927294944543482526413276626841
432266715618727408166795865578017723842461252149248412256519015560
130876646634649292432332393835833419873745127407636328546053882264
240812835172893852975751701451373073503539531949426533667585807456
919681958802683777630098579459703230656963132943328038885584544578
702027398087471844332037460419800530061562290343495772570864748457
184770846421514641571682449920974208056062433145812341414240490643
675164506282020077797084796273760238017230058666610583886524913197
484435164494510686917123312540843653177779830871338835044447620451
373796591679540495573607317944416064608712206740307438653619724488
263139800806254223395696129709786478329664309634265167044269027774
804296625897126741946301589875865428050484539940832223933241391824
856224326031138972519967188779992498725330067079962857938545953243
828813573185425030122967179538721935214330010428935634351136657439
943832911073048596045625198576530660851593259525730993337939990963

203006207189004620010712624405972224967244232310994846655107100475
154763016600022522703837951694739535658240010933759679078540462831
199127790492005710718775567842232213504492664200003457058092483951
807290958580083517364959716556212461506585043720384841217083911940
707406328046641236589013345132247840876649197291665713695624520034
418584791906962307458741835112100700717502688908955205441512876571
658236470455459474595486440365362377090099740632975060888146492506
689870990828866374873155497939972222091997874958219617781692904499
932166523846131904240092035176676571760472380191675206864912682558
390655028312400760828828397524949921495667049405300943104174123853
654283339596131600359232032144331131872374249196700023273589466340
994189125369853511570744151017290615845835987241698243366369776608
173225593657016080825627213518903872329606033653970392733114731299
056567057588977013755332062070256106104476695530689307799804637433
918367689996075943538823013500662893296460161668462527621525831678
235526710229245161805987874169803266762227544460428115020016194560
726004790674991939003917809972750076650951915327245312270654428517
158241248587508508894106029858078689168776497917424105523990768048
499072171074812289181637656023454342480247296685563993072517532430
397420137614675590479703598322967845880030110288494734895580819361
872114208371824407644900032824431894829087265388576557896449500136
761063341004653729318840294978110894738646669605307446587262552730
430669469471664682469976155015154582488866724117585911393080262518
356917216039562165585525392686152305196022068520001714148363934199
388571035754276197116355427171238458101195970696003089366883013643
797228126046843968793265069264177575546422344906017856469417123311
281157845370357161617815817103688327835081931633181453745566615132
354162224454434151705934954813108117013084268709038079632997101562
405064625723944859315450087467186539058201772485016951209434776610
085507709794099684090733604986623174389700501939744213499908897464
951797972086150935098573144742959342863303120087503932625534445326
700958609007953316904613340651658504514854754283266492540154521584
871199340504243113800897741016249212055318935928592094108818264179
262923284327643710049535417014908277632273468299076872277627403341
305079239795151614249142664964900371895205885209232600581592117298
369832595055775468303618151831649176780794698388723309695848143716
969353998271715917483947594734604692902087179799338998159527763231
795606670615718837126401690430721045603788397435055815708153874851
252892558094324699582792801718581966908720064557842946623555271882
468801674828550987813075877098943362543739034108088487611086058245
622901005274548277307803221170358468686284122551835203076160748006
437113656958996652432398831408238317493165318243167054982604908212
036176246806473297827178770391184443012350506570406430643702398331
854908088190158809491402862209191288975738602570751504708213915992
298328867547420217065928777471647104459453570610852277116436050243
081608887551727012401446835409721456637373745683150803768254569301
621703245462212823851558102856213595659826850387112610832306973489
222192793586756860685870741079500318724942204094143597474604630391
524603389679998873129968088282949002941837931599480166473742076511
149634070475401412460449383935221309157782196844819253401615101099
434143347681386606453359731508940077972162323383429701018312397653
059185290130804103984959048655368806475236985962787771635267231562
332811908547645234504940731235164716512399328487478024338025387172
476669090406796141888037142871237326566580283520706037172503348121
772654078907923317445849675381570333832811734310888388163100587840
104455550183513504971238621414424985671545661377617385886815679453
595115537634338531415335883605580155148394050232215738150232065453

017866859295644441455193585079154956827244201989288616998975885192
689070581214182357140160761085967110655618334983634584956646924296
987174770295226087026053380772281464162479516029000994079033858245
967736001657191247535455720266731020971122144998517531401612899180
366377164923054476660331376995627934401242850730892125608634525793
790823119038929497839569096159036134542275424213098233530416559143
562831088219833128852375657189919693513236566680442919239739107153
282350452824278498935002537069342428206612963451439790527592235117
977431317340203587262958047300722452136155465968742402490410901592
701984708672464902424905780779745633368088088589838267260967048909
126970076516848240616691449785520646287803689975581899780901146428
364183856871894431923384323557025387929257868528036043495880712371
504805654215242141893329019619665685526074934413569043855573262708
552730107681127386282712087699747926720612798180217529031780068804
673693129368051541613756353958004701721722492137265001608072743748
634294380440795222009244661434468913581803913730980179746222390594
202703410559734823031652858252378249709879241362921999587710535678
312413055863744129928733909948944836394323789417836945322934359179
279606951656859243617491439653402079361909293745943060365073487152
222834252256574526076202646081271791224838254480137237402311156907
478770956922289450410920974484884380693726851037980777018437838908
843144949142872981608894622451011468712399489024803930203809681628
280564133676892746798967240089335043248735845956926011650449308985
869370608310862890077631429804505521511674699789833590827641468221
817950940564697549685430722611617321997347867810285780821813883968
511926046119072694778441734281936284342104035214771574500038523888
209176025952868927351693701487421143471926107415086670836903512062
876797988018223468799780586060371031824954859836346090963014170757
117205728493297213878580607944367718255528839860626999941624860596
035521722210915214390757939980860616064449070052200112269175494336
265468933686998995405482914650174175890239874104491596960775311282
307005269828413553764783327417193229533539262675382079044407324515
616051391367247579786360040678855135806770879526538263502308375508
688383168602573731444534425644075177821747471209973820210490020381
968760638996901197708395387253564332565172881638717197426293604264
429240167170850383179707734595295052745883653875703432714251692200
328453848865231320548275264963003416401151299525495857565306420182
579774821005599893071270000825509427175235179890023448893576777688
415490646117583664649629293988267837648549981446858727219993063099
087772026137921092963483708015578535414411758045289980822177950594
371553418860212099650956475379364303802911811059170004075514444579
358907349611490035803333024408096765280773800035140933320366737477
231604379893915002580761411783974758586412905243544879183017842548
210119121215983821547813440484104516588807784350860211485324999817
728416511520669544325625046501666841655168280877992885588637374775
628233672559051553958637315278435476362790500327781657759255753521
817854837640986135447607212919052879543723065124550487080930869803
413398710938482373868971150908724609964416341741837473442933012975
231904397719621564503016922211467606758400051293832468234858105793
456103817172507109813735672971988987741972118028461395862045744201
275587614357670446654294200607913181529083721728137048168621676547
439396393451863046464542227682332103316970856496579317478655710519
959386479910002426340459443717367987463592486108629693080957593215
581636998218262359373738056928933227165432746681011115968475612375
708519411811673923605795123966497561242256231324040278415622372365
366249292621026245735658331460005102735626547619054622760268935642
610788956837930632019352801258225355358468358252030063183331618109

3922068641545070440468384210680441707274342426722434314673266666854
6279420392939668203561122756904005803516163969809780958170932578765
2262781265884610282807897383477272379208170354080837223709772556445
2163987938391672275036216023599386377271308010159984880318280987699
4886512343860191985636849230428101072460480271948367140649642457066
5371245709177081997930227715402439228128142180679601213080520015788
1647315581017214686872987400166808810185271469398547944109728892200
6896395526341792663807795313568062894502051107372650916260843874577
6252544784971163985250946101861259207435618947385188525376186285100
3251668220440875320756292237547819490266591983598813988386933563544
6729549787586542188917710510760533993041995129785074589181780073177
6760655465889714140622857535109507835913042152926766387380313447233
5022838848321269257524888429258050090410768091766341181098701062466
3555163371752998130275518924294298026476053943869637647071000203311
8363924487128358889490233499241342693169684691733589742682505516644
7546270211290656422666271913111282436641449717809123227236141277011
5154029249555337399072200615364394155964628763467530020493047828333
8860021114873730208937116992396582015892710393351227476635239893199
7869670590952929326929221402080163791439496560809865025467293140900
1944074103213780872613812214797779993891213746961803385223641926266
1807278561273491440227965552029984541168884825081357805560269621755
9842464691900110718217475099597712984516809750622048003607980581622
5711401018856149234356985698769109239437270642270014250073180535155
9469326080099489448562226773244336093740291337914660684359460989788
3458380012204978409250392106648670723339664242435839374561601572500
9924219656622964488964851921718952407453342327723282679277516022977
2321075816507170910785900517815405033842785927981256717312555810499
7742624277017820295221386346830557219066421660423881331945629529300
5524612347103710206362953944816579330535247357601758271988341958966
7700061841211677118062728227256149936678475612331780684224380492455
6484128129922354814784685338431022145128823189289288225183228306144
1626801438747001794112339651614641906351580986211311594804014577233
8818768599970861076452962699699204759147110888848745754094020172411
2600699158806053536537306307284645763538936325587346768589888742555
2877193359410391333983683960173111635350516618888093054925015854799
1864228777864692804856102830545390491655367148491654335398833582155
0199128012834624347979629888793767171815263446925496402215742919944
5518340132977966168559842164714478520892693407739765024322135925800
7843216138179413029970901770824134615407145408747841786445869367077
3436219347526041257591614995583130124246301058515693550398285180566
1806553539549554625395173328279315692747553695535397025919777699422
0685811735526445150496420735040086451682210942913418485145268585277
7571520616170855286913002793575768313195712877678747826130946942633
1513973929425446315729710668136186243822366608480332966352011944477
7035055725818494466178145681311002713908200820534517560255515623488
8385993776497528900877878962939516641543349233574659045737413653422
8143292989930664067775991818649825102846796998733173216930921465411
6712955397359355453395822143764862148628018051142308325868050975100
3276686551354599003131169764810788835866059968395611338851224119477
1136576945137173222593123677463745432139077638846024593673234839077
7235988804918238107630650181700922977267898603532981211927821119122
1084500249837558657218688540313833061396597086169697354571945157900
0952004784132039037371024140745303766532053665398482360309123240577
4701826646839968076748789982788465584282463168077191005089119384800
2498176191569577920634958924473888672709886136628034356119269819066
4025051196181668939821905410039468642454374966965966512299388696211
5418630112690792670400075313247460653908018602161708604798702012533

450352694747488009921072998899001225662430750100390222751637587909
296367693236540113408472787574142417650185896472110880810795994168
289705243193322878469808996324475500986237812158180476837368819697
417890643168279072496528275043242967255039992320281828805099696469
688490456072799603315617623808343831359161798421413274107402927867
996516123962387577739282315309247134583442449051828209585125725890
616885216271493816763179290353201570822202396184889862515132024254
170645534024133509988590515301168660665127098212785446853798629978
926968702262770910317450328009336172723702893729410324680115862771
629468681787507950631240943538461286715159256497909639759883814207
386653867528712559121719204901337294403377356233522486136307452372
978562698517142606498627430629864008917227622883983124002614615080
890447850699823870248355483902586618446348951493358417393830038375
402123674126761077982605253464153472697968845238903481126455235353
096601294659672675414370949403222531659748480746942192059900361300
704908823841081275092468673231225913403549326985228576000375172417
842064889648906415181381578972379957572125958221880006849668043171
972617005263706684101133124486726332966450656451146459616646709228
979158839289968345548639657251569587526799582242137515132408783681
844691285726583447503751475293679838896854081945763265467555099073
052447474902860036198791252130705265888223601806847258167163461185
415432680065757464292493153844920103062282360967303322763956350258
520600638605702284254437500497296915414925454190073827796561475922
930874572894980427433072341142279901651139022974455455587986556381
969513783157598874076644185656034635451605672576703993263090837817
827609009229244943351188513868065827490639197242089551970149561093
774501491173699727968189549344642180386832860169183852778897312065
844903869316668049503018268475349683355709545357424730131957154711
582265713585966743502616569310586213309082160977406074856305525539
155260878329374838237925048575470085523563166294185251354401412418
5219317852977833006177171667345028931292224689075604282695806225063
064987431478312568587195332390066055081548956161672699439457363629
544413265110011011049941367126050986085245535591142679016883296869
956616082717649996625249678348672421473175855475118381229554021132
446969900764811979760502140155110255497096640984977952213500931193
464869913463497987735579236101799091461802957912862557627211038670
774633304929409203856801431730484417291299866204494765684533031990
842082186814437612741158081018271590961034944225361992003722475904
858248940705375843594011980872748400691058057404639012131786014070
228577339596767040409940748003557710775395948175321755977239605428
584276882374415533594711265272755189096331166104775452502596354241
556291088763750869608156956386109007608856298934685508993732020689
087304667762170402560883220730614679756022611174114842974611167820
776323500045630891454382225437137964053378338812912583640718173555
271547597907475544814100738348532876752461560848584551334975912637
160050723861751443456468536816977710792773830735834111617107906910
967484896276652777167686261562501066114212571717978348663299865698
880568568820373633155129185063199404201241420895240579120780902242
643768425492425359176019603769153456901580057589449931890748311760
970457927996324526731511642717553767145401139705645022565559029500
394014028948297335898495603969812861958400012202602855214705336398
812908359221023777851340748810515802410587250206857355139091602984
206311074066299111351817722655767607650520724095160885833886843827
809115471515308457179079302292315872649053962770158655178240753600
016431522875090659084687886250513814036248937041711011003206132473
448517157610315112084306463816769174693395714862706841506851487257
935448651298839938105679753559730506841728468372187749979422008748

621301033156008369662782948326869946937146570593000032265384801532
118614113396021014153589180137779021402008459640961033654055605794
449138808308421870287149986797269824417568954440548563415994391534
113589291268397338384961090580558736698179180956990786138984826333
763100754055414149736141335004579245380722902249266375318566878183
850658494298325896268127490536064512485673251659139910648697263974
900138292943084445241515667410467078408214781800086901928621210164
670362267768497558133048907477810175014153481211438685416227517159
892712406373463741979532047736465118810929823581900528399455626548
466004594203060724759051987563140888000265446912629853319552007781
176751505859609312916255612109168806578475579235152442863038124592
424039826554161189778834172048900820240388944887532539337737568009
824353362425704390819627898660668940349552883573050091396792769435
400844197665788625674532365604495928513176408328088243726904141866
503130522017582290846406757068334573002613280450679921031564900679
828495390053560917160596992102590174335323116512863259241429236933
431788890352478026386640750774653736134788986898635110138108490036
011067192932692693402439310737982850638147370997956278675309937018
613327545884733999677025684032608599947331190357149789345751222332
828260666100302266143340809732667416624111613586511780770507794766
724126408897611373033445311946037800505482793770152410767151422238
436625804199791563342208321111670997225785309719274068842141422291
891215144358454509525354450012808970019145159119711759811948622887
325625539380172970776146014205299908286441833556626541593341418882
824921131350591343680114970576962912642235096619503234432847803910
172185055501028740777206883225097467172439025081465694662820714371
924407021416443792998856455040082157970988645469009522752761918267
274915535221059462521991839370942782941330275101164307165152555854
771401316998816115722918424586976881657053588012469387869525227266
019681967028790382612064418123982758828139939528347561861339422603
841431190094780906397101043615169309806306046091926347813908874105
370106340159154955649221617568833134567433848659049596840982851017
011388641983749668155651342012271471395732507158142662709398388870
930543757374806018998169968569295953323218056430610351906578843151
143012958161515987729521012235005987803630646431246607337612902470
532953974069339619375163088045354917572618775635810254792339754141
824582942263825701081930139936747077302130247373478313276787420658
768890835446499073683735221301260853733820763253279244757533110599
782222665372317523170428311721693333719801963891981793876278674082
670596508617915270558142674580660942334521724566454282105705590607
511208849044020942627793099977036417359789346992720053736677600518
764338077875183205674511302129789148133510904224625643292048488846
786256551613530658115541839533401757434369772856610151710707054511
828377699674328594765536744003932135507246114678288840869897937723
526760459707623046209314365321626170681901129450113190346446589960
772529397618351363144733993613258142991927423128404497749742743874
788665416395484485625919750717853942776873666786799022224384166799
605575037038360709598455683166906599215490291822805469443678709393
072432396622957326053572099071091051409732553616896205534599959588
738652865045106361085231645335356788283387205488409277372584006562
779855771129283035920528460792877718411025716357358106032066516785
986107548389994240474373837705662403511211211672684928419596272057
338896580828026212536868948387937544117592892395190996663046580601
842147842972391842310887340324188345819170916902355269131998430476
518249995879997718182369836865764205806799464910985821279899913224
426299387829634422082806986764831180262942954064152755057254769092⁹

768818536737756349148767019271060368670097129379312012417182082421
960379622640890961266279301194380747628529542600616436949566210224
982846374668742004055312609227407368463816658708197033420475761668
665737977881643545518913764662358622724431970142907144114641700372
735449386296947641200652243207816358837046412582070041060314532648
234422396655465461638924758131615506014511700620834841151183432312
339940242452070698312852307457994746534778186709535269128588151509
633860178754077834509054440206132087181740334209918742263179008656
734799668934553164659693568920179488039113468371532194893105733166
627975690871849157336587099576631019983536425099176436163190730621
076475824616923436091386190375712831576663941256934414439880784850
783262205666401120481152008220984508062098659841004266411278298531
330908142771618996752275105594450451622758341121778154133517072765
730998407695741082362607912130797930593419658172755085888329185092
306303935653065298814073547388290128333586020912460665642921578291
762914191986907783970054100862660478180828251814584137732613752090
930831579330975035933645608987903003687329863790863731288689204815
575552234536455346628296450506893337434647865001686935121357336483
676221554959928576331451341842605612628882387836146580520308939304
964349721758534623350168412207891490127149855030153190250363981989
268244525587805563834049885654194052990617021316481047529148249593
643443122205264905505246866331594697067638145048168766236654991908
352058105447352831373880085440677363612359211399747312951608247644
326296196296899351947204372089883640999724054874740318459422461988
348119867884374755614628824911771063442479955504611688739731412663
941435709868996145744737935880662982009093563117738089579817784138
424947028473745959467735884965705083002628646210493020119301377533
113365380579642954596429186937813110668737017487938780242167691576
945904596730873642911844462356433596186413090416033214384760512182
500670930507619648213407170139271274793239446593304621322315921089
513570593549223090358208139243258755654469570586869606740359795480
661503316042886752062916083905527690773715130817345973230188588771
854429724026440418010837596401700777684078635831555479306659950914
267674948403085220179151225302151465693252849553469677903422409508
267690483373712873856217718508779621863170270657177142058455872373
302207147090048229454860927402102609480360107756250270896666494884
091109270054109822409358531339503037251581909791923406460779804781
983665929079671416053321278946360350363543462990629289540068297632
810299834602909231168584735268370374542641826276426109875468806695
696114942617945048105368158132538226531317982363829848177490017780
873556586270187117091384819390155048197833927402125127067462485631
166604718399414219592146689604679221323856117804950549399375342860
306261475969227295785293312573376277056869809740586695851364444114
652689868558700566375233372263609046866988385683623495864694528568
773682771408795980926062458137361313995634059225208044634134615564
220081090391509108911876013575677380115100713100843894868182609669
978007481973610916544033439846270837345631970704202962347800905177
966938155917209299067966821826017303159814849457984777624616712811
322276364171092174042166087706858479811743164356350816893790576092
195872583340835680231573943240496870605980625279931306820261096404
174209357942840461977877332063930667612277018810840839287865372938
554033632162802971742864292157160856616017761727862302165767807703
276603129032243565295209970869913029297856319631567745414725748262
127752764975514709751677097301036024360216273010606218605299917554
471753235709088145551159649269569420859200085384340464440316886156
254259681843735131769903806943769849862895468761922169826626392914
595492077828146659296892417540026993264526908616480272637307831989

822784135731238882474577108301904525874511076498489038246983270940
224082471255608657953224060251363150621927574631570551882944908336
383796009335953149260742527295297992292337625834239126801479372493
582104342425861920321746821607549956803425420460192831847101678064
052132579877306406222000810545859560658510303552300463536980996183
832067106860207945613983710552529361574476602293864622334075030769
242867383132324678954772805630112860747992333826386628717471919214
122704414859343520360864850692658396801364013414596779779497902678
787115116803019055986970405356908001831933245468467829078284181355
708349041230855745845789648160670564560476839249174513457426487432
792975478884252731392672825393876944410159735113249066021271578029
095880761975024049251994383258706665953392913427339020983363113285
187503020004508476529294862788693738089953591072391325343291839186
452791815011788660396584416372951501027918631171617973574874025752
588183765392538893647158980610079686196867294209264643643258861581
348574928985753113127792284518814381880648758047100424192845896394
970130481453629932105633208848178611600935211301407339363974053848
971774278162720842129851582852568954930019217878431043704657952637
826516589073048366446932650943683132851096959683317241628486992763
236141358276742411653136999435142012263948787033405765431364268179
768837007472724285865286019639609070036986560687472048845576312344
170494069780483874514244345307859893626761874420356596498412768529
806089031295108154359379386796284994756834937845661038646970801771
680187644331874981027212607031757741658205914274926240459007956497
867512572136102616487784278804927797483964932217942646991884285407
388141409909532628938988159695526996539811557744968205080987495245
072684925813096757231594175140733617604246082167677332941150424260
206419532915497603821513596495153484552137320685852960724737012762
495698197320967050554486791120803561296742761433324331389386676865
169709274835606384922860992926012931723717708298305522411068526665
479652392018432461607030733315292964637785277429158610668946821955
665749784148794074460882761962337816413107697891328929493299041272
364712970643173487715150213607270393710705408542329890065852836981
081441909957411829105318968136136122561167483939957575820939098682
266110253237458856147131390653934349049758725272155809122620355260
309939454299638599436548372980670750673642452282301328661827534724
162862910828709775528196843346527649458065186007710154908087417144
600944906090703735028697430962861756557152016959946159221550145785
099884598782690722771351983533915579412686857044513368855763491223
525977391124432668436578055918690420274057752443687176291145301687
813033872587417641476231303712551543476490849177069311786025650756
873794690860474905969032807601683398135896538873422764120635147335
810719087075773655011854118731096334729846182635647107290800387013
454921882185406271464521167560270057358884450583130627851356342742
235178810035144539268952985900255726350356423870114644160953244623
920487896223914241321669499049031219067259070436787608703960784477
684899432868474503602948330080011727003362143560202846807608155743
605653173917847759419772990298862368628156440972257221580473777323
939274760354678326932538017793722596603959970103665320997631931717
577076717611411875064669317762137710927725045212256266698953205798
873392964049457484281244499930751721684667358045233330029044625633
032481615077452998864285575598790616661580546780182474082500204685
168647749074982140554828005914779019483024278934021502033864631677
727251712867209410665369858536020141536523681276388903653551960344
479050005847181414625492981766713049617284827499710956202393194647
156913525960335545451617322604883867555698954523534859995796618030
071761607949889789368277159802979231948825005820801009690834031312

131375528623922327764106058679230411574863399172333961952639016142
356636674322890383176715564166268771981256361495860229614808332953
918483362550896387055361721338481127142962435019575532298041657839
478576383886084696829950638427053334808953858730338184723060277821
275829399810713979505456564173577169149440665491693213129210805676
852445447392166436411283617625501591747247250889797273249322079678
147629216855544990064171931214718941338337959017190589307141341429
460846803974812221625923743137799154667256576704420889011045344215
530242629464527511628830061321011503181508020134502085074151513476
813675584876987351354941198639210420609317161942513533717942794100
877866168292919132112570504490777183456783040823478367345504829442
210662085799761466553922603259378199130309983398755272365246309320
284252202721858952786948598246173538903160254201872032602449980791
551297628395979964436102932788491942722293144319074440002892013087
713964409114080323756116052722149260092529512789854629772669376041
119791074905220034435434475460661216608422268266511948384726391185
908000777520547096509480527336149937543193752567779151289268762596
916033667060337707177481828693203261692642489826371515152206890345
891577006557570480914996647161660529018186552573014053741534210086
880987446626869798877797518819597601481361053701467083549444504280
852089711716499466809406261733188414448548311311060950774282838094
716680015808050929731624547539224616119394256017462524689032798939
059119866670765088323309305773253002533810681025027722033362884360
200545309860144066314576035100069914125969407338466189487581329143
447134406613606715188900468584468487407825165489879443879610649808
412472851005534423560005308945982112288772654839286110690472866710
070289820047455369383556187323580619479434086288166368341230678199
330400477393065202342427321034520503752794001690763472200881758348
834317012258995765833101052179089447988809104979690300762019263731
809355904390241741688318308231861712582376259422701441462493809869
851600145864272492432790571839216537349514912283517848904636082912
280830782767334648812994779264981402708342684238284275194519696094
252320875439912148686937173980240058082601119548830863738669420087
401323989975022965314485443430181501186069140316836076177147864085
345464240452984740029575553909594275002201032669490449856686683372
839168246332915263023136396954532793390022222697400872187784556480
381883677339419377421765164899211789606811065486534801628634425157
474643502116415798575709862966012181431042318735402590610287808340
057996998750338975082145335110237187596772735557600409072711806184
151129329677710963210218429755154794723947995438877536460499750062
059202938924674578616808598652443623189650543375330013091892868682
499102467017595876453433612517030945866271699976656273647485730878
752323540379164973346892745635039341188656899233390029620938450878
215053479868390150012200782461032065705568061590691973170100054460
064449761209098081360031530620750195180409988594388024955462654603
817241250924683110641177322681324322585817314820646424705917978633
816817948289327574390279074132724341149826261226667695934015029841
446781066706126389057528698859951497861509384293023579044490664108
444269617473006985997602926705481108730089586525925398203158823254
086607659592881824083451736424223299827215399132853051738728388718
514079681104388665401704285570162919175728701199202067392681244420
179126743192344566340626021759613866159256633989184915185112950531
557750945900272060859309227709269826268022725759450507490570273753
634647755859059497641829149581962508480909098967664010268565104135
411925469281480691902423803832444729883523402496762445414211663880
460955632547638213188675737285525103455940266611589060852092238285
137031830090111314074832990460954730935683206116637186115859074717

2702455509852883172982608417603025829270642899168668954363666802 15
3998882786181183402550763088175273513680185768703088891120615479 19
5785468976933472801943292208065649191983542399505979406513809400 42
7348135243106800414877495188818812321076139711647055436775940342 46
0490834076266051890227206920918546718074606875333710648143395346 96
2025606280957023892511316886570022355991819814760262051768929906 28
9736512710365417288454624400662349822946233535894472005123204430 18
5819752480851803822835559932563727999335766072755973664436893393 56
4459684080691504580905245888982609887090277862624085167925727055 04
3741247576796172323580185309036190525026724538589764373588308197 24
6522633589881480016433144895479325696370300878059957578150169709 56
8196268221591861489622053228122906978420427857498327525193488100 84
2339090431642140360910784447099641150196776818371292645779179080 44
1982570565673409376234781922588155402106448265641807460938297146 95
5809917063993412425064860966899532177096380696532734578723343158 36
7932149916285818754108566634934319774668222181213980186672069001 26
4173084696075986934510387059050008379418734489742546786536315853 56
5299948712066037242722292180911891071093005388128869643662699916 03
0746088972736918998750009375383184497355121602645563261930918404 85
8081719111222073045202467913193187887632741220037457042840971021 98
8026184742907090167580890848215732416770857777483111932159159164 00
8295406724462505233482416913126097194571895490458256983271554270 32
9126983211599245731212463519578317685213792423972841062150541666 03
9382929664015896453729113228451786557869707122480550538461917672 22
7836726522236276179557837090249616294667799632657163322323285774 09
2589289016581337175459619538209830978920767633344028705846558990 47
1833430056797913805632710135141428105640516724962042657262516579 44
0857345746609466838042012143638059843584920313665342354786434991 65
8528428713558108054153184433086205969455821622772552285860736040 38
6281059231034220788517124502908492628440795069832881554841141200 43
0685674105370017517601723993099256191591870732165892368403209501 42
6134679851925910236273374493559486632188223182442099432197041271 39
3201434943527784922910448888579827875054284511229100905408848585 71
8075014218679396546667020216275947448786675582627838905757843066 43
5477720248912970477113199948852244545510926803558925578653765556 96
7729945497829627658070444344814071040614707278620920242260888080 48
1852490338948319491885387304714352642265085972229376884931882931 71
8048710621177772438870600206309631379474430162026443476333088100 83
0811473111254845340882522482365891476519796992087590653752192446 10
0858860136817889951321413873158629561407065361120567229640987979 50
9756883480974495227466655339032022029966720861439137808918630199 27
5483548626772526151311785260931103583270594537618543897130681607 58
9742445808605153280338794810205036910917100323791977391548687489 09
6742270190664091207582590711582294708216583953242634439198923247 75
2376904231055636934278104032568415956378165669535993372911181167 90
5458006409003069095468073314213457041215059327904668149426950144 59
1127285086314007176942844953612704304242700402972989258535678487 95
5215863961640503213666943160037263557797718097657944816399788272 99
6643868480361638832754671449087800694257434182981023961404841558 36
7980417352711091572654764007497746778775376963888256369786862804 24
3515565571211647636577336839066343117363931362120944917005904111 87
8926562621965374309773824524360917416369766835439420938605105353 05
4549257719160011111949874704996737722767877426842062612902063270 65
9001094995067045362839853461943432165672224043382955958756521261 57
5796960296703912594938572185869836106594284958541171363935093992 42
5270684928381368082490722759742038975613484585499159373143903072 21
7672716221817103124584585522173363587521796636849482976797969334 36

0274427940625340454889160177153619956143088117346902146672303852 51
5039362628275616245955500721337649042771037683352945740476818103 76
9791829947583967984281339942066013182550250232787041225892351888 77
4611781443108958857329240592676621160834655161027282163647248796 17
0309032411892509900821170769161724724258367979903081366379550390 75
0080702365027013576049358630979577003446768748474620807253287635 84
0379666595508078578746968222039301265909233586126618468957239181 02
5727981777935958283100939000368344857211186080021162264421789073 81
6572078515804551825095152926110269270924644884151254329196121157 79
9793171469089581272617434837014915556363244038174972420229277297 27
6926384716538978237284433616273639945279466671997631059347005689 70
7258291044107708375437857209993573354009744250680573334214102209 34
4571802339318344525631670705798813345585968031255605917423813918 45
4489144249652740800524139398196385468954033721191725465877685484 05
9977565837638808366309042216930045248507176072559411877515156758 86
6145042939750680392704777772380408362842113646501536207042316385 86
2065425625345425492886386069536237761758687212288538165196331173 91
2329279704594596941258647123424137803453676384261070213730208264 67
6265451641874452902145163208703709463619879705502782195162406467 97
3798351158572554889820249970610623434249192541235738805319475567 27
6312666641725494192043794301977908260940112417641579792078359613 32
4004568474688244063296470529047203207651780054841997516097958644 96
9883459006096583584787037950502339373966900321996804316525101768 33
7318127690597124234997109705423238343634654156037079063100224420 39
8016951300848138457579410209212594569295511739133354460231949123 74
1285835627352966355339297679747283683892063974580260336614450915 68
0511192065753893257381528574282509067683166400599687029650813302 02
0596410516824513937028554710383241775638718609426446224181466524 16
3137436536276914534740670826058750526916089569775924311667504273 15
2077205844103247833899232139645222010574957479844680314626324342 48
0497451571494955587502380176582500178656917829592907371390525276 85
6392291525758364689021378881611425137087699216546430108442412469 85
5059586586457808748241056192953437324257447531320608398431951141 54
3988475752592232222333165043626027409162247508670858186022044940 35
1053216461612503256676684788834093386489152612899049042336051227 63
0718571152686975889491095880525378595202220376155036334013175501 63
7620363647674934453880051368919141394586600499509150200780062240 23
7407865322369284787062976648084051247756976840566723421713556196 58
7211733402096839958456013965976580124599473924315526093050787567 57
3736994786256865092924121843539327681431568247796127990204172319 32
6029462854980318196777030078007941220527478264691673475838079220 18
4639191174788150180004920539875379984417009189770822389008465332 88
6188971840596343798917557245681350423436897785778480957188468762 75
4802607332718348298765644694926069347894031544658354842668724569 81
3992019002281308116002072192938612004987589052324926979034965486 78
5321912864326977160454065857261302982665351425675028597334610664 79
5398077337895208477757479141239975456211259586363249505204083968 40
8190476481758794662883740414929762712067061260557865711903949297 49
7058131127899133255588867076284967694139328521225418588036179939 64
8857777421661047445548155901738982723970284270668319681006454214 71
8595213060212281470079287858863715850086292564019935792208904351 76
4181584942588165887325149748174323302573941422661411916791646362 01
7268533899263119962579149738092576094849862177343405857973220217 75
0102121445491856653135051856902749476301675928734894679792222317 33
7457905752516857181355699010976793008181598063186448672935426023 28
8916918590962371146475769102472102586160068995133961079350053920 79
9661021297313971889300516964449617153100200560334011704541452669 53

645592189557525074495928971905442128166527731888201336861250725186
841014685242557267951027026785868557272118509171809697011107232541
277736760062143653864178869197224034514335889949205001667987909495
682725443479423205940081292604497730502605409805244163960867986302
855235864655907546595841161504636732406380725368911462713440171367
053567735027531779719603529159219551144473866018987459757939019156
645389761159109782588191836283631400462058188236600354616075811533
993864995605108187178417067307518359061209789912010081850488130089
300620919148954422706481165198451321399053877244433823292355512093
158131394094824220373024693842981387624151556125015307650819063511
697938642059743800149325300092742944964193624032203483326442034670
609352297027583691494818499898171609489882490600957625620125269451
301325019482433746464644887816799716254186851237034649985330514484
070033568215345990316666983176876980013056909226184982905183157348
368713882204716012142413921438020203394884396333717549604284005406
616435636826750839279525624897477900901265986674997952803160086027
583551049359418937903756213322676766341442080757914944660989896683
669860607759913927007916835624963263780700205252832082818914234239
056948355910224478271778328014663182197520847575630671721646406792
596353295985765028448127445016766362602715119842446275482141982062
731524443417583418513658213300041191779364939371140676296297002200
747809882160501593430900111220831188336835268032311810785261295883
053448597218284148906319975724443513079136447633825665526489154540
353504321754608473074981851266461288062676318288449443797975509906
373023698722739608055143394066141666169982927293508108194188774758
082982809062840629475882000674823824600154463135468082533877753396
593342977685958645982281180128806564108343266616412053207650884854
984920555835383400768526002635933717686214240430499695033637067178
120161402627073012413960436377363873240664224272660438797954978487
550286012570042850465958617067579276520687413598272860148536198411
408785635718644366908196057785165555537265836526691356357274077911
679434993140040998111165046453037051202571215020967019801910973142
572598149723611832808412258707026299100120036815991005496561217852
765411989181119159957409187257602089941693784326872602785465569542 1
586394278305823719836449897849036564299843968493226709590287550290
555952666946861964941740678043598750578838403608566790968447441046
498859610620123400262850620207990391848591180855011604064347002791
323466543293902193216851063618245296061061057701614873411555814467
298178941596427634813929612911651147400713212244081466149638051170
140485611942388951403801529775800161415803428326852254364310494911
057264555940813646818344314567500791565495510973661883738639240300
543399365863350011836736925748365550574165981602637538991119100099
431800953473319936826220468490598455860935411804495523845739518151
782428930031474805452795810498724196727912800448091357130168873383
742028172052624857888110501691023714229062139092646924692777582776
577939923296635538517471713466066432707065870554711736896664960457
661063102596929644601141072898024632544961994049093031430411202473
035796888251283492537063474561943565989640471042274079355337049183
383055284702197323348737972750320091586545727502006877999098029537
035175888085305905488020976289690048436543593030212769088901718754
048613705024975999040519058553300466601813143120215277445255976066
965356537281994739137767391014056336540820302043702600092601553667
717042829062038240894059000929348589521344733127319062198751491771
672788905582939724681859453688204787974371999833742496859376521110
450061008283480810664230506677933590365236709785838799524248014586
846360070424052343844182584148477830070949122262318241316433363727
059231044091290162015545587211920433358294429413494739354361551660

1681354245328157064369041994869129199960741473012255655079061168 57
0284124474972824038670381174053716142366834869197934445449137285 25
1710286591044565779739246029665527280798251936928026157270258473 57
4465563313483698884886330805354224631416127603057948064958850382 30
9526659959048834810505597938900173689469418874056618802633310709 88
3608780206034441991845240963426152764458107740359936680583907082 07
3564398391712317763916226045352201180940535970756733095121684208 33
3455089334216403117029145564416931138467437774845973790429549177 51
3762749661656444632431003503494004696697337028164571710664116117 08
2730975323282732983774720451561955632601999888092816484812007959 45
6185351191752941369839191157959770319353162528641654242782153154 74
8633160702771384552535649142534042670714132874847989041740471546 19
3715275429542738505673381129725331685336383687101232290843849910 26
3580242739579465490927282566249173868587372827398743465013915244 44
0302831769019172567703887242280962261945745618859939241162317452 51
5303303885773832266932201692370046248956348883326514122686899369 90
4371209230565951743679009272830229947998007351260231522134775867 16
0623550116697231519296207041425258227413931519708898986841260976 17
7882696197932147676053514846354807985218081753834528226387529627 00
1375035198845870873479844087910507787808002984811097802554444458 97
2281065685220572448974298912653930024574857472294613946816959201 06
9939685376412080364303238456287106731575894568995120314297105043 68
9944524615423370847227518526721716792023801598278614679522124128 97
2219981856141206987032798903088473761468506887586166587479806882 73
2399145443685284757882530855925642485697417660673585662982160414 02
9861592678347850988790937935246764182807360249842217684475595284 11
6245017149373953998140394692854150795810653980326682849375171633 75
5095459632644242670422880064661645310343406001979475107567218922 53
3587459375568549871477632438069067832765728365228264302570375438 44
4531538917137102777376967956013354419587781681519966230242936353 30
6471852028985265088667565576036693896315269513051240157358541826 61
9295705377755777814633266096340620752987554205384131749462881052 54
6470066982315172915544969082496823391020395495923451071575351284 97
8968363381547139371977759686517544414020570100219371384986364735 99
7440135174949876065059252853743080157040494963340648581174117870 70
3149737718723821391556183749786876218833840346329284504147007035 52
1790546450489928331882338797789651307131746156414984978130767067 34
5416011151782737861389504362506028968247165833440641228740597763 20
5701875952611999439447860688121034081666161558775456135931463590 64
2478903754210715713971643279468738778413891248210203894711391171 57
1346359528743002392973680945726999022095815025413107066920657347 86
4419002895484757197131339829671958277964762241173365852912993353 64
0612210653793532060543568594531668153625405182379717667451398520 60
2037574147007247552715154089269345172271514938464922785733140713 02
5022852674095798256180387037321822262059308325399814594726434975 45
9526051170394188283846731331562069695830092308923730016374755432 61
8626230001140859067897941337889850661180372249256579350452221877 29
6783659805400736752285925807731068892575100301149786530922270318 50
5300051267137826732093489932329344341672379457950246368156138145 03
8026885346463608552576878743221979198952842340577706201338490317 46
4479301344404156795198217507991498564890278210737604819332242111 68
7621332491768196529206325522024707318734008835148702699216285486 19
5968446901558553869979475029003404815344746221709186624575492279 40
4540742245376981583366338385630515920289068626296680513751091389 89
5261971158453612724764476204577759527361927148419858530054418571 99
9276655751192873366182064297621958188609020416032559003285897932 51
9178032078671721142886336339655725883973312329574692608286362138 68

1282600471005749889270305358484282531647604783509714373002932358428
9397194037191042277424719660460316297024985275566112583098753832129
9052078589149186625446422813830084804656268787794654046544614508999
3136352935515058851440728746213636011491841898495168597913757390399
4898937874538724489264918823237246913650871455644697913618354968269
1627335532362767031293876636377028690218621779947812062904151019379
2989452649757398287777402978417510557463955615248347337832743682699
0725533939081326917852129211318136968444797660602241071545543628629
3478354832929593257330713359409486057427780023902523271471255005059
8256299838744799791613300795000338725872953445986668051858508757939
3821567711874227381456236378580624061949510727267112834299556832839
7790300003258901501909005934832285197715312196871625271513978936939
3174044217166661970156407776036096157925211899265895415150623048789
0248417956691948150464146645118668631145129808249873943971872443709
8703451824934229269307581232474871404434199000918182190821283740809
0511014583384309058394929459820246729384165284943893444386531749139
1614241268615403723671527773387990096123923781703339650518043572929
2985175273815171759004987500587043140692031921249918338517593518189
4559427608329466690927548841013182442592828029500319785606468809259
6378063811666404751825385836428114210598430761807007124140638077819
0925997578399499224938185674764770751958934815795443210791951375099
3042224123022833348406968895694127350627124567052744370479784587059
3846385720610296396286436962660590531036223083476222447418567688909
2150462424740945361109193554076046524374823253681445354127574512699
6746677947055268066450750205711617549164035910513530792705303997359
5819036834656486108991909557119953198312755675230798793484549133529
8203884155708910851286358894802861283950983070682425121009359485429
5520781655879908226178814888100388756077442197539909015486236980619
9369895482092264078648153449212889503901735174595407102613695842919
6719233265004746489915299401651449987990481656206450089280034839279
1085072004702524982247255412523626846543069649847134201782471762999
1914468063861751472920716789734620605836844184042372792860532520199
2900371446460921564085376325852842227063797145317128301361112718789
8426882568794629317508084077451892127520795506051445037761181750679
2345508520214123452800531731175601477030580196185493520792474777949
4888931199840830297134057550396187626364562130985492669192703283509
9008814428511807796385883089898675260101739626712960102546884802399
1583325855598103803075970633878750899807945272595735979720589593204
3610579304965059999668285201093675138057736048118616593832442824889
7642788547365074390320616429708869441258818499860693282413597363679
5234452980551678181171762526384475907528302151817111931873812643169
8259938617988144391784387768237049226860418317030987726325035345509
1512070374391664762413848399558258085448110562366012775241197241669
8228427107537500945995647915333315566968165387895758029614829797309
3704743817499541185538517159121442851412780137947888890409240833449
7570451118852234562823334418564533593928523106140325128792616003319
9770733368852205392614239464531928765636596639116571502786962380789
2881349163569436081395585149476725775015342391733694371335986835839
5013125258151431643486243824156564742175876694723177417731977429699
4152921474636969073842926364360670637502134777206632549318037059209
7989835778439291995929075329855675813658617078365597248517390010579
7221834138139447121770595419000795094606533107686258515173843743619
0107833303626046754619058287912508624785660154376309745419281456002
3156162821962217051748500112275602069935547287533096518625766483759
2916354380763406190772733163831926308112093064480392430978851325559

5667248641467951985715303859976240391384263351251830657544945451348755585001251909495641114831534921622669634675530735237482583300316012047249416879065734097100253340618394121244054925123781390948760233772847457875097959411073820927811991095868154846751986229083250462026399312562850415532790389638532518282917284481339643979850488021644795571291499798706409265345183965504884043483547016433189978894143633169448608853016337593831896563023589352048664211275214175385904135968048055964062716467566562904867649000825244020266604681802963521609409442786468061841047790939207519373743993880880205870973321987909513720587407767905288123403954417738323130128137856745615250906887670132908917735295928883787217339134314941263006545584771695371930857758345222060074104217550784137875566148488074251479337321247584379382471872258229622062181286338569205204328100928461869782219857025399276952335342658643478409719471493253704955510405351016394824914719417746438801730152574757876338942949848004524987927665944316885816036217639566969627130940180926111731150492655731003745709616710044941221028312564394088525016496668141459139135463073289924379208475951070839732931325139900656072793368282718914524385499869500098847214299283996286489483798021335980758844033809674116609276754126100156463667877398416538178677734700909289174989616143654405601762449540480810814044570744981544062565182244441970941515700074725968227003925437037559927426498553328470887446806808541909159824853380327608793853512664351638101058627901239938054027399938282100476285511077733369520460480421496933756071012179836910379243533637786019027952122919259060725525898556161124289609690385975101712026107454612458724605325263296061879536437982621031232122347918637145943907319664578958960842280279119813610528011667038807664646343976104080867622931873700682078786671406677327143960219896602557712022913155644066213754246882763589520271689639097276321923172068817732185017313000225362318153943062772883714518504368615127203068195159363533394457780481451131847826238019241324912403312261443137647099884050913199040205890787749201256433394167143135679278028073263235816910139790541552897401557528923573178294490721900479364107398904730912461539728958404086069386598480454661232200127984230976089839816861669101413843098522588323501812262431339340721614875371061694271846271678230052780089354907081289065620840367364448829343721993746047068825629187723328063147643619084022629991813831257158749936566875208597367929326354657452073628638012311041213277322250571927526265570862972301368111478284158975246923269351752433256727094390222858766013955396337712262962013373379616291189326282068012136035117950960861967088507374594438536422648192751500593934971601758885318841210961133429834837907384025812186472883690619400619217560509820240142383528024247854042437539094235954769302359893768381434974133122293117913729396200065192108993319242883165423771507627112499909357932415110433803542261934184373099328244827811781359848526824080928824149493111174897381987860069599464880156450812539611835460615300449362121813490805476048084807331066760878530830584552712226343299407201205901386632632534091456659084713829510073978637322192445845054721273241588106754371139574391875698663188406733098426782889069753719679567441459337972451473750309490320584298171758809363219803379122919155739253913341776649181117861978526124503114815958620186766449729949365656806002153628828591323086469607211701304640287294803421061699056443908275204517976374304392183975200059895426800957761861721694746431225013029027734678251191084757647878156138598253352591483464341929299872732552788952237383301208046650797522075376381629694826971153996324151835368482908082440727418425417571776873565301098212034503050031396955853006325273598561472

2194299319066459702776205756957565938836274046411924650496232330092
489932571621477829645353311671055602274822937134834104125838279787
920340518540653940798103600763742456368138235184119335761515598736
154068542938138966873215736990757510931367880529445762271320830061
937701763662759728530797004710730496548199976722477892348260577034
849541383113199874949737752133489924729437692187596801494001127249
633111405624235778130754426791635621396223764166070969399889653090
722499753987668284690101824682663963760960835142297348696171231561
007804713828014101192494621573791001537818739834299784936803918095
368459165470673602887110102556264795610178207833070321649393448347
999702590717952915145399219042748087581907802278782477123285275581
079626928653315886827286154689974384169529365913866553007261543913
677372833283232151519407280414011080374612646118532755884841490334
282922330732663004606609806726569368307103525406236157694529168224
984741141332860308505997079769322486184969285167592993189667958855
297008933351930520569250738273538771082550677822949898018419406704
864879306286173152912006172034959073140774878776983089478498110182
147448811107599530051067752262774888630876005223402157195493782994
264543414416983215820115062629068792555780980524761202825085692789
614992419854840297712365257094566366841065305354212831793256359774
684136039534625652844534779608577339720461618018219799242858344261
434899887197024784997247232583705806745488118016936416319440830262
561435482623746706117587601884351572202747604485282214924570495729
582061258803849421805041139359898989049076124031874765529944864826
203903881447046333048639381051471092442162748520162384984733864981
910524667291305953628963927797592930828396230280169814237873083287
274044003775255702966548562860680075071745712552947116441502816820
823269499020502919196000092157852694225176737589140140240959759360
648459107896180978569197447561617273575979605248712767584271365929
738828066384561198774541733171994369644023702452899909579078014866
925222091336859753280885274787975539541170812301443082365914852739
323349920441648753193886771368537277542202070351663869447923165403
183942452702480109336382905097844865670364561708564691584949422556
166559234050093384161974447057128413449885122144987521048683119046
463532912240234644021433273832046055720356645775451150470428048565
905848461020693374249444519846664769361040435355025101582270075413
256204131159739741154607712701342629897201457121838165432442069752
700982047469135026051079042788463074610449748807076135950369524115
169890762216860769198389633023578811706300205375754282834577908377
313687142628114390765231178295310536098925658514998591624167323871
375714853617802475744790624282688909737494358322526356648977536221
287370137247875288460219655057817702718617603810430600838116895853
956874701609846214318178954649352544070796365743130017509168573616
537734498124445919729328356068972170897715207508181817463985722920
875564240792791717040165308356985340610082860864382346812831990722
995868992360587542439129462783222239496974312869612634524979969924
735127362660242015587146881129497061978839251058246610693043868911
696935316285511078451741385838287391805745742513251052711851382159
789392317583592752798274290929594123952580456695215235869112773663
062304443283493714714429077644048691276589987599072335984107472420
977422585071868606643218139499253310663037832002457621531498782606
040227367459345710075737762217658774735272532729772850289931110552
288644534494933750243564534755859389105906739073875907916133070648
268785978912417708695798311476528960006282405224492294331673231238
648366038990013822233856343997440627608106520862896406189317317653
010387452495544185900891742831168356104391093012212671181721737297
337433106416230289652734759141596917491624456179588178394196569827

381638453898444327004041218089846194873454992084950955785820202487
0959207506981956983105398894526563032609441791011005537062573839277
0591040364836187336560825556594751527044900703284197065158682290100
176498820653575738138065860549510241206087481884219021453351506681
716077229101666086988855805551893533310730993778041946666901006789
058200228246709860512320941809888687598035174071911987607571594204
928177676945477560780946319201688890710732040273128745200916848615
791091377962578273809753832637206714523759703523907795306124093703
778079324981127225040633404651582865693737221694992745336130479623
880039492772412724413520021654379710214493486966081448780697028058
952887302271480422967654083723046590365516388435663148273597257562
909731558369156004927402557079489683315974425223487746805123578684
568094605631646599905093324727473322291987906115981152925230753082
146762577202025574534492447611236016752398978950127907780482440131
017162723044082079445915563435624386019361715157909470033453009441
955322177780072543196339424112233489957931247762056614039614269987
628231780207231218342702984849100346994197786179691268201758559302
704150187061707878415735035028251630714092714776863136560393351364
056871137728675084127507825727688457446571917564937082130002037977
377902174057603071969861440496236535765279259967535659260038456279
307988825266678192463190133705296606684509452066193200352481001023
567850512424668521023884151893252649732944835760336055337960468545
936852073566172075590140681180858255523335061638691064934218060240
673546790442911073960997430748151886539961943835926135189988986827
901342345359072139031196880000927539517594570305212858203596237503
079403427840078622383280276289324081481065787778133974209732507394
141437951237902128544609606474321104535671565152736016533732182428
445863702830089298762000782764061717797774674249095029138705095586
431280532151741554415005538559700309089934927986990903418905614681
222210580203132866413860406180810278581595559747514373735548292694
545535134537257708354565548260501308266005474362508951047591623247
273866330698068428728457127092642360665550306237033419965276745684
825195704241609500463324338959950479538670187191519916262719329806
664056269565152365093584553470591755440959709661812615857077390497
716237285561576680465874733874293836121314068615939845842630941373
831469964496591385556426156324550248717514888718380573801965258101
528926203899113824625539191978636446401252480964338037362881623162
011093797100758715062263243795017031102446999802982661979939655013
662553217441119356187829294404881794358843274452025598300769314836
269585295942028262690972709814017425685356938338147749568134429034
014506467364859919645461283661856340162139234811810832357068976502
265461586972158844786982586575490186882700957987707730068363722969
346262336785898941408718916212934958331066329468746560746547931915
892744350154860537960585545121274424860883757636194160793586964463
627835684411195678879455606305133470537240031795214679646066515071
497309643139782091645319565691576396229827820123568591169085182194
146271500176660973825823941370730552366881621024901255007696042943
463969737461190103465086768796966650931681206647743123521385745015
329740349417774680733714901798188306861738009327820598708830293569
261453560641656078721387203040349103680177912691178131593193591566
011976308157789772928301328369778168468292629777136756188128891711
864902337053246555229157858160855753795314448905753896619797150351
474226568728363543587905744750308554733835823711762091213951654605
788607738581985977627361248205033835488719713087298679511937699696
960887536420892119546026489595844209152867561810897879838313684071
314152170989255448705449880999519605731227204403923031655903347332
216697063127686473112945091510486664277687049983762078384845429363

947269496526738922041286240477877381246034680720524633054317597127
787906665031665347137259215418225685256576088599706981920746642847
702111197134387971204568841502486809722780505511596894972439136906
962859305585273951324860351617513394527510070900901971682395840961
109078738302153495197028921883180776057708718275159983438537181965
314618291612168406922421143956281550253768211479886833412980107996
232983290143847421548625832931411139171234428701111885509396073356
790011194168354638253722324017794963583520382763252128172043769408
716622395632653373364566909376818059346238087050193320116914460171
615952197996818560317702136168080756057972562843213542458658730181
697081614467247306166944810592733810659393535714578551247178919157
184102734319250660207167820524768589371957790503017984877327947813
918915917931745558241651718726345022841446833819829692268681464841
930434807592382883090702635978512789873099803173242951955827706949
877365901498921733399947592569408228979738769769154747673596072981
033249646990689008251502120513344029351523551917527124113082159461
397726722536588202548676861706921449141933218016352545006756698763
415125204737354342178048364791594537139237080068740753808464587423
756992047263893689681081998107501924305931097662145501546586199822
902821854859657706916388830865043750972356877502896880119311125536
829926809025725976952976006948462009623541997203061201547377653388
362434057549048302281807465772140665421158338655076706558449296136
527656527449294487121400306534360984799312855257361951656688555881
363882470659047102345327384169857165910763326513880070516029203735
024461731160303553323573901271703642005294073035945932400209562976
534739484076255743389960615476121883297419054213591535737433772629
796272537604538895195330934981598460238909732514598888968201487288
968555330250107573709557013820754572866895318263496584628938546917
374976493748918287351212244534606078343587870690435256377653661983
524713036456074058486436334852859570128201918437812213892485894407
555903215804788267411354339057076182325974175159108565259057062231
870727339120445919138888815364192551427388795843053251661198529869
306613955820166037970937977373732666162121431401683492071368861815
466865996783774123213058311186546008421561246053232109945977497121
025995969245408118246279231216819477793902633804547466569512613725
623073932010056965603035545360955296532120431185602175561343660504
332490053718494208134536233059528270798854116892929664664642271150
945761535895966973987957543535679779186036847521486430078366839842
843934342445641868832956489172596092019033144780441777463643130086
686398970789634366938188448566334741281491988443881827275253102113
884529077181299768338430501846757842487714895099725465919485606678
479327160386115479114932894304307579047169419919754086876393474717
590555780790892013360533872090928125294468044101108760185909855905
939052920770960178047126704245169616580855105793921613327869652343
578209021236181349003297042693388100117736955519286764938250891654
702392688438721153628848264013325805718716128349163609697804166653
952678156809912267023436534271626007180128596699928396071616294321
774622047114871328158692152095081023004423082098801604032550944608
245429632300771958967723683150157351658850351474748014449766574898
390738203832495896016240087523004292730573484852434511656521877822
577840330033870097142102824420730501043148528017435794082166581526
251671600128117612617378725153300429002769882901173675328808631846
428600995075878733776721852560244004921993392885910070984073106435
718838164692821431399407924496791265453540252292972773352119494224
392504117413657014322020758915411614066758497071133249479383323269
075800600350455275104356927596849101839103953703555097233352544781
156538733658312406429727288046506882844543212407606039602228361894

4646006501234264840617180584256962272585297661814955415482388776 31
8911009153001511614825449855023780540644314091300027555301601005 05
8299737698170399439159534001712190700584039950192847712964626826 29
3363383158526772140345353219607240158955576182661628811293616053 76
9328495303424059487353114711239137418764531955778441304434572877 72
8812462508484561683823842311699428730467594217178788429910648846 78
8404631170497403658258115711277194975871384955790360417372439397 77
5095087795737453201590533523065928137271695564146160067796616933 21
4381082332761721640780810016854628173147426256205832161786368289 17
7622457347471381550877156281000822460016928365135941956680062738 36
2591342360497420594995841380286696094688777537685716421352960804 07
5007226683794410860349219373527603635872657207492946460922009694 00
8082265192470048732667002105378871868867829023807131461604909452 79
7505783856302035683340537676459773281162799654760042348425967549 27
4095218310349329176755251764008397752131521691807247820985592591 17
2375230952311207995279484673150113199227774642505463747057852283 81
2051668393638939759849588498868188606533636167844542898051937711 44
1362009258558671234462318366923735471165365174002893632956099543 47
0542242440940075909505271850524153191507111532850414513124794804 38
9882593518681312405795269497253780286787115251141472555932711643 99
7336101765893932087293390494110235700591779881836824240376835699 61
7248030118418250698646216704502377606489297885717242375549599605 00
1206684103229538116284478255854308481743503554167835056027600354 87
6027043588824108049760715445353835351412482579155684141166534566 95
6061818282758153342980228901250406536195922932261872355561241828 84
1319727561589683954931158318282169283382115787989294358034765616 90
6721526911802955230309242921402020629372279865237220538690064051 49
0091794305410400954937485311092783253684512680725218612899340532 03
3101050137932944981021922546326912770895669623078513253111508665 61
2644931423079401516211530604089447259709567998932957809985200309 60
6060304016182862089636757110138286219339365771291022547331948633 53
8099920779715585634925756938240987177390506227010564934322305687 58
7927511172520710168162703213901074095395805280643967225737119814 37
0118055219136143389249280067731867332672690702845690937698820180 91
4336107466732171946879549162359497256281229872337781594068972639 32
1158275050267978469870749909125340376410863196863302326404725487 57
5435636026912501965044930890310099613309741252111941123515147330 51
5152668374714459813429043341168369809792007368878371234842836633 91
1056716148254275130595507681089363780073565169504377941139401293 59
8126791981007754873256052966459037221757483640023997891401160133 34
4182685127032537698665356582173940232417652628772827770750761242 98
9208791096430311936566594443880664457941004532315978090924720608 29
4337172595268670212939138459361358358862348856238955791841578064 84
3172240549225806318279199836040744996393474517506571775823549310 45
4860846805289893079619158801530346914018318708302669621673071371 06
9690240952453676939981908238197780952552664166296275441411857599 94
3562959756688680058759365769000081350981406740208830328715957035 68
7799694606300982594284891500420163153418774285468519553091844358 35
3425285704101023173647031416533731953459713032120230058322246251 66
4587404878694490332626075573754776289430031191677739085213337516 78
0016437436794603904956250832599635888378980052686624802339759465 20
5919138366761061733265744255429994968498775642148005885438432297 46
7738605798388165776849337142268558910237246492118772436808513087 34
7333010330433610957325741326172385501398122577138170743578292788 15
2533470140635780888686119256963103207006459197070564196455229491 07
9163584237712422715914042368867244444995323744557177551561663359 87
6756847625211711032871351082537038433644274213886180856967604920 89

954551680985752520389560582376417233859511366797221156321975869572
362473409039906845419656919434889981113773738959729404552755106498
481017685756971110996760507810593848296308607828961257211416134604
508376069239831848274508788496082398346116895387102862069153748151
282645306470383239385392406364971468641573099519103010496459230232
432023455537542140895484772376956431611945530383776516024475994094
844847606398353253364176170290837423347080482722306454716662565546
543278184275548909045040093961408058123376265556905110294933190619
158701871255888676944916201111363739512931749937931156017683884658
342590502425704485369535577837709533056087358072587351536673936759
435971285214896769284209643825148106899278197972789034059868644576
987986528504728983797484178387063722560860753013118689885872402528
816168924153623878773870328265508849003126317153649245612290409941
804937581528718548809120224864892332519223370228433428608134649622
491172585646917924224967683895308621670358947640553058697541701413
310691601385038348390163035540632515417578396048159746985136636499
587664325893377536411891580165953413853926649714692298304078211894
180059688702912007112422354064491635972654377931570770731431379014
036583080071607234653481044789791651467047052459959210553975387489
522763516573919569957869924070043535905136518774562234026808077863
995445974917310955916068696221398050057666255309200129807665032545
845992899813357456985064956719284817740119300591053778186412820271
331692172708719285356185190853586816615047719297388430335611158934
525519412735402463822782390647647834143767692717662930913094812344
817454388479112579863362997720566685074378174895776647560283195182
785394445915570522012000442946383342308106113489399457462271738425
704051624285395215604424689341404650066697820813100492330714799906
498044632181677462250271416159167326280616073254590526893087319308
016408910781412101074647528758713339380071326586700920423827608186
633704773860731697221570178478611671969334898681312545705528326856
399603170572125446647870570171797417238617377599414238322148507880
052998826771603717660444814008959084272081561731691318278827724495
624241896535362488811726934212169565354675048128889024380430804686
894858103625442702453389624447176401986227321805033205817813101921
015283654359044176164004194256861287139718864283637709268233427742
950281392168867794353205310981805435647780070689787078041418932489
487652227765868514811967902564561812602964649255309616997571183109
919265224715115768116431614568387694508989482934760356411288704411
766232206860573730182490723306882803036616690726976491891331094721
661624720662250823574482638983917550617826556052611446992854342419
642607994778459752104213335070941013135928608055487084583617678270
589244242085035544282186723544404648294973139796602467056254947031
230374107221032241678639095333213291815661901127087276031969760408
181228442404283812414197432068434893234391481430162117477131727430
728563111678223833459329390395906939733764761246499931809266230534
356512702208992834831574348767552684930999247999684680191225817416
134148629491594307953061870989816739123050966576771979750714746258
047370333627053855953225882522840078923546732910727940194935156114
240529297956014440557393755084277720307407173496756593502577877674
079219168979019586177567747674479327440084588546476399483516179755
855912269684447878293172122470646867320413499628955448350324390931
799595909749349395041975346017080348759244441381243738808400365026
655205732017241164768697494378945657063620845906820232945094342956
229330119859115927111061486773943481261399168946482714553621295589
272447583377123991894216359591096939188137332935480519376395656356
379127980106474217159887411320857560508896694790693370243732585204
234072605923845043821455614405045995375502913404240654526485290130

6102770727048859821802798896243302925289648159115084394948684501 97
444280541040085028544790728255111412650721385258248839903514184967
811136672745574847756540324628674986124262190667390442250293726414
717075644713507068781033179893443214055025080484552346469428847223
113266821057193431713914982661117508712136688985891626192746906607
401473817382231460250550937183417510214544475336631463512132050487
448480067162552016021098152190289365450513709458626962134571673718
187231068726787854169144178422222044673093470769161882218934314797
255620390215704717567760097373564160696166696133947362395066178469
295094711805158878633858873118872167041623454137689347617049217681
237762971175888092181759542887824119391216442427934712578232719075
805055918153283222095200661867828565632873398429450040456864609773
591628694055757412579542854159414326192545328198369384912090092800
551780737288641769515216452382542474310554406696467260930894500445
215184150339927182299779144558432762447252463903617571617800478472
096596755181310313250905267473009914048981042091586720125595980722
161116954401500376809895415559965110981432630798622872708601521369
291502478571806050941205856906412850729697305175890472161076121489
414895220315772871346134302291709336896965145060887834186310672046
600212660271939763269125205949801756905519994930668832808712010625
261889056170445809503441534007520602751455586985867735109551585624
771710130359629358774025624748806302470860920158029097061960781959
947388773485678165536871909034519157494048815682520132401075132709
445546251439415777898557561483553232384531936295937427876153289688
689091594635666109016840093467436640763239580605787933538638295958
827917955741265690733667315552422112519215985166049485734069447924
122287677351954308219730797962920753913196881542418751241579676777
837755890113914758432736585963997242837394526698333762676750850491
746592065410293413292916941089986020511561706929651140929109343380
019994576394403447751468421449855343369286631007563294243836850386
659820234111776250094604263629625154582363113617191236385742692730
486788991391628220695509047538856689368570507595175538016763661044
381767022084547156103389086545715949121993994051367123751302154130
717172111302241332526028106941892265612232145829549717267566059891
055193545293816937467636913967516816892816491250522523551337200594
296516844536387261964014546067716601460167389580466517849583726753
465229055631967063055138253083302952239495786758678645359603117137
094315570631989625783848757980540882364069191122768232218567370157
831274877966771985331234058937080913072111250101983634598159868474
108410317120973771332577411046796163569330778296389665008393399519
316697512473660309817171951921949708149027528179314386808865093328
521754039397155568883291204667456363973917957080846212143749397697
434963455810838625936122638971593839203592785800442350296106910904
829427926053875119207932939716015259633720276901667891916704885174
145630163117049638310754619102306313578850828323024241233599312500
259018456775757828075947846558547184782988300801820824150085564001
010633626413935900309836637799669549066178855947048440218879474833
627589634155037188173320064038479622317650061923978009785436163678
456601530239423517348848492284073445477085483503966731211581208433
584790325266017346863737980056709785982280945353781332031887482636
302748282841509847012700825468176524030037391049077470414342922226
350950269065066078935317063699096997543368393409738310316994497449
525239502402850243929497779485021047952178093155629241486162693641
012352878352301200431782535339513561797952736661007553962642334246
661449536007617330429588325480926875318994728025407829921318482045
047873770499044437487947347499917939665792807567075965890265853279
231841155453958602091034630314105442507825658384234149729748383914

9903847376735942381229644014005948186563629906626098737688525293 34
9041687435951234822367790332770761284373578354519626502928192393 27
4118769983864006452117414885150242356058622809349219572613875407 27
1332416612289407331354030531168544698002472244264202614196743626 62
1367680775778263600098923554535025171741524812035880637432677806 16
9183052545535691807414457421197702400134296753212321727426453023 38
2863028874500669806627155720475996268410972139536239170151422057 00
4506431155664751584714601441613368796658770332086743028422891019 13
6824579628189843083318847590875494522990869258831548259437756304 14
1433229090969418567329585501506073868435793331366570902991412805 64
5180871075612015758976076312226867713363487916164502353909984180 53
7574648372921006464497835244395437776702349293664650686118439365 71
7851913746157043912499296422503580055793402161821431001185939924 90
4761282754608769334237843960961708322365622274074143273734054498 14
5306311689002875852028394591113042003519225323603076686653632251 37
0779042774809308244576503513744915798756534551069829334468701894 49
5089115106133515129081615566544822526621124676316466218090654326 29
9577876115394125326157550549273732153696324964577064645859865207 54
8764321337356012844382971495897820014264956318639365307393681326 80
9859814177184869349009251340114996120253919841737260488688821885 33
7464973035109584521720169075279744449422174084488521947370413555 01
6844046098126758421221248806823545622980104005541020838608249994 12
4930279282127775969179954855350382618864654831786345402255898663 45
0631339835867778843372875292202490893883234256427277069812877916 92
5069088741938229820235195291592830711676450273310609247671638135 03
9850727930429988987945784409908531162466285096405736776169451495 41
0255432393820489991961504931241269262432168062036970886521868339 31
0023944638639777409052302285207208176331403183847611354557465230 77
5150329680668132828737834703874142179678458692703026639449580662 03
7703455444483016280675290612325520927664822276231821488930830357 48
2420725776400893555139526771193936774444080109833255766133129392 18
9831759460277306851710578806061812807717912581004268484039080067 84
2780470603264659179412329687642399570367201754292919710821560100 53
7657494879010576669828847213371482876989317623793495685399301215 00
4821834932401461828903241612279076975745939036665112686190796207 87
9172735739013831729332282222670432117329481253424453449470977377 44
2894074086963171259148185189227808991729626748437193494436575776 82
5417169443133042512832028169447340403094802520399597622769956175 26
5570665717728133511299963711179917302898943265540612363609528764 73
2061719776167391196202388651189191008228294561179143287447968623 27
7180751616871977624583891119855222696750337771730306325263403324 16
8298942956647828002195184700039124992813534833819221960934095498 67
4635639417095515120451978436682234811679036550455378833509095781 09
9940947786177543825616254176823443812753537051911300889099649709 09
2471321525361946363764782210787969330536705406191362668912747927 99
9679752114271512243817007725134884512023113378898038928558806319 14
0454983021485091967034475355463147123531169839418220876904360171 88
0945273531070173029295144991661050248818682351366130882772415578 38
2755675718751397900797026684337214722462694847431453201693788209 16
4613487045702234540912535291331671975162264113791367770987235443 45
0975403247452991301603361128805262501073826202461933407661203568 40
1556290369266134772028640970210960497804700130700470087617827546 11
9498136580104158787159926592303528177645490002346212151598927476 04
7890316166048054159501709285264685193828276304238404248172513233 51
8420080626441262299375092988977105584578518412294022276840638432 20
8399457238345037851222682668158866592653654809682942731651741231 81
1700862302241697607225148501522090359911670630693868663926195013 27

214326893070921639629063549146050818225731536874669965691068021049
679424728191772569844695630393003868042407045674365251801672177508
920118855761940296827938228590639450725800083290753709254067366051
927172265545294011069306440772367341787838848054525365474755988840
978596653655509340602815210060162475111734903532330179637567331709
351919331132329834557659707117923012696815563051745163749626045453
499992135940882452739321559543505922165486309293763591859871874284
621019302562158844668112681843828931713972333199810864793531008772
895552554701987779110377392367713063274916945017801953501720688980
674631252897377035564564146573626252051094168632368843957695303812
785681048216466117670369644970653438069348419252978175190261544397
599980777058392644837771910064159847958618022834119416839670363811
285817744168574775563106668311666376424641078994314971065571491611
245385959772553595874933539052836326828555649050400176513606408509
049594170172437491378941957521007413328779664732425509765466276862
206480392614233040429778264653324382741107753114781706080961110574
234002884855974389991764323130082269866894760675157119598187075199
894021557264792871198446468779962432074067344301191284672207819938
468515204170910549993197716398988071255377140644945595761480073299
739811562752640538540086055295343522557141093588531332156586806503
897733067857020603426575793257064958557017107483142517250803124186
606693120091917668709637483568683472093313145642636560800704103706
533813424129025176254928487753233605156762145545872044349520529990
064545131256547209120338896910328250274727874306561312579768119604
606478888582619394742872469407388814557768274464626363779462976055
181529613484170459285516479455611837521633329249956073939766713889
956318952650359181485930744683061477279040941125958029203196326283
655730651098281685709587255784508440473587785865321157927284672357
778825406881763096533357374936327367960756575238689768498177339086
770411794773074131874895284731289014986064659777708646847297431697
713492742260730279742606259989645719144117039174046748067469377448
603349575222829551945512663424296492162183247959059971520139391615
027723746664836729231800490522221391920184289269632192589729874847
368114617622684000175013961869286957658317492656093122201739904185
751341456322985446079992218623523825302848248958589994901908683866
616421769205726619871199588626077643446287160100599750985995237251
456073494398366709097774461397717689663940934782850390537066194109
970072209515432878104635648706148941455619524917986277651807136099
596874327300195305001003008367100762958987800298263316313514633295
070648318104081423050722094524781742147367101317097383343296919312
462282534020905589786558961444330634563659053980086426498530196824
827744254045083138449811950666343805769476123212214830291149295757
967209551254528558940042819336163400688557658401213172555615915492
058479911295976235034390487373879269454525945891844482329786762073
505271028195434692723024673104029807359657131075536030168551492091
987059883093976826573489075316325674704635662492461456948364147473
863095198609574208037050523967339870698887979785889815947192230985
910433381311399837925428903161605470518343914429991695749700753359
436920436631738059811316362949344128215936567114898451146428964555
087704314857414947936590706262306371282736418862472972232634447808
511556485189520488575879792641523302089610875055149896747418520079
353824079309959342431274772446400861040308702402231533237813786587
004619670327938297251740236630617016583074397679027179534466435156
880409331547493029215462227354403886087500922239071299477415242339
177246705584220713774724909561341431676001471247888866794032765761
992983386140865632723218727318357604554329656473389147955966103086
179748693724329102964143532658844049566356165757328542151176950641

203718106997023896369257794875100491020649693308793732412026941107
294857346304436027800594838325872803947066534983943049200041062179
815835563125200543102679260506106011839817813518042634676806788845
479233265530861999375397211266260548168705651747745877138882511361
946504624079213461516278987292408815671275837098480135368825930047
401467155859765479397761956106259157374348054875922962566324880783
895402070153303295359608099180096700588020718065782239919225082334
199003654429426581286508537178547896038858495964337635723778026034
062487444595274712422900259246190863451404118470294958253209297646
228835010173203397158957838439647170298348363228501338377100585306
688724032130773132411848500300498354896189161962907563416509800303
926509836845721975478303500259026562097486978020147274934184955469
138954879202636452150112110749962398073910668504673700517149822343
265245104823013031594566733510879471291114958182578702908747215032
227681742938372477386364297816116297673844445189560134298347472733
807077794737754144569795438562203579709338837575598245951270575891
461832532290283199530239608392492005471559849559712919877842867387
936861784968386940686254534104650734597068583415705494999204491224
813679841348875452727769969004965386760637723685744920391271558684
291268661994041451333150707024871000282876352863498907491301011460
061838101419523206955618455985622915287793750120892689324512937600
970078174673169515928351208263370292790079278135343263569261736872
655451474262658673455686275876343522090962212560517759480868146472
459202992683545587604329217625773089120541766172351312403103621742
185593054164621849274804229488393311082042845257453997850283233300
133646202803500706560002584447245072809523143768698877984808378660
092157516314489971519304276939115094606737353420934511821842899054
659970861072337436959714214599381449198358663815152524356122619770
268901306857195139087704906671831625475908142246073702800669540936
807727370140166439768296269074146380396633063710731785674008987963
298532604871540642665630366340605034633005256607776578037154989881
138112249046281799495074844338567988213578554632673617538431696032
360521675806389569363329671526115613086056192276676529754033048625
899085478954552753154212529423122612224613017854975916728340739299
888193417878913610677383011004427171610520215105340361693007875140
704520632084041710902210089426164416386476481198349933286041773084
708956956743447376366694627695828558008160257840905275863228828757
239233989671627265261056834823188711821615482349753388923141757881
827821135814882920176343518529730915977524229686170609501049738023
497689281681305301485035243166562746809409096431388823421152899510
394905712440439115288620023291221204236541078728178928227494725994
944076780802504457193347646259527847570679316238640388483517212314
017451458239813701065880745503357685666296668519561645593900383929
673150316621206978084861944187224394641136115969392234476074738038
753555035756715451055916375387500368049745930655542285528805109457
134624715990364559746516249523044674896003241076991209260422089470
216740896451386192265187881856056608218188185132572453397665441028
014302997576894559699065816972032414362517083858870219579770368817
760568327492275482741833578671055226053922657259408224268830858074
033120560153873006230226413780906692973541554116916472730559304409
893987845866315564395767439983654847498305608505047662943439593803
022172080395431264279099631259214110633458994157042962757974371846
217419222967185089796364973580987734325139776012111589797061559175
826080320918666383538742750104165363299956688817342293643179467285
451882729452438310079856541198742515071149273298342813670895128440
895798233527366328637781080238284872625262213678719727705634810913
113728339563848819319842518105322794040114429648869151229743585867

4863904043997538033333799540717605569165874923783553591153187798 62
5346677115720503843887127952236464767099578610330899661499337974 81
7242938588208867577526312348886638722189218485683598085027779415 22
2634719032284329745091464991325867963005286149599553229792840049 41
1201930890108231788860906741326231045196651762368102844971163549 91
5093418890910411826057763946898346517610842401028759609254575967 46
0121678442625192481200061549677088966196638424844255620792696629 98
4172202824056541457824695888502395267215264327062481380322264231 47
8910266490084843931012324485749590250333923183609886768682893774 11
8245216717696436394971145444816608727654958568056703795055996802 06
1324905670389785417559547289248211045495218230750524195637910454 35
0309846981176446215270058378558043533735722513715480921255104766 60
0242624753755178325001906178367086808083344540519944620496215490 38
2127722532699066043948349327377293154963781212812145587661974723 72
1652673649806661654822529212215379608377445596997450986452574242 38
9948061720028390980196189984013487101917321978105104286055614118 55
9058939184148124680153651889910610006143733544281504240839590746 40
0478364074581114031396513135532177871196928009114786713133321634 73
3755536084067152724400616371595153287786876593213111362616380106 18
3325653256283055554492859036721544294475879261827369537494906430 52
2384076403199980826949995383795576610413547847690080492603721599 49
7652163899875534408529309344683906823933535979212888827116090965 83
0427255125227723112649343252872674291775255860999062094237052569 92
7562396906440281216543515794603763604352545553590754527314901049 74
8383454099012160556356556063119065021015377308422630982559564117 73
6515146762495533882376101271400629065880790870807675771724323508 73
0604151176729198976634097938030070694237562365342493025837728982 06
7870920130426817264144455762537801058101260777364919226234623696 26
6412270805066176069567344789124668164259634743354450823222323046553
4152430871077064398560465164789512304825839933562332371328347740 96
3527094346375846906725955337184068092060896849282105301184128437 16
8911054676841917350800715513862601241311881373018204637572193484 46
2191188543265630792795923349211104854242461556565772578637112785 12
8693611904602076054365488414917655868806924576571485036952976900 44
4128492698199329170996499855862256352184583061957738790712024217 03
7535015907238248482978816215176654174030339130296679068450331343 44
3080510051097774287055431319626334906409854167197982091121332175 34
8258917019905787268555385535159793252325160402685224946120736971 33
3220429773332431660565146385172751387189243238626562859007170105 63
3673952613896465775551696437998658868914040737571681685234536345 77
8233048987009238912467951050707579660489515477791016665718847940 02
4524837334824152302029988468156639913139808266815593955472181923 16
4254467588089110207426147600497922553099405867423569816843098493 14
1283188357236327991047111545913497481404747157207501624204373401 23
2975048039128137003538067449796740221315602467994346605028304063 90
0792758465257463291440270141780706213280266147616074239646035126 25
4186430515185997245619454593878400639569587433922878442627685180 26
6481100871505926026836221681019085126107619641413139348953591978 54
6425141544972485115718839490982204210634112738917216371127770353 69
1863979284677076063593760546808746416258534418668094454439633953 58
4301156823218301932909567741934409301253963771177980739429130739 13
3961764053168886239138455318856808708733915311101302447825515060 42
3049961703678762083985681375032260827360288101529183945410092922 54
1014633589527510684661210881734496324533919214146042447996909798 29
5000608157659877862988474515482437633916889077366952759367600014 81
0465764602830587337805956865193905044526454753986162465014297375 32
8812662747539634684047956271012221072129774332407328929279141461 64

827697139902465144816021118811045939750255451433523865934042437636
751761169659013836612348750576785718771590269221017902879823168649
065484989203842179726277773469361408268837673779122383331892449427
492030453194524042414757550526187290484577045180158052462178607593
922901675812704343969554814581110481713049218658202941488687965386
096923378404729182070788046762368292995635720613723008215048967417
161413658060994155393927345608334339459939645635436774925589309094
983111195084565629607804403603249654728411312510937090938575102281
803876517015219239028850207289395145973197125604090909785346763337
211731252476783549806170687674898542888696892596893966579685398682
302252083098501780286489169265146026291277259476411458194089967953
645636055520164246231687078806442126427781247105040107092224351748
712911219688060203544008114962514337642893120536763881686808336062
956917960663652911212160045573546350749230929771378559514742825162
355203793918700910257614949899324429159425391943534169490249805962
6729707594251647031890009083322614369079202277127646057966771948699
575803254957020779180520925987632100830054587263632353352508525123
490053721447924599411169703702530009971636471562233114083860403187
913123766894837308181986473187043979562567213301949514360614307890
356257416884616861304806097446475561210027356711404994232976489832
194387293237556120924072126425941304533258890261964424514795631915
646514412280901323396252605849747575161138693164196493305739746302
279612291837618650794468343162811172703366015055212024680946541104
847878475471373150243024740306489871925549851889251675782648767123
585728081227699565534352806186916876266421901820363200986737868887
710393255263580880303234900748789192689226350204585012937701912198
599057104498121462535236705041824674590130822518975601164884432513
109010768729929195747660928218220760687703327628589913686396845348
813759412510420701807952865637065012275156926631111535162719479799
399282700361440726684321066053259934249125259782604233775926184521
476973735058953810935673215650050815473335104519077144675822028776
674874948934663958361112166804483944617849005975082010452208653110
878076817462815183006268057247412646710932536980896646654768878634
804752510608848462000838477581693170529818004763444102574430938749
967136592560469036869934201552352938303812370792620831046367654894
764250658138625467218963766092722851132815526147920786776217643613
546990156771832585201432542961739450751514058287118705580889901515
645635602245440871554497553659014547710330767829372726918201204444
686574921958958451023746076930886573792237911628869662705737451148
835451367610150050598056702303502953509694217188293537354261337056
945039315358784531130620829427042291501941332498909687334973097889
297304878176638605145574508142608411331085980886461265413954315448
795154523162490658735280891873935193880378741667622179028084610140
394848464723667206661486618994177730076980823877346628709474350317
041261260415978894412573621434432221005596223235288642188733067485
423304721040057893906803482271218248978835914677330307384942568387
257925682723531713178936998998788184761286778676889869086831151494
359909287903746753841573192133390160666934083329103578931977582678
699138748617401686987806024229106348845012385196938170942843368933
596671945727760641640787627189336080191817276202933201525476395783
304132076582483731155028213635045863956878401685225871977405753466
673503179073757405930394874719327578173946150033812652929798071400
976433343864385946875410346939938272913078975875065636987601892310
198912191314772805484694343988275605245346120357066333963953608627
746862470290547661089201796816981722939034032241158784762754549357
881507437551517023736977975059901838380145044270825882525964829608
191108456410143282961045795562650624012271242165106536524762423014

8882952174933085782524967968026453225296859079379104803951827085055
5420481511601552538540858877882663679303641855297379192140368562688
2779978245029708329803018970651578480354262310249486628458724955299
4885712456259900935995386181581767158250862193664348259805307005355
7485274512397552432040011135953796695637091810634492985130779980399
9052853099005653280155415995350130032283377782606869816924823765355
4713897571167028149180324380170479396529544368491663114884531345511
9633777109373796661727617543531876816172748544291480834300880200599
6711071208583695983386718054072424265374520922489858543605466078799
0732474817270792237865603514403508799886220034936032613135904718555
2200001429335986704705320432434123523870052128404830107171318588333
3604830028429414576520325950456723006111644353360040568990132729211
8608537968127720496965348555138751096314766521364539866925671007055
1965905999724283290318435377553045600106342216989913417305622363844
5559471020242902098681162996504105073077846048413217348716044985244
4835730592974499636489086345861384960724743072860890538830456298466
9209687593228658576733238133137501188780292429670151776067656589400
2612838094339840020461993286924082744236600878909503027254777804344
9212714874314843551510038528766960424527653284669890285418724071800
3559883614339766927007606061345818734932454871864068760695404089011
0061448905485941187784674339431674993403326702579649986936975221300
4975426161331287245335385909833190099049590798999439122629830987511
1761436613756653691464632817614812934561472281403737619365021066411
1813999857454300120608330070151039718442482864464400798697160333300
6101480301531906959924965212008214837047690974947226296926965255066
4172847925090342799472698116080027693294769542208393597300686916599
3232548652960682852630647185698829069171292958283092273080704150377
7167363595227097315366011714418656937698049916214233897926933123800
4032204099599912070194018130152934216313110588484857411934062209199
1664814601161469365053144046936381132032254986005156310546692327122
6345882805424523930508691593904492005535726957619522551442920115311
2253147030365744903713899255878993834161635122798251365496952706955
1160274661091143793125492225527732791749209697889886911445120316700
9313360277939922475459116121170403219862642001230647545270458038411
0100365017907123908380522135511759501463544559084259569258790567500
6496468737640706138244635061658879989137794833377610165087549665755
9199000718727103298543971477863725915579597623240495113875531449188
1450389083869645603442847512712461963152271039994555759433214510477
8310672011194205903937076158381707896584638053582232823017947329411
0179714332775190703462263833801513654894056367756614488801948447044
1173419251138717200594759287173463058860523283691673094004254073500
4774941228070853446846492056366121658537305685423881548379029232600
5785926639035382355761907057448196418750059846396527706579586272277
8811699200699399976809279370985429614702655519188846022270223139944
3222454372449503276569264558642172823082692201707577084767013363888
1152948769844271219073085786028832589118881090741524017076003481222
4566424493729841995885170979349768585277577999357003440572246901833
4698053473978246670964007747267355864662239135739939295232642013433
4765877392571103021000361213552671875180839734231009768962368499577
3145014054036486323408930449457127413261591229283948896919260178988
2753866285280793722894476243589882047244510842554496129566518169299
5406153229721942576569434577435047774507896055873316145386537467533
2796883425173688089958427388669841573865100480156992600375641376111
9134017547211246221762350308081747262039698482298025791417307922700
9962392349159856701715957697397379493814560186628550926327782205144
3822889573441534633575967877169124825330150842889378748268389077777
3132425040243158408216642964453294873768040708919382111057897226744

032147336961941731821330397990311325243742032969389347324445236506
416021975991759956774698012334629915404947253882967497980277998105
979624178300418951832190561093448404823394004578358228039420295879
608194167940091118414446196465411517660102146794205604030998874219
761115407550857232107908620965533506703069811502737024653142242664
667182257205064379572448802200913677297026187985449690061488438665
064903511650185131104109508221833609625419248161488761538742778209
362206130004226967668804886668893036004255555662603836675777878400
404814799677113849085617053543439919186702498820317868538641705487
033008877390002508676613040701486652771961075951793934708798592060
521336671547735268718861985770241731653802908068330951205398263458
460320718055395901939156805960602091846058894115760000285068814436
809243174841058100504351614010468393355338332861466488352973810988
869576774117321197767965927615350421073890120697139772622073263971
788688854160221922699277158638950825863547282420001280703151295374
311174811656420479959220342723105425149204979442816090708727476283
307077213850679953011863034020804903055587503806894287556518696357
108176665362748025496238205143526347263350093040705253621337190641
569807333086867208381166161544470457890442324263455233974271279527
371287476060664584666689472814249701383461600105839085553379467783
337875245576827494548509511294742712016827256426128107154503879157
291333033180098488338758892738436047279208707595920310161868273481
669014668159893199806042828372434278122920026057330597670868621760
942572447916025069955739599818405063730278518134022434680916621242
138800065099751570171707325573572820951265601740681126858018265422
505778921442776856487294607580817433280933476986186928829549304391
410069705129744328582252976462586355357500895148288883245358991598
521694088145351674176320274523246523796055219573328706227741759817
067057007861218949638754748208654261624306506474225851986317307185
087872233608313796650948083363926341578647402378460506058094583213
289580782471846180031304391789931062664533164360170244319541723207
571305507290109734733036441683258571711307521356038805039820414409
982238461693926222930496257553987682152516893388190887946720526918
031637287582793798784506791335754536934865756387652261524971496419
799313716243780000811021909337404305461751261228556601231441993890
145091060568979097375985842352123362398390032841942287860705193476
286714538135150554464268354749685479759062303135492944108653130789
047973692526116415504389968196829239297278295439804114027496770786
045314299593365146188381635511717311233878753137810904863891613450
670743067836958431334103108818649024154476529279531187172688118505
019551639070013934816603863532907905705860454054416664617289149752
709148628981837666617928816518749269882266983245711159476016492563
126691732711373621142840026300979241632552577710080181238222565227
076403835768457594204451330433201130269351567195780811137642020877
083384331209796245416421772305919476086065686568026102777542486824
627395171389735880148647343691870367127853834594140863315689883130
343649478450300122061083353924607942017297554504671701595588774296
510467162529609926557918045292519886365749042821342648937622784962
666229627430858166226515408773137048481151384744982266112963008112
666865679769347374354256489567989086861647368794335918721058031196
192035926840856992451685677819652011265596562830773504109094542429
011295824262354447452246707818638301856493794749889461773455143462
241874177916719838690957971334737289112794729651108912390587276500
905355899448162116560403045983936755760469246263041973269699997402
291999143472616522067189619190782034767314674772383738969027155759
861669296481634847417068096700813826132583539975878277434632409092
112312762389276641799733318749473018588560702947452815651302447867

271345286709165069668266282594702301835897712831251170836984814095
985416724339580434746167888154163552000212077995567860008074626335
275804047094127830540133923619565241115248406020325995694690374757
419933790634305445591413041972956764418136881978063523227394959782
912362760249875348267469220128796810164057007321155005799391874596
382929249142439034397939921595903841264870814663780598386491645665
929354537602987800359095712910019717468458636073815036265319434210
408039659046576337441166498695600194667665965064620132133322125737
582291683213030063133966787682840409643524577794455737923904589401
000057930665171954965558332333918174081513467730262675715024096184
462524514024673016348109468635520639456395665089638933313154758360
525033139605141651701270309360875569963670382883867463423404272470
365212606624172652424127650311925356845921189692544555394316063220
038904675146083622177184333980189754909304921909860780776438168982
065048892486983273075607179208831720989366031462482740265069069935
070644534713494895121796869943119200466037996818863643613345015203
190628219764699640975252161293525989317669886122282628845845323076
424340913669980447779251263790681774681381096449731988453597674871
326788075856744556125063522155406265544232768916753529230768313263
977781777486951731159967568357690777760578375862861424892010019005
372961705640183251650710051163228093250949727357306333102512304273
058618645339800283588040423877666492199352609508401454089083503146
788384653241593216574585830700113217112113525558953263724080049611
835024400606547353145004987106053306187667494315890344138930297592
573529581015578400445829718032444571129819953652098888386131136521
364645826883566327846189518912184810430364806305915157805854410867
758055713684316541692974653623933720694863273371660500893275326774
131480498914007218499648060956812834929579380987810292482101903801
944576117982538661768216381942188447073503929532678039544153196255
072370198294325919625523000282562254596097548687141837060996904461
274972834881298323089318829386177871806522441450350602716515907684
755244784126749789181811689731049429887721784834803540595796509505
090589397116944658898784010583555674641723333266693284388335019280
900458885983405126724021670622919598938719567206327800030792902396
963711068301676605366617138116033942795191456084972136494021882397
942838356511200133821812717515955498244854507558271692786026962160
062248306345853875553464559494149323488585186778099289756409748949
970077094179797480937628185631439754535806659814255526159976852150
473147923348264750084766094762072376538972386971837997919727229204
347499490122028550489517063443256579866248156334942047169365928040
492493814740316468053935830644079154526969797487735601780600236784
785010695194465916063470950141450864710015028054573378730291956169
241023097580606463858324417221997691298969030485068992683889988006
570951721362043520930636902524654413470381339589048705180450653294
265445913447258956557799337418478042603600982509807288010230208118
077592274169099211565702085504614902784288665091111581175303331090
130363195705268103813428987214226983022870681359024379868867892290
592884481919482519297340121401838496598631311879065830488178270291
215529398481628480845294768282557615722096356123394400764299509810
790060461364862154563086627076383047858505668049064909690739451258
730688625306443212411925652776799721886571732590734351885260376824
700069968459330106901625038772967993089318506117436055696362971251
572111567654954697981232420547766738869350313380395911207103565822
932662427818582223393405129244599169707936642804454453815404644036
226520577084209336176225962746472811185179582536163146305374896782
015627827832434155037861624257103484536000423809981642229089790555
694237985979444447820323631454254132614382305062759945621863521604

1686228240707144500720336092397767145559063398983576192386759869426192536319182110308355336328356257605739543138250808018647567368161604393044851277210385085663951512630942985130942034406048821399587401039946574053283236936128387998179345723674916660985554137017712703666935996633030853582300393912657046593374855957653191768414543754361972375421881024037470402578093221773533855441704264287164283353080129468495583211963068083169050767277163902418234915632349100256318761145400260762905389024314402612508730069142781295970772549278720402726924613817226372373656832996865570956262055119820236104896646027153189666132100577773654693919282223017914761730016873434461351661184602366609589873733353841237202231782181205757267497863848454096989867014335875696437208683809674722351731817225691956444605657606237401309051431730579620425908393418008663683324098278660870234572321998807838363419429749460075551854206332505764402406863075413340801188780660520771895968708379897129644686770002854514470899253348720595846410520200442567836779988124295190854507712806303056858459267049904904363710180437375366498053202167400116742875485487936869237564106353198277705400242874809871404166125188271839936808440177059095824624522892136785036642585489600934758516196495664824607816638714829525096990857861271040596981956879448141778503640365631724137546639730317688399012349442090218343210734590749786710063908011346866179785066856654305602919480848979207504653118616536968324522706227017164532673955826101615132336724714510417848662763663199517695236057569805610062560115758932695920169123193746142918276070722082760566450803985187344253184517278214559891514932280426189729167669986214935534085552513034398232756123844832303585282933158687807542734243674416682135130404086022562755393303917240867951869165992118209982796920318761530572876780998095686955658129338367182844951534198908654662721150201261927346836150293573700980041369904317263475714688874469442576846201204535821554453625713374184754723874661423788670067752566645754606972052839162154934795863906279347637454051911344480185549369989640439672562293109886315150214575009472361854549913282493960655112111122371195154666987711162880061079917436792841451016242456697211251299183431073682662875441285634557446464577191664110264728674620843116367591812644633041973803502772608623426084491530877508039143640395387140187736203921613863755820582854145724215854188096915103735046681163604177756658108532504076530847243724497888884314844485319464430744703472436124218689690452738196371805420848380026470212862164660627397768260975219589552211473574031493013289679136362682120422629669845797898374868040586731389369359369341782286927644023201642999197387042676014640137508520414135397636929633598719742617114512948927413851206477752931496571816435696419421205375523433288322340374039418493909907822082264076887369780622012170075356870829758325349719039648444207399901557463061350035154487861470891765526144045001753434672920660681550895798242978814779702204603173663074945694133623468543442469645088569512218338088612506303976427012230416126129956529772188567430933895507557457951743253164471063159221229333554843702109059202026983876647717971735000762520010718708290754187792113421952681733166498471935306545601745964139071727455775524340088697909445912461857894631201464126907132873614493415152259855334798260843047475041803605672537271192155866624936735821884265895086976166922223597717233776849780378651297571566080689217099843690042655516524918189123391447584751410893564577690355560466825707662482312556662658475076354763927035673962824960421050266339491627288219795974517783276098736038140234274882952894302361760881934425630110783826794688138867769820306653581870376324559111304276663620110048999978563218454681110272

621625857939866198562441835289595857237084701567147688801296940186
365617305542548870240176984535884194109595109283109462116475822124
227202576207309199082380920982064916526110716968529884403714196225
330614493500661480885650300049693573075677096946625491581238458624
428111308341488293983554033328866079117154937720918557939382011938
019932050791487154558164372210791143108078659391735823795510186325
291769707939558065843443675581025497911507701342848676763228562643
082438996137186156792752465180036367335353719078186186154077174721
894379539813621602232809298685009171958058157664109386209804076649
744527602133546665208323368154971354311528422844068922350582375918
343877840339458956685800215109174200758498768860429141126547987616
570091586863692334834447060577888322156096657807440606198200039385
307434830874042447825090388786706355529912759313850387597678204548
825806870546838062972791138123759086328136996157086802548995810741
840532581800590249676345335783898561318789435118185792374829873322
568791683814686463040289010156493162450202623605482893527532677035
227732648755114662451914666578600205201311223315232792697262294767
579088328573349306491536611349566899500299299767271514891190898668
284021248889015417348835070730075493827907272221409248009598297153
879663903131764590403562814379790917576773424461479624604061577228
403977894020256151811825445516325100082071037811409613359873106600
429528212110156660838430322250172810004814161387020177339282694509
243295982357482112200457944740275311755192750812399036631440365144
802656866296774742582743524958237088779012587737616721371949976574
636274859831247740341677628407952026931942682780285498555618641898
260332650750788285198369683714003391965487765079761503626374409961
188015636018460819668837074580711511332893791045663848711403442799
193198570026760589815261463046121720896977777357994182474494151353
693502010704035281950225686161116762579701895578571608118006804999
702211614073695856127425867872126130827340668196415801083757076625
895218960063257356596547238542893788788991790128195477275251164290
535803987658863621103631631522931131588582255387927732746699709519
382867048516856154633107997710826056714866670702612625954048767861
709055464325318107630151398689961405607959550752154172015353688705
051735735267669873259514194014246879964124305045216471471384006696
291705470735707884481495353978059414331409843943306702710697014320
050476438607421457408765845285193310939878960137695841747047755345
696116222893921728722356244976730571801366190829590568620879073056
733292001646323363425035424518955299217306832265207227585496409457
929109304713629724538664790782235776809005551161562921068859380686
710641556541547533943450735533842566759726364249699801792672686659
054038750828536690506695662715082645402258149335504469932589486094
260724084209402888644957074097130475754861900676581895005263047516
047381838103718667246556592682281289844007034184208005054159691994
883207680587834078061467164607825931722109991747684937807908562098
574320377093040469071811883226924840864259278118918601080811986082
640623932016415063957071377943826531032882639375058269494576432752
316479364755072430605240123065253701984825399964546884820642983567
336420201229430655485124073501878655287377115040561783303959384979
234945594740824158701273276915493076712262624940870949924923295263
924578501040618213385424690891575022529388912457164428446534416288
531231176418536697656215775795015737992618884500772733608699726072
965092576980716450309979278743626383402263409237235439425256619064
171355141431806822951700044060853981592207042572737927080865371319
550038902601995095750482862051193217205698076421144328677808173497
949204075313889954987682896024052033695902221781337975344280849253
940582445755376533801015081288213282251716600270545246951219367357

920839581812718331332871730224288766433388786358366941298208274914
832706007222123782757898890521349814454277975960299491793724004481
873391869373193076156894273475113410013097945836131421927994321129
165128447554781706172125809759860842851355095851732031076738806760
490540741471772663049104779610617556257393188819651643022537626509
000297087178575164450124193694216324436028670205804549300577673237
967816343239913225734058646676421774098990482566129458505358049912
850391328975015490380875096289482631993630878248030078870011023164
472039426851334976600028469191919411191066550506379845230816784717
463585446337746623424650386846678606303731418198034258762544352380
459671911653079306429360164610537076878477159260974764655164234859
917619586072847533523111562553394472426402837362216256937628711770
343781644756389505775810498247070364812276268935849253715925457741
097505198630003507192635195643415618161090294914183132385727305580
643173907308657048395440248706912683095593283066288817145453369892
024454755520265277419626898862785329492669157909121588118159175577
731217598613356713359354467495316249260915755096576911075561638936
508876480911072928831559155576784283955962067312793757626706754161
705930767151115274255248019151688279152880367836349622318358720839
286942550713187449426910423691118378831523182271214146364103812882
635431664248879039198919430689539367637843606169315157844002745637
240768928597119185792939151843838307775581721099437689035650381521
350334374396994208924952149771142814034688656597900674978085483382
841627328987774363210474376760583444857366517035494243111658542541
368808986497217751565363532818194513864599251182260886355913277491
921758263852197907962976982744705667523513390344623266339078926051
362446112835701430780043649144797120452574037042315571479411795429
202708389588101170334794926022407509538372415711072485235050362448
677437565554118523839647599364809477628888011013428522095808621597
248121389056036445174201966163242997902988298391237172648736325275
105826667819200738799768288549464655876776673948727432140167096432
889895980729680701954705701057208769053769035693556256744896007356
337136215274496928199850567000787549707294898911820066077916072016
508688381817977342541190471011333476740340973463598618756084889290
982514207790111784859234142901535294802139931369763611470528707417
656998266792437210947729961955374866121947371475949151282782484123
040654616706170519403962413712260613218651207294755100068468761167
247200555247412106293950606749477296039270148347315969198980921709
788376124171283453331147390961133217594311172430228808994821836562
497002213822526580755328871864214139883318608251122574700313843622
642147765915988789713646812335614005690442990761501277857306947341
362081103507625442191785605616682319696460012773812391636689992907
847819922110420409955878523497498227336726232843450165734307515851
318255002355844409710363990547933920914979093515307131406846695933
328428010182677528035557573946539271543050268255813239060703473244
982944822200247784246510496838391022266728272447218250315391161003
912993779074882486970791377003800315495349431952889800506010069529
700575632318020981339384151227834300503573910752288596963690004425
214005838758012982740537366151619103843859947442487151710127559959
468408977001290385163275316090658451756735888596380609637314532010
246008588147830490662030085633891268588855728106551435758686124939
654069769492604675051707092284837954335846070805646208498428842880
588385445736709745493047712334565840858348982048317994169731190366
393258326827902040067265388176326312695078012755415466789919807881
828219517289132190197739469174623124888538267931385337536361359394
023173326363400957317540233905000488690776914217372188203723738102
178522170666384097177962613392021426563172222681279930178347831621

2084157613720700935348008974059366887128985075496262153732403664351
1435030707592603936162571608920110409109483632340201274794118488623
1351971804478385665131619784590819106534687626403704966245573288
0320445568507761763020010417351757927238608044065341903368213939767
0795973829634783066303296960260770649114582334998097182577336894991
0604209927055877275353028372998103709363420218200849162773232347
2159428619254125560583962523238742343423457889619333317664253499987
3292266705759008930574786012819932558215687219244615060715544366401
2797533754844527147052399032964951991196794083849031138070523367
1043759020640731220514956798984487301750059440786195490078377824617
3357721845033538271858169987569460227053729637387093002681861868685
7579277861777910630421029168074194551215270548540496761272751218
9954337903145185461828130925644114827989443142219029005783697112484
5549215832966055197279024131875713253314594763851265449962162469126
4714917860928377959979697776122429442344547777730791978760239327
0542123896672679159607368459845580911305978701008598568389067787491
1212581809426130238397493352894618121090896905375241756399909534658
3920120225699908306402083070332451154298376006967495170512092438
0807514282536111884373189140256320446458987529977372890011724297535
6829930568624303398341138468547963063983659215744843619514163795323
9275551556572208260014174866496915584760746571424771737797656059
7981804334006521326972403129732953416796878031977798769923843307939
1543609236761064433855721322098736677176985324329799297635979421140
0330612956445391787372752365337569776554694226927687542569153710
1496115677649753963270698572571290564560854507392632541076548939841
0670935712628804347306835870739362337790744856066577185678300659072
3724558013530815265595998775842527023483407928714862195402558323
1807122926057126039157700554522569620827369940111632220944190033582
0872692491220959616063554473030118821882801423218751038246561396475
8765525309547549503223540255851489674237250487497605564422774756
6784835610793716379335160209044515051161967768919261013754198801331
3821443495975486596050825154171461265965420959083324361449620049809
2101235634118795617385783796222792746112921669992343244303417889
0895478043277028032897938938128339682799152877283647265757840720912
3270526207431195816775142777907235431917325947206020295259956510116
4893923884816839246631736187361124347449830897371747029475661649
3281706367279939983565747447608380673198684592008100109738188009484
4394427179074120175553210727810169349096487756441827544284813338752
6813204512026009858642946955499418418689453498620902275246631742
2295569887396217550205870965517226486317264360761970661265587349017
8002910380880532484271688415188329158202631723238973593431765908458
3132913932727379991947874636529521042412261193685143258896651817
5858983780180507851901875148351183055579552088279535932445907521089
5808204555107411532610860055172588423191870689951610778890350022230
4780815890966656216062528913033292551029469005324906677822625251
0433596424910808789784420324546815523399171250250965540665146086608
5183729488194747357918311266281357966723876419592980745235266155617
3045041819313007496659370430765193601973480774053385299599334382
9825311559808614853818694424066407219841097561922747085597053997071
4388491176947992483472281227059387970757764885007935401977837756124
7478834357480983263443952872886241319443310706914559371024059247
8572890673145137956618014664106644771859532273874781899040793276332
8465662935573124265765399166048793195072791699180815097687110796484
8315357666975040077677338254498567029843520477774197525474660751
5292973909466143839532479429893453594426693809658636823270628712789
1505800588873140149724153678893042561917478460542410359550537196826
6822880503492634721919124000464625502574447930938145528759863643

382468636756483994214930680915317839429562119387936295416284471435
077106514693206463295377833859638801052405516664527856984471791873
742630663530333148974772600634048887496198947186687871632698505450
153107407795407807463454984231596391152346135085122663599082640435
214707789435995005256694648637866787267852430422655991665125681270
364204135236021244195437361147641434453345249698306734095169439083
980750378865947600824008328442661125167497359119221595528610815179
856200394512197066534001448995884556686460062746416759969387920559
618044516455695890542074083139465408935568830439100996486286769986
967987437273468504265953239784179559229494350333594782807751362856
996573096562667734353907186775583799162426170125053132306313109849
538526117204442374437820454144219749855548986365786211851020108060
410914227496995767287576815549217189813163278042813431201934939416
092443243908459219153163151935768553022637724065369883909761422102
770373329885430726907389719272444279433435391202927357569261358679
386490111480078256733497226422229921688139337931924606947361478381
749116662431558271962416157495684774809563476317767940963921644654
193147602850469357831981817389395734103715219359942041311045882626
738171782688575825380178633143652070532078394191680100524477030894
313932290869379012281140811903114603035328539778263229178921936169
742610342389020717690428335964787178542018059987870743009239584438
493917183228818677117885970807006810618401000757679443168711353261
449350427611683483848193096270266303783901129079538786850222160791
351797432971933411259811184854428251974327338038328009976560978960
706797874995020527785649092115840395190884869230319307319369113426
510581760568001524094930358676859452439297456953459488156131247191
663525998422219077426720163853920172843123266299365863363142665987
323320481430658000758874488679113936236871203594908887587298287397
835122265790845944154652551416546866620307119069888023562795494724
963303677033545983848628223528248233116337644671493422872178587050
483059870233659964938669441888348834571816441898334914744560702569
452764207536363516799270336092783132265358547223926843497922922085
320945046100518480325057210917781931445726233237238018433470136570
481357326584755109756637678464625899717549858818737063364179672367
505588864606081319662091523521450404554637312145500564998334036018
779277605949653239961043861340802898899419219260467010930680652620
975877386822007851272835460329805457635353876679999682196801383172
326360175410069482992691005043476144549404324132251267931374677664
399416654825632390109819427170058751022264547861328093910012749576
361748372348532794043103188638039252686485629531294221012368877610
196752104027185274806563029431557627884623370024584310427493943060
077589413086401878594294337175766319847855740925730701674888506896
813336375575333595031027848724244849694802477863535478332423309663
328980020580464903473296294971047326829971408139585726251848130929
756789674226079747334452158526968419462047672619537914982157323281
765938448867224772687557375526249881822735685566944078585847832178
465660789404490297552771911612324048623259465942382846756873831459
582297504604564929025930690993563154535594525527484162629981806545
103221347539774210000426870593134067937052028012838595092607152170
970211732534222330510035981071185184805488475339429864170065125690
921863168473247543604374200038124078742618703328235200357767210429
781366169892198586124774316363320908143964736487753188360541522040
355793130463299770896153735076096686666155196448364527573288511977
966112692564868217734113326188744209425929530089383446727362785855
537446631432341752103397992514867370637648720090180863015036338522
371261441052468954767197436944344788958743331400038226728318003094
449956826560688775300081656781951697156113742669043734863809113422

1261054736312517215171942247541566959048246356432613115531207708804438452834910464895480850905238129236535893179982801816403305210687278253995357498479845717707684676893482898328536753144427607594151286443710580464853333931774498353948469391318673065228822422753350995027190508372405648025825181855605606961525551780161932122744505488851399669622146642982281958542658186041727332768297343416454072914496164604345890191824311464408538134813108610925269104093934213018985336928880952740124968319398163534374336487115050657149464305840510664135201444747434070616204752549153045945075688802194137789062011638447117893309900907477606169525909399960270691243785612181789127684342323696324558296932708833049124383898541681448286728765797332250544608638377847778896620109718792472194063173540617826933385162562877245268394593717695653931707545664977785215433969759042105378264085883133011701857824348231771828595731226311954451744165880579318698992930908184814988836913397875147266568787748350128672697818288371900525100968158572423629458148253105497013511727370935331652990507000511034164399091289309965557225928314375563993922426562907184028368150548316900926932680622711826564029141489386296753513237696909368707736176201949638089855585127367392743621770319357811148482915425206371730700431305342308163319158625006182781161063257896136872936947502756543093663097797989481509107884809568750285535831269607795359092214711786890731231455036101780298345210985737988697359715159255980866235522524908790890051152793164198484546048417955122428820635002629521829893913601762970202416273649981845130665775235636442497664196146192509429649557238921681783663417013105062171553538011314099373122250463741204680168763168901951261490597748035635815586289899593164652624006764938890008184782881192645495762838468573125665946936160783967248686594031574137591995484085018885109761692470346432316806423306506418633042792615572643754555931027933428452152919211205625968503763221194543857570069057490767817130945206160588739162843447747425242890043911164671038402615069534793897450796346598293964436045303702215938398610505461789380173211048035584920500759619959818981590955513139805190762432772301676909449610382734081607440944613188331378407937316537275771283924226600248526895812624760012461944981120308258454261237242357128827194769828252950470472632368299609952956446158573547953144269466209692303471305456546956610850456471851905575230113016614635904000374546667997854349169421171828973590488834446200173933826844588834750695297784743932194780628897198975813080190029956776892383374444334541468125295367909839735324510479502092827931028346326412480799938283052885270598449738863660457703883806215338417694211210148670477091789698007692174925948625147437528908990166109758988976380375263088113331044684445842324468464815136134495541572443239497968825138334108259214155641715932645399385600379657011146821890153162630310122550633957492309035653397458666711038055120049963879323546484544129593801011796705977613109157433681285483522467149501637998031023009766406790420754333530469282660950834542759524993513261645015983078934588316217548421360434787937252273092491164617158151575048536933003136395274541800636700124163584357056416916504749244654055147814747946348628344712551240690667166206599991392062657503202490681672446699984915915973242065978540575064194139116876307558671690319532384642026852956822218911363660917763667330807958379864663952214041629364664960900290526220949174711723132543986090710882730406608363413134622958268637492678913547476019750702756925628486779120177367040893987306022602688117268937124742257909399551439602853868138768805020225617856629588979914185187067503243579496979441916554287432359760911697194937935412418410164261314477541848126194471574445341644

788846428406193188605722012959669624326789888345496722341247948798
779001853520446033027214577351587154184105301483507842110830561882
163111131289203561663173736359822610657741241516034180432654649619
556157279764067456125163231798179505956757287761562556581962175732
877405181139398735869827744315800874258322143721721468761123471619
271802661674970298696952289138746576262701371989078753414283448179
537518239238840440246583651927238282398044021350207218005900052555
167813370597548698350026934856434228976636284191917218158306001263
789554639693186753708733770430533364584625917297586817408850084027
918881876614681748337551329154760449080547056882839665450434114308
428208830549994379278099318769090120895958655186955027875602243051
142082058426656205858995587534368184811718869578716904660892125665
767085192524347964721077637236018897860428456512380528290294591168
850689104674277860845636323088621634509107224795780678677978984062
088119992633399145932244241186965777033747111012299294901429386086
644176512671978617727409518621873426909422435616201023878742917350
077814808676754145127574491954295667489500817842699204184209344079
055421190080339297019183213110968971905933926771345606925559715526
595727737602558671138466040639664536985898573274252166224672043759
479953313930739224884351627578814348387351146919910993776220596713
376955024648658351072972595075750342616712674178084332622546778437
159653513113674890457051933201355721780368320684912446484425186038
748700354339954919386329270127213292392158724612651501585139186458
118058852958338495775178708500533231425682536935042121680458603508
315252812884045005049948955761868830534223048025488579471388501744
066870946859821891136212827953150464243629523811194961319901567994
073178650484901185824282966223863431663410814500118433521253622499
840263784168813326277953959635266607223814054602930179450684135708
422614917800905839424329349819678493649529119483484563362091023211
346900016917601748027536785820515751590816995252174555678681488864
431307323874408836786991152684982613767076935916102270058012062900
950322727160825599793531461389362128849101611007019164234066584100
421044465421981610782911174739574706281171919886993479605541960048
279776871530184955240844761224797783664698777648052508072567349847
888428359889384642819094426286484434862744148202858132750873261413
457794642269489582283420160692923304402989024712520801944118672496
851572728824856809485648072967179714804756830598406922185100244817
045369752354082200933101515900296500368105304890257218052068834283
631354560286443630174934711947186747108468131145964128929041735616
533442366988852148858959416749276656640219349023699100561059137783
786853264849199565958876608297689658094551283649898077941777529850
510811888245960460791246916989429484010614730396459792935209816973
306390934417412663950513526472311537470096361794568207653095057781
736323036234411370830405370105360621278358173435520141897867364475
581825013145942873599980776020943702493557348573209838872161916039
891918924969862409899365960392238077454873555840443550664764453745
137004542128118273358266488945725375425880218198443386652375496455
373811368761035079567566114699140002775983199097337160029989753589
373147451100422446496911296470748725176814604898123999044592587613
164918061034183618059719313440571750725821083530595826418730954746
046522037190259121766557434624576144349509832968867754391977383346
191440157913577051683370399838609230250285479436093488091633430990
240660329913759122907923308437544611694757890633834120384313465951
928730703326622056106948836077285521647722293040846591746965932580
623841151488094735349095369713454828789959230033143336308067326901
401870389373991109121929757540245110973402620457903752162644891085
321777862492453411417517856080783845330667051913472751642191279492

423143606300899342383244372010440332440872716527437691319256741033
434186079008386014434848871357024995598000262820571303201265977827
212043974571306293435611181900774211143937418167637528999457496905
276127497355111098031081314776602748331597426232776769584939963221
996856149258696680622767839528785211520661570118637036543570790643
534941066108021043683637750964064909970776593021226912187363746877
795899640246914567927398787818725038024573562353186344163107179046
345941527500034137393593179671082189920316932611586670831101428147
797731881736602355119149268619968333587634406311911198410058330476
618633628673093911650506589814458665976138210879025447642782311024
942461830796378625173546628604488028367208150604280025141573296643
640964652114057827993011369696507171369111307928022111812125697385
278665875598075478609039431592271728625822426650007999896402577678
445776879218280187144374675049318567544390393050796727846090743717
935687036721674890153679849258498848062954147548705137250587367318
357002500772071956911428836672193996240273704793578058028026173462
355205668443074769180229856894446415908706814994071312271792374175
453026251614858078557819911616089451655947660793562563737731636929
121136920479477131604769846425920811060400625099468070033722195433
259487785523135422932314547209410740126792288069385849950796009771
328199281923590393297341955201486361793529792866254762718448282808
798424666631126874508839202070074012038267594375003043419711277095
270281140318317783798286922920465983103322731857578202743745392231
225466823877773061504227947863735083030968527692799083301581731371
016737017249132769002519505484456632306952123688648225415443991761
337397304696719687683762590574439137845751572349122029677250579978
533834950231441164148924617273592076779468141907631795214339156418
615792651629737608184824372053849123725483230347205971031150820275
832705063977440305077754681662518353690152205229873660493100046922
872062796856967404214978907052369423576266375759624455407054121420
737122073588654622229172754651376696399078249444824144528600652809
447620949276526249010473482877160063145864948674993916725550816956
851566370716349912645187310859104573828892187217089917504383766180
726370988773355182675209506528653684320560879870324668283488294184
166984338709281446655823682829881269803513355477965397517225665492
428258314015030599804059381824463877490788985752142059610895808205
875907002456482232982346706773697841464290551589489492954386623993
036000786258384968863209863868142953543999133265714475266614792333
638382975059257674210439994293105709676177349651062222697757027899
407723684149136895900827746945360056927842656950345600024071510796
253021921067641262880992687959453300005108326168670616243490890384
598339574765043169076134698883409105436648769059751191054230365635
941550552784091273605015351552341939375550132737936768235140123998
752814365083438403628935713002782410985573565375178755667679782275
161118621440622683712803258552406826105252298096848631299437390351
271798379242485042117673541632130359389294377550181351970110356709
766293572271304537718856332914853134484943397213581814875922748362
224715070930641358105521114852535896266709577607917166634560107460
206830842293495041220321735491721048025932859796391884242751102939
091858565280447930658839838217040842173974295929058309750545875920
981586238305578609740865071134477647740096287202914732845338120442
234309049390086577241839521047786330781926575548233171143530926472
860431102891719597292487045074509489451063308133845758711335963051
895790224974282632993000469944539850171879887275563515655990786653
395697940565563908719408469156127597840985669902806436349322202626
952179557598576048867545118486926277402827667981785269325407197182
804281082320145189609504389421899203889158997272608338292320933444

047682516553179998234823180590783626167229883062137864210092396478
627482226063354387285005586268941720540343808543826858008745976363
395962020911684866129512194367072323976036435512167500628277307172
895410929837536064234753369926006856675758336489987616970311704580
665835238358992907068751518653092567707689662019885657712440261831
839520295479069167231802334619838151681182251122589948355969893348
339336902344237223364147462856597442874024055012720815891846565999
206669519375329497819119331774590042107525534451640441997947667795
943378585272307563974556653640605508690091728320771744647312976332
711109593718042276446687572291184227629930275815888045087388073793
823823227397875115816881734136947111278243774211681065326209621924
789556107474191620724687603223167044644508717865572330152211177909
884481657483206172012989686410297760726630586249814339018635441996
464308052669833171379942519477893413759672805052553333895031851591
174189137821048915092335676629521495796799540123082955017458591348
952381916000897350392506013035201797745870041085692180479779491427
165893742375934808495919842060319089983780395631934002622275943010
154754342393971440977756782017325338300252700518593070871608176435
272067223954390862287277013812247421226653879678438982012538039296
800538117764660589858265232064962820726098487765801870653706795211
075370052728039324658848818597033421773921910250629628699959675183
407525629241191582072975084960252906534435742046252159180470839164
907901273884263966698675521264687398552718983876532367173618017124
762789579151944676627197014674830886085060376706739729245375200274
270920297953613572622408469142702226616765432423205892886099632092
475180808702478886507593839405676863883087537884201205054238682413
485973505399352652866612341536646993443099143831333461949854509898
057500068998482108971103833337812567709104644360797772916497885211
483461177028952684610798484292765844985160298028219574808690963355
451575576441464405512658317685088163752401493239187108605128091747
679793839104217865028177159563868421204721789569697677840903940259
716655477329798257775125966840549847196585932577640805983525594023
041791737398900690728985781523789024451122653654705246689190524885
831298743241296099638593030322477371401791655341093404081594833929
716953575098558657994736668032644592374954375184052168495736551621
628685010695601222157599241935209961998130224476755103609930804308
040219590889141709022668184007239990617650652969009059597089121820
152304275132642883893590734633339552241117839267717668789426194876
174409201873331119327176215591301299394130506788533708512585669345
529377676287300615174991219680898292623414225125421230006432837462
716972371982280800383776655220497792842697474850438505475397913320
085625024522942664249177130318041898132901684350762770015170747950
088906119874802156373128347802243372923405367572264802259756776221
521092298157526056979936424088620465475630502432232868070030642885
624201298577816260607069396902691684408173774774816641275897119772
094408284968657968155057624408038701786012291466024203994971502633
596992995944182123825476731894753092245107346111105367927121776414
084469153829789928762502541737788359765330807417551514953317452834
211630634148723943744697398535881219659585218673729862432131894679
376778891209677713577633245860705354198116851694033165708387262193
994450747815188993441183142991358538065027046696602203600456632678
422279355239610998223739745038127402446316275790116711720062398425
289623674293786174211296457794721604110012510693333982040077490097
943790540243820182816781633463112549195153233356083884842800268710
281442290931031973341529598172803131316002635058539327375246040207
705103494363798688260099309407533270867376188793898305709192548905
511014470310413070640591011979354108070821688932072563846922344865

4962942376317222804676576284037136195809800546877809927607210170974
4256482762137595901369943805747266728754783366608564651489494483466
9654648152204753386930078018803344216566745775898609654070206335201
1767255235243022975224390198027279712102107650818850595514371599081
3195443333045638116530991764978655534842981976651746221729268706622
7103860452825029119803613817932183715269154727069708124630688997801
1505399046285966758948940414345802356299695333333653597537867488230
0191646156819174084624394303508213508935058916401419854305398327672
0356233934848430869074252031859074946552822595993822917873498232599
9619429605351966739077305432770331731688580946121851514286175016499
5398292385190611521978917470620213922709732783353182839894315764422
5650956226336031492185559907091862021113953017881158985637104921644
1490650546941896135963141256579480633481827090303323250600519217211
9785999474366847525627729750812274469017548016820559948395913916966
1769178389823922729193604652749239068492221360610947442668908073022
8207485450121790381012901910139037511821855420149426539599185417200
1386993316442729193953069364880853953641239293632405316806546919399
6758013188462875595642822484903133257004110053357761454904437508088
5400163711274596307352255296316509772748663093020834556365899832644
5449871464860617123318337179532674530987691547127817696394280486988
9419240072757411951443045412249697183881348072702848811202638703266
1026796673866582802103195728270514468087917205968034358137266772455
8603992925035098489932523631199838359565241097787649941333347021822
4039680949912266950071556777749440626874927149177904219538188436211
3869649481988895216370078327765213794660089303796341729011158885988
4153270510546333638612396897478570590435590503067375461478071505788
3053983094502379186030614314229269370468270773707596871209108323122
9366874695276556169184828198998776878124137686331952734575856303099
2203945514795739032227507531454296230367769171409352593316103613611
9296722493618631450661752251517508388813754819933160705776785324355
0479261292019435187699102262393455878982699710052654080147840401366
4002211991409923539148135532398424678885784005357718170788054568155
9115671518154728583465407198807071365936677365111825393170674713088
3745790558895029118123151840781222592761386857877728057348951937099
6992764210380875588828129920169035808387693184576098288818325007133
8217978266149637548714679693949405372040867284910209917358492230366
9319281435897632652321406751656168184744665274997060974166581428755
1709256112362802417872665717631346166569019250375987230944748875455
3984952162399259440189521042997307490359039507055666657874400795022
1148713411245491368914156937552601891888391067645821106112840365666
6822106680305109595898343155982337469759567764808249328106036654488
2475776218839437341587310151426814646351693740496074350143594626544
9274138574318458700625691759532161759788155496265347755217459666977
3788005906690476409309692071207338541753823446683262066859289151911
4452164562221139290904774794065072005057958711092162076217204108444
4872908180164369973626292875510953537484939067594655377026194119644
1194396388075572390075088291192996063972131959290440091573763019799
1375042476449045732976434198155786686441869744225248106202630122599
2339149275139073694172535023597664822674466643619717069796078787688
0773953491840591158691169041784845674667310983223795051288549234444
9693837593668329731589695593266339346723655586281593798425477732200
9420872335408730911757737384422334026126687562449833730873093348733
5488935894905569209002513710138111918913380051355219048037280691988
6181148710132946165166096335961749015377839509340092974829859677299
7726512353424306186662430037863900165712683223901885284444997433700
0105004374675818245938120791983543305884633353495493827941167157900
3139425457304126690040767856905146175430723288341840915107371271111

055193321486325840543778296921596951048907057368207307678682437915
579000002918263571508283165000427590256496620800368873506347561174
357839673701089245311742615075928604709410630682403770407522243059
815309465963239507664793803292885085166744271076015381392137529545
050204224318274610379905075544999821122458212364180179956018731435
659458769395539044272608283631379977081867272400722454610463605587
853727953746149915702135028862699309029659625778212581590845783002
692065778230648173718912153948151700164587907288165136523645160050
049259161522744943318274444136807142952201908066672124409672148724
542741724311942714125359006678964872385243804561786608388189431003
052286487517582115915094496217139912737440205412525315649155859124
050635720764744946225303844908065793287139515745096706045530241913
427508554232208894735843088330807841439049689222874648752926902514
648669786574219758799163454083644448494626531163625587414146538086
820150911331263703380400828189676345879003492586258227283899460592
662155898985057566871155734012865431654710326249174862050536810146
047466295982451165916076704149877770459031835885997172599413788334
641541966954085538413821835960696579722501605529877427894950471426
745973776691064555093747741469716773898195126952884589334863002772
226996691704133749786904754675724751464536554753376056521252164580
135634564248772265311683925772471022484674594907062702481684226601
476944242069347650175403734912340914215884987078604496876410312519
217842475038871824407590000092848668075453478422785794879630963222
145767226929545672092636422721951652281682574341603597039556795836
709326548290796227602253661681834852364438101805312231714560103806
299695765346084228427486570297627647152835043949842760888954154270
470649642399931234650193854974866908895053287181829576271738663988
972753991586543732011332240792745206475391405829021962874659175112
366694771459026469765912806094915332020961426528683742114540997965
721449709409391218872232770122520718945738581805731700664308310379
513607272829134991351520557598013909030776734670829626735428455331
370687764128890195195349260385506672429916287493784421171350762627
230465734759092997453319400562340286471264286793954643634186419466
752618690884534469606713355591987235498866363290079553600524435481
066493206058199091774796785858812476058896096076507683371724805096
285816771190441416134958815307156560593043309026602294119931701062
113304887778066333754490040057969048681122167440240379981231439756
065048795879089360121700093634605594214737864121311491649211032604
040364420563519203552147619879010833159929178814913979269368446165
284547731163708195414795795377726047113863879040838673411355136193
882016039161661684747624111213771324683776532872096296718298839135
142545659720343685255135197809427983619945865173266487002896719422
904096876879249749121811997551280264722826975458852855833727648496
672114305588294043320367399397618433955957388274198428293758045783
825702197825780414154593412940931101649512264231351267868104925149
377930474868547690642317222121642568721366609455886706854738099542
346617887404165150598130543234080025465831831091878478164291987241
583033071660084624635153478945835966774309561075434088524680593806
409539708543742240918328526819490391120576569194794589044550363375
478861280418261391349518648722617919372069395169502479884394567644
160798126059088398821753013523731724394038313020174283946211563858
446918423872312514581432233201516062528859703414881456623506224441
067889174267588421947945839527569484127927651999892738215417719005
903233164251517326916562630253093897692495672480480186946056462597
435360464292711484128633688033665846862079097858823582991032063477
587718444477519852831372702314140783365818416683345414611534431700
230075897885873727900626374915202549788693066964213251463797622089

010917985626948344348680575840932066418774103956997091692922496626
522416059287746192004632615558792432295463756680313639896884506360
644626153982048871086383593019511985329035190810467230586324727036
247710048050336457368981846556017566866988333981970431001950093618
662872230104762996198648566981138560252796596877998340532589034346
866713467697593914059104180127677735430790627338510134905275838107
030333487385266007619511479610518939843377183918648820504812678638
755508302665323155452507011353413707178043822420448939276686204398
806951056125066462924188053160003909057990143617184818883106644000
006056715982128139528359416160123935254511383221188662530694121455
816541789888580073406578108926988690258010053244668479865807317215
992729652518976388373949248801769123157758265609674448967823093341
430458770213818899088441309603691920575883864535029847562883840385
313571274933730947472407843322799162692565961597566643714974790770
814411240261773079739620571301771399005267889333321135585454080996
011527082392323855346358843992536436496615665255775136104300865978
872234647095234506866526632755349570252403979632237015533363473521
728295777022570467265185040247141068431878610008592493965539781961
548190334690453533544319051614213127619301702379476686495625006668
562750639159749806831787346560254696447940078448275120403823617683
620991132249402066522377829882570479371075224663834405986460503853
520104173844342445255573704766503023491098033766857054043885182401
670340061286417136640778127102787214706863570126487233894377108060
831119488519413011760359619542509836565286655020274385796565921072
820768464960777083663544436178916050619274264354690711229000621812
736291624411045362823007811868059045405040979018681132897404450022
495950494206741059387326936890281934534941704057007549238429028928
791505404418532693292873673595796383303758943959509550039713983874
565911534727713432971462920723567675996541037096800064906206146002
635068710619113141241159452408978358396492401265625614704006011093
746620784786655131782398074128106838413396754176186641875985798366
418676861635552693879806152517214974182798032934759690272163134593
216961931790822777211636440946925680867571133617190826783662429099
531760810946384888975273779000012684973654466489196914683815155713
261122337922602362995977695252216193528335803195356809422460140679
530660070536377341174278437599252109151205151054970690809858206134
376519122278403919228777018552952463931876292820777206794437259904
209679915806011389491694067363846593763516185541049823079226436942
468722887549818030089938503770788947927341558752977944831902070097
646678523127922653918209885335489293538442010013513437181731611283
329645810913480710342229832747367155490789712629140115823654119665
067882257664784082730078803714149021167720309792381901937669717936
897652456954793638385713928443664868402771523406910795783315380302
531153700066648073739538703228329826760270113062040501079789196073
480349278926955968623949916766919415500016341742135898251652413055
419717961772311335357174654756021289614168412527603590575919932955
173673088337167411441994830294606660887272058849011669671394240858
029346770980093719038792421746105563863382763239249278273157622745
654797276621888200286585048734854085655567506431514528721531120372
064777026986132618953287705923648548455588865779884149872211114846
546456551098909983176086763588419434538888379380198225031890701570
218288908628433391107264074537845958825159856463258469031046349656
828747475566695185630964383327860787652979143959906838568554140883
439396860607718516182507704977403716109501157436222796864547615394
566232966708126880377622020214817657983310218498238608438267397711
211190053109070688988436325792151767170263450642668691018560316366
400957620381205395812558016174036112131895356455843143930576255168

4967303541052539812235997336808597289852707239168571279961640868312
241779409377760675829537639766586430229968046127173515913051874095
206118421217504315203952054676309548543312254197370085436319326020
912224903547991177494766371494141495281531362400426191583790406167
214137800428566708988032590204154686960590565729661075863223530668
843266167179777689929805725841646262401350231409243981746064307780
240039005446198573446240201502964790865025309344404135299257526589
670366512812878506546182088245479319754758314788901670642825965436
976324002504599360874129219660955078822467510819599769971182707230
688134131594733718589593695830878309599042992220479379246340524177
946304922230325888509431041867179690778193126914735347512596587333
040541123632131837064504681484453295326709442041191096062575669929
478187312053130502004522898032399328837730741639293952308377440620
758761766506707308951158645316498934656800717788155796974022198106
292133591777213223543815375707889073922301668983631425985380843731
351568506239895944267585696301496311109688146249111669411792654465
312913944210353818874738215744647567455255677583053139666132396929
461397753316186544713438433347201576449535309008719874547995852848
799613117759967293277346451695887064385261125091971047399406930060
690549601193329451952509559326783349208928737301086173293172290704
742668316243843802575483066303147391104031730255492766395264231700
153652388627358088458522328328704833868651049552513552920922252111
735534711799244335754946664822730708536543777820715438359946075671
177637801173479399296471285887943261391177604503790469658642010564
830048004116431047051074631978904792331632101839240523838231126901
356297980706233444318067197871846530305306559006754188728257783684
997040176681673529680329714520115076746814441410250982001453074826
494450025373906536508407668629116629291277016616471924487816547504
661362834572196408689028100733749085099417955771671306810714081460
343303142137267068007757420544032216125029081214795108048907039484
805246577557203631207809359465779678291461276242951171272845441528
798511970230308734973913746773086858568370793258154498569074602752
411678719472926193829657974219652633585037080883271927784135718208
618985247288695959901165942987280836434678969847979035498193318520
763412996742261154245278152714225769187025566160883586901135675867
854534276796652945056143738807578575392426636457692567468847459754
440587913751168611380449647776813330570748821752692606132621002153
790092233827087714084998629503941451969135591034410724834966486694
005211961032049528133186883255140558261862439037951812842112383618
962015323532927649796012234810695078306277669283712995020930462689
747400674100021231852237698474807805388109789078706350266279031011
397389862051757670923900141080613924762473260066999599706318715971
831568367659067498858739601348719409895186770743782257641452592085
528283730192191732315921726275601093857863379535363763865608696730
592706072081665487156892932319006733694357251019909517015439949009
806641233369326955765143025079625960592533557136175461512970067429
360942263134437945989134243541073667046657750183624839889220587037
06275733308826807839350807021141879611362637344855199465264485496
161392260651820968936061634442517776768719403674773811961960218479
142222602509529021703453705999042851289378065247172641588722662201
875698118609028075914035377915322211583046215549302524966037809781
597479899599904601380745314319732803977674753602837702878121277340
116195549240945814384534830476873372695822937525302113655911718605
295376389391934362162291620111956639829850753986843345027794054525
234146334039702571643995263429332974710028666539001269429279087800
062613215909267838288921428995547960227630265365564896611247271231
825042583374630916232540146355665838852242895098520034990985429388

2109796643894978170480932366911933558495234860140206517205745891 04
8059218216462621163599042318426895657975158664835003249891317152 82
6574463246475624787806359769078427695029125711506098774481444090 67
8597921323554938045965034395862747234366559023321369245983939356 17
8618500513138504020108552570707613745401648260818588073707152448 94
6868974652815508790194199673129680217428690310431621246806964438 17
8445825383580472822975981162755730627717905335574150438584529122 29
5604154670336545009742281975794907522670661411814716032422739014 36
6928789043147246571737680567689963698887190645536099744083308024 28
1400423713330365508990377056931841362329358057901701525381190433 16
5631468262697199548006749601646602820420690872287222100556048878 33
9558737156184768064568744198063213559366418990039728242932851949 13
8943618942667515926872419297308019663688316133671942251969065572 70
2791922516864719424186167460090809000376102217909240509341435013 19
3153250780931271013551224227200131958273733080393926175443867169 62
3945314199725918406363983340794101919479369317665541363306392129 37
4568861255329259579393271383106841623864140289994784220810551419 67
0917453544823249332903601271399878833537801428890629845306450947 54
6426907849795411545919858160790151596624858676483043403524059866 17
6238640595411097835961098863378371427196663431293820586293884418 51
2926104034061275945006904224078593147506943275639640993462584414 46
2579736665075006170017068359557276077754473430878077565975689144 40
4685600743220725360104113836163142349171472983405472690757032330 00
6207224464833043056937292062180046952105603315270272227934073251 50
5289803473741458620975312894318499783564652267615693237229534293 61
8603603283077748895821650692587267840849535579735594417378809433 67
6165039277595043500819279927141693693085508738115199239956660961 94
3773653696045360593786128421831940340704039147717210949064154181 87
3857737219168212107047197705629029036737618286498600655672124531 98
1530234025914842068927426489307675412431949082037863667150242829 55
6918131251151622554934006129411019910833596508626421503097887318 35
4770003036467558830761952977052827413769931955037438702089461440 37
7334941203267321727438352838842768113130371697240008458248396592 38
5633144126811259680509373820274386838795244208952949556571305149 61
7151492194478207945596073721257320986903720852502133844220112506 86
0408564011006764671118653312804378353493614357753474205764298798 07
0393404344520255050204917131199423918798751489199683553368700886 66
4185884782311283174477058357387526535249187539275098487898892523 00
4773744104417854033397732670154126903845506075748251882684913656 27
1400758759837033254319738693139541265759044306065179909628328813 73
2478441132657202075089826969250056460447348241803595174057755945 41
8374499978795139741158588802167341374747132916810677692640705746 77
9354900092564985684333712044841576993934658769326043433917246850 86
4959227355804115934403166380534126212545758460327579381931656095 28
2170797578311756108034552919130452239981061632053978977232596493 47
5022224906343336320315369403332586987721712495862316181199544295 00
0606707115463449314395068720756702340644347509221975064268234761 38
7906404391002983135404423308037732285950263092723409106558556715 74
7208058163160606076741203288511304761936979735205794712068727945 64
0686312529850914941885705988556444970998282196162186058356001237 36
2672229461408217603974285047479872515419313805825624587523038558 88
0320810079960863495481879397638136823676597067774781845731511080 66
9153625055716960726928555417340889845396639896713026948624040639 92
3838445935526009535290274906528776758186645738537155872819488869 18
0108374518312055791194462555967778891795407309417554028649069367 84
1601081562875598296272620327044717905546469259919293610242170964 13
9675059037748588000657389648454774398510297244114618740190276753 84

430464817433081915630489338010901029691435886036740909006719752646
339451587089979785464773383593126380465732599209882602986972115722
865557321732661411441098103841125111674891900495554231957147900801
849730575613178620013111112599529542303178932932023966237782070532
740130471804016844566107444821620550431082963362653352712238874249
650530319772245525621325072782724704885320384051420464594511755689
493676995220691944502355473383973154968021940788987613319366360028
154657670571828470724289182894617589386102265881119861459650185728
722888057955359536624043399424065958355020202318457654920461411904
774044716733005805929771608377660800921865483838352542427949481071
985061754048983068518831629368277165542374849865102675013089515717
719522153263155810716129377721623605558829391005842231193399849142
923388347459811519102232670613143865328992153958089927735992877570
198690408394270611237396673119810518465168661649409591417963491273
096886968658710498582914029387512061869080171600285784855056298996
598992032362816912952677044833592041896447705995357653827890517176
885693922960903714325220487666338009314674049433955988001694365467
060480223292276836456515382657818283744664052235982623515733048917
378998974661187980216354258912619770795799305409200858726625374753
354893631922275805626418644520845056414936301142643507779700842907
116483570185528054201347976519972920459770752204271559858745814998
741057897932845698276220576764598325757597801332095878173300902566
573439506278649322210251329957340456592524118916818636407177039025
289289111979358550290655369271429440665244117753386898749407175973
551228361566496352569836853600634436858992988775598428253999243723
630492271749456053114707391211657306787654539328484336376274062797
770462674697445954363920404153859484325384724727600910396473995643
712437834046715069251329355521659660721649895563958588045423527603
015175975930892833880699885440040879172099722680992125093331948326
308924884409938611550696268552262557369395347984988822491510885576
884112943778741827097279441790396464415074461154809507217298987055
665105036320835545830451632391486039097081040222868093017365253570
368549140951717490489293806326598341275178849895570179331492700372
048570671938039677438734183574451784074679694528330598964823830453
853859265540258447707540987595320644830908821432702343609785331016
832524850351050174964035696128094994423040931689908093564339627127
393117367457194882840571335564700008558189569532218304334917201380
248911061346400075993225549925478977679202745225760629728391696580
877559713118725555635834115842520266904419771365740799988402106859
793320284247445258191914057403886617664271879145762725275099912294
584181629314478601794752708287157450086002302700108406005689615068
965293122460728402727952731931792526579752994161329835186767636240
099570395097428269191705476081855278046705644385079607271216554523
405358613181672072650877755023737171821562295896527755132322384197
388256074778983062698474718744439818301453172911951856271573283750
047314190007727855946190939570126779300342157836464728696908864436
049741581661798767807439037887276105351525286546457403202315397856
706314203769524016183761449268781635954256331194806183392025333762
226850295951563462554645656233023587747456577222266628375262458111
189340290985466313338206777343038033028834473328460197337295728586
356567365297194638234083252065422361570066969675542511598616046393
499563248056189173614292103386577909954911153107982629571815105283
632375282589508215239323735026909505000509836711807974549752200592
748546988125288675431812382098700377850547803994694005204263101553
350691331356507252975938223352291624571733193662620693464154615832
617129771169949754887332548276271863571561167975422651361164277465
459993685781535705073986196516522227982305755908503457926401733575

219998602059869689479292236742128789839768541688471423482529244779
454590978027320101957562903458067825025131907207795386438451934130
677474790508967349377079782107426450319761389116816026749063096097
924659632966805395579051665963569512420856529731691933035600912920
524873905688723530797117346820858274418559917082597012110679273894
466602354427153914714196061507678438565951544461420900505320074892
379763476816037920679318249419768348502310677529167846549817752370
326012220410099899714979650195194765310329217212140773468083879255
623375358554966814757610571273207098491586859646761229517072569128
049943671175518961520957127581770841895032973431795026540807114153
893425516877721004542016252836482084198107257533029120010762182783
896104171075319955748034939310316297882836362399261103863771746466
545392032644287747731829313727346575509414441413347585811492680454
9
006731662831349735880557140970128537691315941732138960114764507454
236649597286387779622161762025532952707681282956438874229967807578
224629674135735194628201667957311244255699136643683999220724775823
537269233329817679671678476372172831032005274600400587248567779876
539083359683368456845863681964802415392709389000376561759654520029
476571974176282571048838208217345892793353712765001662770626949213
062884425016647185470688093603308031529273883327260420255397129500
235625113416598700472721052616000304396159570001886308770470955947
398863511757526304641024655336864728081751014294233780118466176396
305501361377219702478792478590411831880264020056932213972959488363
484156531500733781908842694576811877499432691805401470760786951016
409471029950409608996655522556663334635620807033670335690271540508
037534481917546039499305833350604600883085964580738202576991486959
775248360430324537508013213113283455788559447741551415120797930993
643828937891339005871465845129267783633542785364446265419235140723
441298773704068820015826066845389849507530576202131569245268640056
851269921103093963218997809654909781288916016037527131508785108128
474851143208258524024921625124443978923970360345967906816669390765
120233679285084552108917628615512387171109647301145925151864186635
198888145375160912745928195081977917696338316534590028732124358535
678352080501646770595543793990894761487313180014912877739346916970
358544735417554704818069816199253273751212057171599470666070905849
364128494761900111627428813835031903556503140150133503656834397427
324572284387880480931623804763500808410446412988091915599443694855
956817596652375627232782821155260980202602827541976396129716672045
278568824438048019888692122138722337091713214121765780795391355536
572540187967896879278146981352167148736970929872168067179403741178
053909875726020530481739153457512237444149880308044745492996134673
568789314317921582748160352319127645025849310999676530989698411243
591777723347852158793126887225813271591077549437751234824842903458
409141476845259859413124105758152450639362155220687843060089665103
549690314187806568762232453052018840933980328229618287043328509008
381334190272589515410120623913819293092878262011343362350351506791
123936260571274209125528237287838354876530024740810451228697557205
179527271354462455557061411696884900371846091062215675219116907211
671414906912653694435374344261122153773953990833749965673721472759
662377771099329032303390961657395989108697546672599778121663666040
108051129803691507215273732228235255193559387759066465374304384303
483816476716402182155659235482933933080183818089716628132389467230
218180933302266445557446656711610770681468236245774766472589572144
059857881690730496894329787653952133604444653009851278979904798495
437564991994646624507942672043541398461144855384045167678549495511
193070160223028468512371199086665921920394962797708132975030035882
061794961125015156774659437838787509977170375030009167581748088231

893359991642765810540660154683799497508037557285554548410039258921
006150959445842683628647830715412618788569252448250588844441462160
628257997634569588482165502831402172147056632933684453020119737311
962513755547731256660165978042632276636395396145745263738148294498
428513581185840613657638766764732383893884819994334126540579612573
261918020869764716428360109482574145677559985686154292465057010737
151636369083300480786394551458718014413067328736742675739678558855
336845329118325812459928964137126459108162838256553550203068385576
236833480238865738401152376910680704897300889287048842627737089522
777580395111807956758042579740261827359220659909190942961273158701
999148702050268274796685810448021210424257692966523940089994066780
772446081190927080669547584007583757730011863708156900359815774020
903620185775996766682521239206008395626991357505992680212383069409
984112938813923605302623597829938614104956916235292075642295817460
955928371039403983162341535968612036407737377291020332677617590089
756905284023748697970346667061800635977735878361640788463810399926
591533319093049769307395427574884134362582007091785629626442684177
756837110916045513925666925941279646540907718322595554534659626317
104664997067593706771599267559474500760858241572700544455482404168
332645103250580079406133120749166232283675083225524715207012289011
270276139440453485331245124696997769284500305946214429039479856100
638047120064740059767842947964377441486714293081332299928161665176
571105343469266578878196042007478581332713333643591820354088854465
434046538942383608899871703154981843469495702194411951918522734945
426702009564051354259285355093684025940151564953013227079519997175
046889134741600698107286610015523720385010064121704736278994392191
320105280194098135965383336748792281962735990806635721281658407356
606922613581048868792353047892779056321004130001411019904404786161
119634452299038716524967439695983300633041245461707556021472372173
860884772983397155463035885563548360168111321236379337419615777684
767167375729603937576729588216051399642136343854475044236128525915
847114387562014952294968797649766363257682590429256497240036777957
378557168398393948118717462600270313962136898981595313386338354055
048102056901216585716905584334026376561198879721783489463080732831
405335104247357181757657047164740974247745782946134755663451757082
188670720589545732323656830018647245923701234528164669931643685232
520825041025160712431693318891347124925981467925268551313444006983
752107887065458202632605644551212908193454790005249909708713290607
265885875087156959699912224156978760015848969875057988558694820787
196061378903634090566572175699736070879132576366162580284344941197
837891649980086542765098240598626939139983815743328748208729907223
915931458179617940523978332784295391418945662901808345738315411311
065311081944590999180678585186315243853853027077441311896033065881
028993815131793569698000813606681435581130429261080855418223341000
677257623034293881874018008185702269756159886368505012056310117947
882560280037018753256172869547635469734600338630287232769307977319
492254526591997713602645367676481872021058467051722954107224668540
4976407261792589005554028298288627967606425222374981315118888401059
352332912202877346190184912640673855749797639947722746695300106923
374740103750871325058563256657349685732878174386116101850945180126
578798733958679188447837623797875325993655210400022676144927423197
392563015613476501195460195132108365606298155330497852168999832083
268820777079662521228945845458378644981598021307138206388269861197
074601360582711979282425095982964376341909204341568874486915555282
369085759758077646089665032999433129248453029373731636505159508759
525310135287917332314614053828296063770697480660469249673791103421
061319785612446446791957038150227142071874626622457036778951522203

347550426450737366296155909635042898757535410392829044356083529896
323817926851084304314847501156429502912243963316430639692883934544
208313433894993193560058884458517158665606165682238377677467470128
676004796098020265176083341662067541746217266111843675920522047669
889969444021015258992837236174760327240182456649858490870297072447
623694617471122855115460251504521381035865640871884950370097739584
724280982901176402551432961557809955623746211615406726247064661978
094006885238796399568334881166690524583081601751584616816547044519
750187246853013281189078040224312475346029772339219941919147582388
446965960388352276160398857733880540777173775702056628804570913774
939892150299136930755401840461575887470325164739945788258403675128
550319365731378036711489373388926172315287143646210835152017508368
439728802888160507918653426010133803222684951027405774294376160463
484501692660435557323348953042168733333584190107562511907804814225
463739246011331477325476671586861663686104822334812784148352125298
401987763877895050359604264014733922381523866328537618982506709665
681891643992188647986846922928950257934327631257533947205744048531
068023057766616806525722558232887231908771715074842540445550904959
989894678049399828934268757755377437619514974838078731132497751299
516884736986793577938784248916806389635772580874541473440672663683
646065584574348017686942339253988972086803238578661621566040530052
676665626740614809146121191745366245489989044024899187479673046763
934753351495781855921267474323278257390893241295453446833774333942
292627980582536699437483646129068716400062653543337641011857164265
193951478139213149034420676629733034894630871445992524554841696165
733251709711269790024514307548080348772515820936792890979347293852
069210862674858928677938688352305728098070384054620747244467452542
411484878903948543393743043183213289103565942592509114102575346002
408001180527664883319630427258840507727808951412597348713945755870
238140026944602971270387413684065221660371734455701657082316422459
285340702431150773770259052933610492183780510078429431157319394784
213866202804731104979529132737411115811169856639973161810995588546
535055707891062712313002185664069015016596658285899401841050206224
980417064127081241865800963613890181066584929122568104215584398695
104045296170281955094976414586122466071401564254460665908444442785
322972516088326525496951854716771612450597250733408337992383376132
989260095719060118623928761173754300223104346323848874217782894863
055865762179764099844435418886083675346008995892821916157764268175
767570940850700105784398581244536039869319869356723451190571105881
988533710700619751352777996635218480781973334250562673890595961439
312604488549563398997928583203198780265471921961203557650319141958
781351244489571089506341033549136723923583383264109482433371451693
596046807661508159125630074120989125243212825600699802896342163006
428670025388553863294403950022115985016850998708839047072806492598
591655158192215573648756805684706297254516554763219842514382275296
484419304504667293577709710358353428241871451431819813319630137990
987365630640137704314568506169119190819580789458468514509069387223
915102705008719784883365901589349135528707678190449438434426164602
824050610815804357447016211423434837397032129803745588189250054970
182129226719135018402332672800574614490217321008493074633461660042
096048665433136186687090259692370312310843178889420779702948971718
441746019728028691868013788869202556903365947096146079298220199967
365657116052924147559983990008495827674634063994780704446148751386
470717747546929701453026508169421321770012484460798496122180835913
192817647187708083300072082599694198840137519845482505762866167860
369336647798440571649333040611010025192327870595692818170057186577
643533257905359371520122339117286519059277680715720463271075818823

848655412189372842664838398389685485322587269019637511447383286530
182085335608497512055465725275198878290895927185841033687618841826
377660417865833415626235499459668815073326861687032678368566459788
051007551578725954746461915975387591197844562014856700023055656272
145788936047543566164198505141240414467092775514672247637208335001
001287921777694554526529041629925672631278713657967963785476672857
533822609115672941243717619320594175780451632606406412259335668353
232418157889843662413716524990284875273817365022425732528758146990
659848787700214911913469575713037006455467239166233337924959015523
428730493885560475779978014849655421130098452781948264204832389346
212318559924415551870422726376619851292635216872896730068132564913
591548549447445748828536296594648735542769433237370894518521106324
056337380626123068276054131650985230712470230645646646397617446982
446057644246558526404731546930112863651718746478265604755606028609
952243485243100740027153304652983365633287720947463166992900986430
525985265718163361251616048269879114087714489674874209263398254673
440649415113301372205663506750160089010633053353107952417685124987
135073881419880754609150446632711634748621659880641983614668352080
155432242818454255630544820814418501850515118281140588645450193033
560185975840974845301301361997409399404736203977836544815589584539
054317765175696036563178339067619297769546429329144000748016628607
244270040511583451099361199459041157718767398388635625967995492217
698366741703529774861068416342889607650190384479287177233945256684
402921332597447612692603806882912678682769184110091277725787736869
484043409914449807880632727674243235875207077392227612777091338736
590788606868070073029165138728069008897063980606421594946781373150
517789861322194804405352831845056781886667558156108608720769692033
894498215182650704326560112304575225201936914470823078728895098774
671722989484150466211161288269495505828890807799956468182724989 86
852917056431149858925445643521957119225283708440003941774612671309
988940485821899833614806314160826189892360939421506116289007037207
985191830240282527872934800077237743114511413155366144698791865912
154635476962319317049717889807947557313145731145561560423452934039
388305233521641817724360153973903837672111543738918610668165411053
063215544996128386294988647881554449184387902692398704698824456077
522497376639716130689820541426830595754248581585662925674599230601
791181268519727851801350869840426158811452029178344162483127343984
295594140485972087102719139488578677982793039502568293496541944874
154312625064757256755395444622399240930196413695360804089123479492
070882612172386110934885750954199776275178832632558052861291762487
069219400317037693245753426015212224686573424003235018587513656470
431070686928090270048117247387508866547754734492492060831514599961
006921262949682214082425108485607412055051642168951261267122002928
704865597161456514097370489642942663900091904881729209633501874109
719275528061325091099941755268058258912474554801674137502019731235
102941204432284132431373708590303932248377074762949816458344569065
481543719318896278382404285479667622648742716480475898241911264645
682029634398630119098547871705465706039367381780110934580182957324
532173064788029964239245875543137208773461820945716290153891403745
315087990511881559288630012602067592425102814214593581501503218135
651335381730366850639733879883475556610196723943989221474340738324
960050258441819841373648521096018163772681516148725654687116752212
559581933695768774831966121050829947896293997841471138339552435431
943862040522060019405202905586585468038940068750187462108220339938
947210853222717208704606682410321666412047983152537188146836281482
413843281940000042617174404836214396148272927980498480638238268498
542476825673426303916546364888545722592419439051425882285053550378

9564065571418059856950859922977911707931763466822528513516097297 31
593065016247141746916795550594400945175061359209146158278176958697
277817056991809158232468137385296645334711177150318474132702828790
137374106635318543021143007529615020096456350427465088200326667403
535162096089675817970270624398587235154295705971252225935302188484
794780499625815960094623861830632573326188797955484615044290222939
012227072769578347286647159143081707457569364071656760838943164405
325119975790725198188773585216975659409237065171486448978822558400
915299230046938318941742423704948927874362457257773590817978923141
106721456674212915050131582572935920148559880629986908321167033816
315344205769586995876596135269095080367601158459479975168580586404
842645035131418490152728532012347313050776556760138300071913830031
350990474148899486351573494331830550866255223978011613942851855599
973539467716102443806616639274235948437960917319092387672653172811
781739987590850843035446246791396493703384833085714896017050987689
040577903399140099748092666090218481872195595467090684497769543977
373669859302726367724916199084661093161686892165998979608018239281
819033500819234837919153686344185165673613276709515749338332464700
339649148331954829720365098900007568346789086430251324616360139586
216703557346728173712155222291231157133850231575672809466401785636
641315740988463864717701707160752023013330673069765826236193414140
969125773651554265300764335025271709354342334843338315450448058182
569782930532116335449960993878347644865817853146204310863219273785
459078852171315189218628599352608185579922850849173307465294619952
121094618482749572192868704180337542716078492545382804433009664190
584811939563747255034053860821441992543659479579925482614608122219
473756828497982198309210302626706659592456060267322111852840732438
675204983229548741315881591569658502654852270103856901006347070180
706404977329962101746649627646608741841834628579147765608760907353
878442103460476747335533645652350582507071717881574008056767478743
824691560222661300401866079348118064366327498037558521590799416423
539506870551266876177822077300042934995321547500255060327669448967
080168847759332587113968374075874744633945643573639672284501406794
942881346041203431496649632364795125052723067447956372536377251731
193717566896815700767121361707442562901288320809648352627751317521
207334516199628235678439143316495309219541687058318203064816864708
919901160060927811454940053676447453267345980236358444090052995177
403798709816181987979035321294622481273067513461221083187862056245
050769568907483230164060219207672075950334684737738189393709881576
843558892283686115991914342996337650798074102436766260012055254539
466449200757776212335647608212140216391956658652305978396408889601
620333069148157505601400394013779489321155373982132780770948204094
046345283420750856457764606822336898831615733891281562296484660090
367599249620805250538649508567295621644229751890214624710717582529
582809177695574234117881503280767287295973651815375303835528640017
261861504939769834643386233726234616975007137804867515882920033685
119170457172066239149156580933468558590335622883580680294988650055
739249763879752206898048104198794701077229163003666554687167705776
063620323914653140602962699059976475479032499814617630633498751195
485485237735012740334959111968491610016669798227723037738266774571
579935116566702873961498977919311907259018411253093768096101163764
710423444509921654276824561705480121033805605259585697941086879260
224212737510597373554214244423842938068238248780996035254880740991
061791187364732068205510722734085162816084937993162628178341964438
338493217239769934019657823227055931925488358374613582652406644334
721400892976352511270469501431520150184211273799449507324977463960
430061728687848096229234963083424484474241387034037024642380494376

048963882189145696084851866156215542834010170730866944262863498193
757596219527458916115741523461974019283126254163954886504746472231
770106464023908143215730940291126195201980864985341100034473914988
108169497116634933273354575671137454330131802306582537176806687685
941442419283887004136008656740070022588358240448524414537725488325
173605870243098882389434296385628173337158606557012440302125478650
309290488947086960202811748786912832612979591052617938342687770271
711659663343425777692364904458643866559651787536364189309046302176
256089509429980537387096408561165129643416930638105676535041915022
867923943012748617302339266267205858718907282872257514879449034436
209371882796191448798629639246649931603674794840420470970556323626
540450990658134372077681088192850029077489017097713118011358285279
676051528293413054810760064813188991857534791222770830883971989620
765983942449235672557126967659364865918377180493203264385130349626
991115629904335792259779393847656734100197086897690284903316373977
644108486326880857978633829139379802192985326617881566910284875986
153870956633191316430035706635787335255101168202150877941826328424
595817464339249172526351404552938584958959905296673068388762740641
260784029344888550584984250333338180428876148988634756013564194926
932114818207037832350678439611770618137782615747347949013834244271
958772620787022689745909515075886134355506226402178562201418891718
571291779102326360225699433882200278056255699691441689141347574496
4450953150105321354837282681308098439797292229696712842924135741978
391975383214998360968371672187679718191610503911999194106958477365
484596255737902878058984926543035885975225264088174725798603750875
632386201700206825618983936979369554968146730022191169185917945745
535749811695801476809892811002927138850329423587114604113895024367
237947892905029782358879352691001767194108085409754549956949239471
231001512675907813051303502648855530360552395134438875863209438336
536689359934379462622564746923189337527794773702220697988362436953
491278021080912908324069974019029079445954048402626135880543822946
656377548450534114231744385945800450357306091219372802319955823556
318229576294498379499103749459103059843070859094164599178141206377
409715583132194492202864143169117953796375245915706835417503994140
708444810682785297336063706406060817810766841108404292937297121971
155739343466724494391808372364392843846011362742815293599902858756
351685350137167697318222084401295906248966918056393264358493411015
230996929838286832257885192733455798230964206396426876789132777070
535981116339134269883600825531590584003524440103980115571001830703
603813665028322531628042977913373771668051123272735606322737688160
934074625110236666380906481977173244710100332263690715219500575660
241726049125568116964129334785946343460602989798538524619225223224
088845646399637310149689568485748519155757122214996586963587748076
146648214370224226867481560967388829911779981827446659035392959161
976819829794167641681865957697465575797666091773730196324828347626
545020681268997418794871344571301590723995946219736545403966088127
521488700103881636526667057651219077665246703867417321639870214942
599224616039983673914436501598534371087087253074761413828397486298
909808591528648360875697958594519909027700341680510340971410648378
144772721140610597467519405321667588857962467636951273759339640283
890250865467507228328729652977460894536671159568197946237766692527
819240889065432891699525665235422489860982960209564595231219242128
551877090338365128921394835093014417770137310253823050846671787691
411179669463583236194240307489046846638042203007974498497812920051
039445371826451445638241629257329113746029323186975438184809439343
871336803771794032200600910529832206982619011187562551317419341260
455512898346623803030251009827399878377449645964800120624286728882

658275489684521235519314581099186202130487926014712226720886339289
299552179486261763094253860142466837588655790834284173785524650200
154971325345109718590045438535747763863444017970073446085759345593
602945401970293033427168156255200493514174019119209067207996182767
479316114515657381132794414182856010041327047440441089229284980404
811510879176865725112328277582238433461814242797715659170839107843
999356854847786823175104225546675732809037235309031098064933349899
122546697817712080042390999524422354122899088395669401160257940711
494741603004604240618027606215540759064410323306240743804020511435
083063156048581790636502622831985472223649575375183709221654717961
161237847207171686310041868497411103929801347152911674823475562432
027042992464956460645784719324158505548397280187395924221847681093
837958069157339856312568466107459028985798617804350817482173128579
661475326885770123645162168359312273936179036340483958039242720142
909935663273950592146237861479801557413658007702107037384914496084
912503212225623813358012451860534026124830857600619333874947735888
947913121470681216169254784179192781921691930941286154914482091405
329774338523176319630632601132763125170558900547529145130127038362
058114534895097994104557587902256604754759944732965031223024135158
228632820823476300915441676086587783613998167509411210930544848571
345669984927063114543719087952264641548687532919608853608643616778
810700085937758386448728722839938521461962874684865593773302263126
972978475670938607448898480695176182639538639857466119223214230887
053780931623675768492197470575843188383896451663726560190186859503
162298307738116019957278254102796882100519569746410882665437040556
422114683249173894489829781001711636257063355732081277406919378005
681200655019927787916937982923739488443531575717211476512428055702
393348758254532536913030148010790159230484428551585114310504739454
864423736502494266815888225343350345164253076560699851178571215919
932605967643050404961089380249893898635582271523807529576826500889
962662192082456021538483051894403860953699569070344929825392031753
969183018032394556586369206283043761758995256747768079344668295645
490359104763304696223203440078584867518675011787317443332396288033
680480606588741732214175358926548531961764318516503240971307219291
809018438457704877519752249745430582038942002786956588731884703692
264645104804027380688076236239573997952183612295589786343074523229
248239705305981527622295939781521722261961557137955088351012274295
677112766556948533629716843568638577128850061199624367565485142472
663834658292029721142044589388949915671746747278574985997761356485
694724001631533606601851571193945925218426491305936252904360748784
988957628458008405139763966674905798727118560659546363838675013747
949467496214424273896251192353355158320947946238663890031960109782
374062977262009807593328756761924565554652565886526489533931173751
045331792788833161674999938629270104121695942890271545866957311462
242202438304072029360189072988381937908074236895594594995341631100
373057339572855338428335677893283059445702779398525924272928691121
178070240114794084242806386620712573151822786334563816032314276909
512234802958734297137794979231253020797302388870662672012283837847
776138775503096762917542524639249137971746444041317649163873951856
570813340412855730324392093673448698612818486733497714711376176124
890094115152988670224144605447247631548610313713208042163381446849
998936181139469419407080654661788263698113418933965382770312661315
328763563561559524516838566067085238857646851579769067904138881686
863848879714123414365540373299140834316242408133980622877270699219
930069822796628344305276549858624476789537951707074264570691049061
851299693500705665702993000287965681567872031399200274387377762515
621428087336813690461900630526220691253499779268838242801845215736

5490914499862630091892818960644280460482539497958479665357788509155
3823319171446516945303804361375524003070205202049154069705504227755
3339587163122330875929449671193404253690924387895522973491217695499
9582064210550929178732393831252833153635760175330599607456033617477
4411081999053650528673349047658786518797461732191619238779341774944
1050584412225769084065267228813684835683131588775981714349512332699
7284759407993342437248183821233298753133068962092922388653623894877
9784819498121664011289821348898731614924765669827851179212914185911
8624167930951625166109116063201301847097358507156518299011632712700
0790475884574527588670830073153705126936639939769830926208994549511
6105740797031582345921387004457266339260909301273402718339222336777
5954712820576249206600055944015389505558486068720850361413622060922
4085842917846709206801246304276989625108458357975030169098024629299
9116511940437257556334292784511505344775150776122103258848063559633
3617248657594205405115379596208245437194001373762312873922890777811
4458584785851251338447199726843485334898000777729515411628211320211
1929827128153683738248266758200660189591636561998675895585961380577
5561990651349766535676287765312424378065323874142834609704366582011
4939893253542641912715257709076615086886121981754600255381725960766
7641337283821986860896554605948898514694333116612034830434788664377
1755358505474524333917879171388575755112006995041406954739295220844
2472132261717097177484949681607069729049874762055156266222030169377
4584050849689323939941499789006660681478593805664293404909711385066
2653868612559229811500585004565717932621085491871232129918080095866
0948353581182282111593012235084681343770115022186354002951932386866
0027808625742809581635957311833751971195151293825863895186343917822
1823195166056402510574487047041188025220153757676588141694225844399
6854619435558820293081494293756424202892510370316454871204318040477
7451243948942666243454421486835369964448149968098518586962832262788
8463638932233626845168418755248516975164111248679029076290156439133
6986181899309466925191148216326816416904034392213166026819700915033
0073284683685181066385060217635209446839538802324055556688689103488
1895010397934797588797204080496367932773738132359343365660238723711
4454029016148677458891044259546095383157334182075462891607391020422
4969512414210089984407488834548060072574573295177907836648506184944
2453445541574242851930687538459947718126809752706285476197625339111
4615551074885243790792709216418974888733068538160310385940117281966
1515438164532676227489221531237237759910376854376413880927261731311
1438049518369694383612439082725189205332327069145496291467415046311
3714085329069629207327001408919768598040049527370362802583922011088
5504506797067361886840656426751906213597216638109424419480198942133
8186965944115020488135303942243139902650374503051807703137849483266
4304298729490205727137510825947073776326918790572944541042204725577
2644362644995496264043150840452424811196832418473757727378531969433
6119623416702083159967473347296271494423602441614252606332465376499
7445227766027988665532945438271463410937427069173090222034702873477
1520067461676286312995530376503519680618397783085676036513554374766
1563535156728151955430647168702757363526409271412076809583004382166
9272372503797393115827392623837231409257903810734556521813636631399
9293380747536271091815857422281226330277106693336981469769435079177
7928601089546831851840451690886207089740822543411747416375687067988
1166017198762037213773915867839779378051658867047745686986495935577
9830826867027561094904616253523547167462003474924146829257446170200
1507266466744232637002853064503187545520286668574305406368885856211
8564575098257923943215954425841538771373949957486995727987249680600
6690590031575008364407701057656816208601498229677132503924819178777
8836920406859202811008469260451548445014368818317387483008785002288

696057949664963104531297258220548203539402379730519468328436713429
839051535572172182290633143607657400221335365389466659515239054658
617131517100600341540422987293826210781196476387729227660755958574
788188015346075920527779619584694616561849363003815449856752942871
096015784783887575147216149869928753262761532671411941200496832262
835313314884738677455513304248323769217600935283733243447525495916
746892941171066726612242378745970628171439820909741111963327205548
171675507739098313004226476602219941567986363173924511607774586449
401943924170386771597412504772304882387006102059118432955903709229
231948216324419456658804973563440549877677522698011210110477856868
832295153419807736348729534100760110700782258122140211575267218651
346999606788026950807961970811879330898694611530135403824032203754
345645027257520882960484959163928905836688744455817015011718698357
192351699789369738793012703053141704347064124140316267882058789026
746144393464075215182690495155223288020277699363239020485217656097
920244753836675843725883030518116317763670749843152916799475081635
116765609836158792441836973808925225034843195558717191898179107811
199567410567688628969559998208401574783005011502656214871407526077
183603086383920950232278611956320751172858411428933099837011397431
411709405340742590520405775381447017024744008406081674855422961146
113659451792798393202566855508004117180895678475062013534590588064
172641193055926139275248232255299948798240855463928413407455768288
714469270399706035314935203329303061147367951036632847588470032364
950450136981333240647662356122384800824152599141619132676446572741
785910156867308800991145513627125475389966806489591108155320127578
346540559612129216496592773080255330896665861432148520562573327362
044781746546759991496478095731040279011459411128658433493998841432
447184389827199219658831810139874613123574186318982401554223164029
628842104181250498239229998086029807362490267551297481669425188045
129629320378493104070124933675207634960639877646205494341012135245
111839014650769071840313690190344876178084943552722767458039815615
505410120740631462032938379723493708263935919567360628049064532865
495177184443738852761042662617411331337492849011414694003798248609
241738300275691160733274075397353923469230291652360389314426831760
892681662512083513332990307303853134449758413567369056169956472244
271734838991888148161992028160577873949868486376821991870307290522
093952009057842093504831125793930115618837123870061422920666693731
120790452802366563822382053099045538752576729787377227963165853801
760728686128829354227876269330621537691194431142618815808457676454
366483304416065580576720812036998517304435138866910132444123303030
906336808150073793288592943728828470718182052515626877749992563093
832632684543194926622764653128101456773637953866515401545745126117
456778130040681217238166472587877156247319182394581040332903354542
843233151663039171852992704089581057629649130976251628292759319895
577299414004866697471611457068359226515884887385225295435349824046
022964473191395557579655199806825014730395295410563681455155325418
647573880887085867617483865322267110814038117480668618999079125692
794945371260944159699638319141571744295983550183611193329817200774
209345756569846257623885678838455520421259636304946576839525055987
138071236092159623414134594834165275126354624569059480814251999492
988089423039222399126410355234448651386666387190913932533503035576
269133425316554457588564039785360733804335320213071904402383113174
874830883871274292487760303131111781802653466374569625135364426055
623625245431455743319027344114224226222471473730385856166876812700
778293950117343029681172927915976693162733885198391611978596441573
614502888745818640186789913516240989676916201558977515510466035054
005043313555546976434018864681722097111364886100882656899350581011

378837251495340169806308225930025078838787774233488025591127172933
958840491050947236399910489042019432264970551591578976945689269998
335422040818880961572788415112934157117161821235516157339018120211
075865051303825244545138208055668621305856412630708918363572420393
114421740634604965476924752663808787546090067355469442537159635298
181436659640513947331869578227769988201739609239317257542244893863
848257548307538982839851420646489799013704819448312839077552676090
926567591516408639256526457174754524993351800119868233938734704255
155674802241301144432589700016359987646248933500615988011761499828
204349029926237090049855047963059654013480651584119216853613436899
506965320500776199613585763977389961473576668689324041642444605238
504159197968643989390447417728761124838399524135076345959914652615
176948612079040970601417358210047707153632611207149040307518842245
590417480087798063150541912653178493011765074644547464601323238535
147982545910411781861799092689504739624236861891248032206378648847
287476474308740582922528598586095842030558038955293849202176792165
840337620541013077131208888391141118476686526515362585682374539584
369881484702523887863382237620345421977602963248543260511719657175
930854460140692281163953971522451523091450351703854573268070077674
624800735604535851672877577713695206217066793901310636355672969381
620156943916975780388169806291779133349085339846901178266844041171
572580864585268302154146709257634854721730745078439337242272107546
112479127675526004231460810845466901246731897426668288338410746394
987940826787905322421932076369860803168469657203234664769681618389
458900625018703903210863617271650291682491849394837971327708216269
368432659158172194849624717208059920524730369343778405937217659683
044284047112717069116796200157266733323055518271614145586933255642
039085139623586466745500283772812939269313517507715122105624195645
843817829960076123768115544568443099673190475206053851852508406734
966668101467798286192094481247781592935196167587941888167613466955
474692197383495077683196134117478436972048354575802072339148842950
683193610912133310962345295016525741775196851495753425222147748880
138317913407521921915354673327437732159958580068077437694669387637
401749038813958849507157816835659366577340928287365929268940595657
735939695595643248408301414147643562156351713272969021941705501953
854019863003124558029390683574448308366552186805129842679918012479
534881614751305055379571462245016112771922717850337508269318420218
368269713593586637524892766092170208878340509505234036696341759335
143166641974758365418554377054036060501494693155797601333023612558
280023468628681090944761271082434774031897250855735218735328637135
900326903154932237473410541690605103317733780804752254617561687754
033257971331860489928194866923485600871718294507629821395177124604
952332895191465473153369272370127786051115127915689772254140332569
437495974232807085418195444365540982784648698634036128116618515254
878967883358795867411853762952690928079670815995157457800648663147
580962952882793912384231482622288629550572362476392542577389077131
410155773274797166923095798574650226465960684029063404482530805746
533734462263183409530284063414595347578713042292650053747623405955
265366786084136220341946767945055518080173539138072478814261975347
105162874957306484999342911189385767769458714219884570833402593287
838442686244626148415498583789353305439850258961838301718939682204
756718810284200276489507729125433893413858710151509522997889992147
916825115199173032602561429417235990664745983705184633694934020251
332508647137435108359045066067304962081178654027778845424078944542
197662705871754562710789490037745414387702163818240914136080385674
065471224773125790767017211926220071935530927104662817665191941966
701571071416110063888379247049113137579471100983885044190284508661

```
037389534314623658200008000909516978149808713725169871725305599110
219402187890659825801789570129323100584515133328476099480194293968
398371384145012135411914958173337795907031184197022858678672872501
119461096971715831863692884897337594233876800111845353850333256688
752681107199220821004370682436392966510949162487633248622090001882
272897926438217333653442603075433540835737168612020173014187490136
431358709370944882387501910958988671627700221652108039663055839053
159284007071614954899402862521446699838089654188266686994261268029
605506698236709543647825539761054346925522873462519737917407176257
765732258951781824784035311524119495418173305024995968092356562044
078627742864860775832249506737829317570217466595870816475300388349
490932761397176522336183675446249007232072002472480821452496932436
316026087931707348328782257461430897331196256738777181234701600223
875341799508844951211868613148953970857161488195017075081429968861
021965601742034423179051590697962375790825167849775471954236337345
462292089244165590900982080678798697999604829396256436047135935726
822481728728175647282103640977244008547033540185832464684775618191
013990880562349458872906187254030205281669820960123981446563073112
868089305153738684795168173998801330089102055481365197748819889304
697800725261537972789379278951754700554916915103375629875252570898
474514317999256562898623333909655754732237226386661231600890681754
185014063174916964761446361624836440036433522160010204834604261938
384344889773403537950822735056938501114892909482555190682455638677
904844396144168319920727917983088461280316378553628724387304646922
813943466108872901730674645222861038316371005450051627337391153525
903253847548496762811803130649477434589916633380861265410593598063
767916246417700406073356479953602377225678982755160878398574850360
723949639522519147268687533985487583507694694359032202042552118445
965471175273739628223169551194403911306154685012136366343778528827
445897484394868953335680186910614920126835928901414652753456582792
079354123746269980523894735641433944783109013831879868910169118445
569846409919402360306093334607156104512683046883967291238701936775
384596728624559446718347980040275484466951507326811490146323811743
555514769812723867293192925211572562550817369830738069296849905737
220454672947440193316696932422278393130332129740522349818229407166
832590533261779798470050309383339640717676605559252666612194506905 54
055894731175011876463591684165691276101802605824370505377112290698
754980630165001959202094124462491227508784766311741728276326571046
624866154191527258683659939560207193270194023833950229535471498865
336767552750585296830405939004582352185989641688925999470163703441
690190590975781754314514823310258728984228171298296691459816 2066
498232808176494704047160564709110008967420079286426203391148435691
411896057395387629221813727000042712689073783849207463350489279997
862553814692131576703600003503558675521008355842526168307872029098
644396083710457185302272430340040613676052610998044802572190520435
290140043135604712755662744556081666765907679029709686026844539767
008191007278832231401479194541287951303058934921910901605141220613
185679967036539294814803942757856892740839514432718007420880428923
760088915587832120541497548281711760622989562003100750366662033265
464720503240967921680992336732545698487504547314142671309941220670
511551477688925754090591788263529919054779593416045459481093262206
037239821674390324934520428707636893437361387059856930762580629021
087314883578668362514295106790894635867535864615637779002912199429
377212564666420181079762981327731880425258317683992463701074838948
816136987054201351224379578510267033019348374800102213226680058640
865799662863908172797076170056551540108020659765037060765562124244
```

567585482025307631080405272401292824777910270052161352953476121651
568365922123469036454050616208673501575660487887611963900833222842
159239003231984406234628879453932516216578724579117325057862079544
044907029078698727117975964432124064900057267939758584139454028718
600845161123962574120270185077952320621069357708138143836788346526
003197742078566344158017192401639113869170203769512519236621883217
920004779911349398959198388995732521370739370842599999890091537151
086901638259642257585058890148570911986568377451880548120623731994
999487305766990010749495110607423104145787801066301812952217776428
428215956606499778805922929206355143353657724980773651406681618782
040372792326470629597238057429359613383324798500333217680214807531
409410720904709707648242870589157368915460548952772472741436797455
831264470034812024294379639011919393296038172507786461053124199901
768953156942961472015142542977794229299842523067500577669422348213
785720602400198910705040633616868970785400096191819933210783873177
845796708275971001418910149281967792608322503180738357111918445306
308165184051431347688076743578590814797013459279527286560508638550
477630222102744595872686257903204896955635305973161998308042876180
622364525402124079727416190080804285856300773268273375434409784454
044479412467876194376363102281617251015656041210111936789839269544
224921516254233697970203333071151133595865978530825898825716192422
360361578455869991835637476586831601182601686256372472271120773710
002445971910704260563581941389630522810436787276215794820414460764
396969170639355955119449687421158766572764105807937471951199859332
847125290793081258799020053235548695251542871771802686813210976518
703741080980918691606549520327855234398205502548275661290746509929
087707635326491496363073096734632618111495688357029866073979269807
964927474044118684110636424514433264299525370557338297806779639877
555766630722625618715460102664243588375861374833049742382846585794
989749995557005029895070697632374489605961177456677593294653181277
874289986624847706113166259182984834922230364534337557768884937191
027524512643470208250333454103048442995871389896118108936180759462
278695793635381129909220184150156890551068209918466509507510834474
167237688962529559993847669438573631445944689857273052719430711549
298144380927151334931814369245616035876393814793852533048325076803
784992830560737776470271119694036185032710367898021335960496974244
092403153138238936172327528639209072493784319094817561644334125948
365928730600921448438236652140367295907135006913915090965142298049
514244550416256284617328707524692597054826638595267273908673514729
737155312583793402818951623940739712130643589090892371191488862697
849569851665257814936095866748486358115803516453930884833227454904
242897157175528407338184400320412350273689115096815877871304675833
419252692432609731364082081208035929936936590681393230865491621669
415353074061594098323808956789058952251406545316675695396392296213
412283835324384196666998005534631652739210989145668809010297958310
292531382529016768135368727790739453420504686913626008276744426281
090677917754965337599126380710330473446824867766793309349916461078
555699646881723243125617289954890871804574115000930955804064932895
599728336476134630178649059493736584576441677828534648766761280349
752781125887435419906321773633160481950677678149724130542347723319
730141149437631047902578093092370486432180864930081223499423053309
549877208853261080677038170056479367580428223925918838669759886137
231574546092953308243999821862853047502994925187880245257609509595
630706209220635318875297964052101728431635124968531423103965745394
752838488490291064856799853660079655511000008595070467672903884213
896023258352978398050825290657222477821232198366082140209697521253
502742072119639079628893487221893994621382297494630394948247372261

150744344151010665788401431848628478522625546557999249784872405451
132215156295580019267259981491347549102610265007594731346288234707
416106637290676085067716137935472892582189758979481803498385373479
105945058148536541362133976053839530365636777959882548630780622483
734594472753001284426362474145654861047095792881760809909148252168
017165005943306954890311822489357173610936476370605538657631824649
042609585654848997777119726277628918109858604448983312828789823489
666141400637318213332676074597810172980312230954376319356969501589
745807383273468232086169320616728320004541106850381464938756345681
127361501364567777396243244628005367414404728365017246186550388522
076615880711317187896413137982304912371000144208449366046842776544
072627424042157729187887807854766021697103976774232965847319808146
981942271926772706637661604651172986444800690606988408904606317060
139239199058204312986380916820068895327987817120815523731829858311
477252224164582158832517305220437099028847146939147200224571397572
493170640545502556478315045316904553441900014091214546137488635549
712596343099106751894127959799535491493709642609448571957050826301
127478937357819687754879568145554782622366381034547095173171325389
493557651129249971426320307434428418787204357062252228641841405488
785533503468569340442036773883441186608545512126494270167113688307
871245239964884057552803225350917942578835524639090844780509388512
890617236107814041350771826348579845236521295981821027810970611119
260848745903131144777441902012023580291673017399328323978265152376
601255545433729616300951833526746486024581857953686631550653530179
155705934593604250459802902005255149785589489290382838537035442234
280484726280363392719753872414672387755736189379643308827320596134
630250319727038560804578515116416661626431523030314989915574223878
488609489064943104767573891107722049402574778170382966635921352115
920356453933002894470598091640361951284845287021913669580282296286
547833572411212356206421703704519671783706223358183511430336066293
925145675436611989756855079741210262338320967644597673913313651943
145101555003935597024156378187185727596997079326725095913745313665
522119371121867956457176425347542564909958595415528798652108743115
733105003687314870656912750513948647544472477598452252744839704771
017303589882117348691262772092539250613658062592137144466627787345
026287037992687824447684576218306874935428130578262786342180201898
443012657053849947927596836802630246663720595465324342859547303688
827184652560829067993039589240517824598346060568730637862750506423
999280546890699095768420644763432800653480981828358714800568284390
698132589096181555323167956543857800975606224157730697775270622747
752690834831016277437597804883809624447026159766882185950658088534
989965810481372093825133447265225609283102821710321852113110264499
862709835373501056587270510831663539358661429309738866776978433507
046885723260257709933174081454976052795287655344379667476379983628
573369561171098936208480397049423675266646953181477754475295854364
282847780931975619401595170202791048391718828698607607742738910548
003216468641200713712957022997014903932246392835018590643059541470
875853109555756576100719203213958945803313396587832740355615325286
387850972338362874856982499705776764360559543366674444058691917840
015140377469131595417729548345366336477024761151729222427482504218
398561581163394706444244534966395171929369911561842130458581398451
405285028368446141388686749433512628968873873238270927278581011794
521723947567224773982546091478462531980099164154453288692773156550
526641832096933265062024408044013383015249237093285310787559756637
163810640930729031171650368711318950824503470643787724233829052013
483106585560953222839572644720983761489735983968379968364488789811
015362951461323064066728886874896443911216868844729217417942243821

798233202687026100515603553744602885191642360625196458181935260376
082013464283316255932869928839403962599654326341592534430806130634
081794968723296338627302060777987774017519537614990954236881377931
426780819564558840084864611945626916981814852641152440846581574882
834138851970613397203743813277797947469434520252108796224621505478
182403653711158697109785958886161968814915938426792278732803321256
849465980966388737964299986300178112527988348834024637317594782705
134718177683636229175013142399254723325985560036453941822222623407
914464797217595509131566037745168415421755903696797354198797015095
947269915703026120291717049911609433548327964222543154631906713498
539503826269158240747303042192286855135292224388123433774514693489
169621661927163379365878034564727767254827643835164558131638801985
558951612847770823276531323638351846983641055964445327488555273611
836124269946847321965266178288302150550019671160563717280858735486
995219878989411370593162334458925604935685766569607905282762706122
165289628786741341085496058981055691526897383112534333593773690709
270829214707247048340678513074190350145554910555374409369573065285
644368060182994299481529172384582869470851985788520505227700036058
757704511799937519169271287484231107005835340819368998654615827286
398372357616087750835320799623079013940128080483121223848441186864
613807110261863356072584398971110247150678758078418886450791850611
491806159748317666809715082944633894154966294032789231247758386168
143091012529621951555084202060103197456660963064392296594123559945
075792258583218294473074911455866172050009696193803257003080322480
750027281924654229130903451945239036529977901124865245081317547040
192989786971484429411655385635177239597410195968794496802618694574
317974849053250396309014032156362544274103508930082346635761598751
972482775979016072565810761083841386360119004852894270405146814521
494201137069174175740347793185577333192466533514510807959552693411
331403123193430575888763492775096941840462097926679204196103898000
212694048961409791932289052546553473408268374408252399469563379838
940670612014376837826680279802127049485827731640283884786558191180
432507940344638127570291147459638334591935098623145339994386776524
966896587204919280133795843846835296811089047473346084575486799008
936275196775415439420384035160466177012083513113973039752034121023
350771818470183550028619496131055249843706014911085441193686758207
223443710956398798714616142240177619411594218560768607897135347164
578210236951555697255577654634503941708429104589196673270925678009
969481603669964258959169291160366305024053139222249317213354263108
310906157497483460807764828576483293578572726396626116235490448058
448540289394804694044835757370134667577830934075677727423865334100
026793996458202465009072533060506266495475961348112673985950703851
893006745747806665532760732474762757916346257078205220352847069555
903891532786410873242764652607368810639492814186789638329875674595
541136021975451805067414922649155119916346686632851524257039001984
752319883496601899556797846158744081693367818928207928928063235939
482022144389909677484753264381416367115032785786019135079187358021
548023262014855747145738954436952379328415536110314372757857131510
170176045329473182311809132962345707892770337801735052700089256271
083830887866205754884523735785671913562179383963864197016680956673
942496133892468947294627645491893161144695975038761776933145175333
223677406931375087373913803951569876074011200439591240256927663901
194090968908555984188338310479655778593871290486901818548129544952
499103958665163335428367758384557339087195244528620540138676408579
342793566747181854417950016342243413145768745625949588950663880182
001903424597273046733103481013963415049233524093156760689846898574
645016900696266393659612589928672664285765577999094749927009318216

457904596364797367793931728381628189885855613958017795085427912404
850803495698097911434639723503553251071145636829320755253276288695
894993027311023290304266517064441037095337080537525074522493008549
700561012821688736920143271497910315472886871118144733791949497958
099787155036787373846041961277083131934595690030494756317592356279
205037163140644024106198106647109647516897929343145663348174631906
627809876985015484201024637695207154868403390431519320893425092341
226563068493113833266785764393200870557134291729746438813599520716
459459911834375247866447474449834746656473264371991032614302430473
430267170661084165021196851783660078090557576910915689070741468758
901583803993067885071615746890075205404762636402638688556785950995
615280561385069897848823960390416358165054534040625211434444407354
365565948141105444161450657754418362456901990601766666037154382642
629900753390354384988498333678056826794200740949739724154736921727
599741679162408275043699174736624865696527158474229586621424211669
456317590665910696989125756633371292278535194091340170880984211195
211777380542035106268147178695113639714110399137042669517634400598
761039231443580209504440536971390830309657305602974992216645200169
900577131036209512318909848813384536811567865769693751119439986201
457181552940251409624999853373277567264685075794110593299355751209
160840555129279610610436395318280254401756976910249428601757757359
522063787746244645701700599054599630997312330372945978413544993833
476935002856424676512241610911614136373224751809660237768441095938
595247626491260549657960292967989943455542442649117927426782455676
481785381962304694463353709380292468359183811844610697905728042681
375696843312372047817775893914840788516165705126333641377206688592
320135484500500850973643421859960580945078178796471325909330166169
317786727721468770214029494809246031655260895126512548545651650875
717081419426580249667784384622712638963020351824060085607830818550
680752889003213407758724109433639158663829139507850922589069394110
623477814327089633469086364574541160470744851770803087949314485142
776934561661296336975561631831672826310707350604704236764524146294
100887487765308886216741183553953133152623441257230325104353982280
041656551535702504868968690717811600501871761240405330625986397863
999919483827754993256937525042990238072298589275807458306408610655
256253659272327488172609325922166219662955756024392564370518688732
220707049268037655039374617914083196593526975759982810331953052395
730762614037808327817073602015234575774838039893545874561117385194
044996960016915973651333812585677873982011994541933220637742973207
047575277960523620053287999148236627581418766870112804800256487755
511845642679488139412567873382065952442411425186120325069765493317
904505490092700443900902087762470115420768308710317851468191040093
705599975816249924926393374446083445561346359717318258628783035591
079367511316815319425382365356808524417051828373269285096646652141
598810465101039665186281998579137657619497090732022201073640662930
305819400676477475268205530098460840163061231757412687564380489354
140198257427867414084995621688110230748363682690510205809625771649
268410609254460447455560390272555311485612841759524982925179986352
913944337796346375601607264497630771488603864589212866215510075558
245998782932384156005895267197638641921109586987802844290389675242
458933304067214511018354722047253410875355012526724463076256176508
303139401269521885333618868455710079285699540657823333707025298987
897045872723213832362995160744029075861588026137238226359673653013
492572863660096436643859644877029635643133848320963441634391607747
436885113208462710366115156735262603436688097352953493447209319934
803010769345049690835677270364013225740649200081376332937231655774
306802590645583133677385114973875793632652885661919543310735581695

0457584062867815807424772446278352828604666532442348311503227982109649530138272050742910391723713139048050361932613348598849976325419539373111149585847125732894653106565802650879030321487036791410339684571167620452747576402869509008983777030155818430999171340963916819896375943818108026014483182734851149610708371686866330937960562309289498909483121798291918824607821805420470027453849996308846254473145521743759966545681455791443881103037388860725263710442395531603010385256641545927327971879257580300589794567347548388687568682516770008257912932142937687218053182507646647798379419151550071784557947779740806066726639609424949604736281242432349537948325252979933183218411235877640818615121420858545845373475701472911672403295418398917244723858296655831687537234958538036493540811408572846959689474871912326330513343181025639668516748525570174263692648713235328121561768646216059527773872475920097115739352848182099674578838945791152406457518153336186219010467422157800207786855726288361281605354163052036013464899237780150289296802748264491032658241231815699726827685602455698613803263989364378534415528198035307295262912595775800847067561302532938749700106279972199229972083246065320446318198129657880204143460883649476681406152086539209494254004493177370689189829838947493136488163298188518886284395846154965368752143058394224160973020562299673130021322085677781869420583516752563660250120135693003114564412393020422583346910376035118798074420177537264421177274120370995330028083408933817962058232714560347669414887461511900935714997153250331337225799393819850771737486480559557561374369084474224700129962152370303184675259069694479288938263629419315233023168359133472883467355191564124944194227520768146676353525605709566063158546185617540155703832670420888636120646524340158581019776963973648014571287288857172495571581917036207410093791540104663529691639767110449112652396550770323039957966215520575099284955666005174493115106095626667570044697753011638599879350429045029262703669030780636015239542614022905558130781569000967576382067417784776902233075428655847873765131406494156917398034546996063314733448921981014873559089129614918442797374674151322276243244357375852641189291032485757232977132676980926102642038153218477645745909916135955232011007380398942226052996294433208599681708945329759080648196986771518718680507570750409277509444711103039894595557574891944581516332780448704250716076013295030625111614515811491160647378231907190100022983749000338891878919725993933246667821104473008772219618753805098109787994947173142628372064846095286361918008620641848322188515534073511457879550472294052549609565295909771415538492976117339982359723258783241054437862857876642264987221874602355630032912595992672302547471229197997524268226793872493877710970841572504141473121819437205311085593738724495716225169420775637954359831663306110809157080105050332033986229567546514395038689944123545841834412645414173824666486511358214111334514739189011560223788420944850736034539633249357953595639710933448651228727429262648762881607957236284720216736081668232555977086835038238197647706205087649578352620031735466034041124405404078673202728588218238151101704443177421949554597242719854212796604283041979936925384412684739599081001202696650430726299276785156263815161807912492248307665174714640568245530058754967306425957958593837263886709363674560979099802066386349034669207511572470355105368524155369137669419706328262078397694832352950293305145780234989124644289491852360039721061422471922066695053184457204147418251327088540864577479368535021746167881170124217548985466376436224959973461436119718076371429387947171099751164407943166640186876608437041996319849593167143186367784761651676701093178749746712749809444065598231275066399115585710147611609058711037484

366564371180972171137426937650811041424591868342234656196132280757
317273232866159826178783873307155603248939629906341461374697001032
132885752331931643063491214942912869162778085308360928907841585742
919747226889906232434455042147748066035849680637313090405182076174
760050218311618861388262428018539005589046562155774571205039227445
563824529611494765446460906897147816776017080152131300268932491575
529024883371901988287682481999040768534482361865428155363865699668
192973804450961255934963046272595688819733752978662483904688028808
992527681832984820569811122947653557152875675710363278489788577428
851967330812533494581252895542030368843097336177422378698042304807
850678443293093014962100634674848367063432268497580085101087974250
937189608497032054161952324292571504020386647093123468276850128957
491183877717605047929248673171985140964143999661693316204549418553
382365594952898631051244725135806359894044075190352060288732148784
382242595208547872473024375127073387908355498274046073663969717198
888759719529040423061508249544359491451958747703735135207104797542
042147100219034526230950997078960200524195924558863336940893532161
060013230815988790497119321830958590808120822912160414621645966226
361311518486560918714798421386174404089268372883100798490591625746
647847143894507640379535988667154762876427966731370856670428934027
917930024199645593125210491087687472200638195513557725223231761565
077106842107874604163362187100833994117890468106532198576813903336
681862131457253257924390845227853698294849852390008707992224078344
047507698469286301201761313883577701218957308123327229561039727551
211997639419340081953829703692316341046033685720511040591293436933
739391056158742716594776931693867545878872364048269699979598183855
899289354630539280767475088531758519907879241590265159506165588778
041907917359737238391151228127259777112235441459659436903504791260
898098371744748937435482678008370622253457126276778320171941456959
164915774478441716772013739355330591388949957440142116478284409390
417622526545418839348308527378557388375071072083488420893072287197
352671811775633700988155015994490930770207728396392058166744581538
579681034766190470367525816614642439489336200791706843660950705490
762376818597888252540282200686534078942991965272229846304267693594
834744107090300268900546437886452196370831678618748094708704980336
836455021461772832425504807730639564645251178514465116724694014526
012047361167229423552049156405567577812584191018843335203863583769
106718671141471562889137697260076457685773245961437430305526058611
036094328086506247065235855854239142657792041610865557104561984531
229777828725073920363004852390196207849774925358640102924454806681
178495338971693904344230318796649832410711103000792012767989714454
763050359556698418287465169292157008607167577207954736648677987292
708145160096586186905514515180177771850024819583224587910334563665
424367979826082934193311915633502514136293635296751283173452700256
893403087197326515623094182937175095963526363544683991180525432704
801464654546038672901278936080019687248187659023397405148023121751
088790711184454659010569927723681192088900134266900773572570635748
951034788221819388474071604833087873506581878431725132982112271220
510257074456471189209347626308493066039302854375557996078782540567
994132851241588640512130809439860461040245187235621226521176908067
324708043488826454779098677356717515546053105224020036085345513609
307048583809928376998254398968937690625747931267300834535339501251
223740307586383476004887455482892491682113594822187756781640659695
079369634473843496087367783774908049750358732010631405012977646742
145201698217315700305217363840845322508441173926041514247370715647
536276555955383939361916508961812191693061139457705640664924806464
774773043776123970947592997108276860209416109588901264119287727339

4561126582114176728139454203010690576370877438268800056867099540839015672421912472371247764745133324441721813924992659692227535136695395985589117696960802213679139849599443604872271525940210520640519823573329355422776597276695802402176734653040036703192241311044915018981829842908364515312948688566174276526590672042253619478594020833146106201201500115335936670228609219778114923682377864750644351378583527241515227446760141481344296431199405517240802895912410895435774604584646177710853578890853896783794061183069966371829824552592265144715814463758972833221386344471389246122296626154351676286222777602840315052098546373548206258607435523282883272439688215811780466722161549338647996944094380232921648949607958235119186569997434135891320209414563206887965950275083814537415596602549676403256559131077053919778193501481147184271014615256023499750396294536267039788707720612208528326688873241141444967806983463407899066999775818535611679431233425722391134745771239930898662078118458200902569305583322511264226659159677266674793246965140321327366442011772301952417915292286281389564052640867703998595549137273585774129431585647118519893319996800837034098042004668118836663397463875663076607512122090820340829204646883986492917796827440944120617444600972367971515596247939081656572812424204261635390421715799619699665836168770081929304108663865224900359154617056360583956497351965077764976882262863692153484135047920604402080390651385640441410622953709053677979000243169714166956875114098383426905777896042806877682188966154431262113706360682990310466273745127019840648244164656486688511439574379334309719032498948302414840507414526659491378865585354597848728297925674531563100387332480355234003885932791297181234532473918770199810128563514718366356093147014578485183124721197058381669640001838059356938669157095336979366146394149131593815260563082635088895680172154369121360856720293455707647577202955754998446789742447907193867580450690318536201820331824006222323203533301182143703925370554675473394932683250121295008243768218202329413268530470969468649615863540123922683390237574132519802415612320479864573569083116437729361652986105201125736322947737669994183947890642018001372960525873274529256194286117817074349774483472100162264420112470210879490721145842560179595158261716807162017179079442161130128842463999366513645331873612009158537353847396545294160154674047240823527612184326159568567517951342885956437602564931303460714390543092742885005435875086058885885662451704239585813739117563954299346509483385582938621407315528498435684488811536850769442522596065082768819651046826042559261486402212130818887654040645230438611608921164383217839521710416550254623053393172442594646226571444543862772260567214962661856634387405362249179714560016755405394884229872096915533391959491886440574603975553853133899085864661671443964698049919994905896716774340132773739493863280267225987498589785918368346173482744087585162399954750887154900403445192377547012466391286382374820895070799855647875674999158054773945438148758879927714130720745819093088596736498337027461173894698233160892719879101896041653705629080631986119088311721903089763501772035120701994484267578499138470405996298433043165335483865945252139257945634617381649740310939548726559902343922591015445371770638076766436143349923469810598714893411969481440150865786794094483462558852788398167495660442368312051522226844576745944958743351005717538309421989804789089862256731947377674358309060897593222343924660800536938838815952228224056496943751711840587084814083785475232158885249431224546260378373793073659985815517639002095063685586752295382454745211304174212971832797567435082140695589408867000096610786590537161885192040483116513402414078204354183334786424773944579440140253178450875095652001238839612

7240389266976852200060108113601832376096491889533202596233720973234306675085768151070438401442389472793828598472837143714067934652274001182005219055757932562740324085243736001926214957725505632187108995044800129836461793630277273737172315478860448626148960089296252130622746385940152866686733114617247251517526191122359471665513446456673045010892631688600292684031087862877513295883927311316845759466083820117014195164117242770617326769477589193933394184327393465172268490469953924195541306792623580418600911014217657327560768997818156863303715824349449384693977438544202505464033448039289458676763919111162424788503424055684104390381126519833305026953126480379836194478092057101031877606343153674930576687438208878464746772213564157115342978447610665103077903390501640527065637752903438245842568570978448370654389435100649398841676153367798598094495827330968592835723772532655645837135493939119940817282044295071276623207701722884616391239613602453798375996044064465438498544458882457412444465848005661760657667010421955357736529389492048772860225261321108848403047793997793411260379950202423604972599329753124500649121026160463878084863180658042818429829704869656012235099372940011539467645730070018475532963256548633904599656501585239850230677787994923307833285252271725571512158060729040369784569296201670280949197605349676895652175697984704657926953818637128586786942284475503429944148609497678479171087944055781962269865920336919787155107453640075413640390982799095446571693727129165612780387042073485901681271101214840403620409287448470794340332782794325935454279026453154219803164151226782351163757391358752710735423022768191075819895782725230672309498781686240125170529697279833199402953364429470462981026655554686428853695112029760725694339028266268947878503561034258651824821231251278459292451882852678437341948751123493176477996730671770868513184982908799444583566836839985657542130205230492053533506203248182158790615194668528612372311508221557586884439837682813005268146621789657268094668324516032034612281167949232613101490249420436542785279677712983048281478273704715190044434093001291076603206456299967624608625678454517722651968575887706281444271088933104956225743052239007213978509671723023761737731712997252172798931686931019523261177674931148647715103733034989651308479048323472906549450170734925040121619324562001174841019112251007498885329651402883663024163987442502503879553436725373765877796284633309570495948026596409872584396979543808550562110922354158286146661034297897199050650633286755871509505928969076998588402548762231929885617853482646338671045019309097393749406485896209870394108880816508786493324762939876995344649165076449147153710982868234223243996591596724357271645620965767115243591367154309849858630371963371102122484655529509485993214067581214506537543563713391059753182366727244294650243719968239694162306965427689749747199703723855247036836283267609148777350799799679541955313424471429978757072281709226802904815410599656185426304418730058107687709485826403625804221917134676526045494343728687476007561273352816824420876673250585926666890030320078055879455745834115890816703352839542350385509192375547527358902620466818875445584834439334046013947267103153202118516812163950228628632645251188610112144131230338202515765278706894305898240676237340644985753171463133255063935512846501872327140770898142361964776910712554038429785079744864730341502560502903251553920793074434351651459205307636767561431316587157877661765798409661695407055723692773159411696453313869140591861532368871706710491355305227302101259366497811880840851587743886996021915345584631051596136782073661836217711978780486670718544187925374275486944026605502882004924479086595860904581253592222605876857185745558962699513122039295478541250444041598936800

1077228211762036257189091188659740764648477877839499735100262647
431678933400199942751836564226233208865061775629127578622972279224
629625311404044657492989457418986665792320320928531163809397376028
626875154522206569411371812325628503901757578279885078812885702429
636311860841477040499032527417018666600118490018737947470283900656
354569733804652564168358526610768377002832789667594395074589095893
980793598598516299236649296640492840223418031324951248113676930672
486997981172353278659644409196746916652653260758421366023361983946
789281638248074666428166162632256452600975532359808582024023700103
362620212819507909750372987313396902360753512979139294525309911908
182093729148609792736807110198477761305423657750002311215695661437
385753191223459481047060515041124978309374164246485082052192889936
590109577910257985308496750442106162524467816297733116940042820239
840985898174506489145618031686740094192434725768866864091221802604
336534945769195261654864314026862080497837743868847871257790145269
249327981327400917017976169920395127657436521241052086345054221475
039628874784058606116978020447357488124047361367767531185113871444
648935285016099283085674258135644722262927803060735041909350403009
080624950298749666750384826154870680255242438995683698053236598459
901049274460871653994002200618094224394091362348203171943389108153
155802210731912575530593272675162817179678507608851375024042766739
251893395902721441783628307689433772933694805109436738441699156478
808157430938321282380880193737776895740143901509330137661679647567
188021269471950577967573455895280328089911648280741064942912314715
938066355128649626149550277922900992001483355177013022751849901131
098958672628156414732007979789676815907235918478836453768603572734
257713037353524739051432331525654789138598419542882044636831953807
411551209352251813203015864050057375805464404564267261726362297578
733737917122647729038613508445384361717674324780492500873425280442
800772762870107192231625332640719382587941821794958276434592785571
298421828117567624311956247761337163931167560825846482505800276558
537458423314618961157846747793342164974897621204981128471066141389
483487562474705354101009707760574089861646344805177284037798543409
714542699818569060813723346078414319905804688565319129675699307929
030576897043415776608699467097778044270514389792079124538791706873
972952547337964696958519108560688885464405859040543416456999925368
334859084368457327643790345686920111044970221337683866567963527807
703113404262989065892216203727979909914596162990799255766344283079
763673851142451341854896984178349726138339538358500883287002536612
530202392593603192009652547505418678418169106203357428362896359253
851517758906237699482248505117342067549384411183003518748425445389
126599761516897532549878557862492504633659747172690439799691608074
813502398359154825916384226846323458589227713526205096871777782528
422569281526886718127201226274987022217271657710379234349184613301
048232000897864648295340884948859553607774628952712013183428695121
982608528821208918696198387843964696179232512118226055952143275758
442436234722909524796336449906765271183389022359185005877235421555
047304918258998235344572274922835061530546660032436984181399928867
022269616849475704153251846941207482341520105029331069181794815983
200207738087324162611037872827037171009277013915493400731495951228
490111376437265961544112327261105213685706883643208240222829443170
343760965179978207627046917029287425197932387115774131888291216872
822258211959944113475774978184997244162332702580681653578109808063
968709558640357059763281473432690144113635380247832827141347653995
710002275645774857189476346416302701878920311317122382387483958652
819001511415420932674256233848114401224042882392018011624403885262
391288166147998277465656968321085830762178575214455647108155241076

431528618088662806122236365124612801402228550805608884524586232787
925140253503052875317549452540146023575866206987411931902336154654
469683129500687048918244602938576967484720344782968592676717253646
915720954020967393346038020730788384305463404206070722871000389702
136617923225882930155055209958109237343382435771149770390864537030
742696226646786203820747986515080959339779100632239972186879272935
239921027718791552275438198299446841599038917026737348121292290034
415294035260676066295568712718658163327138900600476490931486539885
392684416028187783196400719498291553349726620583228485297636477488
636385889463685738245190469579275276553479548133826976434421777373
767132391474877521118351407346768378839454253802722698509094542873
914739883469464852533541962797753194210959079528718616548408437854
971065962279076095515711082410832649732246420518308259923227810797
361595102647783936139022889357122518113736171592337342259080014763
545396195121593246137275853567981822606585377461174350127159235058
343522998166869085377769656815138349113834148267235787799140735301
200689187650907455442718630824210668960715083441316117265202670305
924502212224197546104718655693939205595079052432905563230292300638
395373500248862170323178462025071685843874271742722706373176515090
010259182904216675897689335801788108896977380492527637465465550378
152932461419689697692059341135489856365118890893911541337597816071
618526416484506014260450339121052964429700342831350079316004732642
244909196888668094641979754908270136097747155421615552609577081743
996949422529250919414912046643331091332295221969374948801251616764
638878561883340165541806155391257546202137519888001072939980126509
794826726810754439425633148783842000096420104072616015168772449623
619900546298982543262258626363755526403000644513939199740955329923
434251903774104504435412650819669596736865260879998881870092971859
757683746949803643422949624803801291150601730835762242601724271874
968100166968067378991903716299116682239567441196533641363816801705
818632907691665632918820927209125392168092639670211386700482765452
624253961424122662133834425149060159874670886736892964304782232176
615847551235027818880852631325571107194029636691290663189193974716
694008385759645827199159270224221541814221088870895066290033109166
921848733617332556044833949573744436990468712539939003814112613928
446120483869210920537490358667720582315764513805676344144329811170
183894773180425847757466192563725601702174218727797284480264101096
467038204257430531434768045355489225458067421490652318512104049237
987880822294871017430841385457941421592902596555954085794357184382
863426335731139858881502888500240320690319415578434808577337260028
950171774644691000543147822838810178995662110543977028355075936912
944622415084497959588115759858204270772080361422283295376543397594
886676417560353944851310917655970428809345018916540978801334713120
710194256525100459959271958989523869845022876006848016634180765179
118832751774728826521426349137398811544223867857645797355827964217
197685605248889576849274270986520071867339238392391573744338123715
226700842734421825684820431127469143923092543471878488129766505366
959895167127735271424615952558635342152917884088176375846236281828
946020417856379827774234681243029470296951568197609331600838390204
004534954053619512567362751697472859514592268538614632383912003714
070673652575757051731451933305571210411434568382762412592972136587
423730339386510944233808012046127062812288516465723430531230975853
943623654299245611684045052612047013287406305270708842650460916822
902380712044572393060453525846049516262969388834742386088864333953
905600111750290438045761969351058223701058905356313653209712268858
600845683093522571474176712366366539886286523594886972888191519593
986479297936312615408822857558884446379860370869178478493407174265

7860881826922462964880570473147872276557453997372070776077469410 76
703701550990139285382992715104037591497723424991713811670876277142
495989487983934892688260993741300348619870834170110187163815382678
755571099002660936017971649266395810312512314450633941617271172021
817454975362988167535795877741426086588728875468285419682346936290
816041362199434024611614278602551316616740819752879107092072314612
830526230940040891068981750531451655379692090210509890984364074826
743846918851802940541090773590436075957065304092294305393153214584
353391969367230455006340408691465663381475591204096892514490361253
130952692701152600591466937364457838966020573301212979501716245904
484056410828528366248580178626331031826626865185266795117788539253
303703719940763380248930909539488344767492375681975845728891314572
843172816722992914895386449488315946000978242646180410402065569585
544809390605953232132946230696763126657652129374045338641846869134
379157510254259949909304623277197277460402667614482428124900615460
983384885582689021205589515805033857356113073496127363310935304857
724947067531658321798520390126130868626880951301199609520536891765
070015616191660083018062239323629555900495579392954527001441368682
565833156369671923303738607505041331718456706099245010295795649491
099869128124652741185722900892819862661763419273986002480591957534
988121378387828921329310158524853156682156813591961096781930888789
200883862044247058354690810375924155078369858380202640106573199397
034261850474234342492691736702664122331287634126754121449916258115
979680591621694783286743323490209216495225860458607124274223581929
192345452111372672084325644518743215707514386144067910318477620491
798345542808082520156234894887396527733727558160778189296878230619
781026569665240458594960596126330645787426015233983270572690175264
923384486106927901892222345049417304974812552405938598573644623769
968531593857123212738146030244696363708640928451906383817184846660
855668813247615725942222443126911990518895267795995982009695180997
696019085663299505350372148804765345440660365802017143215120485481
488955421453811226197407363706290691187409984234442483798498778642
016603981374119677069191263678246801959178852201033366285058002650
824314680522570869541420659251672984066277357594558653510971205400
732185622731073921644639623463013604710980116661875123499844534844
603585148668645656808928609637869124724638041067197779420031464080
048385750199305940066719599492315347270817736982058331895250489407
419778989312207396881917393702832340579333611601514899135468377664
539525637783927554230263773440107540295008275428549081031609574806
818820500953071570395008918379186830080106157724371957261042865900
126536127546996317784471519507709798793033510039596819329779319784
041140266465646078251389840986645722067437840194129464279933446027
559117936202156578744122869034827343250278565851609725373939863005
433108800851286032806494151343167662352509513184727183672778418582
465709469264543035860443424439162445964247823694249411232913519453
597004358998582581866864568389499798940410239501394984720813717668
681966070027682215436127801568314264369168683151938086537644449957
838010280476596579342435889339110279485494321703222745401090210817
858703963213584108897073391791761850351461890499951503912918537988
382571497993938986725936687668121434398872044373452835192451821718
280846673058830412214108136437829801563126434744550891337321021093
531697808186166312885248640616551714363357164454316068082040439464
852147656085084253821199561954641055812913886923610161286344325073
626317772228934753413943518227954005413131304665377215358367103413
091989012246614335421953083838389992158437777369949948493630369799
973295720570233216424323751794579530735237903683939180552587045263
452329800571880113576646753172649454589989229340970824781912809899

e के पहले दस लाख अंक

```
5685657963328076146584442034176525939403348116305847728896927998900
0336955879022043127954539421777818813245401612230799844193430459413
4666710248397048122363203264403171779674333079405634904899412546254
0720604841072065379274340187367238392965391948241068043612464624510
0950893761805196017215847826456774121341947865394925534046062629334
9117705534330581079510910722964665446792365340305563507136062015003
8008453082390943756377071343139771120080956310498862485323957447467
3765389946622801430505106818775974297432601018976289548271499004539
5292051040993831674289865403401464577090787320557779142564131948050
2958064264794264752812229300910085163195484448438749811284897561360
4551236888311306548055431775535969866186410677333217834461763986388
7126130697340847758477720502879967774621000120990605479573514698761
0243627867800914723563948633958549974294424343018432617624466641045
6597819623669629777129900917565351256184525678695280871725453665547
2761832972530674271043980632197711538481745290700589965164059145147
4219165692747373202800068027864153043777151188895645193623335054131
8488352018852709345342344242503753425023413798043868260885058564911
8008535124258635854451469317363212664129548998894790164357323751282
4224034067410785229873995184759645071062882382950869531227554436313
4649292256714760989189975740308342578301349397802812173071295581830
1979277738505975421470871044034270311461858625067152418158043636936
8802438647728284274312909057148738866314831868216990811020503408714
4324138760624399284328292720240029940113980446193728804341129163945
2223685530961493584949795640839836756825069150020580069181975424934
0600591655619017035557754623043025342079550086114861628538281022208
7597660260271250591293993494711654013991556050658513600590679786832
1695857556614012093781469591952228091004292248148093795267718569117
8971288519272145488327278138859042900685982686922366791366350787079
0230272528375016204162687039972929106391695052393942943161963426496
0684504176574129720007516702065901625643101979583727932058497685589
1867122937159573742254348969723525660914387325468230242794287222284
4422120566498175164856207249690506422901506947563281345778590659009
7788075327194655452721226749174683233167556881490882924317265303308
4268452904009324675420816414229531228232371191853141717209524035468
2179025132749595255961986315673907654983057018550049451301199278291
7696445966909030768232448360149324128181487979677890558993306836168
8232525943383026358715700457732656281869714615451085037404112622439
7311367130669034637410361954601796480387491166217656088878172626122
0532662016773231815212019271033426827939681612150248924899986330294
8199079900859938164975576713812828034222329136517613960608825691706
0866216992251848641407279669163603885270242511097439746507600000913
8025676860518862552857510751822071149064747324176977984561908592953
9126384440998596449068128500244006920322003534090453344196253353357
2286806973418614790749120891442178210604353945302117411404721013041
2174574598255268273466049257672388547616505028366497790233968118685
8597530904708504599853797875901296159006506726273135696354551754308
3036374944690467814349443791707835857513879548690934409850343598395
3258113905143138348268603493909994443617048773487087850396769551669
4511382317293345479635062113321072995909936356614062634283576170935
5003367619356039492482919749491564515570827698841640838605349083595
1091020766599244868091608590862141720555696471043547640665625376317
1615477627405531459768926011840292712586867368029285171584055349777
9006569072862517215873181617977628589087909091363917941296357338863
2984657743503658978185017852716810309649154271956606529216410316751
2772401911388302626698401555351623802765631221706180467292904379124
8476903909141045948227643266600014758507551271499594395028022114923
```

1021277828227892277547906839074733085116238891901437482216392742919
9629969668437970388912474321439796379533623906609758756162920731194
6215386674244063067333215469511582224069922713494103406117509322236
7368564573660877968945005790747670061216357542900375819123943476011
9262407591745821007326791103832507293462682294942891544544836629990
6325864331756880277802068603930513838718492148594302150768056070699
3269812545596203607323032629437016867361881424553562419268241613122
4460072601417414830980955935060854989784863551966854908378849059177
1660810789722532657462368533962290014853276044983871272116375109100
0020497192652308092573079052772157967882283149565919637282528504800
2494512424545575924003185384206713574705621752685543117457912052144
4125825859946855197182767362353576445729623126584175827930690944499
4978521379119331004314304163976401006739840311137933941910671587677
3850927138653979888360881220008857948250958705378365733111254118933
8704431790864069731790753026746411414639173377739545140811364317100
4404848366361989825468538350878618641122866589090051273667606543111
7184713407661250757594799347290121964335013738687715206316459725000
6939426913262744875184140761297655627827191561417745092274381133522
7827771439252749246082636348022511975766944166924917565911652079399
4596781429924299796667179318345196863780691634923812949953973218299
2960642045015501096913018545808596727411874436984816838846700922433
9043012249401930336037137429100511597041100028328488814788581780099
5078288913529430579402894560602170127837050528356829693168172213188
1485677989913905710646003120804230516008012821598133055120346256311
5565811318569666448511863244493674206493219587891075334071805688900
2826632360589367107060041909632280348504857386175334764016922330677
7106110898662078825611289710763155067731726345297865777425285571200
5905475471091745468857299300132907112036848139740159695507521184377
4036594687059398670087294875053674066655747636712327731180809086911
3397121154963296564878033839780700564974971060878948409561928769711
3410585736751174567508777587196629770443637379976050456698616540944
6042847348575689575344808847711801880657457349841127110475190806822
4893631380013204409893053911675360183391810461001535799327515355100
9054502365840134583945467038256333162408711939278845800758599533833
9967573412326106518568189162069929217338802818072598334193010120866
2463104619904613291484315112637140184796517362723619392484225681033
4981067128606334390532885179978911140533616222402729690044177982199
5026131809689523370773455192573321759038658283315399526529615639322
0180743985147568172324132580636365380499836795842324516174220500077
2677124318708487922746722443956815444304804621787185287165107381955
1062133858738102450058397514402752142171621483885145108102723604266
4731783830690949272075020404874560987569490168797841500578984595166
7002844582157979875300466881113840336504799778338403431612692526399
8628819994612818872908731813766119622466965964422868116292272734500
6794498951496564502023147704268185252047640100148424372336134018199
2656838752606531535293880290009330280216613616183242706965797222399
7582942657367287382143175270981488777043766293025961358257875550600
8249636143164149829740966999166888456998126359678121221167885093811
7084535771149925584847770209326809541389778256508300988381322788577
2114303244837626055146113396365075336643154044110350350699257977166
0610618898951919735466199662251966081166445679424348749281485348199
4011568561836003969423265003358429672623074252534403364297379099822
8820956590971464025366876472482344393966267391424402087733106410800
9401206103529458147266435691811258187297032531336035604937972702755
3511252589988876476785911015036234707560443271095402178623700948155
7349536519731374367743393566295552418109894005158523072287004207655
3400004077707105879132365149768052961248380862187228303559717163688

e के पहले दस लाख अंक

1008735539031972123552246192135005074527248142511646859321505098482324232929101481189633375148631081081271093973466263081138980786853164216702587663422007899435686571234866274429101954888633651390128308448495039969292638461341101154111075291570912640055702393811403422961118222334262777318659311377523376183473876092015576125750361048577696980701072615646881845303988969289044315408655630965652344358161834817462540998627486748052309129618902223424722392002162459300936898167438095956321218473291887133695233807068098826436099912005026031954178098561623516276875234493746994078990244554968931670314500565185532499029110122629061350060645308283639510780917607990858530954166006499293814762452070498501822411615290040103707946312421012617380177721596456554750365517834825580818104940211843505998843699927418147643495349825455502331365853385651140776507415982750495987648653557181379943411755175677158570148552884877049060800272732595363615218151163841574835966143856765082832780696148930647353747415368524635723373578914700523799313286108599600193955728033431451953875596820893228019415587610112624671297540033062878752422137728182710026148546251341430843608092405226457278286207358844029229787889522342116259924004450659458356531166093066550579743004086324632080463507436284104765166993595757006055863915278397770367398812018898755734333391561286575415526368675940641524202870893391084660062516585171758146601196869075186142826128793010111788253038779587729954352059005716093330202197682306851077362584726388625277606811817530982710583126035863580459456553028239777404431352256669577363922316230226530324126791161540077076597180929210463009943354475540035578373506376418806052994080161406011642111735802262129341260073785450469238226204264589954590394105613694890441471006185327595418362675098241797141271108998881568611164364442718631991892465196184025030846118954902857258398668440312207705038700823922301836327274297327129627898143884329428170006846886545911871547761625011549587067138115973753950315417818499847584546341413637843233376394920932569547271135525168292707203419870534534932990389843664080761823540295446567768128168533337570940362891291988766179286092320305992934636213438671804207029054463434932054419840626521366096729189199981792362983119386362151186289962316145546408376676147358907831822847676910808845943275334421355649694602962771066395826797656434449651735058104159170531540530749660451176166283376028667831603638455261131627024780409053125349481581277585787824134748463966691725224044135669713525174920236605967913436431268084597229255974634414896503854591057974747259197908659071555633422988568378482197650810509549162754940115661837684841293500893426974458260651463075456865244701352145336147263928309071736679425888191150038723862031189517669216696060055239087218707250792175814389217920812341882726949205329378733259150669103576185842734280711759275160484276367155019315111192836217176824122458215557101287231782948081092875048240939289076484637177386994001330288331239467259138497796063430131857115410019765864946146864554770359319589563269659540784947681423988039611134618161474826437834687072391923578526725603620584451782031261411597416783742169008477004129820512488176549065436793746328718288520136820772194935355593448493713259640506813698297730969987059681227833882372418690332069472859926543199163613751629249143185573495757308591429961213367808752509989996128976042941258676857067287856408025808178703567447171410202744681276489189449417554680710814495136543970722022545516686447425661106362933548755146048906745005202854833636265168003606098937158298317827651317959090809106897938186131241846553861727808937183981240932357239659066657654804793309674658913441855054819534992629963028050205269682335617947942923731802168284 78

224939783455726953607423244399264596815040724439867144761832193917
210220307501982374571666487377404908632114389015190858124708009003
371728625158287388740441365508534301302556819319606957293024640621
069613458649196209201453267623363116077219982060959659981789766122
136970714675010838578233031796384192636873526518074679712611457995
618203924755983414417261882797701972794601856144344506335913626239
341131787939441625956207071589227290656062069450549558944409180247
146078029102864375475521514011376447857153722735068859935833329269
746304064322947634472632446257648301099808870201978201233245882593
665403035816579508415858767280447948265666653865326226050169456152
481982329719559699825630563828768741063130236456751841353715757653
023261416310249833457831476367623049598240171916637338875728668929
753557199234737957619574367758341336987138247416564830028789751059
193489391586856334123849157582365684698128349464853135129474982498
587129302912259165342834878763944847390147005750296285415297994741
794424101877102346426916349537868346761498999717123674472152601801
871229711267727819777066584419081816596563399240901478516805152083
676856711413241387888692799750828173279489997694050252254601187408
004004041982006519000667885074121476079925062119168482560123604692
310040080596804631084377968380422395205488692215984214947989308266
644161430952487222484291001146675030516506235336859781120875250469
132184556618293375267941860745024200140038677323708731500110805005
544842730496648971340288759324274907825709138452748349740216488255
877034385225985239393157584639561372071425650192133101548950488878
155086667015049856284273989349230217453453776905108060826079869470
970958693491408193781114003951875088440397484834929095574358558373
280087247345628637302388177594019807324244282030580359934326040334
310393755780124588166845313793835232196707391103070612314728255946
156070120858949598636049236004882996806642917687587707867510430084
147478241672792792508032411199071086276370546868339007133163494426
495033479260726151525559279940339684329500070022688709332478171160
267178311523491853066884707777085218570423276531481231196439324045
566319829827795521038476986338727621130944457086146500643898369669
170424304883173523459693116128559833035325674992011292159706967998
537993287219067465678163467534075001371412874568006215060901663863
624779217827285903167488539233175088951807128406569248357487900725
088360045058994941190224163396254927744522345723782249811221569211
836933437423618125783219506515225150816611616066932901099911234856
811347730225478237015348124190393465345140330309937228116772371682
577575371749896477988939069779125998511177957938900138112421822814
286702291928330773411176254693217814987545905219281938965607724567
123484521478812601332198299682270947139467383374769545658720580259
859562074910852791860515274823191785770759650912076355255641007682
708262459579990243385069446527968428580690796291462024492884587086
191854312619636341637738548476510731529900242360732443389716521026
764805433804609913983082180702475769324302491023962139818469153240
910163640475586361746405520350632003293526399282535456356783497720
921629679792613672653255763472975450547277472545324969238873685341
997060333194137813293488410937481619556757217168800361176672875571
559412400261041967429735773975994422421937970519937503560963368297
629211135554455342403871455828324343472137466200611472476887322986
075655135741469631440427198892370194388351142282283106026801113981
642148111349151195843512963049852670596264625907898419343973106886
112600617047761166104400452401277468113001120387999165242554876929
227961442328457709395509224672452898583117927577371250424276751794
639258753717935065644087232723235464851608684963969477894903010446
574563265285878699811036444544249269740988596261886392456841145194

118102069739270568759242965603384360835141367605937565298094763234
774769818611382686827249947451094916810117254693774014952259677333
729811358407088333758335007356073805333972770122534089556120183999
033932793921697014624092747156691980432834282076511639646085094221
947881394115249907341384727427169115015975279190835261951224798295
424385204111230821311309957086890902058549039520747130770323455304
949802786044093193597739383567695887110007493944298509104184050906
171786749903847188418072807471063965650583948078952750664971202801
465011696629555195973960556550397933127412793094449326554386292782
708561921242942378470432772243505124603737923416204519837614770909
323725413149711469201455696074424058164832055755352953228281219623
929075021228702684900685252999310601779125532978741364544149815303
957321055225154533051454140454998102984600830441719676266550137200
093123454908331447605952404636934500249858047054445732078608663133
858439484985402055081847895005235470412916156229420407599197093093
662550948773343605909821451673412498316096528175831149223661907618
330812330739483002540208226848956572968796724562341649909767077077
634318798885753064190243313236219691248248305201034058553999996579
418508519392218799422995394246071197283159539981801240367935482448
017519622381603942819868934944960018324524811225341775421038201612
259760850568780527406544134153822562842735569375679656563697652038
507292066730158202457428541703785811296758254182279007629333373507
681922942793889756721372159212639835161853683589938466773545831346
752390485502109720985741700106260621148666829083258292745840862420
714965528605248158791012361952953493897812455273002076416875321449
351621497125127028935868435512710989851174933462624191653710182124
599681131843062849980725559783711797557399602491368382138949053815
119529200552757644826900090797069192901461911375538782059707861813
028102554396736487483561276630438154499577882979172848627639254480
068431052770223874915809290805690914271863342667626549885562439439
344944829237937532526530856820324761549503158658201803762682939056
860383963273329252112638651465193737656342566346907717498095552190
711203711428705026976711068104850686256287829016522171474034815226
029646493389105045680675586176685153025692708018744887511653738366
895580562526824452887275891653704243450972832419559677647195332296
710417356884045960144513339456287627405772987391059571290759367715
350320889863006819844751473496792118632101976113864744509109150616
833300559364451654865356770870019561898344369408850984913095686105
398795951335354093176332081025352447601042940068477314087589655306
560782409704800755257714897028343206789377927390899027863815877352
528452765963199945966350001360987363835759905613028704336017833112
819958113995368748904523441710996226481051666298927734737096049659
008462061698640940259027085933310371988901887435058588707598357128
026847778650548174483023568328199037209734906399991433655974515690
297370684407348005905902082121505096764691438640685521344558081850
018747509609358749342851939374959623680354609554002950611309905561
418403429299853065236318381769749566472643850307875583951885728034
657476302681578373735528270203316899501939254199587267653291007986
799827170879108792099747341656464483587366478845205170704658014498
078397603820554310729127802295875647631830893539181774062040830630
868010096088212306061598257967965689561453908062250805402554162769
767539655211058911483864360365683928542500493332143270332349850065
331615836628205923923355671394273837006126025347108705148221740492
872244575146851051636115417541521399225460996540026018526027254582
988271134104827647190641126614935563267890656482946920785659861030
758664036331548645918516320462850651888623764193908302052253860184
044459121859131053123017806878435780438721973533695412652606151612

319895887663829769882130909891247118555747431110674119361982339091
357051369041522744416213853200313787209710560798326966834573614891
947705155816597341375429126754839706379045809767418143697494830518
306811763237420181331104235156015428080530754355709337095377119641
047362462238699300537224105113664175312127466957222473374479301980
571947679375521840674167765396805448781307561617917565203214091249
526489538006640373509156105147931001218178423926661698764814501251
954763410476361128395642285676384496942922322571887565484296718173
115414422603256941901213195755153263453581907183736392012602468738
434376261388778675180206449752134080837799900926945398219919277856
166922059532894409055017686822209861143154416728614833375643784928
128855755264759472752916229978827913345894229851278619375939489883
910987184220027455061919066712312120341832949608593919328973190587
926136240391537662431431723151521664661650988415533234074922984602
729052299847390708323629532027408714428942239093535909264040875825
371963916825108031793565005087768522237515344328603901733564541752
529201924797943437411771260130183034707604842950854722303578681753
568852490095216963935156191704624219193051007040439783273016883132
036391871989519876993076119302108512056335132276934139154923439618
207205299250843587476745718817010069531795904828263810228217168707
156301634877385773457668831388306608231057622291078325791379227669
674364083014141024935503462617969056113679293462558652154649888855
990053966830948839593356678878620057514649424168924878958045797639
077819092917862578213197774244239663116944478162128782354217879229
166805049104479678470091263153230581214885068166009909541666676113
850464388267124592751627057651171510337538747658514882429339344926
052069997603187434614269727395855889416335315867436873899504444380
164372840390458202370694316096130799749190446078234788392875870699
436272742814501615369142520685731792760875983074154508481036955375
584026382933726700954159241311027357350212497358089845886367414269
959992194283856649047423437857692166395862715703351576670658480853
667133639235332885283803138498707606677828043598480335348257689755
169805472075935690604300974095300029945102705911358453752136534827
210709883866696624267279058744654328376553324606106180377891580444
360156763937110898249106567175962044441173321127816246474268393571
098153163639094437756555246936773688509306855294100468384465415645
777473800702635256150254474996532875320793610062736110426061858284
081640140025140547480415063742366100952111439150458058667134662157
183040604716598258708876028665534124711204832235281674949364013790
031021903594062771961563248797814382492464707688590502672640174376
921104197650256298973934903903396173160217086194855516537228564998
834447531027568176651752221320093709257055700150639721337412939872
357772860701556319751756770647323620657892947078168693879933090244
824011476697645020149420988737033241674025415646240321418009586660
312586948691462684912009467688111224093912259077124390558597643197
028356283705033907477698105016879977479906410146891843143653695228
000262421299545930337228969082639095808985225906522234420711050329
349194361050333626515997933554849586019149984984859084564939868687
429527973410920035574784929282053506676156620040262151241548259540
616524637560942409698031995508378631362407381283910348683491474936
212574019016933081403039077587324278813064955959476256430496018888
382060671096493301395237238668469948291300992795894461157979477385
166295516926881294612220522693998917481945562783044085616500408119
379810092699420640479012253618339582096242975862238427656632339634
527124438232725749644042961407542421475653302931739894875691691609
250625614431186436240729558449971466649298668591431191861323576571
906213576718759719492245758077773809751267389981675317007722409424

682930266790010020871501492200273573561550340800018534921729295240
764835477415391062925301561388721615371945293085079924146909137903
095010288034809621568014341969120194816705113732859086023966162977
270978504693396280576656077331931306654383159276842143206229863690
981545296147635166641786078143674478256592201883898732487746749289
762690445901845960592400122547856451581745832560250692636725873747
022210149958254550320830461208921629469435791995552411043821054662
824323806353060055227046583100027316531218356825658856641051327875
561625071395021993421717855291897159871230265076101390290019537154
027481812661614308011692364347528239644198444805446282899530426826
597108691278401273583974567305482406881882394714299694257082067957
091602114378343536472038070851538302061396525430652731141263732685
018841888542777031788759312775105267553920563075351692534764004206
238304365068308892425562216149302258514892829692359778135078412373
755317195403594222270953097124145519321477065032269041004027204807
413246418247628780756401802221941603375315040637884628865564023441
391817301659637066826215706542887000345591270494600304696260302253
507200983968358782783684698613220638572777446827762413223946848711
627949284744796534852008763343695893844647760736766328542993800372
642527332398163963801500580132608237054136904116836894189468012360
646721564938392379005947806445241426707626723697981789827542860923
521410106114724367842549953695600185342748467800225131875954468189
183480484133237965779811484839995961517509245481797811133936769448
137004961544008177146567085863503186212289852428860631167296372266
252811607657911852540779250844719245559169601169660319897239225112
537443564584970166438643384963486426770017395136603626697958121574
278956549374920817983261058220354147686322831835967446088361587059
923066996294350421508974147064054464167467782134782651229646525089
088059691215247508242669041286549404086191884194730838084649666896
764215049740622721897396973873762329009337869116519482345663551781
788627799717077478384261393532150789589415533762790551893527216588
425916319888754919257529269921885795873057453037890911273915724356
191933508027184122425538310557531907998365009500746946700621559746
604971609338958751348430531522331002960520938944820848045111823091
782478968744237491899922100759116875922640737200540258203251990791
446785025151595762387835141358959931536847444919071623880069660713
470258913129924105105009569584471860979473474316832472983056732245
011708339591331594891876946129949104509411910259847540913967981064
956660393145680662996086259390290334217426044022236573745984117164
438151091461168182329778852592405671096351446151556840779923196253
079925142137913147625726628175747002928397796558568686572899873927
541442930806576034897164241108844101055347328402242304246375545492
405288632398671835460726127304747529102332712496393506979325716749
211550364147938563818787581835459304130828859954103688446122679829
201133150387951960042670692601136723794457282703755477731437836033
734385523336650623677547101193013464667194826713193221897453646151
125119273621872512016328736215134667657588767576760361908733498063
597076097985038711929363751649422153426458790157595620434652570580
058654774662767331355148451776869078772210830677319578133127215652
237002980617906179101070795094866867193264424159867574529303342975
070667280117155919277426465154564811681788220289947068974455904125
356082971931048274983720110102363278374226034544001805245538570505
827149529052749530025482801739967026621873674088642293750866836332
355116946733786957147774913665195772512401544605137525759118606934
194997338815822429947454576371038882157830588669513143571416799558
766530021662597834540103705087069079235982047478237114024690549216
771402678217125484692278963999499341545621567511547856002034922768

079778222015965815046381694783066158072741445238215834866372505534
680746661438220213499728489623217399553437010344496161720695676216
449436861252090799271689500194618228203631147223404775981385489859
338952718877595177241390012474537996157897227506799590834453088505
158561946335096717351316907863689949314195889648664525590165082360
461871317291088108855762687694605782712388371883430300948317770180
783563169829542220894345448502967127577956639767725541860331630759
166669948630826074782577603593669912078137993713906416030818337457
422345264446426239650065465243818169745539826378149747801316058242
932887210592267593063691481544273009287439800397792993881068304105
070363508310460102396855341682615622657617875438108017666154715714
586854385992910619338789827302904163299931142131957810143432780878
421194634903965286328932723675428880190277199018808948760772918176
869580683285725885617687067378381696770327839723803604981520707853
325438444435868547992539056654760738958477290095276783135598031628
387036902640468897619092196732085074276626877449926336421846251295
980597426139727827137818992673012907654769836646434934447925939751
907878872234365860238394719254672488504590100306336351528370436915
726797169057169474234717062968167146832820768224100217491116675390
855908911770346326217417964044111031080898025364293548230316471852
701244493819760213099430931966201348830272720837825685532427544031
737883715071298018863353008221305051932937202634776518936417550077
708467495054398146866153589631643293227329093865115024632877971415
094051713633572827078547537531368304438038085103858198104803048598
774435664103121581585986655318137087880155316573210831880190780728
548920967634144611444402888827541838528905572242064907485295674251
880317383778515387498876855075886318825952441674412158142175161982
622752228355814176577875509657398051419028624762445400083917954210
950371097365488976787080163948754310874140146026828619699399379289
862002769296586797083834395107747418406704593269248062288117637524
050335417756117259529832603195435234690757946493196977241135973516
072155663781916080912050329685084682151614490223318699201352550068
443197109539407912183086203243922064684497866448310402658324526417
472615244381286708606841619788211042404777412116690045981637811443
929590164877130277454592211017111989274045062879402518440441418674
931068531679138457299176274875022993564269435761107511193250395641
731769560789174955936828044312463432839841966706754457531362204702
349216207306801900902026957467615192982900853787400474939206956972
142206208124712753893514954296323988599725671094219722839074224780
216527070377713183856349091444346910996638611341543307087753041894
372701345149252099426001099200474565595014331631973823938772696451
500224955353450393571007666423607093639748118894620222353335856149
149123202329743578221052859286641018781681823579840767923850177153
237102803328017322105017945523193140907422140782521168951813203790
180442699579101257898953739847724322855913197529695584761790385770
089101432989364672403856799285212958344568457244781507938809342230
892238788322623382008629374020870223214300886520594697907902440763
465433244954372879278388872371046779312714769746188734254887872949
394017991255809923270190016388013585306342649027874947415803122613
666817226787271608508325786423597268823091116868093786537987899131
141052481798269088588768696847466756835600665045189546459814734537
250134281165776545308608868185535069027482278582763620798204931021
751814670123368418720887669585087990714780446181976805636498562008
578518817567515014450429760313980096759679028256180670008897501378
688323878553320386941800822276149579891890156691627117165808107887
204301466695308869149279501583782411059074103818736329898582301745
600284034970537357043326115640422471656929201415207223310863252427

4356039739135295273639179740414494502400030128641120311698241783453
7264189671915827009642706052956729252412785279596541596671516036600
4074186668349017457865501819597200808810310076078482277007839309666
9909689169225012751538177397287161995256648434977975953502225077566
9488758476344788892582720641638620147358617840197872733855142579800
4514328101613197582647302299634769575725111400159969979587202682099
6242406886022508176964314163667626884301544984189437499926730066233
7623110443252935402083392267496754343476687025803043029350701070722
8733788884324182734486195334793859194825327298439234866791062445411
6263244619992760645790907594741291908766464404906105215202965955433
4155095829601807343332205857963080956961311774393883433374194382755
1197234421067023596604915507606499182213089200811723147553767903999
2757511627428933535595097441549478851962475645829402123189957816122
9527408319567211010022501273516691544255448535501763368097828284477
9391426048239330308520987428895073109437841707079192313759356164233
1294929986945154467210945461552209567467426789555842163314914332355
9334364404701688909718654804912767053522968277312414123174229550055
9801838646089465847901292526319903298616802018071302664038107176666
7752067596800083970294991616032944240111971465647009945169427228522
9129662638165992965972223523240274103965438031415774875406595599922
9437309735621844774997389305024614500207184077760854388085189768555
4571494883704240373071145853173964659008062399660080221137561228922
8441665494196478550586857063307995393459814431052894780956823836777
4605735508823311808244802388752017261401913658005342804311971908933
4089620395455430412127005698686362183534336268222707592939331658933
1130281278903085956266718863285491223013941690738013659669514963955
0651908228452666368816001874971375078779068673976455531652128847577
3337833843622421608889267447294356111876517670151525628827588893011
2645588941052291915178612025517573175460896168339491137684989134200
5953006258317689449646521672584298386566926230958626459739885142488
9135525070932591001192773972744454537031034134240539498419618029377
0425524913188344684178457194154934496460764112278764954138082765288
0725390699716826392759120385841317689047734346632557514097522424700
6374486218433909658467780991355725306723997036509898001082119764511
0822374839896571327741596555760254355464203695353762027006266893033
9184245673435661003061573638683614277481513621624406849980409079255
3613823505359200225566061035648431219293404389874126577785773753066
4205225056334476066235181994108211643821716627839207600962031802544
2860951869666852287887526710318326256447473115909008380351792558233
6977989518295224334718033102159109905025612999591099938322699834977
9728966102073128990428163546087560289814910928092844759849778822522
9778616762961484186314250595931748494214379216596322096078880669544
0456777235518168930102281692798553026526844135492514177296829675599
4118710092387301253854557208458179344789815907392300912386887710566
7821027092826310927389100388359534970357899462466003139394864726522
5792473179634532509463290302366326005454023590757846110028142311733
0542112491528769936564133563988533074450987043657672877588150288611
0008246399178533924946551572092650463510017745553379397357023683322
7249561999858288789424475684547072986401468521250483211653791703011
0790740107244896273396054418491258602223518430664592307696666888388
9732494271243904889562482856620803483897559757324562154194514919177
1031391830461550238416903211517706950131359013356167939151315393488
1312488493030802478816369728187466948289152128711638351006280834744
2937768112648203860314837553572699116752467148165811486771048317855
7670505161524256549926875240567602400933777508368558427147014190455
3332859307808991957980036561234350632554672062532582111489870392988
6948919683049431386654934412017935938818558948093943479947089165833

39333532958297181322037375008220143823192719963180755611739217966 72
3904307316212604378253595845551316815662283324485674037550017543 79
3866280557609973521228525581305030686485728048002536170787631572 23
2616494757607032572227665717057352382104184303778195826568973535 93
8068597632619931010267804446974877992534476156359157727104070699 40
9452319296330369913302748119068310239536536400984190321328361140 50
1155288990339691247557364315504312124814042577953566689392963552 95
9418889116201022047393678535842019365345930453073611721517885932 58
3626529479945887264529695650421272867474212182736523177174088036 99
0882292468112225174880444180707993184273174393385598299599426037 08
0136018110784454819789868181687432703947893949134334535433355531 19
1698524936717849340935832849874807445436746153320263014489926041 60
5608047649462825783955183374133621278243695739272355353019641577 92
8576385440773747544879164969440009810952530940580721649217350423 65
8688300905666047502315253851657596730041801823142956240216202517 21
6946173835624474392136090496575522352870140449020538327267590239 96
5816662269653191468854704037172214028554019442137841054211337872 82
6806126614152545810118800596041244487070379791629723220317459814 50
3141825081537816445567967367911353299369318676297412962068065561 98
0332507598061244940637628715819755399528575006995566169134155540 13
0297473852618449505232653823877122992492388133586472294976533869 33
6410079741336128687248220503429228536084160213975692172796818079 83
6175972996332032797327862163715485773064004612347612795087545714 55
0832018163625955682139864683798499638499230064437367247056059297 91
4283388014955096633800160850712620572500462057840363037014574969 95
3881546571779591185715130503058019091917506964755273321910474709 94
9556661964060145986832381026325156399454982926321328010537160246 88
4214517745699438776380382603125203401156328726775037442863082419 06
3468237086485922916412117131073483535584329570793298675106059183 67
8899991394332626767983615145631164127176400939727771168927744960 26
4473139864707902106198787867653500773222541706620868433757225741 27
0806072486184068192117435056242830972404982282932105292932678123 01
3922122532550553925114418323841799843299121845548759315986017502 79
4775534434206019294454813387354462752057503855552482164581718933 27
5084209429660738142360561564848512016637211489094514671668093088 86
8187159377672416509796583758351398238935811222123900510896625402 32
8325006900180395409239217094851407080125870753706777539437988377 58
9356296560856790374302969832661094377439583214145549941642786409 31
1053274686726134686065829305906036700318526344962352561997578715 31
4198732040673881129106495812647763976336027510303114853261404555 50
5994584685414756471603868221873267842255060489640578020907426276 09
5289414665441575037079006284110243715440803798747722821698625832 25
4922658587506378309260397664568465268828016493099319250927346673 51
4809577872279708391762849097876342002813738693241096153321178282 45
3775108510428745286817247541059328628386938740283423793190420425 98
5633286404040900104814082463516534544208024993404157574104111265 88
6179686369901938701141913635238221768646881217259060928944456709 17
1461211381670587886143160626378207910650674397031214291379904081 15
7696746677377666329023340768890384279621140394935819728658726121 4
8026295680070969413311106686484947941943343029050272555127920681 02
3454967557378926266020992700036999058287587401563282660813707475 38
1690493863933182655991418567252742416620707590177634572789143057 69
9013774801756573986907624547171200250813936017883339624637759558 31
4634127875448611314906738033236372168424507141882458967598969740 84
6617684158168317317827873973922109879139866431996995076750803218 28
9132756910847456190065011531306777329258356149261421323771637682 32
0921393010024616794397463788629587145218653874041823558591551081 81

9930584317584219300666212405501215434153357286407832692719955369 68
7331721358849671222013785346679492467885005036722016756237461180 87
7814941629722333651273653790405498255752981380845056176544959950 10
4780872296555868986053184009185557315400601297210213847983681036 57
1063085074437792570938876527876393624074486430757253553915463522 22
0535646888536617598033771430280054844684514708894659150590076690 95
6890373155819910264736622184068880200493830811377525400206643468 29
7957437755214283570516305193689002283909749590407817763059258147 91
0722670409432153774700202891839684702888481186297720239721089879 14
6350578281650545816125194506593177235994139223768817605226686450 65
4502641813206069137998013102184168593432714980020822488064062893 63
6265272809211681614806608592777605673915112306629548318686564295 08
3294196484354642196265458498509236459077448973509922487186317641 26
4378373332789073011389521397930062008070035369233542491467838072 56
6247830929580382899973392123148568900389030129858409139567141874 89
4265335644471080268385499861332351121660014402747443331890618923 29
8653389076745997429636269503798080842610054988533853157425721179 94
8175596745590654507458524965346897115195922412484704730820289882 85
9154079086257964073922357595823687952315994039081493193348288618 92
8628580674476050145013275506809980076130801191877291241005591389 70
2401877670832681575722079444240032423115746952130663987163385457 00
1677776826853180218601656312220525430713202284690747050163809489 93
1461430927198203566551855757001873679674299359161735937095437560 03
8443217729816198634427320015602745001894938477038530048137881700 03
7590478736411476503123028973799725174541864411212675361381734696 54
7563562052048712922252236976604647640448087249626668819778911069 16
6720586425992380559870602295080039223483186612442587091049360264 53
4858135137313675320472408571583208399849783396296253985004877965 01
3855646712792849513993434741677508749791293577245086734752426751 12
2334091390356793080481511858406440688269547236847462483427788598 24
5341146494225991776206995968211494602578337433548625639018141797 56
9591196710250424146974800732098689796630838915281629097005582281 48
8456009378831638728490393553532741861979679803845705526137487559 89
8679541006170387328494960191799386034354958805283468170368576271 69
0144437279385654989798725330427041321036915558256018494646837302 68
5497639592021614998784893859355112823454189847884823842245501822 80
7071824221539381536553302994395467610013901841577633153996376867 84
6886523036416317190887785697565551033930565481724972040957843132 18
2692513924187799460077989728700519518892811567404999113889756285 37
2020333211448190228491992545120629078723582153590755135966867682 73
5210298875696493664158103151356804265742537111417036352433612607 79
5498316834862185780721010576129051445103070479965505544854634078 27
4969561788434391598709658764593960420880075789929858436931423942 83
2046482071882967621132367940110748133702195693677403027472536295 02
2497520544550096712401003588325122569086504192759980258641433069 25
1781735433039359965047044316938853068495118035430219652640680020 93
0729364054308778503173278035380696326617665775901195611018862259 56
4478970026046980243418804674630782641622932057454463649274781526 24
1946629313619682480808671226288785930685194546796348865076670527 12
3839297934484426176413366939077758602617691768469758091881877336 45
9991461930526130458667086539792135517047662626497961033318949486 32
9238893331851825247381483630949869477793217847765102001749230332 97
0900351644480493383985783959418956342260379548303700890772707395 01
8915928293575484081022556309123025861807372258258746524675239215 36
0755600945733201690434147481632454272233475573656406489072311424 46
0734577866819613319326104399993257323316118620236839971393667055 82
0513140490688448249757860699445002829145709941438053020834041102 09

5923171908362272538234821543252927160700324771729828949818008542721698662126493138570632431715778728340348481630159318062904325867564939657252541028552799280395137467628864821751104273173681329504392561051151052398050156298479761980828762543900774994007753660109689181649749769699364026605917394515063725485482111056511833556160425802561968834903216343614849524119137398879176949602626265947742476909024685514509703761552615855941476080505121438850111239913958100767655219370831177971848218842566360152712168261289099171277250489682870646523387961879018614564462354899542834889808112474048393616958629253098918366294068638574045763336582949256890817667366239403754388884470389379821861251704409768700076067129139444184290591225593504397479104339530999352492976828521339781925948127974257671942642478958915610702623458247706140795670765649386297119943926479459969371822897498964473653888565773945365184323961341935634802442792442350547929933231302917464426835206857195162213657962956727181386290057566253628356070627082195326751610868401347096723846970098523054691375111011025306785199055485739942794989764496692438779046710623692904390684543601328949463090058523425957152074321454110714703667426852649089835375486143478476108578757769410761396493684892442010871068528266375715605437903276450942577756828904358757287229079803906107388056793217691388014465098953009080822862990294958084195309693880725203312560895428757315815029115408850626074726155328831660468648954490270975350616293012381615750802913631817088439014142668246286915922215255911876820624195502425562105186629255833679599738939873372158512807462691303564031268428301555946197639311963004286679007563435085562739078690429148986000827657834711750685180220955995152762218614948119287050333444594770355731741137752621486864218395500353364353325069247179562261940446993799118134182500076911379984511377699838863792892050916613055615193698252975387583267063883564742831547119536995760393060022323866102120448510514858940718343172951078645430852654352139573541606074656379713723996949996620461522549902715377980433051919450491997655288062955708924819811390621288681199526112784048609747983374453074360946273220245694872461122026131788761048386742788455428337921059242768305027745085812524193463905653835148980566414464849997226696382836326320252620063956028961628728436217081661498902280863138657010984412160015221800417101308199213454607515245031786260061115569918076236607700130141853458599439815111478992874651245044194661039499541778545236364116354530853201048968529252303630341468351578665072523659666795029643262529251012533656807309605222049650583423724826340707472772921218775102854132294074151993902776084019725358080932415755634275224489372942533530883293454116135948273406088131506767294597041390115855079892461524797611354642226943265888965386247179787438787710890940274594190019214847804906661727416112393826011186054691117819661640106568522783011247120792424829869877323351971590333421343421739169245863050468855248216837937984359762408763411090451973047589840265958728274672562662755513242507656473475786063154178614023190117477430107433748240284773775314063782968969186565275795514299720152822820512838598453174990837652447556559384153418464723488217690200336141046501781364463482566804266219491614732363457570952374870420537052663399069834608819181778019854747033556595960989305430119923580631493378652862200137981764476942281888374711515623968271

www.ingramcontent.com/pod-product-compliance
Lightning Source LLC
Chambersburg PA
CBHW071339210326
41597CB00015B/1504
* 9 7 8 1 6 3 2 7 0 5 6 6 2 *